Techno:Phil – Aktuelle Herausforderungen der Technikphilosophie

Band 3

Reihe herausgegeben von
Birgit Beck, Berlin, Deutschland
Bruno Gransche, Siegen, Deutschland
Jan-Hendrik Heinrichs, Aachen, Deutschland
Janina Loh, Wien, Österreich

Diese Reihe befasst sich mit der philosophischen Analyse und Evaluation von Technik und von Formen der Technikbegeisterung oder -ablehnung. Sie nimmt einerseits konzeptionelle und ethische Herausforderungen in den Blick, die an die Technikphilosophie herangetragen werden. Andererseits werden kritische Impulse aus der Technikphilosophie an die Technologie- und Ingenieurswissenschaften sowie an die lebensweltliche Praxis zurückgegeben. So leistet diese Reihe einen substantiellen Beitrag zur inner- und außerakademischen Diskussion über zunehmend technisierte Gesellschafts- und Lebensformen.

Die Bände der Reihe erscheinen in deutscher oder englischer Sprache.

Weitere Bände in der Reihe http://www.springer.com/series/16150

Marc Fabian Buck · Johannes Drerup ·
Gottfried Schweiger
(Hrsg.)

Neue Technologien – neue Kindheiten?

Ethische und bildungsphilosophische Perspektiven

 J.B. METZLER

Hrsg.
Marc Fabian Buck
Fakultät für Erziehungswissenschaft
Universität Hamburg
Hamburg, Deutschland

Gottfried Schweiger
Zentrum für Ethik und Armutsforschung
Universität Salzburg
Salzburg, Österreich

Johannes Drerup
Institut für Allgemeine
Erziehungswissenschaft und
Berufspädagogik, TU Dortmund
Dortmund, Deutschland

ISSN 2524-5902   ISSN 2524-5910 (electronic)
Techno:Phil – Aktuelle Herausforderungen der Technikphilosophie
ISBN 978-3-476-05672-6   ISBN 978-3-476-05673-3 (eBook)
https://doi.org/10.1007/978-3-476-05673-3

Die Deutsche Nationalbibliothek verzeichnet diese Publikation in der Deutschen Nationalbibliografie; detaillierte bibliografische Daten sind im Internet über http://dnb.d-nb.de abrufbar.

© Springer-Verlag GmbH Deutschland, ein Teil von Springer Nature 2020
Das Werk einschließlich aller seiner Teile ist urheberrechtlich geschützt. Jede Verwertung, die nicht ausdrücklich vom Urheberrechtsgesetz zugelassen ist, bedarf der vorherigen Zustimmung des Verlags. Das gilt insbesondere für Vervielfältigungen, Bearbeitungen, Übersetzungen, Mikroverfilmungen und die Einspeicherung und Verarbeitung in elektronischen Systemen.
Die Wiedergabe von allgemein beschreibenden Bezeichnungen, Marken, Unternehmensnamen etc. in diesem Werk bedeutet nicht, dass diese frei durch jedermann benutzt werden dürfen. Die Berechtigung zur Benutzung unterliegt, auch ohne gesonderten Hinweis hierzu, den Regeln des Markenrechts. Die Rechte des jeweiligen Zeicheninhabers sind zu beachten.
Der Verlag, die Autoren und die Herausgeber gehen davon aus, dass die Angaben und Informationen in diesem Werk zum Zeitpunkt der Veröffentlichung vollständig und korrekt sind. Weder der Verlag, noch die Autoren oder die Herausgeber übernehmen, ausdrücklich oder implizit, Gewähr für den Inhalt des Werkes, etwaige Fehler oder Äußerungen. Der Verlag bleibt im Hinblick auf geografische Zuordnungen und Gebietsbezeichnungen in veröffentlichten Karten und Institutionsadressen neutral.

Planung/Lektorat: Franziska Remeika
J.B. Metzler ist ein Imprint der eingetragenen Gesellschaft Springer-Verlag GmbH, DE und ist ein Teil von Springer Nature.
Die Anschrift der Gesellschaft ist: Heidelberger Platz 3, 14197 Berlin, Germany

Inhaltsverzeichnis

Einleitung: Neue Technologien – neue Kindheiten? 1
Marc Fabian Buck, Johannes Drerup und Gottfried Schweiger

Sollten Eltern die Bilder ihrer Kinder auf sozialen Medien teilen dürfen? Über elterliche Rechte und Pflichten zum Schutz der kindlichen Privatsphäre. 11
Minkyung Kim und Thomas Grote

Kindliche Selbstbestimmung in digitalen Kontexten: Medienethische Überlegungen zur Privatsphäre von Heranwachsenden. 31
Ingrid Stapf

Jugendliche Autonomie, körperliche Selbstbestimmung und Sexting 55
Gottfried Schweiger

Erziehung zum Enhancement? Zur Rolle der Digitalisierung, Biomedikalisierung und Neurotechnologie in edukativen Optimierungsprozessen 73
Martin Hähnel

An Ethical Framework for Robotics and Children: Vulnerability and Promotion of Autonomy. 85
Manuel Aparicio Payá, Ricardo Morte Ferrer, Mario Toboso Martín, Txetxu Ausín, Aníbal Monasterio Astobiza und Daniel López

Der Roboter – mein Freund? 107
Svenja Wiertz

Ernsthaftes Verspieltsein und verspielte Ernsthaftigkeit: Der Begriff der Kindheit im Feld „Neuer Technologien" 125
Miguel Zulaica y Mugica

Musikalisch-ästhetische Erfahrung in der frühen Kindheit im Spannungsverhältnis von konkret-sinnlichen und digitalen Bildungsangeboten: Eine phänomenologische Perspektive 151
Oktay Bilgi

Computerspiele und Kindheit 167
Sebastian Ostritsch

Zwischen Vermittlung und Versagung: Überlegungen zum Technologiedefizit in Zeiten der Digitalisierung 183
Marc Fabian Buck und Thomas Koinzer

Grenzen des Einsatzes von Künstlicher Intelligenz: Im Klassenraum, im Philosophieunterricht, aus philosophischer und bildungsphilosophischer Sicht 197
Thomas Sukopp

Was heißt Menschenbildung im Dispositiv des Digitalen? 227
Karin Hutflötz

Wie kann man *mit* Kindern über Technik philosophieren? Die Methoden des philosophischen Gesprächskreises und des Mini-Rollenspiels 249
Melanie Förg

Autorenverzeichnis

Manuel Aparicio Payá Department of Philosophy, Universidad de Murcia, Murcia, Spain

Txetxu Ausín Institute of Philosophy, CCHS-CSIC, Madrid, Spain

Oktay Bilgi Department Erziehungs- und Sozialwissenschaften, Universität zu Köln, Köln, Deutschland

Marc Fabian Buck Fakultät für Erziehungswissenschaft, Universität Hamburg, Hamburg, Deutschland

Johannes Drerup Institut für Allgemeine Erziehungswisschaft und Berufspädagogik, TU Dortmund, Dortmund, Deutschland

Melanie Förg Philosophische Fakultät SJ, Hochschule für Philosophie, München, Deutschland

Thomas Grote Exzellenzcluster: Maschinelles Lernen: Neue Perspektiven für die Wissenschaft, Universität Tübingen, Tübingen, Deutschland

Karin Hutflötz Lehrstuhl für Bildungsphilosophie und Systematische Pädagogik, KU Eichstätt-Ingolstadt, Eichstätt, Deutschland

Martin Hähnel Philosophisch-Pädagogische Fakultät, KU Eichstätt-Ingolstadt, Eichstätt, Deutschland

Minkyung Kim Zentrum für Lehrerbildung, TU Chemnitz, Chemnitz, Deutschland

Thomas Koinzer Institut für Erziehungswissenschaften, Humboldt-Universität zu Berlin, Berlin, Deutschland

Daniel López Institute of Philosophy, CCHS-CSIC, Madrid, Spain

Aníbal Monasterio Astobiza ILCLI, UPV/EHU, San Sebastian, Spain

Ricardo Morte Ferrer LI²FE (Laboratorio de Investigación e Intervención Filosófica y Ética), Rosdorf, Deutschland

Sebastian Ostritsch Institut für Philosophie, Universität Stuttgart, Stuttgart, Deutschland

Christian Prust Fakultät I - Philosophisches Seminar, Universität Siegen, Siegen, Deutschland

Gottfried Schweiger Zentrum für Ethik und Armutsforschung, Universität Salzburg, Salzburg, Österreich

Ingrid Stapf Internationales Zentrum für Ethik in den Wissenschaften (Projekt Forum Privatheit), Tübingen, Deutschland

Thomas Sukopp Philosophisches Seminar/Philosophiedidaktik, Universität Siegen, Siegen, Deutschland

Mario Toboso Martín Institute of Philosophy, CCHS-CSIC, Madrid, Spain

Svenja Wiertz Institut für Ethik und Geschichte der Medizin, Albert-Ludwigs-Universität Freiburg, Freiburg, Deutschland

Miguel Zulaica y Mugica Institut für Allgemeine Erziehungswisschaft und Berufspädagogik, TU Dortmund, Dortmund, Deutschland

Einleitung

Neue Technologien – neue Kindheiten?

Marc Fabian Buck, Johannes Drerup und Gottfried Schweiger

Zu den wichtigen sozialen Einflussgrößen, die nicht nur die Konstruktion,[1] sondern auch die Realität und Praxis institutionalisierter Kindheit(en) mitbestimmen, gehören, so der Ausgangspunkt und der Gegenstand dieses Bandes, technologische Entwicklungen und die Anwendung und Nutzung von Techniken

---

[1] Kindheit ist nicht bloß eine ‚natürliche', sondern vor allem auch eine soziale Kategorie (Kelle 2019). Eine natürliche Kategorie ist Kindheit, weil sich Kinder von Erwachsenen durch naturwissenschaftlich-medizinisch feststellbare Eigenschaften, die typisch für Kinder sind (also auch eine Variabilität und Plastizität in ihrer Ausprägung zeigen), von Erwachsenen unterscheiden (kritisch zum Begriff der ‚Natürlichkeit': Birnbacher 2006). Eine soziale Kategorie ist Kindheit, weil eben diese Eigenschaften für soziale Normen und Praktiken relevant sind und weil zu diesen biologischen Eigenschaften andere, soziale Eigenschaften hinzukommen, die Kindern zu- oder abgesprochen werden und ihren Status in einer Gesellschaft bestimmen. Kindheit ist also weder alleine naturwissenschaftlich-medizinisch noch sozialwissenschaftlich bestimmbar; sie wird sowohl festgestellt als auch durch menschliches Handeln und in gesellschaftlichen Diskursen konstruiert. Die Grenzen zwischen Kindern und Nicht-Kindern, am Anfang und am Ende der Kindheit, sind fließend, ungenau und porös. Biologie und Medizin können Hinweise darauf geben, welche Eigenschaften Kinder typischerweise haben, die Erwachsene nicht haben. Sie können aber weder festlegen, ob Kindheit dadurch ausreichend bestimmt ist, noch wie eine Gesellschaft diese Eigenschaften interpretiert, um Kindheit sozial, politisch, rechtlich

---

M. F. Buck (✉)
Fakultät für Erziehungswissenschaft, Universität Hamburg, Hamburg, Deutschland
E-Mail: marc.fabian.buck@uni-hamburg.de

J. Drerup
Institut für Allgemeine Erziehungswisschaft und Berufspädagogik, TU Dortmund, Dortmund, Deutschland
E-Mail: johannes.drerup@tu-dortmund.de

G. Schweiger
Zentrum für Ethik und Armutsforschung, Universität Salzburg, Salzburg, Österreich
E-Mail: gottfried.schweiger@sbg.ac.at

© Springer-Verlag GmbH Deutschland, ein Teil von Springer Nature 2020
M. F. Buck et al. (Hrsg.), *Neue Technologien – neue Kindheiten?*,
Techno:Phil – Aktuelle Herausforderungen der Technikphilosophie 3,
https://doi.org/10.1007/978-3-476-05673-3_1

in der Kindheit für und durch Kinder. Technische Arrangements und Praktiken – im Folgenden: Techniken – sind während der Kindheit omnipräsent. Sie prägen Kindheit(en) und haben dies auch immer schon getan, da keine menschliche Kindheit je ohne Techniken (in einem weiten Sinne) ausgekommen ist. Technik ist jedoch in diesem wie auch in anderen Kontexten ein Begriff, der sich einfachen Definitionen zu entziehen scheint und der zudem, so eine geläufige Klage, oft entweder zu weit oder zu eng gefasst wird (Grunwald 2013).[2] Technik als die Gesamtheit aller ‚künstlichen' Dinge, Maßnahmen und Verfahren, die sie hervorgebracht haben, wäre dementsprechend eine eher weite Definition. Dann wäre fast alles, was den Menschen heute in den Städten, aber auch auf dem Land, umgibt, Technik, da auch die Natur stark durch den Eingriff des Menschen geprägt wurde. Ein eher enger Technikbegriff versteht Technik als angewandte Naturwissenschaft. Diese Sichtweise blendet jedoch aus, dass „die geschichtliche Entwicklung der Technik viel früher als die der experimentellen und theoretischen Naturwissenschaft begann und daß technische Entwicklungen und Erfindungen oft selbst heute noch andere Zielsetzungen verfolgen als naturwissenschaftliche Erkenntnisse und trotz der zunehmenden Verwendung naturwissenschaftlichen Wissens zusätzlich andersartige Entstehungsbedingungen aufweisen: Eine gute oder bestmögliche technische Konstruktion läßt sich nicht einfach aus einem naturwissenschaftlichen Gesetz ableiten, hierzu gehört sehr viel mehr die Fähigkeit zum schöpferischen Entwurf als die bloße Anwendung eines Gesetzes

---

oder moralisch zu bestimmen (Giesinger 2019). Das wird insbesondere an den Rändern und in Grenzfällen bemerkbar. Die Grenzen zwischen Kindern und Nicht-Kindern, am Anfang und am Ende der Kindheit, sind fließend, ungenau und überlappen sich. Sie sind daher auch gesellschaftlich variabel und kulturell unterschiedlich auslegbar. Philosophisch relevant ist diese Vagheit des Begriffs der Kindheit und seine Eingespanntheit zwischen Natur und Kultur vor allem auch, weil Kindheit in der Regel als ein dezidiert normativer Begriff genutzt wird, der für Moral und Recht bedeutsame Implikationen in sich trägt (Archard und Macleod 2002; Schickhardt 2012). Kinder gelten als verletzlicher, als unvernünftiger, als unfreier und als bedürftiger als Erwachsene – sie haben weniger Rechte und Pflichten bzw. haben andere Rechten und Pflichten (Archard 2004). Interessanterweise spielt es dabei nur eine geringe Rolle, wie sich die betreffende Person selbst sieht, und zumeist ist eine eigene Zuordnung zur Kategorie der Kinder oder der Erwachsenen ausgeschlossen, da diese beiden in Altersgrenzen eingeordnet werden und Selbstbestimmung bezüglich einer entsprechenden Kategorisierungen als unmöglich angesehen wird – im Unterschied etwa zur Selbstbestimmung über das eigene Geschlecht, die Religion oder vielleicht sogar der Ethnie.

[2]Maarten, Lokorst und Poel unterscheiden zwei Kerndimensionen von Technik, eine instrumentelle und eine produktive Dimension: „Technology can be said to have two ‚cores' or ‚dimensions', which can be referred to as *instrumentality* and *productivity*. Instrumentality covers the totality of human endeavours to control their lives and their environments by interfering with the world in an instrumental way, by using things in a purposeful and clever way. Productivity covers the totality of human endeavours to brings new things into existence that can do certain things in a controlled and clever way" (2018, 5–6). Es ließe sich entsprechend zwischen einem Kernbegriff von Technik und unterschiedlichen ausformulierten Technikkonzeptionen unterscheiden, die sich um die angemessenste Ausformulierung des konzeptuellen Kerns streiten.

auf Einzelfälle" (Lenk 1982, 19). Das spezifische Verständnis von Technik, das jeweils in einem bestimmten Problemkontext als angemessen gelten kann,[3] wird im Rahmen von technikphilosophischen Zugängen zum Verhältnis von Kindheit und Technik[4] in der Regel umstritten sein. Techniken werden in ihrer Bedeutung und Relevanz für Kindheiten unterschiedlich theoretisch konzeptualisiert, gedeutet und bewertet. Nicht umstritten jedoch ist, dass sozial eingebettete und kulturell variante Techniken und ihre Nutzung eine zentrale Rolle im Leben bzw. für das Leben von Kindern spielen. Um – ohne Anspruch auf Vollständigkeit – einige Beispiele zu nennen: Zunächst kann man an Techniken denken, die Kindheit bzw. Kindsein als solche ermöglichen und begrenzen. In einem relativ einfachen Sinne ist das an der medizinischen Begleitung von Schwangerschaft und Geburt abzulesen, die sich von einfachen ärztlichen Handlungen bis hin zu modernen Formen der Befruchtung, von der Einsetzung einer Blastozyste über die Überwachung von Schwangerschaften durch Ultraschall bis zur technikbasierten Geburt mittels Kaiserschnitt, erstrecken (Marx und Scheerer 2019). Techniken werden dazu eingesetzt zu entscheiden, welche Kinder überhaupt existieren dürfen und welche nicht. Viele Kinder gäbe es – und dies ist angesichts der Geschichte der Kindersterblichkeit kein trivialer Befund – ohne den technisch-medizinischen Fortschritt gar nicht. Auch am Ende der Kindheit stehen wiederum Techniken. Das sind Techniken, die helfen zu entscheiden, wer noch ein Kind ist – etwa im Falle der Altersfeststellung durch Röntgen der Fingerknochen bei jungen Asylwerbern (Noll 2016). Andere Formen der Technik, die über die Statuszuschreibung (Kinder bzw. Erwachsene) entscheiden, kommen zum Einsatz bei Gericht, wo Gutachter herangezogen werden, die mit Hilfe von Tests festlegen, ob jemand noch nach dem Jugendstrafrecht zu verurteilen ist oder schon als Erwachsener (Günter 2008). Weitergehend wäre an Techniken zu denken, deren spezifischer Zweck es ist, den Körper und die Psyche von Kindern zu verändern, anzupassen, zu ‚normalisieren' oder auch zu ‚verbessern' (vgl. z. B. die Debatte über pädagogisches Neuroenhancement: Drerup 2019; sowie Hähnel in diesem Band). Hier sind vermeintlich wenig invasive (Lernprogramme etc.), aber auch sehr invasive Techniken zu nennen, wie sie etwa bei der Geschlechtsanpassung oder -umwandlung (Thyen et al. 2005) genutzt werden. Techniken sind auch für Kinder mit chronischen Erkrankungen und Behinderungen heute nicht mehr wegzudenken, zum Beispiel künstliche Herzklappen, Rollstühle, Implantate, Computer, um Bücher in Brailleschrift lesen zu können etc. Jenseits solcher spezifischer Techniken sind selbstverständlich auch noch solche technischen Arrangements und Praktiken zu nennen, die im Alltag von (fast) allen Kindern

---

[3]Hierzu: Lenk und Moser 1973; Lenk 1982; Ropohl 1991; Ramge 2018; Franssen et al. 2018; zum Begriff der Technik aus erziehungswissenschaftlicher Perspektive: Tenorth 2020.
[4]Zur aktuellen technikethischen und -philosophischen Debatte: Gunkel 2012; Brockman 2015; Lin et al. 2017; Misselhorn 2018; Grimm et al. 2019; Loh 2019; Boddington 2017; Nida-Rümelin 2018; Ramge 2018; zur Debatte über die Philosophie der Kindheit: Drerup und Schweiger 2019; Gheaus et al. 2018.

präsent sind. Viele davon sind auch nicht kindspezifisch, zielen also nicht darauf ab, nur oder vor allem das Leben von Kindern zu verändern. Klassische Beispiele wären hier das Auto, die Waschmaschine, das Handy oder das Internet. Alle diese Dinge können im Leben von Kindern eine große Rolle spielen, sie wurden aber nicht speziell für Kinder gemacht und zielen auch nicht nur auf Kinder ab. Andere Techniken sind speziell für Kinder und in pädagogischer Absicht entwickelt worden. Gute Gründe sprechen dafür anzunehmen, dass pädagogische Arrangements selbst als Techniken in einem weiten Sinne zu verstehen und zu bewerten sind (Tenorth 2002; vgl. auch die Rekonstruktion von Techniken des Zeigens im Sinne einer „soft technology" bei Prange 2005; oder aus einer anderen Theorieperspektive von „Techniken der Subjektivierung": Gelhard et al. 2013; sowie Buck und Koinzer in diesem Band). Wenn man einen eher engen Technikbegriff anwenden will, dann kann man bei kindspezifischen Techniken primär an Chatrooms für Kinder im Internet denken oder an Kinderfilme im Kino und auf Netflix. Techniken, die für die Benutzung durch Erwachsene aber mit Blick auf Kinder gemacht wurden, sind ebenso zahlreich und aus dem Alltag nicht mehr wegzudenken. Hierzu zählen Techniken zur Überwachung mittels Babyphon, Babytrinkflaschenwärmer, technikbasierte Pädiatrie und andere medizinisch-pflegerische Maßnahmen, oder Techniken, die im schulischen Alltag zur Anwendung kommen (z. B. Lernprogramme in Form von Augmented Reality: McGuirk und Buck 2019).

Soweit der kursorische Überblick zur alltäglichen Omnipräsenz von Techniken im Leben von Kindern, was immer wieder Anlass gegeben hat und immer noch liefert für Zeit- und Gesellschaftsdiagnosen (Stichwort ‚Ende der Kindheit'; Postman 1987, 1992; Harari 2017), die in vielen Fällen – kontinuierlich wiederkehrende – Verfalls- und Krisendiagnosen darstellen. Entsprechende kultur- und technikkritische Verdikte und Diagnosen reproduzieren nicht selten geläufige Deutungs- und Bewertungsmuster im Umgang mit neuen Technologien und Techniken (enthusiastische Affirmation vs. skeptische Ablehnung bis hin zu Verdammung: vgl. Tenorth 1994; vgl. zur Technikkritik auch: Lenk 1982; Van Dijk und Hacker 2018; zur historischen Einordnung: Van Dijck 2013; Caruso 2019). Solche in manchen Fällen überpointierte und dramatisierte – jedoch nur selten empirisch hinreichend belegte (der Untergang der Bildung etc.) – Befunde sind im Rahmen dieses Bandes weniger relevant. Zur Diskussion stehen vielmehr systematische ethische und erziehungs-, bildungs- und kindheitsphilosophische Fragen, die sich im Umgang mit neuen Technologien und Techniken stellen. Hierzu zählen z. B. Fragen der folgenden Art: Wie sind (Neben-)Folgen der Einführung von AI-Systemen in Unterricht und Schule zu verstehen und zu bewerten? Wie kann man sinnvoll mit dem Problem mangelnder Transparenz von Algorithmen umgehen? Welche (momentan bereits teilweise praktizierten) Formen der Überwachung und Kontrolle der Onlinekommunikation von Kindern und Jugendlichen sind in und außerhalb pädagogischer Institutionen zulässig? Wer soll hierüber entscheiden dürfen? Ist eine ‚rein pädagogische', d. h. in diesem Fall nur auf Lernzwecke ausgerichtete Nutzung von digitalen Lern- und Kontrollsystemen überhaupt realistisch? Haben Kinder ein Recht auf Zugang zum Internet – und wenn ja ab welchem Alter und in welcher Form? Dürfen Eltern die Fotos ihrer Kinder auf Facebook teilen? Welche Folgen kann eine digitale Timeline für biographische Selbstverständigungs- d. h. Bildungsprozesse und das Verhältnis von Öffentlichkeit und Privatheit haben? Welche Möglichkeiten und Fallstricke bietet die Nutzung von Robotern in pädagogischen Kontexten? Kann man mit Robotern befreundet sein? Wie kulturell, moralisch und politisch ‚neutral', so die klassische technikphilosophische Frage, sind Techniken qua Techniken (hierzu: Loh 2019)? Welche Rolle spielen neue Technologien bei der Gestaltung des Generationenverhältnisses und für technisch vermittelte und realisierte „Regime der Kindheit" (Anderson und Claassen 2012)?

Diese und ähnliche Fragen, so unsere Annahme, werden in der erziehungs-, bildungs- und kindheitsphilosophische Debatte über Technologie und Technik in den kommenden Jahren auch deshalb verhandelt werden, weil man ihnen im pädagogischen Alltag schwerlich wird aus dem Weg gehen können. Man muss daher weder Science-Fiction-affin noch technophil sein, um zu sehen, dass die entsprechenden technologischen Entwicklungen diese und ähnliche technische Anwendungen möglich machen werden (oder schon gemacht haben) und dass hieraus Klärungs- und Diskussionsbedarf entsteht, zu dem philosophische Disziplinen – unter anderen – einen Beitrag zu leisten haben.

Zu den einzelnen Beiträgen: *Minkyung Kim* und *Thomas Grote* beschäftigen sich in ihrem Beitrag mit dem Phänomen, dass Eltern Bilder ihrer Kinder auf sozialen Netzwerken teilen (sog. Sharenting). Im Rahmen einer systematischen ethischen Analyse diskutieren sie die Fragen, ob und inwieweit Eltern die digitale Identität ihrer Kinder gestalten dürfen sollten, inwieweit die Vorprägung ihrer digitalen Identität im Konflikt mit dem Recht des Kindes auf eine offene Zukunft stehen könnte und welche Pflichten Eltern zum Schutz der kindlichen Privatsphäre zukommen.

Ingrid Stapf setzt sich in ihrem Beitrag ebenfalls mit medienethischen Fragen zur Privatsphäre und zur (informationellen) Selbstbestimmung von Heranwachsenden auseinander. Die aktuelle Mediatisierung von Kindheit schafft, so Stapf, einerseits neue Möglichkeiten für kindliche Selbstbestimmung, etwa durch die Nutzung von medialen Angeboten und die Partizipation an sozialen Interaktionen, andererseits birgt sie jedoch auch große Risiken durch die Verletzung kindlicher Schutzrechte, durch Cybermobbing, Hate Speech, verstörende gewalthaltige oder pornographische Inhalte. Der erleichterte und gesteigerte Zugang zum Netz wirkt sich auf die Generationenordnung aus, da Kinder immer früher Zugang zu Informationen und Interaktionen erhalten, die es ihnen ermöglichen, ihre Meinung auszudrücken und am gesellschaftlichen Diskurs teilzunehmen. Gleichzeitig können diese Freiheitsrechte aber auch durch einen Verlust der informationellen Selbstbestimmung eingeschränkt oder gar bedroht werden. Ausgehend von dieser spannungsgeladenen Problemvorgabe erarbeitet sie anhand von Beispielen und aktuellen empirischen Studien ethische Perspektiven auf die Privatsphäre von Kindern in digitalen Umgebungen.

Gottfried Schweiger widmet sich in seinem Beitrag ethischen Fragen bezüglich der körperlichen Integrität und Selbstbestimmung von Jugendlichen. Ausgehend von begrifflichen und normativen Klärungen zum Wert der Autonomie für das Leben von Jugendlichen, und damit verbundenen Fragen nach der Legitimation von paternalistisch motivierten Einschränkungen ihrer Autonomie, diskutiert er Probleme im Umgang mit sog. Sexting, also das Versenden von Texten sexuellen Inhalts oder von sexuellen Fotografien oder Videos des eigenen Körpers, und die dadurch aufgeworfene Frage, ob dieses staatlich verboten werden sollte.

Martin Hähnel diskutiert die Frage, welche Bedeutung digitalen und biomedizinischen Technologien bzw. Praktiken im Rahmen aktueller Bildungsprozesse zukommt, die vornehmlich das Ziel verfolgen, kognitive Fähigkeiten und Kompetenzen bei Erwachsenen, Jugendlichen und Kinder zu schulen und ggf. zu steigern. Anhand des Begriffes des „Enhancement" (und in Abgrenzung zum Begriff „Therapie") zeigt er auf, welche Faktoren für die ethische Bewertung verschiedener Formen der Leistungssteigerung, die in edukativen Kontexten auftauchen, relevant sind (z. B. wird die Leistungssteigerung mittels des Einsatzes einer bestimmten Technologie oder pharmakologischen Maßnahme erreicht oder nicht? Welches pädagogische Ziel soll mit der Optimierung verbunden werden?). Er plädiert für einen maßvollen Einsatz solcher digitalen Technologien und biomedizinischen Praktiken, die eine schrittweise und sanfte Leistungsverbesserung ermöglichen und dabei nicht zulasten des Gedeihens der individuellen Persönlichkeit gehen.

Manuel Aparicio Payá, Ricardo Morte Ferrer, Mario Toboso Martín, Txetxu Ausín, Aníbal Monasterio Astobiza und Daniel López analysieren in ihrem Beitrag mögliche Folgen der Entwicklung von interaktiven Robotern für das Leben von Kindern. Ausgehend von der UN-Kinderrechtskonvention und der Nussbaum'schen Variante des Capability-Approachs entwickeln sie einen ethischen Rahmen für die Bewertung einer angemessenen Nutzung von Robotern in unterschiedlichen Domänen des Lebens von Kindern (etwa die Nutzung von Robotern für Bildungs- oder Unterhaltungszwecke).

Svenja Wiertz' Beitrag behandelt die Frage, ob und in welchem Sinne Roboter Freunde von Kindern sein können. Sie stellt die typischen Werte von Freundschaften insbesondere in der Kindheit dar und diskutiert Möglichkeiten der Verwirklichung dieser Werte in der Interaktion zwischen Kindern und Robotern. Die Verwirklichung einzelner Werte wie Freude an der gemeinsamen Interaktion, Einübung sprachlicher Fähigkeiten und ein Zugewinn an Wissen ist aus ihrer Sicht durchaus möglich und plausibel. Die Möglichkeit der Entwicklung sozialer Kompetenzen in der Interaktion mit Robotern sieht sie dagegen eher skeptisch. Ein zentraler Unterschied zwischen Kinderfreundschaften und Beziehungen zwischen Kindern und Robotern ist, so Wiertz, dass heutige Roboter als Repräsentanten der Zielsetzungen und Autorität von Erwachsenen verstanden werden müssen, während es für Freundschaften zwischen Kindern wesentlich ist, dass diese sich als Gleiche begegnen.

Miguel Zulaica y Mugica beschäftigt sich in seinem Beitrag mit erziehungs-, bildungs- und kindheitsphilosophischen Fragen zu Problemen des Spiels in digitalen Kontexten. Im Rahmen der Verbreitung des digitalen Spiels und der Figuration alltäglicher Praktiken mit Spielelementen (Gamification) entstehen, so seine zentrale These, neue Formen der Verhaltenskontrolle, die das Spielerische zum Medium ökonomischer und politischer Interessen werden lassen.

Oktay Bilgi fragt aus phänomenologischer Perspektive nach dem Spannungsverhältnis leiblich-sinnlicher (Lern- und Bildungs-)Erfahrung und digitalen Bildungsangeboten. An Heideggers These anschließend, dass Technik Wahrnehmung verändert, zeigt Bilgi am Beispiel musikalisch-ästhetischer Bildung möglicherweise auftretende Differenzen in den Erfahrungsweisen auf. Die Einübung und verleiblichte Internalisierung musisch-ästhetischer Erfahrung stehen im Kontrast zur digitalen Imitation, die Momente der Idemität und konkreativen Emergenz vermissen lassen. An ihre Stelle tritt ein unmittelbares Machen, formalisiert und ent-leiblicht. Radikal fortgesetzt führt das zur Frage, ob im Modus des Digitalen so überhaupt ästhetische Erfahrungen im ursprünglichen Sinne möglich werden – und diese muss unter der angelegten Perspektive vorerst verneint werden.

Sebastian Ostritsch argumentiert in seinem Beitrag ausgehend von Überlegungen George Herbert Meads, die dem kindlichen Spiel eine wesentliche Rolle bei der Entwicklung des personalen Selbst zuerkennen, dass auch Computerspiele eine entsprechende Funktion bei der Herausbildung eines selbstbestimmten und selbstverantwortlichen Selbst erfüllen können. Damit wendet er sich zugleich gegen das gängige Pauschalurteil, Computerspiele seien gewaltverherrlichende „Killerspiele" oder sinnloses „Daddeln" und damit einer angemessenen Entwicklung von Kindern nicht zuträglich.

Marc Fabian Buck und *Thomas Koinzer* erörtern in ihrem Beitrag, welche Anforderungen im Kontext der Digitalisierung an öffentliche Erziehung und Unterricht herangetragen werden, und prüfen, wie diese Anforderungen sich auf die theoretischen Vorgaben beziehen lassen, die Niklas Luhmann mit der These des „Technologiedefizits der Erziehung" in die erziehungswissenschaftliche Diskussion eingebracht hat. Sie unterscheiden drei Positionen, die für Schule und pädagogische Praxis relevant sind: 1) die insinuierte Überwindung des Technologiedefizits, 2) seine Berücksichtigung und die fortwährende Bearbeitung von Technologieersatztechnologien und 3) die Wiederkehr des Technologieverdikts. Diese drei Grundpositionen werden dann von ihnen mit Blick auf ihre ethisch-normativen Folgen für Institutionen der Erziehung und Bildung sowie für die darin tätigen Fachkräfte und ihre Praxis diskutiert und auf den Prüfstand gestellt.

Thomas Sukopp rekonstruiert in seinem Beitrag zunächst einige Voraussetzungen für einen gelingenden Dialog von Bildungsphilosophie, Bildungs- und Erziehungswissenschaft und Philosophiedidaktik. Davon ausgehend diskutiert er Möglichkeiten und Grenzen der Anwendung von unterschiedlichen Formen der (schwachen und starken) KI im Unterricht und entwickelt ein Argument für die Unverzichtbarkeit von menschlichen Lehrpersonen, welches auf fundamentale Unterschiede zwischen starker KI und menschlichem Denken, Fühlen und Handeln rekonstruiert.

Karin Hutflötz geht in ihrem Beitrag der Frage nach, wie im „Dispositiv des Digitalen" humane Bildung noch bzw. wieder möglich ist. Sie kombiniert dabei unterschiedliche Denktraditionen und zeigt auf, dass Anspruch und Wirklichkeit der Aufgaben von Bildungsinstitutionen in Zeiten der Digitalisierung so weit differieren, dass ggf. schon von einem Bildungsverlust gesprochen werden kann. Positiv gewendet zeigt Hutflötz, dass ein Bildungssinn wiedergefunden werden kann, wenn eine Rück- bzw. Neubesinnung auf „Integrität und Schulung kritischen Denkens" erfolgt.

Melanie Förgs Beitrag diskutiert abschließend Möglichkeiten und Methoden des gemeinsamen Philosophierens mit Kindern zum Thema ‚Technik'. Ausgangspunkt ihrer Überlegungen ist Ekkehard Martens' Argumentation für das Philosophieren als elementare Kulturtechnik. Martens' Argumentation wird von ihr um empirische Befunde zu Einstellungen und Fähigkeiten von Kindern zum Thema ergänzt, um auf dieser Basis zu begründen, inwiefern Kinder tatsächlich Ansprechpartner/innen philosophischer Argumentation sein können, denen auf Augenhöhe zu begegnen ist. In einem zweiten Schritt stellt sie zwei Methoden des Philosophierens mit Kindern vor (Methoden des Gesprächs und des Rollenspiels) und zeigt ihre Relevanz und konkrete Möglichkeiten ihrer Umsetzung mit Bezug auf das Thema Technik auf.

Literatur

Anderson, Joel, und Rutger Claassen. 2012. „Sailing Alone: Teenage Autonomy and Regimes of Childhood". *Law and Philosophy* 31(5): 495–522. https://doi.org/10.1007/s10982-012-9130-9.

Archard, David. 2004. *Children: Rights and childhood*. 2. Aufl. London/New York, NY: Routledge.

Archard, David, und Colin Macleod, Hrsg. 2002. *The moral and political status of children*. 1. Aufl. Oxford/New York, NY: Oxford University Press.

Boddington, Paula 2017. *Towards a Code of Ethics for Artificial Intelligence*. Cham: Springer.

Brockman, John, Hrsg. 2015. *What to think about machines that think?* New York et al.: Harper.

Caruso, Marcelo. 2019. *Geschichte der Bildung und Erziehung*. Paderborn: Schöningh.

Drerup, Johannes, und Gottfried Schweiger, Hrsg. 2019. *Handbuch Philosophie der Kindheit*. 1. Aufl. Stuttgart: J.B. Metzler.

Franssen, Maarten, Lokhorst, Gert-Jan, und van de Poel, Ibo. 2018. Philosophy of Technology. https://plato.stanford.edu/entries/technology/.

Gelhard, Andreas, Thomas Alkemeyer, und Norbert Ricken, Hrsg. 2013. *Techniken der Subjektivierung*. München: Wilhelm Fink.

Gheaus, Anca, Gideon Calder, und Jurgen De Wispelaere, Hrsg. 2018. *The Routledge handbook of the philosophy of childhood and children*. 1. Aufl. Routledge handbooks in philosophy. New York, NY: Routledge.

Giesinger, Johannes. 2019. „Kinder und Erwachsene: Abgrenzungs- und Zuordnungsprobleme". In *Handbuch Philosophie der Kindheit*, herausgegeben von Johannes Drerup und Gottfried Schweiger, 43–49. Stuttgart: J.B. Metzler. https://doi.org/10.1007/978-3-476-04745-8_6.

Grimm, Petra, Tobias Keber, und Oliver Zöllner, Hrsg. 2019. *Digitale Ethik*. Stuttgart: Reclam.

Grunwald, Armin. 2013. „Technik". In *Handbuch Technikethik*, herausgegeben von Armin Grunwald und Melanie Simonidis-Puschmann, 13–17. Stuttgart: J.B. Metzler. https://doi.org/10.1007/978-3-476-05333-6_2.

Gunkel, David. 2012. *The machine question*. Cambridge, Mass. London: MIT Press.

Günter, Michael. 2008. „Der § 105 JGG: Entwicklungspsychologische Erkenntnisse und gutachterliche Praxis1". *Forensische Psychiatrie, Psychologie, Kriminologie* 2 (3): 169–79. https://doi.org/10.1007/s11757-008-0083-7.

Harari, Yuval Noah. 2017. *Homo Deus*. London: Vintage.

Kelle, Helga. 2019. „Kindheit als anthropologische und soziale Kategorie". In *Handbuch Philosophie der Kindheit*, herausgegeben von Johannes Drerup und Gottfried Schweiger, 1. Aufl., 18–25. Stuttgart: J.B. Metzler. https://doi.org/10.1007/978-3-476-04745-8_3.
Lenk, Hans, und Simon Moser, Hrsg. 1973. *Techne. Technik. Technologie*. München: utb.
Lenk, Hans. 1982. *Zur Sozialphilosophie der Technik*. Frankfurt a. M.: Suhrkamp.
Lin, Patrick, Ryan Jenkins, und Keith Abney, Hrsg. 2017. *robot ethics 2.0*. Oxford: Oxford University Press.
Loh, Janina. 2019. *Roboterethik*. Berlin: Suhrkamp.
Marx, Rita, und Ann Kathrin Scheerer, Hrsg. 2019. *Auf neuen Wegen zum Kind: Chancen und Probleme der Reproduktionsmedizin aus ethischer, soziologischer und psychoanalytischer Sicht*. Gießen: Psychosozial-Verlag. https://doi.org/10.30820/9783837974751.
McGuirk, James und Marc Fabian Buck. 2019. Leibliche (Lern-)Erfahrung qua Augmented Reality. In: Brinkmann, Malte et al., Hrsg. *Leib – Leiblichkeit – Embodiment. Pädagogische Perspektiven auf eine Phänomenologie des Leibes*. Wiesbaden: Springer VS, 405–423. https://doi.org/10.1007/978-3-658-25517-6.
Misselhorn, Catrin. 2018. *Grundfragen der Maschinenethik*. Stuttgart: Reclam.
Nida-Rümelin, Julian. 2018. *Digitaler Humanismus*. München: Piper.
Noll, Gregor. 2016. „Junk Science? Four Arguments against the Radiological Age Assessment of Unaccompanied Minors Seeking Asylum". *International Journal of Refugee Law* 28 (2): 234–50. https://doi.org/10.1093/ijrl/eew020.
Postman, Neil. 1987. *Das Verschwinden der Kindheit*. Berlin: Fischer.
Postman, Neil. 1992. *Das Technopol*. Frankfurt a. M.: Fischer.
Prange, Klaus. 2005. *Die Zeigestruktur der Erziehung. Grundriss der Operativen Pädagogik*. Paderborn et al.: Ferdinand Schöningh.
Ramge, Thomas. 2018. *Mensch und Maschine*. Stuttgart: Reclam.
Ropohl, Günter 1991. *Technologische Aufklärung*. Frankfurt a. M.: Suhrkamp.
Schickhardt, Christoph. 2012. *Kinderethik: der moralische Status und die Rechte der Kinder*. 1. Aufl. Münster: Mentis.
Tenorth, Heinz-Elmar. 1994. *„Alle alles zu lehren". Möglichkeiten und Perspektiven allgemeiner Bildung*. Darmstadt: Wissenschaftliche Buchgesellschaft.
Tenorth, Heinz-Elmar. 2002. Apologie einer paradoxen Technologie – über Status und Funktion von „Pädagogik". In: Böhm, Winfried. Hrsg., *Pädagogik- Wozu und für wen?* Stuttgart: Cotta, 70–99.
Tenorth, Heinz-Elmar 2020. Der Erzieher als Techniker, die Technologie der Pädagogik. *Vierteljahrsschrift für wissenschaftliche Pädagogik* 95, 467–483.
Thyen, Ute, Hertha Richter-Appelt, Claudia Wiesemann, Paul-Martin Holterhus, und Olaf Hiort. 2005. „Deciding on Gender in Children with Intersex Conditions: Considerations and Controversies". *Treatments in Endocrinology* 4 (1): 1–8. https://doi.org/10.2165/00024677-200504010-00001.
Van Dijck, José. 2013. *The Culture of Connectivity*. Oxford: Oxford University Press.
Van Dijk, Jan, und Kenneth Hacker. 2018. *Internet and Democracy in the Network Society*. New York, Oxon: Routledge.

Sollten Eltern die Bilder ihrer Kinder auf sozialen Medien teilen dürfen?

Über elterliche Rechte und Pflichten zum Schutz der kindlichen Privatsphäre

Minkyung Kim und Thomas Grote

Abstract

Der Einzug von digitalen Technologien hat weitreichende Auswirkungen auf die Ethik der Eltern-Kind-Beziehung. In diesem Artikel befassen wir uns unter ethischen Gesichtspunkten mit dem Phänomen des Sharentings, welches sich auf das Veröffentlichen von Inhalten aus dem Leben von Kindern durch ihre Eltern bezieht. Inwieweit sollten Eltern die digitale Identität ihrer Kinder gestalten dürften? Inwieweit steht die Vorprägung ihrer digitalen Identität im Konflikt mit dem Recht des Kindes auf eine offene Zukunft? Welche Pflichten haben Eltern zum Schutz der kindlichen Privatsphäre. Ausgehend von solchen Fragen versuchen wir in diesem Artikel Kriterien für einen ethisch-sensitiven Umgang mit Sharenting zu entwickeln.

Keywords

Ethik der Kindheit · Privatheit · Sharenting · Soziale Medien · Digitalisierung

---

M. Kim (✉)
Zentrum für Lehrerbildung, TU Chemnitz, Chemnitz, Deutschland
E-Mail: minkyung.kim@zlb.tu-chemnitz.de

T. Grote
Exzellenzcluster: Maschinelles Lernen: Neue Perspektiven für die Wissenschaft,
Universität Tübingen, Tübingen, Deutschland
E-Mail: thomas.grote@uni-tuebingen.de

1 Einleitung

In diesem Aufsatz beschäftigen wir uns mit der Ethik des Sharentings (eine Kombination aus *Sharing* und *Parenting*).[1] Das Konzept bezieht sich auf das Verhalten von Eltern, Inhalte aus dem Leben ihrer Kinder auf sozialen Medien zu veröffentlichen. Typischerweise geschieht dies über das Facebook-, Twitter- oder Instagram-Profil der Eltern. Auch wenn die entsprechenden Inhalte meist wenig verfänglich sind und die Eltern in der Regel aus besten Absichten handeln, hat Sharenting weitreichende Konsequenzen für die Eltern-Kind-Beziehung. Insbesondere bei Neugeborenen und jungen Kindern wird durch Sharenting die Identität des Kindes in der digitalen Domäne geprägt, weit bevor diese sich hier selbstbestimmt bewegen können. Sharenting bedeutet insofern einen Eingriff in die Privatsphäre des Kindes und unter Umständen sogar eine Bedrohung für das Wohlergehen des Kindes.[2]

Sharenting erzeugt dadurch einen Nexus unterschiedlicher moralischer Probleme. Das offensichtlichste Problem ist die Verletzung des kindlichen Anspruchs auf Privatheit. Hier ergibt sich die besondere Schwierigkeit, dass gerade jüngere Kinder weder die kognitiven Fähigkeiten besitzen noch über hinreichend Lebenserfahrung verfügen, um der Veröffentlichung von sie betreffenden Inhalten auf sozialen Netzwerken kompetent zuzustimmen. Insofern kommt Eltern eine besondere Verantwortung zum Schutz der kindlichen Privatsphäre zu. Viele Eltern erwarten, dass Schulen oder andere Institutionen besondere Sorgfalt walten lassen, wenn es um das Veröffentlichen von Informationen ihrer Kinder geht. Aber wie lässt sich die Verantwortung der Eltern zum Schutz der kindlichen Privatsphäre genauer begreifen?

Daneben gibt es auch unterschiedliche moralische Rechtfertigungen für Sharenting. Für viele Eltern erfüllt Sharenting wichtige soziale Funktionen. Sie erfahren auf sozialen Medien nicht nur wichtigen Zuspruch, sondern tauschen sich auch mit anderen Eltern über Probleme des Elternseins aus.[3] Gleichzeitig haben sich, bedingt durch die Allgegenwärtigkeit von digitalen Technologien, soziale Beziehungen zunehmend in den Bereich der sozialen Medien verlagert. Viele Großeltern nutzen beispielsweise regelmäßig soziale Medien und sind daran interessiert, Neues aus dem Leben ihrer Enkelkinder zu erfahren. Soziale Medien erweisen sich als äußerst praktisch, um Inhalte zu archivieren und um Beziehungen zu Mitmenschen aufrecht zu erhalten.

Das Ziel unseres Aufsatzes ist es, die moralischen Probleme des Sharentings genauer zu betrachten und Kriterien für die Abwägung der verschiedenen

---

[1] Vgl. Blum-Ross, A. & Livingstone, S. 2017. Sharenting: Parent Blogging and the Boundaries of the Digital Self. In: Popular Communication 15(2).

[2] Vgl. Steinberg, S. 2017. Sharenting: Children's Privacy in the Age of Social Media. In: Emory Law Journal.

[3] Vgl. Ouvrein, G. & Verswijvel, K.: Sharenting. 2019. Public Adoration or Public Humiliation? A Focus Group Study on Adolescents' Experiences with Sharenting Against the Background of their Own Impression Management. In: Children and Youth Service Review, 99, 319–327.

moralisch relevanten Faktoren zu identifizieren. Das Hauptaugenmerk liegt hier insbesondere auf den folgenden drei ethischen Fragen:

1. Inwiefern stellt das Teilen von persönlichen Informationen durch die Eltern einen moralisch unzulässigen Eingriff in die Privatsphäre des Kindes dar?
2. Inwiefern erweist sich das Teilen von persönlichen Informationen als potentiell nachteilig für das Kind als zukünftigen Erwachsenen?
3. Welche Argumente lassen sich für die moralische Rechtfertigung für Sharenting anführen?

Hinsichtlich der moralischen Argumente, welche wir betrachten, beziehen wir uns insbesondere auf Debatten aus dem Bereich der Ethik der Kindheit und der Familienethik. In diesem Sinne werden wir in diesem Artikel die Position vertreten, dass es einerseits erhebliche moralische Einwände gegen Sharenting gibt, aber zumindest eine *moderate* Form des Sharentings moralisch legitimierbar ist.

An dieser Stelle zwei Einschränkungen. Fragen der informationellen Privatheit sind eng mit rechtlichen und datenökonomischen Gesichtspunkten verbunden.[4] Wer hat beispielsweise die Rechte an den Bildern, sobald diese auf sozialen Medien publik gemacht wurden? Welche ökonomischen Mechanismen liegen dem Sharenting zugrunde? Solche Fragen sind normativ höchst relevant und wir sind überzeugt davon, dass eine genauere Betrachtung dieser Faktoren weitere Argumente dafür generien, Sharenting mit einer gewissen Skepsis gegenüberzustehen. Wir werden in unserem Artikel allerdings die rechtlichen und datenökonomischen Aspekte weitestgehend ausblenden und uns stattdessen methodisch auf Überlegungen aus der Ethik der Kindheit und der Ethik der Privatheit fokussieren. Weiterhin werden wir uns in dem Aufsatz auf den Fall des Sharentings bei jungen Kindern beschränken, im Gegensatz zu Jugendlichen. Der Grund hierfür ist, dass Letztere aus juristischer Perspektive über ein größeres Mitbestimmungsrecht verfügen und die Tragweite von Aktivitäten in der digitalen Sphäre besser einschätzen können.[5]

Die Struktur des weiteren Artikels gestaltet sich wie folgt: Das Ziel des zweiten Teils ist eine präzisere begriffliche Rahmung des Sharenting-Begriffs. Zu diesem Zweck werden wir einige paradigmatische Beispiele des Sharentings diskutieren und das Sharenting von strukturell ähnlich gelagerten Phänomenen abgrenzen, etwa der Veröffentlichung von Inhalten aus dem Leben des Kindes mit kommerziellen Absichten. Im dritten Teil befassen wir uns mit dem kindlichen

---

[4] Siehe z. B. Zuboff, S. 2019. The Age of Surveillance Capitalism: The Fight for a Human Future at the New Frontier of Power. New York: Public Affairs Books.
[5] Siehe hierzu etwa die vom Kinderhilfswerk herausgegebene Studie: Kutscher, N. & Buillon, R. 2018. Kinder. Bilder. Rechte. Persönlichkeitsrechte von Kindern im Kontext der digitalen Mediennutzung in der Familie. https://www.dkhw.de/fileadmin/Redaktion/1_Unsere_Arbeit/1_Schwerpunkte/6_Medienkompetenz/6.13._Studie_Kinder_Bilder_Rechte/DKHW_Schriftenreihe_4_KinderBilderRechte.pdf (letzter Zugriff am 14.01.2020).

Recht des Schutzes seiner Privatsphäre. In dieser Hinsicht werden wir Beate Rösslers kontrolltheoretisches Konzept der Privatheit erläutern. Weiterhin werden wir betrachten, welchen Wert Privatheit für das kindliche Wohlergehen besitzt. Hiervon ausgehend werden wir im vierten Teil analysieren, inwieweit Joel Feinbergs „Recht des Kindes auf eine offene Zukunft" als ein starkes Argument gegen Sharenting begriffen werden kann. Im Anschluss daran diskutieren wir verschiedene Kriterien für moralisch zulässige und unzulässige Formen des Sharentings.

2 Begriffliche Überlegungen zum Sharenting

In diesem Teil beabsichtigen wir, ein engeres Verständnis des Sharenting-Begriffs zu entwickeln. Zu diesem Zweck werden wir die begrifflichen Hintergründe analysieren und einen kurzen Überblick über den entsprechenden medialen und wissenschaftlichen Diskurs geben. Schlussendlich möchten wir einige paradigmatische Fälle des Sharentings definieren, welche den normativen Überlegungen in den weiteren Teilen des Aufsatzes zugrunde gelegt werden.

In einem weiten Sinne bezieht sich Sharenting auf das Verhalten von Eltern, persönliche Informationen ihrer Kinder über digitale Technologien und insbesondere soziale Medien zu teilen. Das Teilen der Informationen kann über unterschiedliche Medien erfolgen, von Emails, zu Blogs bis hin zu sozialen Medien wie Twitter, Facebook oder Instagram. Sharenting ist insofern eine Begleiterscheinung des Aufstiegs von sozialen Medien in der letzten Dekade. Bedingt dadurch, dass es ein Phänomen der letzten Jahre ist, existiert eine Kluft zwischen dem journalistischen Interesse und der wissenschaftlichen Forschung zu den Effekten des Sharentings. Journalistische Artikel in angesehenen Zeitungen und Internetportalen tauchen regelmäßig auf.[6] Vergleichsweise überschaubar gestaltet sich der Stand der wissenschaftlichen Forschung. In Bezug auf Letztere überwiegt der Fokus auf datenschutzrechtliche Aspekte.[7] Studien, welche sich demgegenüber mit physischen oder psychologischen (Langzeit-)Effekten bei Kindern durch Sharenting befassen, sind demgegenüber noch Mangelware. Ebenso sieht es mit entsprechenden Arbeiten aus dem Bereich der Ethik aus.[8]

Sharenting kann unterschiedliche Formen annehmen. Die Eltern können beispielsweise Bilder, Aussagen oder erheiternde Anekdoten oder Videos der Kinder publik machen. Mitunter treten Kinder in den entsprechenden Beiträgen der Eltern auch nur indirekt auf. Indem die Eltern soziale Medien nutzen, um sich über

---

[6]Exemplarisch hier der folgende Artikel: https://www.nytimes.com/2019/06/05/opinion/children-internet-privacy.html (letzter Zugriff am 14.01.2020).

[7]Einen guten Überblick gibt die Monographie von Leah Plunkett: Sharenthood. 2019. Why We Should Think Before We Talk about Our Kids Online. Cambridge, Mass.: MIT Press.

[8]Eine Ausnahme ist Sziron, M. & Hildt, E. 2018. Digital Media, the Right to an Open Future, and Children 0–5. In: Frontiers in Psychology.

Ernährung oder Erziehungsratschläge auszutauschen, lassen sich Informationen über die Kinder extrapolieren. Alternativ können die Eltern Bilder teilen, auf denen die gesamte Familie zu sehen ist und das Kind somit nur ein Teil ist. Weiterhin ist Sharenting ein graduelles Phänomen. Die Quantität und Qualität der geteilten Informationen können beispielsweise erheblich variieren. Überschreiten die Eltern ein gewisses Maß, wird dies auch als *Oversharenting* bezeichnet.

Warum teilen Eltern überhaupt Informationen aus dem Leben ihrer Kinder auf sozialen Medien? Einer der Gründe für die Nutzung sozialer Medien *als solche* dürfte zunächst sein, dass sie als Kommunikationsform für Eltern einen (vermeintlichen) Kontrollgewinn bedeuten. Die Kommunikation ist in sozialen Medien nicht auf einen bestimmten Zeitpunkt oder Raum fixiert. Hinzu kommt, dass der Aufwand für das Verfassen neuer Mitteilungen oder für das Teilen neuer Bilder vergleichsweise gering ist. Zugleich können Freunde oder die Großeltern jederzeit auf die Informationen zugreifen. Daneben sind soziale Medien ein wichtiger Resonanzraum. Die Eltern erfahren Anerkennung wie auch hilfreiche Ratschläge, welche es ihnen ermöglichen, die Herausforderungen des Elternseins zu meistern. In dieser Hinsicht unterscheidet eine jüngst erschienene Studie über die Wahrnehmung von Sharenting bei Jugendlichen (die Kurzform ist, dass die meisten Jugendlichen Sharenting ablehnen) zwischen vier verschiedenen motivationalen Faktoren: 1) Ratschläge von anderen Eltern, 2) die Archivierungsmöglichkeiten von sozialen Medien, 3) soziale Interaktionen und 4) Selbstdarstellung.[9] Dieser Taxonomie möchten wir eine weitere Kategorie hinzufügen, nämlich 5) Sharenting als Ausdruck elterlicher Zuneigung. Durch das Teilen von Familienfotos auf sozialen Netzwerken verdeutlichen die Eltern beispielsweise, dass ihnen die Familie bzw. ihre Kinder wichtig sind. Sharenting ist insofern symptomatisch für eine durch digitale Technologien geprägte Form des Gefühlsmanagements.

Sharenting stellt in dieser Hinsicht kein isoliertes Phänomen dar, denn auch andere Formen von sozialen Beziehungen, wie Freundschaften oder gar Liebesbeziehungen, haben sich vermehrt in die digitale Sphäre verschoben.[10] Hierdurch verändern sich zugleich die Normen der entsprechenden Beziehungsformen. Online-Dating verändert die Art und Weise, wie sich Menschen kennen lernen und durch soziale Medien sind neue Arten von Freundschaft entstanden. Dies wirft verschiedene ethische Fragen auf: Können Freundschaften auf sozialen Medien ebenbürtig zu Freundschaften in der *analogen Welt* sein oder sind die das digitale Pendant von Brieffreundschaften?[11]

Ungeachtet dessen, wie wir die Rolle von digitalen Technologien für die Gestaltung sozialer Beziehungen konkret bewerten, die ethischen Grundprobleme des Sharentings bleiben weiter bestehen. Selbst wenn wir die Annahmen

---

[9]Vgl. Ouvrein, G. & Verswijvel, K.: Sharenting: Public Adoration or Public Humiliation?
[10]Siehe etwa Illouz, E. 2018. Warum Liebe endet: Eine Soziologie negativer Beziehungen. Berlin: Suhrkamp.
[11]Vgl. Kristjánsson, K. 2019. Online Aristotelean Friendship as an Augmented Form of Penpalship. In: Philosophy & Technology.

akzeptieren, dass Sharenting die Zuneigung der Eltern zum Kind ausdrückt und, dass Zuneigung oder elterliche Liebe integral für die Entwicklung des Kindes sind,[12] so ist dies keine zufriedenstellende moralische Rechtfertigung von Sharenting. Immerhin begehen Menschen häufig moralisch verwerfliche Taten aus Liebe. Oder umgekehrt, die Liebe dient als Rechtfertigung von moralisch verwerflichen Taten, etwa schwarzer Pädagogik.[13] Weiterhin drückt Sharenting ein verändertes Verständnis der Elternrolle aus. Dadurch, dass Eltern freimütig Informationen aus dem Leben ihrer Kinder teilen, wird das Kind zu einer Erweiterung ihres Selbst. Sie sind es, die entscheiden, welche Geschichten sie über ihre Kinder schreiben.[14]

Gerade, dass Sharenting kein isoliertes Phänomen ist, sondern als Teil eines kulturellen Prozesses begriffen werden kann, erschwert dessen moralische Bewertung. Dies erfordert eine Eingrenzung des Konzepts des Sharentings. Aus diesem Grund möchten wir kurz zwei moralisch heikle Fälle diskutieren, die wir jedoch im weiteren Aufsatz nicht mehr betrachten werden.

Der erste Fall bezieht sich auf das Veröffentlichen von sexualisierten Inhalten. Auch wenn das Teilen von Informationen aus dem Leben ihrer Kinder in der Regel durch beste Absichten motiviert ist, sind sich viele Eltern nicht der Tragweite ihres Handelns bewusst. Bilder, auf denen Kinder leicht bekleidet zu sehen sind (das sogenannte *Badewannenbild* als paradigmatischer Fall), sind durch Suchmaschinen für Externe zugänglich und werden sogar auf Tauschbörsen Pädophiler angeboten. Das Wissen um die zweckentfremdete Verwendung dieser Bilder kann bei den Kindern (als spätere Jugendliche/Erwachsene) Gefühle der Scham hervorgerufen werden oder als entwürdigend empfunden werden.

Es versteht sich vor diesem Hintergrund von selbst, dass die Veröffentlichung eines solchen Typs von Bildern aus moralischen Gründen nicht legitimierbar ist.

Der zweite Fall bezieht sich auf das Publikmachen von Informationen aus dem Leben des Kindes, angetrieben aus kommerziellem Interesse. Laut einer von Forbes herausgegebenen Rangliste, ist der achtjährige Ryan Kaji der aktuell bestbezahlte Influencer auf YouTube.[15] Dort veröffentlicht er regelmäßig Videos, in denen er Spielzeuge testet. Auf sozialen Netzwerken finden sich noch dutzende vergleichbare Fälle. Auch wenn davon ausgegangen werden kann, dass in solchen Fällen die Eltern der Kinder häufig treibende Kräfte sind, so scheinen uns solche Fälle durch die kommerzielle Dimension moralisch anders gelagert zu sein als beim konventionellen Sharenting.

---

[12]Siehe hierzu Liao, M. 2015. The Right to be Loved. Oxford/New York: Oxford University Press.
[13]Wir danken Johannes Drerup für den hilfreichen Einwand.
[14]Vgl. Vgl. Blum-Ross, A. & Livingstone, S.: Sharenting 2017. Parent Blogging and the Boundaries of the Digital Self.
[15]https://www.forbes.com/sites/maddieberg/2019/12/18/the-highest-paid-youtube-stars-of-2019-the-kids-are-killing-it/#3f0066f38cd4 (letzter Zugriff am 14.01.2020).

Ein weiterer Fall, den wir nicht diskutieren werden, betrifft das Teilen von Inhalten aus dem Leben ihrer Kinder bei Eltern, welche als öffentliche Personen gelten. Bedenkt man, dass das Leben als öffentliche Person sowohl mit Vorteilen, aber auch erheblichen Kosten einhergeht, begehen die Eltern durch das gezielte Veröffentlichen von Inhalten aus dem Leben des Kindes einen schwerwiegenden Eingriff in dessen Privatsphäre. Die Art und Weise, wie Inhalte aus dem Leben der Kinder dargestellt werden, weist hier eine erhebliche Schnittmenge mit konventionellen Fällen des Sharentings auf. Die Risiken, die durch die Verletzung der kindlichen Privatsphäre resultieren, sind hier jedoch noch höher einzuschätzen, bedingt durch das verstärkte Interesse der Öffentlichkeit. Gleichsam kann das Veröffentlichen der Information seitens der Eltern auch dadurch motiviert sein, der Öffentlichkeit Neuigkeiten aus dem eigenen Leben mitzuteilen. In solchen Fällen ist Sharenting somit wieder mit einer kommerziellen Dimension verquickt. Aus diesem Grund handelt es sich hierbei um einen abgewandelten Fall des Sharentings, der eine andere moralische Beurteilung erfordert.

Hiervon ausgehend, lässt eine Eingrenzung der Fälle, mit denen wir uns in diesem Artikel befassen wollen, vornehmen. In Bezug auf den Gehalt der veröffentlichten Informationen gilt, dass er nicht auf offensichtliche Weise verfänglich ist. Es werden keine sexualisierten Inhalte veröffentlicht, noch wird das Kind anderweitig bloßgestellt. Dies schließt jedoch nicht aus, dass den Kindern gerade als künftige Erwachsene viele Inhalte unangenehm sein können. Weiterhin gilt, dass die Veröffentlichung der Informationen nicht durch kommerzielle Interessen motiviert ist. Stattdessen dienen Aktivitäten auf sozialen Medien vorrangig der Beziehungspflege mit Freunden und Verwandten. Zuletzt fokussieren wir uns auf jüngere Kinder, da bei ihnen die Möglichkeit, ihre digitale Identität zu gestalten, nur unzureichend gegeben ist.

3   Der kindliche Anspruch auf Privatheit

Durch digitale Technologien erfährt der Schutz der Privatsphäre von Kindern eine neue Dringlichkeit. Nicht nur veröffentlichen Eltern Inhalte ihrer Kinder auf sozialen Medien, sondern viele Kinder sind selbst Akteure im Internet. Sie rezipieren dort Inhalte, kommunizieren mit Freunden, kommentieren Videos und stellen ggf. sogar eigene Videos ins Netz.[16] Kinder erzeugen dadurch bereits im jungen Alter einen digitalen Fußabdruck. Häufig können sie dabei nicht einschätzen, welche möglichen Auswirkungen bestimmte Aktivitäten im Internet nach sich ziehen können. Hierdurch entstehen Risiken für die Privatsphäre der Kinder.

---

[16]Siehe hierzu exemplarisch die letzte KIM-Studie 2018 des Medienpädagogischen Forschungsverbunds Südwest: https://www.mpfs.de/fileadmin/files/Studien/KIM/2018/KIM-Studie_2018_web.pdf (letzter Zugriff am 14.01.2020).

Der Gedanke, dass die Privatsphäre von Kindern schutzbedürftig ist, ist gleichwohl nicht neu. Bereits im Artikel 16 der UN-Kinderrechtskonvention wird der Anspruch des Kindes auf Privatsphäre verankert. Der konkrete Wortlaut des Artikels lautet dabei wie folgt:

> (1) Kein Kind darf willkürlichen oder rechtswidrigen Eingriffen in sein Privatleben, seine Familie, seine Wohnung oder seinen Schriftverkehr oder rechtswidrigen Beeinträchtigungen seiner Ehre und seines Rufes ausgesetzt werden.
> (2) Das Kind hat Anspruch auf rechtlichen Schutz gegen solche Eingriffe oder Beeinträchtigungen.[17]

Ohne hier die Feinheiten der UN-Kinderrechtskonvention zum Schutz der kindlichen Privatsphäre diskutieren zu wollen, ist zunächst auffällig, dass hier ein sehr weites Verständnis von der Privatsphäre des Kindes verwendet wird. So beinhaltet der Anspruch des Kindes auf Privatheit einen Schutz der Familie, der Wohnung und der Reputation des Kindes. Insofern geht der Anspruch des Kindes auf Privatsphäre weit über den Bereich informationeller Privatheit hinaus.

Um zu verstehen, worin der besondere Wert der Privatsphäre für Kinder besteht, ist es erforderlich einige begriffliche Klärungen voranzustellen. Wir werden in diesem Artikel weder eine eigenständige Theorie von kindlicher Privatheit entwickeln noch versuchen, die entsprechende ethische erschöpfend zu rekapitulieren. Stattdessen versuchen wir die folgenden zwei Fragen zu beantworten:

1. Was beinhaltet der Schutz kindlicher Privatheit?
2. Worin besteht der Wert der Privatheit für Kinder?

Unsere Grundannahme ist zunächst, dass das Kernelement von Privatheit als eine Form der Zugangskontrolle zu privaten Informationen, Gütern oder auch Räumen verstehen lässt. Der Begriff des Privaten ist dabei zunächst weiter gefasst als der bloße Zugang zu persönlichen Informationen. Stattdessen ist auch die Wahl der religiösen Zugehörigkeit, die Berufswahl oder die eigene Wohnung ein mögliches Objekt von Privatheit. In allen diesen Fällen gilt etwas dann als privat, wenn eine Person faktische Handlungsmacht darüber hat, den Zugang zu diesen Gütern zu kontrollieren.[18]

Die ethische Debatte zur Privatheit verknüpft dabei Fragen der Autonomie mit einer gesellschaftstheoretischen Ebene: Welche Güter verdienen einen besonderen Schutz, damit Personen frei entscheiden können, wie sie leben wollen?

---

[17] VN Kinderrechtskonvention: Übereinkommen über die Rechte des Kindes, § 16 https://www.bmfsfj.de/blob/93140/78b9572c1bffdda3345d8d393acbbfe8/uebereinkommen-ueber-die-rechte-des-kindes-data.pdf (letzter Zugriff am 14.01.2020).

[18] Vgl. DeCew, Judith. 2018. „Privacy", *The Stanford Encyclopedia of Philosophy* (Spring 2018 Edition), Edward N. Zalta, Hrsg. https://plato.stanford.edu/archives/spr2018/entries/privacy/.

In welche Bereiche des Lebens sollte der Staat oder andere Personen nicht eingreifen dürfen? Auch wenn in der ethischen Debatte nahezu flächendeckend Konsens darüber herrscht, dass Privatheit ein schützenswertes Gut darstellt, muss angemerkt werden, dass Privatheit nicht frei von moralischen Ambivalenzen ist. Insbesondere feministische Ethiker/innen haben darauf hingewiesen, dass Privatheit auch unterdrückendes oder abwertendes Verhalten verschleiern kann.[19] In diesem Sinne verdeutlichen Bewegungen wie #MeToo, dass soziale Medien auch ein Schlüssel dafür sein können, um strukturelle Probleme wie sexuelle Gewalt oder Machtmissbrauch transparent zu machen.

Hinsichtlich der Konzeption von Privatheit als Zugangskontrolle zu persönlichen Informationen und Gütern gehen wir zunächst einmal von Adam Westins Kontrolltheorie aus.[20] Dieser geht jedoch insofern von einem engeren Verständnis von Privatheit aus, als dass er sich auf den Zugang zu privaten Informationen fokussiert. Ferner gilt, dass seine Kontrolltheorie klarerweise in der Tradition des Liberalismus steht. So verstanden ist Privatheit die Freiheit, zu wählen, welche Informationen eine Person über sich bekanntgeben möchte. Gleichwohl besteht ein enger Konnex zwischen informationeller Privatheit und den weiteren Bereichen des Lebens. Privatheit ermöglicht es zum einen, zu wählen, welche Beziehung man zu Mitmenschen eingehen möchte. Weiß eine Person, die nicht zum Kreis der engen Vertrauten gehört, vieles über mich, dann erschwert dies die Aufrechterhaltung von gewissen Beziehungskonstellationen. Die wenigsten Personen haben etwa ein Interesse daran, dass Informationen bezüglich ihrer sexuellen Orientierung, finanziellen Situation oder ihrem gesundheitlichen Zustand öffentlich zugänglich sind. Dies schließt nicht aus, dass es auch gute Gründe für die Transparenz von bestimmten Informationen gibt. Ein klassisches Beispiel sind hier Nebeneinkünfte von Politiker_innen. Privatheit ist zugleich eng mit der Würde einer Person verbunden. Bestimmte medizinische Informationen können für eine Person unangenehm, ja sogar schamhaft sein. Der Schutz ihrer Privatheit ermöglicht der Person, ihr Fremdbild zu wahren.[21]

Die Kontrolltheorie verdeutlicht, inwiefern das Veröffentlichen von Informationen des Kindes eine Einschränkung seiner Freiheit bedeutet. Gleichzeitig sind der Kontrolltheorie gerade im Hinblick auf jüngere Kinder Grenzen gesetzt. Ob die Eltern die Privatsphäre ihres Kindes hinreichend respektieren, ist nicht dadurch erschöpfend geklärt, dass sie das Kind fragen, ob es der Veröffentlichung der Informationen zustimmt. Die Freiheit, über den Zugang zu persönlichen Informationen zu bestimmen, setzt notwendigerweise voraus, dass jünger Kinder hinreichend gut über ihre eigenen Interessen entscheiden können.

Aus zweierlei Gründen lässt sich dies jedoch bezweifeln. Erstens ist Beziehung von Kindern ist durch eine spezifische Verletzlichkeit gekennzeichnet. Kinder sind

---

[19]Einen guten Überblick zur feministischen Kritik am Privatheitsbegriff findet sich bei Allen, A. 2011. Unpopular Privacy: What Must We Hide? Oxford/New York: Oxford University Press.
[20]Vgl. Westin, A. 1967. Privacy and Freedom. New York: Athenum.
[21]DeCew, Judith, „Privacy".

materiell und immateriell abhängig von ihren Eltern. Die Eltern sind legitimiert dazu, über die Belange des Kindes entscheiden, was dessen Handlungsfreiheit einschränkt.

Zweitens, für den selbstbestimmten Umgang mit informationeller Privatheit sind die kognitiven Hürden hoch angesetzt. Er erfordert zumindest ein Grundverständnis davon, was mögliche Konsequenzen sind, wenn persönliche Informationen preisgegeben werden. Wir gehen, in Anlehnung an Amy Mullin davon aus, dass viele jüngere Kinder die Fähigkeit für lokale Autonomie besitzen. Hierunter ist zu verstehen, dass sie sich um Aspekte ihres Lebens sorgen können.[22] Die Gewährleistung von Privatsphäre ist sicherlich ein solcher Bereich. Viele Kinder schaffen sich Rückzugsorte, etwa ein kleines Zelt in der Wohnung, schreiben in Tagebüchern oder sie haben Geheimnisse vor ihren Eltern. Diese Formen der kindlichen Privatsphäre bilden nicht nur wichtige Schutzräume, sondern lassen sich auch teleologisch interpretieren. Die Privatsphäre dient dazu, dass Kinder erkunden können, was ihnen wichtig ist. Dennoch scheint die Annahme vermessen, dass Kinder bereits evaluieren können, welche Inhalte von ihnen auf sozialen Medien veröffentlicht werden sollen, insbesondere, da sie nicht sinnvoll antizipieren können, welche Effekte durch das Veröffentlichen der entsprechenden Informationen nach sich ziehen kann.

Ausgehend von der Vulnerabilität des Kindes im Hinblick auf den Schutz seiner Privatsphäre erscheint es uns am sinnvollsten, das Recht des Kindes auf Privatheit vor dem Hintergrund eines relationalen Verständnisses von Autonomie zu analysieren. Soziale und interpersonale Faktoren sind demnach definierende Bedingungen für (den Erwerb von) Autonomie.[23] Unserer Auffassung nach birgt ein solcher Ansatz zwei Vorteile. Er verdeutlicht die Relevanz von Machtasymmetrien oder Abhängigkeitsbeziehungen für die Entscheidungsfreiheit des Kindes. Weiterhin verdeutlicht er den Wert Privatheit bei der Gestaltung sozialer Beziehungen, insbesondere der Eltern-Kind-Beziehung.

Der Wert der Privatheit als Beziehungsgut lässt sich wie folgt beschreiben: indem eine Person den Zugang zu Informationen für Andere einschränken kann, ist sie befähigt, verschiedene soziale Formen von Beziehungen zu entwickeln.[24] Je nach Ausprägung oder Form der Beziehung, variieren die Beschränkungen des Zugangs auf persönliche Informationen. In beruflichen Beziehungen existieren beispielsweise andere Einschränkungen als bei Freundschaften und wiederum andere in Partnerschaftsbeziehungen. Der Respekt vor persönlichen Informationen ermöglicht es dem Kind dadurch, die Beziehung zu seinen Mitmenschen zu gestalten. Konkret auf die Eltern-Kind-Beziehung übertragen, bedeutet dies, dass

---

[22]Vgl. Mullin, A. 2007. Children, Autonomy, and Care. In: Journal of Social Philosophy 38(4).

[23]Siehe hierzu Christman, J. 2004. Relational Autonomy, Liberal Individualism, and the Social Constitution of Selves. In: Philosophical Studies 117(1/2).

[24]Vgl. Rössler, B.: Autonomie. 2017. Ein Versuch über das gelungene Leben. Berlin: Suhrkamp, 294 f.

der Anspruch des Kindes auf Privatheit eine notwendige Bedingung dafür ist, dass das Kind nicht als bloße Erweiterung der Eltern begriffen wird.

Die relationale Perspektive auf Autonomie verdeutlicht weiterhin, dass die Wahrung der Privatsphäre keine rein individuelle Entscheidung ist. Gerade in der digitalen Sphäre kristallisiert sich heraus, dass die Trennung zwischen Informationen, welche mich und die andere betreffen, porös geworden ist. Im Analogen wie auch im Digitalen sind Menschen in soziale Netzwerke eingebettet. Daneben gilt, dass in der digitalen Sphäre Personen häufig in hoher Quantität Informationen aus verschiedenen Teilbereichen ihres Lebens veröffentlichen, die überdies für Außenstehende leicht zugänglich sind. Eine Konsequenz dessen ist, dass der Schutz der Privatsphäre auch von den Entscheidungen derer, die einem im sozialen Netzwerk nahestehen, abhängig ist. Dieses Problem wird gemeinhin als interdependente Privatheit bezeichnet.[25]

Hierzu ein Beispiel: Karsten ist Vater eines jungen Kindes. Die Gewährleistung der Privatsphäre seines Kindes ist ihm ein wichtiges Anliegen. Aus diesem Grund veröffentlicht er weder Bilder noch sonstige Inhalte, welche sein Kind direkt betreffen. Gleichzeitig ist Karsten auf sozialen Medien äußerst aktiv. Dort schreibt er offenherzig über Fragen der Politik, Ernährung, Ökologie, Religion oder auch popkulturelle Themen. Weiterhin gehen wir davon aus, dass ein Großteil der hier getätigten Aussagen einen authentischen Einblick in Karstens Wertekompass ermöglicht. Diese Informationen gewähren stellvertretend einen Einblick in das Aufwachsen des Kindes. Umso mehr gilt dies, falls auch andere Personen, welche dem Kind nahestehen, etwa die Mutter oder seine Verwandten in der digitalen Sphäre aktiv sind.

Akzeptieren wir die Annahme von der Interdependenz der Privatheit, dann ergeben sich daraus starke Forderungen an die Eltern für die Gewährleistung der Privatsphäre ihres Kindes. Es ist nicht hinreichend, dass die Informationen, welche das Kind direkt betreffen, zurückgehalten werden. Vielmehr müssten in letzter Konsequenz die Eltern ihre Aktivitäten in sozialen Medien einschränken oder gar einstellen. Und selbst dann ist es wahrscheinlich möglich, Informationen über das Aufwachsen des Kindes aus dem weiteren sozialen Netzwerk der Eltern herauszufiltern, wie auch aus anderen Quellen, etwa der Schule oder dem Sportverein des Kindes.

Selbst in Anbetracht der vielen Fallstricke, welche soziale Medien bergen, erscheint diese Forderung als zu stark. Je nach Kontext könnte der Rückzug für die Eltern hohe soziale Kosten verursachen, da es die Aufrechterhaltung von zwischenmenschlichen Beziehungen erschwert. Weiterhin dürften die meisten Inhalte, welche indirekt über das Kind veröffentlicht werden, eher vage gehalten sein. Liest man regelmäßig Karstens Beiträge auf sozialen Medien, dann lässt sich wahrscheinlich schlussfolgern, dass sein Kind vorwiegend vegetarisch ernährt

---

[25]Siehe hierzu Nissenbaum, H. 2010. Privacy in Context: Technology, Policy, and the Integrity of the Social Life. Stanford: Stanford University Press, Kap. 1–3.

wird und sich häufig in der Natur aufhält. Ob diese Informationen jedoch hinreichend dafür sind, dass die Privatsphäre des Kindes verletzt wird, ist dennoch fraglich.

Dennoch zeichnet sich ein allgemeines Dilemma hinsichtlich der Nutzung digitaler Medien ab: Zum einen haben sich digitale Medien in sämtliche Bereiche des sozialen Lebens eingenistet und ihre Verwendung ist zu einem gewissen Grad unausweichlich geworden. Zum anderen zahlen wir für die Nutzung der entsprechenden Medien mit der Währung unserer persönlichen Daten. Hierdurch opfern wir nicht nur einen Teil unserer Privatsphäre, sondern auch die Privatsphäre unserer Mitmenschen.

Was bedeutet dies für den Schutz der kindlichen Privatsphäre? Eine mögliche Lektion ist, dass wir zwischen verschiedenen Arten der Verletzung der Privatsphäre unterscheiden müssen, nämlich direkter und indirekter Verletzung der Privatsphäre. Es kann z. B. einen Unterschied machen, ob es für andere Personen unmittelbar aus Familienfotos ersichtlich ist, dass ein Kind den Familienurlaub in Italien verbracht hat oder, dass dies über andere Informationen geschlussfolgert wird. Im erstgenannten Fall hat die Verletzung der Privatsphäre eine andere Qualität. Hinzu kommt, dass zumindest intuitiv nicht ersichtlich ist, warum der indirekte Schutz der kindlichen Privatsphäre höher gewichtet werden muss als das Interesse der Eltern an Aktivitäten in sozialen Medien. An dieser Stelle zeichnen sich zugleich Schwierigkeiten ab, den normativen Kern des Schutzes kindlicher Privatsphäre einzig anhand der Kontrolltheorie der Privatheit zu identifizieren.

4 Der Anspruch auf Privatheit und das Recht des Kindes auf eine offene Zukunft

In diesem Teil werden wir uns genauer mit der Frage beschäftigen, wann wir sinnvollerweise von einer moralisch unzulässigen Verletzung der kindlichen Privatsphäre reden können. Dies erfordert, dass Kriterien identifiziert werden, anhand derer sich verschiedene normative Gründe abwägen lassen. Ein aussichtsreicher Kandidat für solch ein Kriterium scheint uns Joel Feinbergs „Recht des Kindes auf eine offene Zukunft"[26] zu sein.

Innerhalb der Debatte zur Ethik der Kindheit besitzt das Recht des Kindes auf eine offene Zukunft einen besonderen Status. Es wird nicht nur häufig angeführt, sondern es wird bisweilen wie ein Faktum und nicht wie eine ethische Position behandelt.[27] Unbestimmt bleibt dabei jedoch häufig, wie dieses Recht genauer aufzufassen ist. Daher werden wir Feinbergs Ansatz zunächst darstellen und im

---

[26]Feinberg, J. 1980. The Child's Right to an Open Future. In: Aiken, W. & LaFollette, H., Hrsg. Whose Child? Totowa, NJ: Rowman & Littlefield, 124 f.

[27]Vgl. Millum, J. 2014. The Foundation of the Child's Right to an Open Future. In: Journal of Social Philosophy 45(4), 522.

Anschluss daran diskutieren, inwieweit sich das Prinzip auf Fragen der kindlichen Privatsphäre übertragen lässt.

Das Recht des Kindes auf eine offene Zukunft steht im Zentrum der Debatte, wie viel Autorität Präferenzen des Kindes in der Rolle von zukünftigen Erwachsenen bei Entscheidungen beigemessen werden soll, welche sie selbst betreffen. Paradigmatische Fälle sind hier insbesondere Fragen des Familienrechts (dürfen Eltern ein Kind bereits in jungem Alter von der Schule nehmen?) oder die Einwilligung zu medizinischen Eingriffen. Dabei wird zunächst angenommen, dass jüngere Kinder nicht selbstbestimmt entscheiden können. Sie verfügen weder über ein ausreichendes Maß an Lebenserfahrung noch sind ihre kognitiven Fähigkeiten hinreichend gut entwickelt, um Entscheidungen reflektieren zu können. Gleichzeitig gilt, dass die meisten Kinder die Anlage haben, um sich im Laufe ihres Lebens die entsprechenden Fähigkeiten anzueignen. Für die Eltern des Kindes oder für staatliche Institutionen ergibt sich daraus die Verantwortung, dass diese Anlagen gepflegt werden.[28]

Hinsichtlich der Rede von kindlichen Rechten unterscheidet Feinberg zunächst zwischen A- und C-Rechten. Die erstgenannten beziehen sich auf Rechte, welche autonomen Erwachsenen vorbehalten sind, wohingegen letztgenannte spezifisch für Kinder sind. Einige Rechte sind sowohl Erwachsenen und Kindern gemein, sogenannte A-C-Rechte. Als ein solches gilt etwa das Recht auf körperliche Unversehrtheit. Ein typisches Beispiel für ein A-Recht ist wiederum das Recht zu Wählen. C-Rechte wiederum lassen sich in zwei Subklassen unterteilen. Die erste Klasse beschreibt sogenannte Schutzrechte des Kindes, welche den Zugang zu für das Kind notwendigen Gütern sicherstellen sollen. Diese Schutzrechte ergeben sich aus der Abhängigkeit des Kindes gegenüber Erwachsenen. Die zweite Klasse von C-Rechten, welche Feinberg Vertrauensrechte *(rights-in-trust)* nennt, bezieht sich dahingegen auf das Recht des Kindes auf eine offene Zukunft. Hierbei handelt es sich um Rechte, welche mit A-Rechten insofern korrespondieren, als dass ihre Ausübung erfordert, dass der Träger der Rechte die Fähigkeit besitzt, autonome Entscheidungen zu treffen.[29] Gleichwohl Kinder nicht als autonom gelten, besitzen sie dennoch die Anlagen, um im Zuge ihrer Entwicklung die erforderlichen Fähigkeiten zu entwickeln.

Zugleich können die Vertrauensrechte des Kindes verletzt werden, bevor das Kind die Möglichkeit hat, die entsprechenden Fähigkeiten zu entwickeln. Entscheiden sich seine Eltern etwa dazu, das Kind früh von der Schule zu nehmen, dann schränkt dies die Möglichkeit einer freien Berufswahl erheblich ein. Bestimmte Formen des kognitiven Enhancements könnten sich wiederum stark auf die Persönlichkeitsentwicklung des Kindes auswirken und einige medizinische Interventionen wie die Beschneidung können seine körperliche Integrität verletzen. Eine im Kindesalter arrangierte Ehe erschwert dem Kind wiederum die

---

[28]Vgl. Millum, J.: The Foundation of the Child's Right to an Open Future, 522 f.
[29]Vgl. Feinberg, J.: The Child's Right to an Open Future, 125 f.

Möglichkeit, als Erwachsener selbstbestimmt eine Familie zu gründen. In diesem Sinne sollen Vertrauensrechte sicherstellen, dass Kinder die entsprechenden Fähigkeiten für ein zukünftig selbstbestimmtes Leben erwerben können.

Wenig überraschend herrscht in der ethischen Debatte zu Kinderrechten wenig Einigkeit darüber, wie das Recht des Kindes auf eine offene Zukunft genau interpretiert werden soll. Handelt es sich um ein negatives oder um ein positives Recht (besagt das Recht nur, dass bestimmte Eingriffe zu unterlassen sind oder schreibt es die aktive Förderung von gewissen Kompetenzen vor)? Welche Akteure stehen in der Verantwortung, um dem Kind eine offene Zukunft zu gewährleisten? Welche Fähigkeiten und Fertigkeiten sind mögliche Objekte des Rechts auf eine offene Zukunft? Beinhaltet Feinbergs Ansatz eine Methodik, um die individuellen Vertrauensrechte präzise zu bestimmen?[30]

Wir werden an dieser Stelle die ethische Debatte zur Natur und Reichweite des Rechts auf eine offene Zukunft nicht weiter ausführen. Stattdessen möchten wir im Folgenden betrachten, inwieweit Eltern durch das Veröffentlichen von Inhalten des Kindes die Offenheit seiner Zukunft beeinträchtigen können. Dies gestaltet sich als trickreich. Zunächst gilt, dass das Veröffentlichen von Inhalten weder die Entwicklung von essenziellen kognitiven Fähigkeiten untergräbt noch bedeutet es eine Verletzung seiner körperlichen Integrität. Insofern unterscheidet sich das Sharenting zunächst einmal von den zuvor diskutierten Interventionen in die Zukunft des Kindes in der nicht-digitalen Welt. Wie bei vielen Problemen, die mit dem möglichen Verlust von informationeller Privatheit zusammenhängen, sind die Auswirkungen des Sharentings für das Kind vornehmlich psychologischer Natur.

So lässt sich dafür argumentieren, dass Sharenting die Optionen und Präferenzen des Kindes erheblich beeinflusst. Sharenting erzeugt für das Kind Pfadabhängigkeiten. Zunächst einmal betrifft dies die Entscheidung des Kindes, ob es überhaupt auf sozialen Netzwerken präsent sein will. Zwar sind soziale Medien ein fester Bestandteil im Leben von Kindern, Jugendlichen und Erwachsenen geworden, doch nicht jeder hat ein genuines Interesse daran, aktiv an ihnen zu partizipieren. Hinzu kommt, dass die *Kosten* für einen späteren Rückzug aus sozialen Medien die Kosten für einen späteren Neueinstieg bei weitem übersteigen. Zunächst einmal ist unklar, inwieweit sich bereits veröffentlichte Inhalte überhaupt noch löschen lassen und wer die entsprechende Autorität hierzu hat. Dies kann beispielsweise alte Kinderfotos betreffen, bei denen man nicht möchte, dass Unbedarfte zu ihnen Zugang haben, die aber über Suchmaschinen leicht auffindbar sind. Vielleicht wurden auch viele zwischenmenschlichen Beziehungen über die entsprechenden sozialen Medien etabliert, was den Rückzug aus der digitalen Sphäre zusätzlich erschwert. Es muss jedoch fairerweise gesagt werden, dass die Pfadabhängigkeit, welche für das Kind durch Sharenting kreiert wird, weniger schwerwiegend ist, als dass das dies bei anderen Entscheidungen der Fall ist, welche Eltern für ihre Kinder treffen, man denke etwa an die Wahl der Schule oder die Taufe kurz nach der Geburt.

---

[30]Vgl. Millum, J.: The Foundation of the Child's Right to an Open Future, 524 ff.

Weiterhin wird durch Sharenting die digitale Identität des Kindes festgelegt. Die Eltern veröffentlichen nicht nur lustige Anekdoten, Bilder und sonstige Inhalte aus dem Leben ihres Kindes. Sie inszenieren das Kind und das familiäre Zusammenleben auf eine bestimmte Weise. Die Anekdote ist unter Umständen aus dem Kontext gerissen, Fotos des Kindes werden von den Eltern kommentiert und die Eltern besitzen die Deutungshoheit darüber, wie Geschichten erzählt werden. Typischerweise wird die Präsentation der kindlichen Inhalte nicht darum bemüht sein, einen möglichst repräsentativen Einblick in das Familienleben zu geben – mit all seinen Brüchen und Inkonsistenzen. Stattdessen ist die Darstellung in sozialen Medien häufig idealisiert. Es werden nur Geschichten und Bilder eines bestimmten Typs veröffentlicht und bedeutsame Aspekte hervorgehoben. Vielleicht ist diese idealisierte Darstellung sogar zu einem gewissen Grad im Interesse des Kindes, bedenkt man, dass eine authentische Darstellung bisweilen ein wenig schmeichelhaftes Bild des Familienalltags zeichnen könnte. Entscheidend ist jedoch, dass die Inszenierung des Kindes nicht nur dessen digitale Identität prägt, sondern auch Rückwirkungen auf dessen sonstiges Verhalten hat. Es wird eine Erwartungshaltung an das Kind formuliert und um dieser zu entsprechen, muss es sich auf eine bestimmte Art und Weise verhalten.

Sharenting ist in diesem Sinne eine Form der familiären Erinnerungskultur, wobei die Erinnerungen des familiären Gedächtnisses von den Eltern ausgewählt werden und über soziale Medien öffentlich archiviert werden. Wie verhält sich dieses familiäre Gedächtnis zu den Erinnerungen eines zukünftigen Erwachsenen über sein Aufwachsen? Was passiert mit Erinnerungen, welche nicht kompatibel sind mit der Inszenierung der Eltern in sozialen Medien? Daneben gilt, dass viele Erinnerungen an die Kindheit oder die Jugend als schamhaft empfunden werden. Die Eltern mögen eine bestimmte Episode vielleicht als erheiternd erfahren haben, für das Kind ist sie jedoch einfach peinlich.[31]

Der Kontrollverlust über die digitale Identität des Kindes geht dabei über die Eltern hinaus. In einem in der New York Times erschienen Kolumne schildert Agnes Callard, wie ihr sechsjähriger Sohn sie davon abhielt, eine wütende, zugleich aber auch philosophisch angehauchte Aussage von ihm auf Twitter zu veröffentlichen.[32] Ihr Sohn wollte nicht, dass andere seine Aussage verniedlichen. Soziale Medien bilden einen Resonanzraum, nur welche Resonanz Aussagen erfahren, entzieht sich unserer Kontrolle. Gerade durch soziale Medien haben sich neue Sprechakte entwickelt: von Likes zu Retweets bis hin zu Memes.[33] Für diese Sprechakte haben sich wiederum neue Regeln der Kommunikation entwickelt, die jedoch allesamt noch nicht hinreichend gut verstanden sind. Daneben ist der

---

[31]Sie hierzu auch https://www.zeit.de/kultur/2019-12/soziale-medien-vergessen-erinnern-jugend-kindheit/komplettansicht (letzter Zugriff am 14.01.2020).

[32]https://www.nytimes.com/2019/11/22/opinion/sunday/social-media-kids.html (letzter Zugriff am 14.01.2020).

[33]Sie hierzu Rini, R. 2017. Fake News and Partisan Epistemology. In: Kennedy Institute of Ethics Journal.

eigentliche Kontext von vielen Anekdoten aus dem Leben von Kindern, welche in sozialen Medien geschildert werden, nicht mehr ersichtlich. Die Interpretation dieser Anekdoten erfährt dadurch eine Eigendynamik.

Daneben können Unbedarftheiten auf sozialen Medien wesentlich schwerwiegendere Konsequenzen haben, als dass dies bei anderen Medien der Fall ist. Um dies zu veranschaulichen, spitzen wir das Beispiel zu. Die Eltern veröffentlichen ein kurzes Video von ihrem Kind, auf denen es lustige Sachen macht. Das Video entwickelt auf sozialen Medien unerwartet eine Eigendynamik. Anstatt das sich die Zuschauerschaft nur auf die Bekannten der Eltern beschränkt, wird es von zahlreichen Personen angeschaut, kommentiert und weiterverlinkt. In letzter Konsequenz wird das Video zu einem Internet-Meme und für die nächste Dekade leidet das Kind unter den Auswirkungen dieser ungewollten Popularität. So geschehen im Fall von Ghyslain Raza, welcher sich im Alter von elf Jahren dabei gefilmt hat, wie er als Jedi-Ritter den Kampf mit dem Lichtschwert übt. Das Video wurde von Mitschülern ohne seine Einwilligung auf sozialen Medien veröffentlicht, wodurch er sich als „Star Wars-Kid" großer Häme ausgesetzt sah, gemobbt wurde und auch Jahre später noch an den psychischen Auswirkungen haderte.[34]

Das Beispiel schildert gewissermaßen den *Worst Case* hinsichtlich der Risiken, welche aus der Verletzung der kindlichen Privatsphäre resultieren. Und auch wenn es einige vergleichbare Fälle gibt, entspricht es nicht der Norm. Typischerweise dürfte sich die Rezeption von Inhalten des Kindes auf das soziale Netzwerk der Eltern beschränken und anstatt Häme dürfte es eher positiv gestimmte Kommentare geben. Insofern muss die Frage aufgeworfen werden, inwieweit sich aus solchen Fällen Rückschlüsse für eine Ethik des Sharentings ergeben. Folgt aus dem Risiko, dass ein Kind möglicherweise auf sozialen Medien Häme ausgesetzt ist, dass das Veröffentlichen von Inhalten des Kindes per se moralisch abzulehnen ist?

Bevor wir auf diese Frage genauer eingehen, möchten wir ein benachbartes Problem aufwerfen, nämlich, wie wir die Gestaltung der digitalen Identität des Kindes durch die Eltern ethisch bewerten sollen. Selbst wenn wir akzeptieren, dass Sharenting die Optionen und Präferenzen des Kindes als zukünftiger Erwachsener einengt, so ist dies kein Problem, welches spezifisch für Sharenting ist. Etwas zugespitzt: Das Gestalten von Präferenzen und Optionen ist ein fester Bestandteil des Aufwachsens und der Erziehung eines Kindes. Nehmen wir hierzu das Beispiel eines Kindes, welches musikalisch begabt ist. Wann immer seine Eltern Freunde oder Verwandte treffen, berichten sie mit Stolz von den Fortschritten des Kindes beim Erlernen eines Instruments. Das Kind erfährt hierdurch Anerkennung, was es natürlich motiviert, weiterhin mit viel Elan an seinen musikalischen Fertigkeiten zu arbeiten. Schlussendlich entscheidet es sich nach dem Ende seiner Schullaufbahn für ein Studium an einer Musikhochschule.

---

[34] https://www.zeit.de/kultur/2019-12/soziale-medien-vergessen-erinnern-jugend-kindheit/komplettansicht (letzter Zugriff am 14.01.2020).

Insofern seine Eltern nicht gezielt manipulativ agiert haben, scheint an diesem Beispiel wenig moralisch Anstößiges zu sein. Gleichzeitig ist die Logik der Präferenzgestaltung des Kindes hier eine ähnliche wie beim Sharenting.

Unserer Auffassung nach unterscheidet diese Fälle, dass durch Sharenting die Verletzung der Privatsphäre des Kindes eine neue Qualität erreicht. Sämtliche Inhalte werden über soziale Medien archiviert, sie sind mit vergleichsweise geringem Aufwand für verschiedene Personengruppen zugänglich und viele Eltern veröffentlichen neue Inhalte mit einer vergleichsweise hohen Frequenz. Daneben geht mit der Veröffentlichung von Inhalten des Kindes auf sozialen Medien ein gewisser Grad an Unsicherheit einher. Es ist nicht immer voraussehbar, welche soziale Dynamik bestimmte Inhalte verursachen oder von wem bestimmte Bilder zur Kenntnis genommen werden. Zuletzt verstärkt Sharenting das Machtgefälle in der Eltern-Kind-Beziehung, da die Eltern Kontrolle darüber haben, welche Inhalte aus dem Leben ihres Kindes öffentlich gemacht werden. Zusammengenommen generieren diese Faktoren triftige Gründe für eine skeptische Haltung gegenüber Sharenting.

Sollten Eltern es folglich unterlassen, Inhalte ihrer Kinder auf sozialen Medien zu veröffentlichen? Bei aller wohlbegründeten Skepsis möchten wir zugleich dafür argumentieren, dass zumindest eine moderate Form des Sharentings als moralisch zulässig erachtet werden kann. Soziale Medien sind mittlerweile als Kommunikationsform fest im Alltag verankert und, wie wir gesehen haben, erfüllen sie für die Eltern wichtige soziale Funktionen. So ermöglichen sie die Aufrechterhaltung von sozialen Beziehungen zu Freunden und Verwandten und die Eltern erhalten Hilfestellungen von anderen Eltern. Daneben glauben wir auch, dass ein moderates Sharenting es vermeidet, allzu stark in die offene Zukunft des Kindes einzugreifen und die sonstigen aufgeführten Risiken überschaubar bleiben.

Als Kriterien für ein moderates Sharenting gelten hierbei: 1) eine vergleichsweise geringe Quantität an veröffentlichten Inhalten, 2) eine vergleichsweise niedrige Frequenz an neuen Veröffentlichungen und 3) eine möglichst wenig vereinnahmende Darstellung des Kindes. Daneben halten wir es für unerlässlich, dass 4) Kinder mit zunehmendem Alter vermehrt in den Entscheidungsprozess einbezogen werden, welche Inhalte auf welche Weise veröffentlicht werden. Das Modell, welchem dieser Entscheidungsprozess zugrunde gelegt werden sollte, ist das einer Erziehung zur digitalen Selbstbestimmung. Hierunter verstehen wir, dass die Kinder nicht bloß der Veröffentlichung von Inhalten einwilligen sollen, sondern, dass sie zunehmend besser verstehen lernen, welche Auswirkungen bestimmte Aktivitäten im Internet haben können. Daneben erscheint es uns sinnvoll, als Korrelat für die Gewährleistung der offenen Zukunft des Kindes ein Recht auf Vergessenwerden zu ermöglichen.[35]

---

[35]Siehe hierzu Mayer-Schönberger, V. 2010. Delete: Die Tugend des Vergessens in digitalen Zeiten. Berlin: Berlin University Press.

5 Zusammenfassung

In diesem Artikel haben wir uns mit den aus ethischer Sicht für das Kind nachteiligen Effekten des Sharenting befasst. Sharenting verdeutlicht dabei auf exemplarische Weise das trickreiche Verhältnis von Kind und Technologie. Soziale Medien besitzen für Eltern wie auch für Kinder viele Vorzüge. Es ist leicht, den Großeltern neue Fotos zu schicken, Inhalte lassen sich leicht archivieren und in den entsprechenden sozialen Netzwerken erhalten Menschen Anerkennung und Unterstützung. Zugleich beeinflussen Technologien auch das Beziehungsgefüge von Eltern und Kind. Wer ist es, der über die Veröffentlichung von Inhalten entscheidet und wie sieht überhaupt ein sinnvoller Entscheidungsprozess zwischen Kind und Eltern aus? Schließlich verändert die Technologie auch die Lebensphase Kindheit. Was bedeutet es, wenn selbst kleine Unbedarftheiten im Internet Häme nach sich ziehen können? Wie verändert sich das Aufwachsen von Kindern, wenn sämtliche wichtigen Erinnerungen digital verfügbar sind? Und, als wie stark erweist sich der Eingriff in die Zukunft des Kindes, wenn dessen digitale Identität bereits im jungen Alter von Eltern gestaltet wird? Ausgehend von diesen Fragen haben wir versucht, Kriterien für einen ethisch-sensitiven Umgang mit den persönlichen Informationen von Kindern auf sozialen Medien zu identifizieren.

Rechtliche Dokumente

VN Kinderrechtskonvention: Übereinkommen über die Rechte des Kindes.
 https://www.bmfsfj.de/blob/93140/78b9572c1bffdda3345d8d393acbbfe8/uebereinkommen-ueber-die-rechte-des-kindes-data.pdf.

Danksagung

Minkyung Kim erhielt Förderung durch das Bundesministerium für Bildung und Forschung (Projekt: DigiLeg: Digitale Lernumgebungen in der Grundschule, Förderkennzeichen 01JA2019).

Thomas Grote erhielt Förderung durch die Deutsche Forschungsgemeinschaft (BE5601/4–1; Exzellenzcluster „Maschinelles Lernen: Neue Perspektiven für die Wissenschaft", EXC 2064, Förderkennzeichen 390727645).

Literatur

Allen, A. 2011. Unpopular Privacy. What Must We Hide? Oxford/New York: Oxford University Press.
Berg, M. The Highest-Paid YouTube Stars of 2019. The Kids are Killing it. Forbes, 18.12. 2019. https://www.forbes.com/sites/maddieberg/2019/12/18/the-highest-paid-youtube-stars-of-2019-the-kids-are-killing-it/#1b32295938cd

Blum-Ross, A., and Livingstone, S. 2017. Sharenting. Parent Blogging and the Boundaries of the Digital Self. In: Popular Communication 15(2), 110–125.

Callard, A. The Real Costs of Tweeting About my Kids. In: The New York Times, 22.11.2019. https://www.nytimes.com/2019/11/22/opinion/sunday/social-media-kids.html

Christman, J. 2004. Relational Autonomy, Liberal Individualism, and the Social Constitution of Selves. In: Philosophical Studies 117(1/2), 143–164.

DeCew, Judith. „Privacy", *The Stanford Encyclopedia of Philosophy* (Spring 2018 Edition), Edward N. Zalta, Hrsg. <https://plato.stanford.edu/archives/spr2018/entries/privacy/>.

Feinberg, J. 1980. The Child's Right to an Open Future. In: Aiken, W. & LaFollette, H., Hrsg. Whose Child? Totowa, NJ: Rowman & Littlefield, 124–153.

Husmann, W. 2019. Wir haben vergessen, zu vergessen. In: Zeit Online, 29.12.2019. https://www.zeit.de/kultur/2019-12/soziale-medien-vergessen-erinnern-jugend-kindheit/komplettansicht

Illouz, E. 2018. Warum Liebe endet: Eine Soziologie negativer Beziehungen. Berlin: Suhrkamp.

Karametz, A. The Problem with ‚Sharenting'. In: The New York Times, 05.06.2019. https://www.nytimes.com/2019/06/05/opinion/children-internet-privacy.html

Kristjánsson, K. 2019. Online Aristotelean Friendship as an Augmented Form of Penpalship. In: Philosophy & Technology (online first).

Kutscher, N., und Buillon, R. 2018. Kinder. Bilder. Rechte. Persönlichkeitsrechte von Kindern im Kontext der digitalen Mediennutzung in der Familie. https://www.dkhw.de/fileadmin/Redaktion/1_Unsere_Arbeit/1_Schwerpunkte/6_Medienkompetenz/6.13._Studie_Kinder_Bilder_Rechte/DKHW_Schriftenreihe_4_KinderBilderRechte.pdf

Liao, M. 2015. The Right to be Loved. Oxford/New York: Oxford University Press.

Mayer-Schönberger, V. 2010. Delete: Die Tugend des Vergessens in digitalen Zeiten. Berlin: Berlin University Press.

Medienpädagogischer Forschungsverbund Südwest. KIM Studie 2018. https://www.mpfs.de/fileadmin/files/Studien/KIM/2018/KIM-Studie_2018_web.pdf

Millum, J. 2014. The Foundation of the Child's Right to an Open Future. In: Journal of Social Philosophy 45(4), 522–538.

Mullin, A. 2007. Children, Autonomy, and Care. In: Journal of Social Philosophy 38(4), 536–553.

Nissenbaum, H. 2010. Privacy in Context: Technology, Policy, and the Integrity of the Social Life. Stanford: Stanford University Press.

Ouvrein, G., und Verswijvel, K. 2019. Sharenting: Public Adoration or Public Humiliation? A Focus Group Study on Adolescents' Experiences with Sharenting Against the Background of their Own Impression Management. In: Children and Youth Service Review, 99, 319–327.

Plunkett, L.: Sharenthood. 2019. Why We Should Think Before We Talk about Our Kids Online. Cambridge, Mass.: MIT Press.

Rini, R. 2017. Fake News and Partisan Epistemology. In: Kennedy Institute of Ethics Journal.

Rössler, B. 2017. Autonomie.: Ein Versuch über das gelungene Leben. Berlin: Suhrkamp.

Steinberg, S. 2017. Sharenting: Children's Privacy in the Age of Social Media. In: Emory Law Journal.

Sziron, M., und Hildt, E. 2018. Digital Media, the Right to an Open Future, and Children 0–5. In: Frontiers in Psychology.

Westin, A. 1967. Privacy and Freedom. New York: Athenum.

Zuboff, S. 2019. The Age of Surveillance Capitalism: The Fight for a Human Future at the New Frontier of Power. New York: Public Affairs Books.

Kindliche Selbstbestimmung in digitalen Kontexten

Medienethische Überlegungen zur Privatsphäre von Heranwachsenden

Ingrid Stapf

> **Abstract**
>
> Aus ethischer Perspektive ist Kindheit als eine Lebensphase der Gleichheit *und* Differenz zu verstehen. Damit ist gemeint, dass Kinder einerseits Erwachsenen normativ gleichzustellen – und damit gleichwertig – sind und andererseits die Tatsache moralisch relevant wird, dass Kindheit eine besonders vulnerable Entwicklungsphase ist, in der Kinder verschiedene Fähigkeiten erst noch ausbilden, von Fürsorgenden hochgradig abhängig sind und Erfahrungen in der Gegenwart nachhaltige Auswirkungen auf ihre mögliche Zukunft haben. Dieses Spannungsfeld zeigt sich besonders an der Frage der kindlichen Selbstbestimmung. In der philosophischen Diskussion wird Kindheit oft als Beispielfall für das Fehlen von Autonomie verwendet und Kindheit als Transitorium für das spätere Erwachsenenleben verstanden. Aus kinderrechtlicher Sicht dagegen werden Kinder als Subjekte und Akteure bereits in der Gegenwart und Selbstbestimmung im Zuge ihrer „evolving capacities" prozesshaft verstanden. Ist kindliche Selbstbestimmung im Kontext der aktuellen Mediatisierung von Kindheit einerseits neuartig möglich durch die Nutzung von medialen Angeboten und die Partizipation an sozialen Interaktionen, so ist sie andererseits hochgradig fragil durch die Verletzung kindlicher Schutzrechte, wie durch Cybermobbing, Hate Speech, verstörende gewalthaltige oder pornographische Inhalte, aber vor allem mit Blick auf informationelle Selbstbestimmung. So bricht der gesteigerte Zugang zum Netz einerseits die Generationenordnung auf, indem Kinder immer früher Zugang zu Informationen und Interaktionen

I. Stapf (✉)
Internationales Zentrum für Ethik in den Wissenschaften (Projekt Forum Privatheit), Tübingen, Deutschland
E-Mail: ingridstapf@web.de

© Springer-Verlag GmbH Deutschland, ein Teil von Springer Nature 2020
M. F. Buck et al. (Hrsg.), *Neue Technologien – neue Kindheiten?*,
Techno:Phil – Aktuelle Herausforderungen der Technikphilosophie 3,
https://doi.org/10.1007/978-3-476-05673-3_3

erhalten, die es ihnen ermöglichen ihre Meinung auszudrücken und am gesellschaftlichen Diskurs teilzunehmen. Gleichzeitig können diese Freiheitsrechte durch einen Verlust der informationellen Selbstbestimmung eingeschränkt oder gar bedroht werden. Der Beitrag untersucht das Themenfeld neuer Technologien mit Blick auf Kindheit(en) aus kinderethischer und kinderrechtlicher Perspektive beispielhaft anhand der Frage informationeller Selbstbestimmung. Mit Blick auf relationale Autonomiekonzepte und den Bezug auf eine kontextsensible Ethik erarbeitet der Beitrag anhand von Beispielen und aktuellen empirischen Studien ethische Perspektiven auf die Privatsphäre von Kindern in digitalen Umgebungen.

Keywords

Medienethik · Kinderrechte · Privatsphäre · Selbstbestimmung · Digitale Umgebungen

1 Datafizierte Kindheit und die Frage nach Selbstbestimmung als Thema der Medienethik[1]

Kindheit ist heute nicht nur „mediatisierte Kindheit", sondern auch „datafizierte Kindheit". Ob in der Schule oder im Kindergarten, in der Familie oder in der Freizeit: Kinder[2] wachsen heute in zunehmend überwachten Umgebungen auf, in denen Daten über sie gesammelt, ausgewertet, Profile erstellt und damit auch Sichtweisen auf sie manifestiert werden, die über ihre Gegenwart hinaus ihre Zukunft betreffen. Je differenzierter dabei die Techniken selbst, aber auch ihre Vernetzung untereinander und ihre kommerzielle Auswertbarkeit werden, desto stärker wird die Privatsphäre von Kindern über neue Formen der Datensammlung und Überwachung durch Unternehmen, Eltern und Staat, aber auch Schulen, bedroht: „The complexity of the current digital ecology makes it particularly hard, for children and adults alike to anticipate the long-term consequences of growing up in the digital age." (Stoilova et al. 2019, 4). Das Spektrum reicht von Smart Barbies, die mit KI-gestützter Software nicht nur *mit* Kindern, sondern auch *über* das Kind kommunizieren können, Überwachungstechnologien wie Gaggle, die in den USA das mediale Verhalten von Schüler/innen auswerten, um ihr Gefährdungspotential für Schul-Amokläufe abzuschätzen über Spy-Apps von

---

[1]Dieser Text basiert auf Untersuchungsergebnissen im Rahmen meiner Habilitation, die auch in Stapf 2018, 2019a zugrunde gelegt sind sowie auf aktuellen Forschungen für das Forum Privatheit (vgl. Stapf 2019b).

[2]Den Begriff „Kinder" benutze ich hier mit der UN-Kinderrechtskonvention, die Kindheit als Phase zwischen der Geburt und bis zum vollendeten 18. Lebensjahr (und de facto bis zur Volljährigkeit) versteht. Damit wird im Folgenden nicht zwischen Kindern und Jugendlichen unterschieden, es sei denn, die Begriffe werden beispielsweise in Gesetzestexten wie dem „Jugendmedienschutz" verwendet.

Eltern, die jederzeit den Standort von Kindern bestimmen können bis hin zum Smart Home, das intime Vorgänge im Familienalltag aufzeichnen kann.

Dies möchte ich im Folgenden aus vorrangig medienethischer Sicht diskutieren. Medien- und Informationsethik verstehe ich dabei, mit Heesen (2016, 3), als die Beschäftigung „mit der Bewertung und Steuerung individuellen, gesellschaftlichen und institutionellen Handelns für eine sozialverträgliche Gestaltung von Informations- und Kommunikationstechniken wie auch mit der Verantwortung des und der Einzelnen bei ihrer Entwicklung, Verbreitung und Anwendung." Dabei greife ich die Frage, was kindliche Selbstbestimmung in digitalen Kontexten ausmacht, interdisziplinär mit Blick auf kindliche Praktiken aus menschenrechtlicher, und spezifisch kinderrechtlicher, Sicht auf.

Kinder erleben gerade interaktive Techniken[3] aus ihrer konkreten Lebenswelt heraus. In der Folge betrifft die ethische Dimension nicht nur die Technik selbst, sondern es geht um relationale und kontextuelle Aspekte. Wird von einem sozio-technischen Zusammenhang im Sinne Günter Ropohls (2009) ausgegangen ist Technik immer „in gesellschaftliche Zielsetzungen, Problemdiagnosen und Handlungsstrategien eingebettet" (Grunwald 2016, 28). In der Technik verfestigen sich damit auch Wertvorstellungen und Beziehungskulturen. Im August 2019 titulierte der Tagesspiegel, dass viele Kinder Siri als ihre beste Freundin bezeichneten.[4] Und bei ihren wichtigsten Tätigkeiten nennen Kinder das Thema Freundschaft – ob mit oder ohne Medien. So interessieren sich 93 % der 6–13-jährigen Kinder (MPFS 2018, 5) für das Thema Freunde und Freundschaft.[5] Gleichzeitig haben fast alle Kinder Zugang zu Fernsehen, Internet und Smartphone (MPFS 2018, 9). Das Untersuchungsfeld von Ethik und Technik erfasst damit kein reines Mensch-Maschine-Geschehen. Vielmehr sind digitale Technologien in unterschiedlichster Gestalt in kindliche Lebenswelten verwoben – indem sie eine wichtige Rolle für die kindliche Beziehungspflege spielen. Sie werden evident in der Kommunikation mit anderen Kindern bei vernetzten Computerspielen, der Nutzung von Social Media oder beim Spiel mit Smart Toys. Sie strukturieren aber auch die Kommunikation mit Erwachsenen, ob in der Kommunikation durch Familienchats oder in Bildungseinrichtungen.

---

[3] Trotz einer starken umgangssprachlichen Überschneidung der Begriffe „Technik" und „Technologie" möchte ich mich hier an Ropohls (2009, 31) Unterscheidung orientieren, nach der Technologie die „Wissenschaft von der Technik", wohingegen Technik den „bestimmten Bereich der konkreten Erfahrungswirklichkeit" bezeichnet. Technologie beschreibt damit die „Menge wissenschaftlich systematisierter Aussagen über jenen Wirklichkeitsbereich und funktioniert auf einer Metaebene. Technik hat dagegen drei Dimensionen, nämlich die soziale, die humane und die naturale Dimension.

[4] Quelle: https://www.tagesspiegel.de/wirtschaft/abhoererin-von-sprachassistent-viele-kinder-bezeichnen-siri-als-ihre-beste-freundin/24878764.html [Zugriff am 30.12.2019].

[5] Gut zwei Drittel zeigen weiterhin Interesse an den Themen „Sport", „Handy/Smartphone" sowie „Schule". Gut drei von fünf Kindern begeistern sich für „Internet/Computer/Laptop", „Musik" und „Computer-/Konsolen-/Onlinespiele".

Was lässt sich also über die „Privatsphäre" von Kindern aussagen? Was unterscheidet Kinder und Erwachsene und was folgt aus der Entwicklungsdimension im Kindheitsverlauf? Welche Rolle spielen die Techniken selbst und werden diese in analogen und digitalen Kontexten anders erfahren? Wer sind die Verantwortungsträger und wie lassen sich grundlegende Freiheitsrechte im Zuge dieser Entwicklungen behaupten? Wie sollen Verantwortungsträger beispielsweise mit dem Phänomen des „Privacy Paradox" (Barnes 2006; Norberg et al. 2007) umgehen, dem Phänomen von Inkonsistenzen „between individuals' [asserted] intentions to disclose personal information and [individuals'] actual [...] disclosure behaviors." (Norberg et al. 2007, 100). Demnach werden persönliche Daten, die für wichtig erachtet werden ohne Berücksichtigung der Folgen und oft für einen geringen Gegenwert preisgegeben. Das freiwillige Teilen persönlicher Information aus Gründen der Bequemlichkeit oder dem Wunsch nach sozialer Inklusion paart sich oft mit der Gefahr der Einschränkung der eigenen Privatsphäre und des eigenen Schutzes. Gleichzeitig wird es immer schwieriger, die Folgen und Folgenfolgen, die durch die Nutzung von Angeboten entstehen, überhaupt zu verstehen und in der Folge selbstbestimmt abzuschätzen. Wie ist also auch staatlich damit umzugehen, dass im zunehmend ökonomisch durchdrungenen Netz Sachzwänge entstehen, welche den Anspruch der Bürger auf Transparenz und Verantwortung diffundieren?

All diese Fragen haben eine ethische Dimension. Der Blick auf Kinder als besonders vulnerable gesellschaftliche Gruppe ist dabei einerseits spezifisch, indem Kinder zentrale Fähigkeiten und Fertigkeiten erst noch entwickeln, die ihnen selbstbestimmte Entscheidungen ermöglichen. Und indem sie sich in mehr als nur dieser Hinsicht von anderen Gesellschaftsmitgliedern unterscheiden. Andererseits geht es aber auch um die Frage der *Ermöglichung von Privatsphäre* als einem grundlegenden demokratischen Freiheitsrecht. Privatheit hat unterschiedliche Bezugsdimensionen (von körperlichen Zonen, mentalen Vorgängen, über persönliche Entscheidungen, lokale Räume, den Schutz privater Daten bis hin zu institutionellen Bereichen), die sich analytisch unterscheiden lassen, die aber – gerade bei Kindern – in der Praxis zutiefst verwoben sind; sie tritt „relational innerhalb sozialer Konstellationen" auf (Ochs 2019, 15).

Eine ethische Auseinandersetzung kann also nicht über einen alleinigen Rückgriff auf allgemeine Theorien eine Position erarbeiten. Im Sinne einer holistischen konkreten Ethik (vgl. Siep 2004) kommt es vielmehr auf die Kontextsensibilität der Ethik (vgl. Krones/Richter 2003) an, die ihre Theorie im Zusammenspiel mit der konkreten Praxis und aktuellen Kontexten austariert. So werfen die gesellschaftlichen Diskurse rund um Kinder und Medien die Frage auf, ob an Kindern „gesellschaftliche Stellvertreterdiskurse" geführt werden, die eigentlich auch für Erwachsene relevant sind und was eigentlich die kinderspezifische Dimension an der Fragestellung ist. Es wird aber andererseits offenbar, dass eine Ethik, die „inklusiv" ansetzt, indem sie beispielsweise *auch* Kinder umfasst, insgesamt der Diversität innerhalb der Gesellschaft gerechter werden kann. Somit wird hier der Gleichheit wie der Differenz zwischen Kindern und Erwachsenen Rechnung getragen, da beide ethisch relevant sind.

2 Was Kinder von Erwachsenen unterscheidet: die Entwicklungsdimension und die offene Zukunft

Beschäftigt man sich mit Fragestellungen rund um Kinder und Kindheit, so entblättert schnell die normative Dimension, die sich auf die besondere Verletzbarkeit von Kindern bezieht.[6] Diese ist einerseits der Entwicklungsdimension geschuldet, indem Kindheit eine Phase biologischer und damit psychischer, kognitiver und physischer Entwicklung ist. Unter Berücksichtigung dieser Entwicklung zeigt sich auch die Schwierigkeit, „allgemein" über „Kinder" zu sprechen, da sich nicht nur große Unterschiede zwischen Entwicklungsphasen (wie frühe Kindheit oder Adoleszenz) zeigen, sondern auch geschlechtliche oder individuelle Unterschiede. Hieraus folgt die Möglichkeit, über allgemeine Aspekte von Kindheit zu sprechen, und gleichzeitig die Wichtigkeit, ausreichend zu differenzieren. Andererseits basiert Kindheit immer auf einem kulturell fundierten sozialen Konstrukt von Kindheit, aus der heraus Sichtweisen auf Kinder erfolgen. Diese definieren, was an Kindheit „schützenswert" ist oder was eine gute und gelingende Kindheit ausmacht.

So zeigt sich bei öffentlich und medial geführten Debatten ein starker *Schutzdiskurs* um Kinder. Beispiele rund um „digitale Demenz" (Spitzer 2014), Suchtphänomene oder den Zusammenhang von Gewalt und Computerspielen kursieren oft als Angst- oder Moraldebatten, die Medien oder Technologien kausale Wirkungen unterstellen und Kinder vor diesen Gefahren schützen wollen. Die Lebensphase Kindheit darf als ein „sensibles Regulierungsfeld" und Projektionsfläche für gesellschaftliche Fragen gelten (Stapf 2019a, 70). Normative Zuschreibungen verweisen auf *geschichtliche Kontinuitäten von Kindheit:* So werden Angstdebatten mit Auftauchen je neuer Medien geführt und verweisen auf den Orientierungsbedarf rund um Fragen von Kindern und Medien.

Debatten dieser Art werfen nicht nur die Frage nach den Medien und der Technik selbst auf. Sie verweisen auch auf *gesellschaftliche Vorstellungen* von einer ‚guten' Kindheit. Diese nähren sich, so Fuhs (2004, 277) aus dem *zugrunde liegenden Kindheitsbild* sowie der „Gesamtheit aller gesellschaftlichen Bedingungen des Kinderalters." Die Soziologin Bühler-Niederberger (2011, 13 ff., 42) diagnostiziert „normative Muster" zur gesellschaftlichen Handlungsorientierung: Was Kindern zugetraut und zugemutet werden darf, basiere

---

[6]Wiesemann (2019, 195) unterscheidet deskriptive und normative Vulnerabilität. Erstere bezieht sich auf „spezifische Eigenschaften von Personen oder Personengruppen, ohne diese einer moralischen Bewertung zu unterziehen", während normative Vulnerabilität „bestimmte Ansprüche bzw. Verpflichtungen Dritter" impliziert. Da Menschen allgemein verletzlich sind sollte nicht generell aus der deskriptiven auf die normative Dimension geschlossen werden. Es gibt aber gute Gründe, dass aus der besonderen Verletzlichkeit von Kindern auch normative Ansprüche folgen. Unterschiedlich diskutiert wird, ob Verletzbarkeit „prinzipiell als Aufforderung von Schutz und Fürsorge zu verstehen ist", und, so die Frage hier, inwieweit kindliche Selbstbestimmung und Fürsorge ineinandergreifen können.

in Deutschland auf der Vorstellung einer langen und behüteten Kindheit, die den bewahrenden Schutzgedanken betone.

Andererseits zeigen Phänomene des elterlichen *Sharenting* als „habitual use of social media to share news, images, etc. of one's children"[7] und *Oversharenting,* wenn dies exzessiv geschieht, dass es mit Blick auf Selbstbestimmungsrechte von Kindern offensichtliche Widersprüche gibt: So wird die Social-Media-Nutzung von *WhatsApp* von Kindern durch Eltern begrenzt und ist rechtlich zum Schutz der Kinder gar auf das Alter von 16 Jahren angehoben worden,[8] während

> parents share information about their children online, they do so without their children's consent. These parents act as both gatekeepers of their children's personal information and as narrators of their children's personal stories [...]. A conflict of interests exists as children might one day resent the disclosures made years earlier by their parents. (Steinberg 2017, 839)

Was also zeigt sich, wenn Kinder ihre Eltern rückwirkend verklagen aufgrund von intimen Fotos oder ihre Privatsphäre überschreitenden Inhalten, welche diese ohne Einwilligung gepostet hatten?[9] Beispiele wie diese zeigen, so eine These, dass es bei Kindern – auch mit Blick auf Medien – um besondere Fürsorgeansprüche an Eltern geht, welche die Zukunft von Kindern überhaupt erst ermöglichen sollen, und dass dies, je jünger die Kinder sind, auch aufgrund der Abhängigkeitsverhältnisse umso bedeutsamer ist. Dass Kinder noch in Entwicklungsprozessen stecken, in denen sich biologische, psychische und soziale Kompetenzen und Fähigkeiten erst noch ausbilden, ist der Hauptbezugspunkt der Schutzargumentation und Fürsorgepflicht. Sowohl im *Grundgesetz* (Art. 6 GG) als auch in der *UN-Kinderrechtskonvention* (Art. 5 UN-KRK) wird elterlichen Rechten und Pflichten gegenüber ihren Kindern Rechnung getragen. Es zeigt sich gleichzeitig, dass Kindern trotz dieser Setzung als subjektive Rechtsträger/innen *in der Praxis* nicht grundsätzlich Subjekt-, sondern eher Objektstatus zugeschrieben wird. Spy-Apps, die das Medienverhalten der Kinder auf mobilen Geräten überwachen, bewegen sich beispielsweise zwischen Fürsorge und Überwachung, wobei häufig mit dem Motiv des Schutzes argumentiert wird.

Hinter der stark auf Schutz ausgelegten Sichtweise auf Kinder steht ein *Kindheitsbild,* das Kindern Autonomie in Teilen oder ganz abspricht. Der Autonomiebegriff der klassisch-liberalen Philosophie basiert auf Vorannahmen, welche Kinder

---

[7] vgl. Collins Dictionary „Sharenting", online unter: https://www.collinsdictionary.com/dictionary/english/sharenting [Zugriff: 17.12.2019].

[8] So war das Mindestalter von 13 Jahren auf 16 Jahre angehoben worden und wird im Zuge der neuen Datenschutz-Grundverordnung jetzt auch von Kindern abgefragt (vgl. https://www.faz.net/aktuell/wirtschaft/unternehmen/whatsapp-setzt-mindestalter-auf-16-jahre-herauf-15558790.html [Zugriff: 17.12.2019]).

[9] vgl. den Fall einer 18-jährigen österreicherischen Schülerin, die ihre Eltern wegen Sharenting verklagte (vgl. https://www.welt.de/vermischtes/article158099198/Sie-kannten-keine-Scham-und-keine-Grenze.html [Zugriff: 17.12.2019]).

als beispielhafte Personengruppen für *Autonomieunfähigkeit* oder *beschränkte Autonomiefähigkeit* benennt. Da Kindern zentrale Kapazitäten wie Rationalität, Fähigkeit zur Reziprozität oder ein stabiler Wille fehlen, werden sie nicht als moralische Subjekte gesehen, sondern als passive „Mängelwesen", in deren Interesse es ist, dass Erwachsene für sie und in ihrem Sinne entscheiden – auch *ohne* oder *gegen* den kindlichen Willen. Kinder werden in vielen philosophischen Abhandlungen mit Tieren oder Drogenabhängigen verglichen, die sich „nicht in Hinsicht auf ihre Fähigkeit, ihre eigenen Interessen angemessen wahrnehmen können" (Schaber 2017, 46). Die Ethikerin Tamar Schapiro bezeichnet Kindheit gar als „normative predicament" (Archard 2016), da die kindliche Natur darin bestehe, keinen unabhängigen Willen formieren zu können, mit dem es in eigener Stimme Wünsche äußern könne: „the capacities a child lacks are not those of making good choices, but those of making any choices as such."

Gemäß der „liberalen Standardauffassung", so Giesinger (2017, 21 ff.),

> unterscheiden sich Kinder und Erwachsene hinsichtlich ihrer Rationalität, Kompetenz, Handlungs- und Autonomiefähigkeit. Erwachsene gelten als autonom, während Kinder als Personen mit mangelnder Autonomiefähigkeit beschrieben werden. Mit dieser deskriptiven Differenzierung der beiden Gruppen von Personen – oder zweier Lebensphasen: Kindheit und Erwachsenenalter – verbinden sich normative Annahmen: Die liberale Standardauffassung besagt, dass autonome Erwachsene grundsätzlich in ihrer Autonomie zu respektieren sind, während nicht-autonome Personen (z. B. Kinder) kein oder kein vollumfängliches Recht auf Autonomie haben und folglich legitimerweise bevormundet oder erzogen werden können.

Nun kann nicht abgestritten werden, dass kleinere Kinder die Folgen ihres Handelns nicht vergleichbar abschätzen können wie Erwachsene. Denn das, was Kinder von Erwachsenen unterscheidet, sind sich sukzessive entwickelnde kognitive Fähigkeiten, weniger gelebte Erfahrung und Zugang zu Informationen sowie das erst allmähliche Abwägen möglicher Folgen sowie Nebenfolgen des eigenen Handelns. Das Gleiche trifft auf ihre Verletzlichkeit zu. So würden wir zweijährigen Kindern ein Sushi-Messer zum Kochen nicht unbegleitet zur Verfügung stellen, einem 12-jährigen würden wir zumindest motorische Fähigkeiten zutrauen und ein grundlegendes Maß an Vorsicht und Erfahrung. Doch lassen sich selbst derartige Aussagen über Kinder im Altersspektrum von der Geburt bis zur Volljährigkeit verallgemeinern? Und sind Altersangaben oder gar Altersschwellen hierzu weiterführend?

Giesinger (2019, 43) weist auf die „Willkürlichkeit von Altersgrenzen" hin. Da „die menschliche Entwicklung graduell und individuell verläuft" ist, sei es in der Folge problematisch, „Personen als Mitglieder von Altersgruppen zu behandeln". Demzufolge müsse „jede Ungleichbehandlung mit Verweis auf moralisch relevante Unterschiede gerechtfertigt werden." Hier lassen sich Eigenschaften, wie die Handlungs- und Urteilsfähigkeit von Personen, Kompetenzen, ein eigener Wille oder eben Autonomie heranziehen, die üblicherweise mit Altersverläufen korrelieren, dabei aber der individuellen Entwicklung nicht gerecht werden: „So gesehen ist jede Altersgrenze unangemessen, da sie eine scharfe Grenze setzt, wo faktisch eine kontinuierliche Entwicklung stattfindet." (ebd., 44).

Somit stellt sich die Frage, was bei Annahmen bezüglich dessen, was Kindern an Fähigkeiten und Kompetenzen zugeschrieben wird, jeweils normativ vorausgesetzt, aber auch, was normativ gesehen daraus jeweils folgt. Dass Kindheit eine Entwicklungsphase ist, hier verstanden mit der UN-Kinderrechtskonvention von der Geburt bis zur Volljährigkeit, sollte, so eine These hier, kein Grund dafür sein, Kindern Rechte grundsätzlich oder in Teilen abzusprechen, noch können derart allgemeine Feststellungen auf Kinder in der Lebensphase Kindheit verallgemeinert werden.

Die *Care-Ethik* fokussiert daher weg vom Autonomiebegriff auf den Schutz und die notwendige Fürsorge für Kinder als „Kinder" (vgl. Conradi 2001). Feministische Positionen, wie sie z. B. von Carol Gilligan (1982) vertreten werden, fordern angesichts ihrer Verletzlichkeit und Abhängigkeit Fürsorge für Kinder, die über reine Rechte hinausgeht. Da bei Kindern die einfache Symmetrie moralischer Verhältnisse aufgebrochen ist (vgl. Wiesemann 2006), werden Erziehungsberechtigte als fürsorgetragende Personen relevant. Eine Besonderheit der Lebensphase Kindheit liegt darin, dass Schutz und Fürsorge hauptsächlich durch die Eltern, aber auch durch den Staat zu gewährleisten sind. Demgemäß haben Eltern eine erzieherische Verantwortung gegenüber ihren Kindern, die auch die „Erziehung zur Autonomie als Elternpflicht umfasst" (Betzler 2011, 938). Auch der Staat übt ein Wächteramt aus, das staatliche Eingriffe zum Wohl des Kindes sowohl in das *Elternrecht (Art. 6 GG Abs. 2,2)* als auch in die *Medien- und Kommunikationsfreiheiten* rechtfertigt *(Art. 5 GG Abs. 2)*. So zielt das *Jugendschutzgesetz (JuschG)* auf den Schutz vor einer Beeinträchtigung der kindlichen Entwicklung hin zu einer eigenverantwortlichen und gemeinschaftsfähigen Persönlichkeit *(§ 14 (1))*. Über gesetzliche Handlungsverbote und deren Überwachung sollen entwicklungsgefährdende Medien für Kinder reguliert und Fehlentwicklungen sanktioniert werden. Vorherrschend scheint der Blick auf die biologische Entwicklung in Phasen oder Stufen zu sein sowie die besondere Verwundbarkeit von Kindern, die nachhaltige Folgen für das Erwachsenenalter hat.

Viele Ansätze sind damit auf den *zukünftigen* Status von Kindern *als Erwachsene* ausgerichtet. Und vielen Diskursen verschiedener Disziplinen unterliegen Kindheitsbilder, die das „Mangel-Modell" von Kindern zugrunde legen. Der Kulturhistoriker Philippe Ariès (2003) verweist darauf, dass Kindheit historisch und sozial schon immer im Wandel war. Und die neuere Kindheitsforschung hebt hervor, dass Kindheit ein soziales und kulturelles Konstrukt ist, das *Erfahrungen von und Sichtweisen auf Kindheit* herstellt. Nach Prout und James (1997, 21) gibt es „no concepts of childhood which are socially and politically innocent." Aus dieser sozialkonstruktivistischen Blickrichtung führt die Sichtweise auf Kinder als Mängelwesen, die am Modell des „kompetenten Erwachsenen" gemessen werden, zu einem *verminderten sozialen und politischen Status von Kindern in der Gesellschaft*. Kritik hieran bezeichnet dies als

„Adultismus" (Flasher 1978) und problematisiert am „deficit model of childhood" (Lansdown 2005, 10) die implizierte, aber die auch oft folgende Handlungsohnmacht von Kindern.

Nicht nur verkennt dies im Extrem die grundlegende Wichtigkeit von Beziehungen im gesamten Lebensverlauf; auch gehören, so Nussbaum (2002, 12), Gefühle der Liebe, Sympathie und der Fürsorge zu einem „innersten Kern des ethischen Lebens". Darüber hinaus wird dieser *Status innerhalb einer generationalen Ordnung,* dass nämlich die „gesellschaftliche Positionierung von Kindern als Bevölkerungsgruppe von der Entwicklungstatsache und die individuellen Entwicklungsprozesse von Kindern von der Alterszugehörigkeit als Strukturkategorie der Gesellschaft bestimmt sind" (Honig 2009, 9), derzeit durch den digitalen Wandel aufgebrochen. Hengst (2013, 60) stellt verringerte Kontrollmöglichkeiten der Eltern fest, wobei sich ein „neues, immer noch ungleiches, aber reziprokes Beziehungsverhältnis" entwickle. Auch der umstrittene Begriff der „digital immigrants" (Prensky 2001; Prinzing 2019) erfasst die Tendenz, dass Kinder oft Pioniere neuer Entwicklungen sind und ihren Eltern gegenüber Wissens- und Erfahrungsvorsprünge haben.

> Children are often pioneers in exploring and experimenting with new digital technologies and services [...]. Increasingly independent users of digital technologies and starting at a much younger age, children experience newly emerging risks often before adults know about their existence or are able to put mitigating strategies in place. In the contemporary digital environment, children's actions are particularly consequential as technologies transform their lives into data which can be recorded, tracked, aggregated, analysed and monetised – and which is durable, searchable and virtually undeletable. (Stoilova et al. 2019, 4)

Dies ist nicht zu unterschätzen, wenn man bedenkt, dass, laut einer *UNICEF-Studie* (Livingstone et al. 2019), ein Drittel der weltweiten Internetnutzer mittlerweile Kinder bis 18 Jahre sind. Und damit auch Kinderrechte mit Blick auf neue Techniken bezogen zu diskutieren sind (Third et al. 2019). Folglich kann, so Hengst (2013, 15) eine „differenzierende Diskussion des Akteur-Status, der agency von Kindern in Gegenwartsgesellschaften, nur möglich [sein], wenn man ihre Erfahrungen mit Markt und Medien nicht unterschlägt oder marginalisiert". Darüber hinaus zeigt sich die Wichtigkeit, auch philosophische Begriffe wie den Autonomiebegriff in digitalen Kontexten neu zu hinterfragen.

So zeigen Studien laut Eisenberg (1992), dass Kinder bereits im zweiten Lebensjahr prosoziales und moralisches Verhalten aufweisen. Umgekehrt gibt es erwachsene Menschen, die im Zuge von Ideologien oder mentalen Zuständen keine Wahl im oben geforderten Sinn treffen. Die Frage ist also, was als Differenzmerkmal von Kindern und Erwachsenen anerkannt wird und was Kinder und Kindheit normativ gesehen ausmacht. Kindheit ist – das unterscheidet Kinder von anderen Gruppen, denen Autonomie abgesprochen wird (wie demente oder behinderte Menschen) – eine biologische und psychologische *Entwicklungsphase,* die sich im Zusammenspiel des Individuums mit seiner Umwelt, das heißt innerhalb von Beziehungen mit für sie Fürsorge tragenden Personen entfaltet.

Ähnlich betont Wiesemann (2006, 17) die Wichtigkeit einer „ethischen Theorie aus Beziehungsperspektive". Eine Ethik, „die sich auf Elternschaft bezieht, kommt zu anderen Fragen als eine auf autonome Individuen fokussierende Ethik" (ebd., 99). Kindheit ist, so Giesinger (2007), eine Lebensphase mit besonderer Verletzlichkeit, die nachhaltige Auswirkungen auf die *mögliche* Zukunft hat. Notwendig wird in der Folge asymmetrischer Beziehungsverhältnisse in der Lebensphase Kindheit eine Verschränkung individualethischer und beziehungsethischer Modelle.

Somit ist jede kinderethische Auseinandersetzung mit der Frage beschäftigt, ob es um das jetzige, heutige Kind geht oder um seine Zukunft als erwachsene Person. Die frühe liberale Philosophie (geprägt durch *John Locke*), schaut auf den zukünftigen Bürger (das Kind als *becoming*), der einmal aus dem Kind werden soll und für den solange andere entscheiden, bis es bestimmte – voran kognitive – Kapazitäten erreicht hat. Hiernach sind Kinder, so Arneil (2002, 70; 74), „future citizens" und nur „potential bearers of rights, which they may exercise only when they have reached the age of reason." […] Sie sind „not simply defined as lacking certain qualities […]; they are constructed as the opposite or negative form of the adult" (ebd., 72).

Doch inwieweit lässt sich allgemein von „Kindern" sprechen, wenn sich im Kindheitsverlauf Unterschiede zeigen, die es erschweren, dies gleichermaßen auf zwei- wie auf 17-Jährige zu beziehen? Da es um fließende und um graduelle, aber vor allem um individuelle Entwicklungen geht, erscheint der Blick auf das jeweilige und jetzige Kind in seinen Verletzlichkeiten, Abhängigkeiten und Kompetenzbildungen und Sichtweisen moralisch relevant. Das zentrale Thema einer medienethischen Auseinandersetzung zur Kindheit ist damit die Frage, wie viel paternalistischer Eingriff im Zuge des Schutz- und Fürsorgeprinzips in die Selbstbestimmung des Kindes trotz des Gleichheitsgrundsatzes rechtfertigbar ist. Wie viel Schutz und welche Art der Fürsorge können das jeweilige Kind befähigen und in seiner Selbstbestimmungsentwicklung unterstützen? Wo liegen die Grenzen zu Paternalismus, der der Selbstbestimmung sogar entgegenlaufen kann? Kurz: Was macht gelingende Fürsorge und angemessenen Schutz aus, wenn Autonomie nicht nur *Ziel, sondern auch Teil des Prozesses* erzieherischen Handelns ist? Hierbei, so eine These, geht es immer auch um die Abwägung des Kindeswohls, wie es von Fürsorgetragenden (oder Experten) bestimmt wird mit den verbrieften Partizipationsrechten (Art. 12 UN-KRK) von Kindern.[10] Dies wirft die Frage der Ermöglichung von Autonomie auf, die sich in einem normativen Gefüge von Gleichheit und Differenz entfaltet.

---

[10]Archard und Skivenes (2009, 10) untersuchen dieses Spannungsverhältnis und betonen die Wichtigkeit des „principle of equity", nach dem „a child should not be judged against a standard of competence by which even most adults would fail." Anhand von Beispielfällen aus Norwegen und Groß-Britannien zeigen sie auf, dass es auf angemessene Verfahren ankommt, um das individuelle Recht auf Partizipation angemessen umzusetzen.

3 Eine kinderrechtliche Perspektive auf die Frage nach Selbstbestimmung von Kindern

Werden *Kinder* nicht nur als „becomings", sondern als „beings" verstanden, deren *Gegenwart* von Gewicht ist, dann dürfen sie schon im Prozess ihrer Entwicklung als moralische Subjekte gelten. Dahinter steht das *Gleichheitsprinzip,* das, so Schickhardt (2012, 115), auf einem eigenen *moralischen Status von Kindern* aufbaut. Neben dem Schutzbedürfnis, das aus der besonderen Verletzlichkeit von Kindern folgt, sind Kinder und Erwachsene durch das *Egalitätsprinzip* gleichgestellt. So basiert die Idee der Menschenrechte auf der Menschenwürde, die *allen* Menschen zukommt. Kinder haben aufgrund des altersübergreifenden Gleichheitsprinzips *(Art. 1 Allgemeine Erklärung der Menschenrechte; Art. 3 GG)* einen *eigenen moralischen Status,* der nicht Ableger des Status anderer, voran der Eltern, ist. Bezogen auf Sharenting könnten Eltern folglich nicht einfach degradierende Fotos ihrer Kinder posten, weil Kinder nicht „Extensionen der Eltern" sind, sondern Subjekte mit eigenen Interessen. Ihr eigener moralischer Status bedingt, nach Schickhardt (2012, 114), „dass ein Wesen nicht willkürlich behandelt werden darf, sondern gemäß bestimmter Normen."

Wenn Kinder das fundamentale Recht haben, *als Gleiche behandelt* zu werden, ist zu fragen, wie das Gleichheits- und das Fürsorgeprinzip gegeneinander auszutarieren sind und wie dies der Kindheit als dynamischem Prozess und als in sich wertvoller Lebensphase gerecht wird. Aus meiner Sicht gilt es, Gleichheit unter Anerkennung der Differenz, das heißt, der auch besonderen Verletzlichkeit in der kindlichen Lebensphase zu begreifen. *Eine Ethik, die Kinderrechten gerecht wird, begreift Kinder folglich nicht als „Mängelwesen", sondern als handelnde Subjekte, denen aufgrund der Verletzlichkeit ein besonderer Fürsorgeanspruch zusteht, der allerdings auf (Selbst-)Befähigung abzielt und die kindliche Autonomieentwicklung zu ermöglichen hat.*

An dieser Stelle setzt der kinderrechtliche Ansatz an: Kinder werden als Handlungssubjekte verstanden, deren Gegenwart von Gewicht ist und die bereits während ihrer Entwicklung Mit- und Selbstbestimmungsrechte beanspruchen dürfen. Mit Blick auf die Gleichheit gewährleistenden Menschenrechte erscheint es schwierig, Bedingungen daran zu knüpfen, welche Fähigkeiten schon *vorliegen* müssen, damit eine Person selbst bestimmen kann. Unteilbare, unkündbare und universelle Menschenrechte sind, so Bielefeld (2008, 34), vielmehr als eine Art „inklusiver Raum" zu denken, der alle Menschen, so auch Kinder, umfasst. Ihr Ziel ist es, die „gleiche Freiheit" (Bielefeld 1998) zu stärken. Dabei gilt es, nach Prengel (2019, 63), „sowohl die universelle Verletzlichkeit als auch die universelle Fähigkeit zur Beteiligung anzuerkennen." Dies ist kompatibel mit *relationalen Autonomiekonzepten,* die Autonomie als eine Kompetenz (vgl. Meyers 1987) verstehen, die sich durch Erfahrung *lebenslang* entwickelt.

Allerdings erfordern die kindliche Entwicklungsdimension sowie ihre besondere Abhängigkeit und Verletzlichkeit in der Differenz Bedingungen, die der normativen Gleichheit auch *tatsächliche Bedingungen für ihre*

Herstellung Raum geben. Erwachsene und Kinder, das folgt aus dem Differenzprinzip, sollten *normativ* gesehen gleichgestellt werden, aber in Anerkennung deskriptiver Differenzen, die moralisch relevant sind. Versteht man Kinderrechte als „Menschenrechte für Kinder" (Maywald 2012), dann gilt es, wesentliche Differenzen zwischen Kindern und Erwachsenen zu berücksichtigen; voran, dass Kinder eben noch *in der Entwicklung* sind. Verstehen wir die Autonomieentwicklung relational, also als einen lebenslangen interaktiven Prozess, der in der Lebensphase Kindheit mit einer besonderen Verletzbarkeit einhergeht, dann rückt die Frage in den Vordergrund, was es eigentlich *braucht*, damit Kinder ihre Selbstbestimmung entfalten können: Welche Prozesse, welche Formen der Befähigung, des Schutzes, aber auch der Partizipation ermöglichen es Kindern beispielsweise, ihre Privatsphäre als besonders schützenswerten Teil ihrer Selbstbestimmung, zu erleben, sie einzufordern und selbst zu gestalten?

Selbstbestimmung, oder *personale Autonomie,* ist ein ethischer Kernbegriff, der in der Philosophie seit *Kant* zentrale Bedeutung hat. Er hat unterschiedliche Bedeutungsebenen und wird im Alltag anders als in der Philosophie, der Pädagogik oder im Recht benutzt. Selbstbestimmung als ein Grundbegriff der Moral hat eine normative Dimension. Der Unterschied zu beschreibenden Begriffen wie der Augenfarbe, liegt, so Seidel (2016, 190) darin, „dass die Antwort auf die Frage nach der Autonomie […] Auswirkungen auf das *berechtigte Verhalten anderer* gegenüber der Person hat: Wenn die Person autonom ist, dann müssen andere Personen im Umgang mit ihr Dinge beachten, die sie nicht beachten müssten, wenn die Person nicht autonom wäre." Der Begriff geht von einem Selbst aus oder einer Person, die *selbst* bestimmen darf. Damit steht er in Verbindung mit Aspekten wie Selbstwert, Selbsterkenntnis oder Selbstkontrolle und ist primär auf Individuen (aber auch auf Kollektive wie Gruppen oder Nationen) bezogen. Selbst bestimmen heißt damit weiterhin, dass *nicht etwas oder eine andere Person* bestimmt.

Theoretisch wird Selbstbestimmung verstanden als ein *Selbstverhältnis,* ein *Weltverhältnis* oder als eine *interaktionistische Beziehung* (Seidel 2016). Gemäß internalistischen Theorien, die ein reines Selbstverhältnis beschreiben, hängt Autonomie von internen Bedingungen wie mentalen Zuständen, dem geistigen Vermögen oder ausgebildeten Fähigkeiten ab. Konträr dazu erfassen externalistische Theorien ein Weltverhältnis. Hiernach sind externe Bedingungen, wie Freiheit von Zwang, soziale Umstände oder Möglichkeiten für die Autonomie einer Person relevant. Die feministische Ethik hat darauf verwiesen, dass rein individualistische und rational ansetzende Autonomiemodelle wesentliche Aspekte der Lebenswelt vieler Menschen (z. B. Kinder oder Menschen mit Behinderung) ausschließen und ihnen Autonomie absprechen.[11] Interaktionalistische Theorien greifen dies auf und verstehen Selbstbestimmung als ein Sich-in-Beziehung-Setzen, das in einem Zusammenspiel von Selbst- und Weltverhältnis möglich wird.

---

[11] Für einen Überblick der Kritik feministischer Ethik am Autonomiebegriff vgl. Conradi 2001.

Der beschriebene Blick auf Kinder als *nicht oder eingeschränkt autonom* rekurriert vorrangig auf das Vorliegen bestimmter Fähigkeiten und Leistungen, die bei Kindern noch in der Entwicklung stecken. Kinder haben schon früh ein erkennbares Streben nach Selbstbestimmung. Allerdings können jüngere Kinder die Folgen ihres Handelns auf andere nur begrenzt abschätzen oder verschiedene Ebenen des Wollens nicht ausreichend differenzieren. Kindern allerdings deswegen Autonomie abzusprechen erscheint normativ nicht nur *voraussetzungs*reich, sondern auch *folgen*reich, indem ja *nur dann* andere Menschen Dinge im Umgang mit diesen Personen beachten müssen, wenn Autonomie anzeigende Fähigkeiten *bereits* ganz oder in Teilen erkennbar sind. Problematisch daran scheint, dass dies *Paternalismus,* hier verstanden als fremdbestimmtes Handeln und Entscheiden Erwachsener ohne oder gegen den Willen eines Kindes, grundsätzlich rechtfertigen könnte. Damit könnte Kindern allgemein Objektstatus zugeschrieben, kindliche Abhängigkeiten verstärkt und ihre Selbstbestimmung sogar behindert werden.

Intendieren Eltern beispielsweise, das Kind durch ein Verbot vor möglichen nachhaltigen Schäden einer Nutzung eines sozialen Netzwerks wie *Tik Tok* zu schützen, so wäre eine sinnvolle Begleitung des Angebots durch die Eltern mit Blick auf kindliche Fähigkeiten, den Wissensstand des Kindes und seine Interessen durch gemeinsame Gespräche zu möglichen problematischen Folgen der Nutzung und zu einem verantwortungsvollen Umgang des Kindes mit dem Angebot wichtig. Anders als ein Verbot nimmt die interaktive Zuwendung das Kind als handelndes Subjekt ernst und blendet dennoch den Schutz nicht aus, der vielmehr *mit Blick auf Autonomieerfahrungen* gedacht wird.[12]

Angelehnt an Frankfurts (2001) Minimalbegriff lässt sich Autonomie erfassen als eine Selbstbeziehung mit Freiheits- und Gestaltungsräumen des Einzelnen. Sie entwickelt sich danach graduell und als ein dynamischer Prozess. Kinder erfüllen ihn ebenso wenig in seiner idealen Fassung wie viele Erwachsene. Bezogen auf Frankfurts Bild des Busches, hat jeder Mensch eine je eigene Ausprägung von Autonomie. Autonomie bleibt als Zielbegriff wichtig, da sie erst die Grundlage für moralische Verantwortungsübernahme in sozialen Beziehungen, staatsbürgerliche Partizipation in Demokratien, die Grundlage weiterer Menschenrechte, aber auch ein individuelles gelingendes Leben ist.

Vom Kindeswohl aus gedacht sollte Selbstbestimmung immer schon ein *Ziel, aber auch Teil des Prozesses erzieherischen und fürsorgenden Handelns* sein. Diese Sicht auf Selbstbestimmung folgt der Care-Ethik, nach der Menschen nicht als vereinzelte rationale Individuen verstanden werden, sondern als „inherently social beings" (Friedman 2000, 217 f.), die sich in Interaktion und durch die

---

[12]Gleichzeitig zeigt dieses Beispiel die lebenslang wichtige Bedeutung von transparent gemachten Informationen durch mediale Anbieter und der Förderung grundlegender Kompetenzen im Lebensverlauf. Eltern können ihre Kinder im genannten Beispiel nur dann aktiv begleiten, wenn sie selbst über das notwendige Wissen und die Kompetenzen verfügen.

Möglichkeit der Erfahrung entwickeln.[13] Verwerfen viele Ansätze der Care-Ethik den Autonomiebegriff ganz, so erscheinen für die Frage nach Selbstbestimmung von Kindern *relationale Selbstbestimmungstheorien* (vgl. Mackenzie/Stoljar 2000) weiterführend, nach denen sich Autonomie im Zuge sozialer Prozesse und Interaktionen lebenslang ausbildet.

Aus interaktionistischen Theorien wie diesen folgt, dass Kinder ihre Autonomie *in Beziehungen* mit erwachsenen Bezugspersonen entwickeln. Eine Befähigung von Kindern zur Selbstbestimmung sollte folglich mit Blick auf kindliche Bedürfnisse, ihre Fähigkeiten und die konkreten Umstände fürsorglich und möglichst partizipativ erfolgen. Denn das Kindeswohl impliziert einerseits das Recht des Kindes auf seine Gegenwart und Achtung *als Kind* und andererseits, mit Blick auf Kindheit als Entwicklungsphase, die das Erwachsenenleben vorbereitet, ihr *Recht auf eine offene Zukunft* (Feinberg 1980). Aus meiner Sicht ist ein prozessorientierter Selbstbestimmungsbegriff für Kinder im Sinne einer *Autonomie im Werden* tragfähig, um der Besonderheit der Lebensphase Kindheit und dem Entwicklungsaspekt in der digital vernetzten Welt gerecht zu werden. Auf das Sharenting-Beispiel bezogen hieße dies, Elternrechte (des Zeigens, Teilens der Bilder) im Spannungsverhältnis zu Kinderrechten (Recht auf Privatsphäre, Recht auf offene Zukunft) zu sehen und dabei den Blick auf Kinder nicht nur als Objekte des Handelns, sondern als Subjekte mit eigenen Mit- und Selbstbestimmungsrechten zu richten, das heißt, sie anzuhören und sie darin entwicklungs- und kontextbezogen sinnvoll einzubeziehen.

In der Praxis agieren schon kleinere Kinder *selbst*-bestimmt durch eigenes Medienhandeln, zum Beispiel durch selbst gewählte Mediennutzung oder das Teilen von Fotos oder Videos auf sozialen Netzwerken, die oft abseits elterlicher oder schulischer Begleitung erfolgen. Damit ist das grundlegende Dilemma des Selbstbestimmungskonzepts mit Blick auf Kinder angesprochen: Einerseits soll die Selbstbestimmung des Kindes als zukünftige erwachsene Person erst möglich werden, indem Kinder vor bestimmten Erfahrungen geschützt werden und andererseits braucht *Selbstbestimmung als Fähigkeit* die *Selbstbestimmung als Möglichkeit*, indem Kinder diese erproben und sich selbst im Zuge ihrer „evolving capacities" als Subjekte ihrer eigenen Entwicklung erleben können. Mit Blick auf aktuelle Entwicklungen der Mediatisierung von Kindheit (Tilmann/Hugger 2014, Krotz 2001) erscheint der kinderrechtliche Ansatz hierzu weiterführend.

---

[13]Gemäß des gängigen Ideals von Autonomie „individual autonomy is overemphasized and [...] an „atomistic" or „abstract individualistic" conception of the self is presupposed." (Barclay 2000, 52 f.) Dieser Fokus auf reflektierende Fähigkeiten impliziere, dass das Selbst alle sozialen Einflüsse und Beziehungen transzendieren könne.

4 Schutz-, Beteiligungs- und Befähigungsrechte im Zusammenspiel für die kindlichen „best interests"

Der polnische Kinderarzt und Schriftsteller Janusz Korczak (2011) hatte bereits 1929 „das Recht des Kindes auf Achtung" postuliert:[14] „Das Kind", so Korczak (2011, 30 ff.), „wird nicht erst zum Menschen, es ist schon einer". Damit betont er die je eigene Perspektive und das Streben nach Selbstbestimmung und Glück schon von Kindern, die es zu achten gilt. In der seit 1989 völkerrechtlich und global verbrieften und 1992 von Deutschland ratifizierten UN-Kinderrechtskonvention werden in 54 Artikeln kindereigene Rechte basierend auf den vier Prinzipien – Recht auf Gleichbehandlung, Vorrang des Kindeswohls, Recht auf Leben und Entwicklung und Achtung vor der Meinung des Kindes – artikuliert. Das Gebäude der Kinderrechte verbindet *Schutz-* (protection), *Versorgungs-* (provision) sowie *Beteiligungsrechte* (partcipation), die als eine Einheit zu betrachten sind.

Kinderrechte sind, so Maywald, keine „Sonderrechte" für Kinder, vielmehr „hat sich die Erkenntnis durchgesetzt, dass Kinder einen eigenen, auf ihre spezielle Situation zugeschnittenen Menschenrechtsschutz benötigen" (Maywald 2012, 16): Kinderrechte sind also nicht gleich *Erwachsenen*rechte, sondern vielmehr „Menschenrechte für Kinder." Aus den Kinderrechten folgt ethisch gesehen, dass Paternalismus gegenüber Kindern grundsätzlich rechtfertigungsbedürftig ist. Damit ist allerdings kein Liberationismus gemeint, dem gemäß Eltern beispielsweise nicht darüber entscheiden dürften, wie lange Kinder fernsehen, ob sie mit sieben schon aktiv in sozialen Netzwerken sind oder dass sie überfordernde hochgradig gewalttätige Computerspiele spielen.

Die UN-KRK benennt vielmehr den Maßstab des Kindeswohls (engl. „best interests") *(Art. 3, Abs. 1)* als „Querschnittsnorm" (Maywald 2012, 96)[15] sowie den Maßstab der „evolving capacities". Betont wird in *Art. 12,* dass Kinder ein Recht auf Partizipation in den Angelegenheiten haben, die sie betreffen:

> Die Vertragsstaaten sichern dem Kind, das fähig ist, sich eine eigene Meinung zu bilden, das Recht zu, diese Meinung in allen das Kind berührenden Angelegenheiten frei zu äußern, und berücksichtigen die Meinung des Kindes angemessen und entsprechend seinem Alter und seiner Reife.

Nach Lansdown (2005) garantiert *Artikel 12 UN-KRK* „the child's right to be involved in a process of participation in all matters affecting him or her, but adults retain responsibility for the outcome. The outcome will be decided by

---

[14] Obwohl sich dieser Gedanke noch weiter zurückführen lässt, ist mit ihm ein Umdenken in Gang gekommen, welches Grundannahmen der UN-Kinderrechtskonvention von 1989 geprägt hat.

[15] *Art. 3 UN-KRK* lautet: „Bei allen Maßnahmen, die Kinder betreffen, gleichviel ob sie von öffentlichen oder privaten Einrichtungen der sozialen Fürsorge, Gerichten, Verwaltungsbehörden oder Gesetzgebungsorganen getroffen werden, ist das *Wohl des Kindes* ein Gesichtspunkt, der vorrangig zu berücksichtigen ist."

adults but informed and influenced by the views of the child." Ähnlich benennt *Art. 5* UN-KRK die Respektierung des Elternrechts und fordert Eltern dazu auf, „das Kind bei der Ausübung der in diesem Übereinkommen anerkannten Rechte in einer seiner Entwicklung entsprechenden Weise angemessen zu leiten und zu führen." „This process", so Lansdown, „of transferring the exercise of rights to children involves recognition of their emerging autonomy." Berücksichtigt werden sollen die kindlichen „evolving capacities." Eine Autonomieentwicklung bedarf hierzu neben *Fähigkeiten* und dem *Wunsch* des Kindes auch der *Möglichkeiten* für Autonomie.

Zentral aus kinderrechtlicher Sicht ist es darum, dass die Perspektive von Kindern, ihre Meinung und ihre Bedürfnisse Raum finden und angemessen berücksichtigt werden. Dies impliziert nicht, dass den Wünschen des Kindes grundsätzlich nachgegeben wird, sondern dass Kinder sich als handelnde Subjekte erfahren können, die ihre eigene Selbstbestimmung mitgestalten (Stapf 2019a; Stapf 2018). Nach Petren und Hart (2000, 54) haben Kinder zwar

> a short-term perspective on their own development, but they are capable of influencing it strongly. This means that we adults should take the time to observe children, listen to them and let them reveal their characteristics to us. Children have much greater degrees of reflection and self-monitoring of their development than we typically recognize […].

Kinder brauchen also in ihrer Autonomieentwicklung auch Möglichkeiten zur *Erfahrung* und zur *Erprobung* sowie den Raum dafür, in einem weitgehend sicheren Umfeld und – soweit vom Kind erwünscht – Verantwortung zu übernehmen, die als, so Funiok (2007, 75), „Ausdruck eines Sozialverhältnisses" gilt. Dies entlastet Eltern nicht von ihren Elternpflichten und den Staat nicht von seinem Auftrag, Kinder angemessen zu schützen. Es verweist aber auf die Wichtigkeit der Befähigung, d. h. Bildungsmaßnahmen, die auf Selbstbildung ausgerichtet sind. Der Sozialökonom Amartya Sen sieht eine Begründung der Menschenrechte auch „in the social role of human rights in translating an ethical value into practical action aimed at promoting that ethics." (Sen 2007, 8) Als sozialethischer Bestrebung folgt aus ihnen demzufolge das Freiheitsrecht der *Befähigung von Kindern*.

5 Ein Kinderrecht auf Privatsphäre – informationelle Selbstbestimmung im Kontext des Digitalen

Die Wichtigkeit von Befähigung neben Schutz lässt sich am Beispiel der *Privatsphäre von Kindern im Kontext des Digitalen* veranschaulichen. Privatsphäre ist ein wesentlicher Teil personaler Selbstbestimmung. Sie hat in freiheitlichen Demokratien einen hohen Stellenwert und ermöglicht erst viele andere Freiheitsrechte. Nach Westin (1967) umfasst Privatsphäre die individuelle Kontrolle über Informationen, die wissentlich gegeben oder mit anderen geteilt werden. Aber haben schon Ungeborene, deren Ultraschallbilder gepostet werden oder

Neugeborene, die noch gewickelt werden, ein Recht auf eine Privatsphäre? Wie können wir Personen eine Privatsphäre zuerkennen, die sie selbst noch nicht wahrnehmen, artikulieren oder einfordern können?

Definitionen wie diese auf Kinder zu beziehen erscheint schwierig, da sie noch in ihrer Entwicklung stecken, über weniger Erfahrung, Wissen und Fertigkeiten verfügen und vor allem in der frühen Kindheit hochgradig abhängig von für sie Sorgetragenden. Kinder sind auch davon abhängig, dass sie die Wichtigkeit und Möglichkeit von Privatsphäre erkennen und erfahren lernen (Stapf 2019b). Weiterführender mit Blick auf Kinder ist Nissenbaums (2010, 3) Definition von Privatsphäre als „neither a right to secrecy nor a right to control, but a right to appropriate flow of personal information." Somit hängt Privatsphäre als eine Art kontextuelle Integrität von Beziehungen und Kontexten ab. Sie ist relational und nicht nur individuell zu verstehen (Solove 2015; Hargreaves 2017). Als solche wäre sie bereits für Kinder nicht nur zuschreibbar (als auf Kinder, die einmal erwachsene Personen mit Privatsphäreansprüchen sein werden), sondern auch für sie (selbst) umsetzbar.

Denn es geht um die Möglichkeit zu entscheiden, welche Informationen in bestimmten Kontexten oder mit bestimmten Personen geteilt werden sollten und welche nicht. Privatsphäre ist damit lebenslang, aber besonders für die kindliche Entwicklung vital. Sie ist als fundamentales Menschenrecht grundlegend für persönliche Autonomie und mit weiteren kindlichen Grundrechten verknüpft. Diese Möglichkeit, selbst einen Schutzraum zu bestimmen, einen selbst bestimmten Raum, den andere nicht betreten oder einsehen dürfen, ist zentrales Menschenrecht. So verbrieft *Artikel 16* der UN-Kinderrechtskonvention, dass „kein Kind [...] willkürlichen oder rechtswidrigen Eingriffen in sein Privatleben, seine Familie, seine Wohnung oder seinen Schriftverkehr oder rechtswidrigen Beeinträchtigungen seiner Ehre und seines Rufes ausgesetzt werden (darf)" und „Anspruch auf rechtlichen Schutz gegen solche Eingriffe oder Beeinträchtigungen" hat.

Dabei stellen sich im Zuge einer wachsenden Digitalisierung der Lebenswelt von Kindern neue Fragen, was die kindliche Privatsphäre angeht. Kindheit ist heute mediatisierte Kindheit. Empirische Daten Medien legen offen, dass Medien zunehmend Einzug in das heutige Leben von Kindern halten. Sie zeigen eine stärkere Verfügbarkeit und wachsende Nutzungszahlen von Medien bei immer jüngeren Kindern. So stellt die aktuelle *KIM-Studie* (MFPS 2018) fest, dass fast alle Kinder zwischen neun und 13 Jahren (98 %) zuhause das Internet nutzen können und die Hälfte der Kinder ein eigenes Smartphone haben. Sie recherchieren über Suchmaschinen (65 %), verschicken *WhatsApp*-Nachrichten (62 %) (ab 16) oder schauen *YouTube*-Videos (56 %). Beliebteste soziale Medien der 14–24-Jährigen sind laut *DIVSI-Studie* (2018) *WhatsApp YouTube* und *Instagram*. Heranwachsende verabreden sich über soziale Medien oder verhandeln Identitätsfragen über ihre Postings auf *Snapchat* oder *Instagram*. Schüler recherchieren Hausaufgaben im Internet und schauen sich *YouTube*-Erklärvideos an. Sie spielen vernetzte Computerspiele und sitzen dabei in ihren jeweiligen Kinderzimmern.

Mit dem ersten internetfähigen Smartphone haben Kinder Zugang zum globalen Netz, das aktuell weitgehend unreguliert ist. Ein wirklicher Schutz, wie es Auftrag des deutschen Jugendmedienschutzes ist, kann nicht mehr stringent erreicht werden (Stapf 2016). So haben Anbieter von Pornographie wie *YouPorn* ihren Sitz außerhalb Deutschlands und fallen daher nicht unter deutsche Zuständigkeit. Das hat zur Folge, dass Kinder pornographische Inhalte beispielsweise über *Pornhub* im Instagram-Feed abonnieren können. Neben diesen Zugriffsproblemen zu gesetzlich verbotenen und entwicklungsbeeinträchtigenden Inhalten haben all diese Zugriffe, all diese Sichtbarkeiten und sind Kontakte in der Welt der Codes und von Big Data abgebildet und auswertbar. Und hier liegt ein wesentlicher, ethisch relevanter, Unterschied: Mit der Mediatisierung der Lebenswelt von Kindern lassen sich analoge und digitale Lebenswelten von Kindern nicht mehr trennscharf voneinander unterscheiden. In der gelebten Praxis ihrer Lebenswelt sind beide Bereiche für Kinder – gerade mit Blick auf ihre Daten – immer schon ineinander verwoben.

Mit dem Aufkommen von überwachungsbasierten Medientechnologien von der Barbie-App, Pokémon GO oder Babysitter-Kameras im Teddybär bis hin zu Home-Robotern wie Alexa, Bildungsmaßnahmen, die auf selbst lernenden Systemen beruhen oder Tracking-Apps, die den aktuellen Standort von Kindern übermitteln, wird personale und informationelle Selbstbestimmung für Erwachsene wie für Kinder zu einer wachsenden Herausforderung. Und mit Blick auf Kinder werden neuartige Fragen relevant: Bedarf der Blick auf Kinder dabei anderer theoretischer Konzepte als bei Erwachsenen? Wie können Kinder ihre Privatsphäre im Altersverlauf steuern? Oder ändern sich gar Vorstellung und Stellenwert von Privatsphäre im Zuge der Mediatisierung von Kindheit?

Am Beispiel der Privatsphäre von Kindern im Digitalen wird das benannte Dilemma, dass Kinder einerseits geschützte Räume brauchen, um sich gesund zu entwickeln und andererseits aktiver Erfahrungen brauchen, um selbstbestimmtes Handeln zu lernen, verstärkt sichtbar. Deutlich wird auch die Wichtigkeit von Befähigung im erzieherischen und sozialen Kontext. Denn individuelle Privatsphäre-Entscheidungen und Praktiken von Kindern werden vorrangig durch die soziale Umgebung beeinflusst. Ob Kinder persönliche Informationen zurückhalten oder teilen, verhandeln sie in einem Kontext vernetzter Kommunikation und damit verknüpfter Praktiken. Und sie sind in ihren Entscheidungen von dem vorgelebten Verhalten anderer, voran der Eltern, aber auch der Peer-Group, beeinflusst. Livingstone et al. (2019, 3, 13 ff.) differenzieren eine *relationale Privatsphäre* als ein Daten-Ich, das über eigenes Sozialverhalten online kreiert wird, von einer *institutionellen Privatsphäre,* die durch das Sammeln und Auswerten durch Regierung, Bildungs- oder Gesundheitseinreichungen beeinträchtigt wird, von der *kommerziellen Privatsphäre* als den persönlichen Daten, die für Marketing und Unternehmen wirtschaftlich verwendet werden. Es fehlt derzeit noch an Wissen, wie Kinder diese erleben und was sie über die Zusammenhänge wissen, z. B. was invasive Taktiken oder nicht-transparente Prozesse der Datensammlung und -auswertung angeht. Gemäß der Studie fühlen sich Kinder am wenigsten handlungsmächtig, was ihre kommerzielle Privatsphäre angeht – vielleicht auch, da diese nicht auf konkrete Personen beziehbar ist.

Dies ist zentral für Fragen personaler Selbstbestimmung in einem Kontext, in dem Daten zu Gütern geworden sind. Viele Angebote sind zwar umsonst, werden aber mit der Preisgabe und Auswertung von Daten „bezahlt." Dieser Prozess intensiver Datensammlung, Beobachtung und Überwachung von Individuen wird als „Datafication", d. h. Datifizierung, bezeichnet und umfasst Maßnahmen, die schon Kinder quantifizieren und objektifizieren, ohne dass dies für diese transparent wird (Lupton/Williamson 2017; Livingstone et al. 2019). Nach Cunha (2017) fehlt gerade jüngeren Kindern oft das Wissen um Daten, die aufgegriffen oder verarbeitet werden. Sie können die Risiken und Folgen davon zumeist nicht abschätzen oder Sicherheitsvorkehrungen treffen. Das viel diskutierte „Recht auf Vergessen" betrifft Kinder als besonders verletzbare Gruppe daher umso mehr. Dies belegen Beispielfälle von Erwachsenen, denen Jobs verwehrt wurden aufgrund auffindbarer Postings in sozialen Netzwerken (z. B. mit Alkohol) aus ihrer Jugend.

Online-Überwachung stellt eine weitere Gefährdung der kindlichen Privatsphäre dar. Massenüberwachungstechnologien können beispielsweise von Regierungen und Firmen eingesetzt werden, „to track, store, and analyse children's actions with a level of detail previously unattainable" (Brown/Pecora 2014). Ein weiteres Problemfeld sind die Aufnahme und Verwertung biometrischer Daten zur Authentifizierung und Blockchain. Besonders invasiv sind diese bei sozialen Netzwerken, die über Gesichts- oder Spracherkennung schon Kinder in Fotos oder Videos identifizieren (z. B. Tagging). Und schließlich vervielfachen sich bereits existierende Risiken für die Privatsphäre von Kindern im Digitalen, wie Cyberbullying, Online-Stalking, Identitätsdiebstahl und der Zugriff auf unangemessene Inhalte, Werbung oder gar Doxing. Das Onlineverhalten von Kindern kann so gezielt ausgewertet oder Datendossiers über sie erstellt werden. Konträr zu ihrem Recht auf eine offene Zukunft sind Datenspuren von Kindern damit wie „digital tatoos" (Enriques 2013) oder gar wie in Beton gegossen.

Allgemeine Verletzbarkeiten verstärken sich demnach bei Kindern. Zumal Kindheit nicht nur eine Entwicklungs-, sondern Erprobungsphase ist, in der Kinder Folgenabschätzung mit Blick auf ihre eigene Zukunft noch erlernen. Betroffen sind vor allem kindliche Schutzrechte, zu denen auch der Schutz ihrer Privatsphäre gehört. Gleichzeitig wäre es zu kurz gegriffen nur auf die Verletzung von Kinderrechten im Netz zu verweisen. Im Netz zeigt sich, ähnlich wie im öffentlichen Lebensraum einer Stadt, was gesellschaftlich geschieht. Es spiegelt die soziale Welt, es wirkt aber auch auf sie ein. So bietet das Netz Potentiale nicht nur für Bildungsrechte von Kindern, ihre Rechte auf Freizeit und Unterhaltung, sondern auch für ihre Informations- und Teilhaberechte. Zudem können Kinder den Raum ihrer Privatsphäre darin erweitern, wenn sie zuhause zu eng kontrolliert werden, ihnen der Zugang zu Informationen verweigert wird oder ihre Schutzrechte in der Familie gar bedroht werden. *Es geht also nicht nur um den Schutz der Privatsphäre von Kindern durch diejenigen, die ihre Interessen vertreten, sondern – mit Blick auf ein ganzheitlicheres Kinderrechteverständnis – um die Beteiligung von Kindern am Verstehen, Einfordern und Gestalten ihrer Privatsphäre im Sinne personaler Selbstbestimmung.*

Was Maßnahmen zum Schutz der kindlichen Privatsphäre (vgl. Livingstone et al. 2019) angeht, sollten die jeweilige Entwicklung des Kindes sowie individuelle Unterschiede berücksichtigt werden. Nicht alle Kinder können digitale Umwelten sicher und selbstbestimmt nutzen. Unterschiede zwischen Kindern (Entwicklungsstand, sozio-ökonomische Faktoren, Fertigkeiten, Geschlecht) haben einen Einfluss. Was interaktive Prozesse angeht reduzieren restriktive, auf Vermeidung und Verbote setzende Erziehungsstile zwar Risiken der Privatsphäre, beschränken aber gleichzeitig Rechte und Erfahrungen des Kindes mit Blick auf Spiel, Entwicklung und Selbstbestimmung. Stärkender wirkt der Erziehungsstil einer befähigenden Vermittlung („enabling mediation"), der Kinder auch darin stärkt, Erfahrungen mit Risiken zu machen und dabei eigene Schutz- oder Bewältigungsstrategien auszubilden. Entscheidend hierfür ist eine gute Beziehung zwischen Kindern und Fürsorgetragenden, in die Erfahrungen eingebettet werden. Gerade dies veranschaulicht die Relationalität von Selbstbestimmung auch im Digitalen, aber auch die verschärfte ethische Dimension wachsender sichtbarer Datenspuren.

Damit sich personale Selbstbestimmung ausbilden kann, tragen neben den Eltern und Erziehungsberechtigten auch die Anbieter selbst, die Medienregulierung sowie die Bildungseinrichtungen zentrale Verantwortung (vgl. Stapf 2019b; Stapf et al. 2020). Was die Angebote angeht, sollte Privatsphäre im Digitalen immer eine Möglichkeit sein und nicht erst aktiv eingestellt werden müssen, wenn sich Angebote auch an Kinder richten oder von Kindern genutzt werden. Es muss für Kinder selbst zumindest wählbar sein, in welchem Grad von Privatsphäre und Öffentlichkeit sie sich jeweils befinden und dies muss für sie einfach im Design und über auditive oder visuelle Hinweise erkennbar sein. Gerade bei den Jüngsten sollte privacy-by-design voreingestellt und dann im Altersverlauf differenzierbar und anpassbar sein. Hier braucht es innovative Ansätze und Anreizsysteme, um Privatsphäre schon im Design und in der Anwendung der Angebote durch Kinder zu ermöglichen. Dass dies gelingen kann, bedarf staatlicher und regulativer Maßnahmen, die Privatsphäre im Digitalen einfordern, positive Angebote in dieser Hinsicht strukturell fördern und möglicherweise in Richtung eines öffentlich-rechtlichen Kindernetzes denken. Hierzu sollte sich der Jugendmedienschutz, der in Deutschland Verfassungsrang hat, flexibler an aktuelle Entwicklungen anpassen.

Zentrale Säule sollten neben sämtlichen Schutzmaßnahmen aber Ansätze der Befähigung sein. So kann (digitale) Selbstbestimmung Thema in Projekten oder in Schulfächern (wie Autonomie als Frage der Ethik oder Algorithmen im Mathe-Unterricht) sein. Neben dieser inhaltlichen Arbeit ist es wichtig, in Einrichtungen wie Kita oder Schule bewusst zu reflektieren, welche Plattformen und Anwendungen benutzt werden und inwieweit das Recht auf Privatsphäre von Kindern dabei beeinträchtigt wird. Auch Überwachungskameras, Tracking-Tools oder individualisierte Lernsoftware in Kindergärten sollten Grundlage gemeinsamer Entscheidungen der Familien und Mitarbeiter/innen sein. Dies zum Thema zu machen erfordert eine grundlegende Informationsmöglichkeit und Weiterbildungsangebote für Erzieher/innen und Lehrer/innen schon im Studium und durch Weiterbildung. Auf Elternabenden, über Medienlotsen oder andere Peergroup-Projekte können Selbstbestimmungsprozesse in die Schülerschaft oder Kindergartengruppen gelangen. Was mögliche Maßnahmen angeht, zeigen sich die Verwobenheit und die Wichtigkeit interdisziplinärer Ansätze.

6 Fazit: Selbstbestimmung von Kindern in digitalen Kontexten als Frage einer Kultur der Privatsphäre

Kinder müssen noch nicht wissen, was Privatsphäre ist und die Folgen eines Eingriffs in Privatsphäre im Detail abschätzen können, um ein Recht auf Privatsphäre zu haben. Aus ethischer Sicht sollten sie vielmehr in einem Umfeld aufwachsen, in dem sie mit- und selbst entscheiden können, was sie von sich teilen, wie sie Spuren hinterlassen und warum. Um Kinder in ihrer Selbstbestimmung zu stärken, brauchen Kinder altersgerechte Informationen, Vorschläge, Rückmeldungen, aber primär eine Umgebung, in dem seine Meinung, seine Wünsche und Bedürfnisse eine Rolle spielen. Vor allem aber bedarf es einer *gelebten Kultur der Privatsphäre*, die diese als Grundlage einer gesellschaftlichen wie personalen Selbstbestimmung versteht und Möglichkeiten hierzu theoretisch untersucht, strukturell einschreibt, aber auch praktisch in der Lebenswelt schon von Kindern ermöglicht.

Aus kinderrechtlicher Sicht sind Fragen der Privatsphäre auf das Wohlergehen von Kindern ausgelegt und mit weiteren kindlichen Grundrechten, z. B. auf Bildung, Schutz und Partizipation, verknüpft. Ziel ist es, Kindern selbstbestimmtes Handeln, faire Chancen und wichtige Fähigkeiten für ihre Gegenwart und ihr zukünftiges Leben zu eröffnen. Die entscheidende Frage ist also nicht, *ob* Kinder ein Recht auf eine Privatsphäre haben im Digitalen, sondern, *wie* Bedingungen geschaffen werden können, durch die sie sie erleben und erfahren können. Und wie sie ihre Privatsphäre *selbst* bestimmen und regulieren lernen können.

Es hat sich gezeigt, dass hierzu neben Schutzrechten, vor allem Beteiligungs- und Befähigungsrechte von Kindern wesentlich sind, und dass Fragen der Selbstbestimmung in digitalen Kontexten als *Querschnittsfragen heutigen Aufwachsens mit Medien* zu verstehen sind. Damit sind sie als zentrale Aufgabe von Bildungsmaßnahmen zu denken. Sie sollten mehr als bisher Raum im erzieherischen und pädagogischen Handeln, in schulischen Curricula, in der Eltern- und der Lehrer/innen-Ausbildung, aber auch in politischen Diskursen und Regulierungsmaßnahmen finden.

Es hat sich aber auch gezeigt, dass viele Spannungsfelder, die ethisch relevant werden, nicht nur Kinder als besonders vulnerable gesellschaftliche Gruppe betreffen. Wie personale Selbstbestimmung in digitalen Kontexten aufrechterhalten und freiheitlich gestaltet werden kann, ist vielmehr eine Frage im *gesamten Lebensverlauf von Individuen in mediatisierten Gesellschaften*. Sie stellt sich für Kinder noch drastischer als für Erwachsene, aber auch für Menschen im höheren Alter, Menschen, die keinen Zugang zu Ressourcen haben oder Menschen mit Einschränkungen, die nicht über alle dazu wesentlichen motorischen, psychischen oder kognitiven Fähigkeiten verfügen.

Eine Ethik, die im Zeitalter des Digitalen Normen generieren, Orientierung schaffen, Verantwortung ermöglichen und Freiheit als demokratischen Grundwert der Menschenrechte verteidigen möchte, sollte also global ansetzen, dabei aber kontextsensibel und inklusiv bleiben. Die Perspektiven und Sichtweisen nicht *nur auf Kinder,* sondern auch *von Kindern* könnten hierzu weiterführend sein. Erwachsene tragen eine Verantwortung für ihre eigene und die offene Zukunft von Kindern. Und Kinder wie Erwachsene haben ein Recht auf eine Gegenwart in Sinne eines guten und selbstbestimmten Lebens. Hierzu ist eine auf Partizipation ausgerichtete Ethik zentraler denn je.

Literatur

Ariès, Philippe. 2003. *Geschichte der Kindheit*. München: dtv.
Archard, David W. 2016. Children's Rights. In: *The Stanford Encyclopedia of Philo- sophy* (Summer 2016 Edition), Edward N. Zalta (e.). Online unter: https://plato.stanford.edu/archives/sum2016/entries/rights-children/ (Zugriff: 29.05.2018).
Archard, David, und Skivenes, Marit. 2009. Balancing a Child's Best Interests and a Child's Views. In: International Journal of Children's Rights 17, 1–21.
Arneil, Barbara. 2002. Becoming versus Being: A Critical Analysis of the Child in Liberal Theory. In: Archard, David W., and Macleod, Colin M., Hrsg., *The Moral and Political Status of Children*. Oxford: Oxford University Press, 70–95.
Barclay, Linda. 2000. Autonomy and the Social Self. In: Mackenzie, Catriona, und Stoljar, Natalie, Hrsg., *Relational autonomy: feminist perspectives on autonomy, agency, and the social self*. Oxford: Oxford University Press, 52–71.
Barnes, Susan B. 2006. A privacy paradox: social networking in the United States. In: *The First Monday*. Bd. 11(9).
Betzler, Monika. 2011. Erziehung zur Autonomie als Elternpflicht. In: DZPhil, Akademie Verlag, 59, 937–953.
Bielefeldt, Heiner. 1998. *Philosophie der Menschenrechte. Grundlage eines weltweiten Freiheitsethos*. Darmstadt: Primus.
Bielefeldt, Heiner. 2008. *Menschenwürde. Der Grund der Menschenrechte*. Berlin: Deutsches Institut für Menschenrechte. Online unter: https://www.ssoar.info/ssoar/handle/document/31608.
Brown, Duncan H., und Pecora, Norma. 2014. Online Data Privacy as a Children's Media Right: Toward Global Policy Principles. In: *Journal of Children and Media*. Bd. 8, H. 2, 201–207.
Bühler-Niederberger, Doris. 2011. *Lebensphase Kindheit: Theoretische Ansätze, Akteure und Handlungsräume*. Weinheim: Beltz.
Conradi, Elisabeth. 2001. *Take Care. Grundlagen einer Ethik der Achtsamkeit*. Frankfurt. M: Campus.
Cunha, Mario Viola de Azevedo. 2017. *Child Privacy in the Age of Web 2.0 and 3.0*: Challenges and opportunities for policy. UNICEF Innocenti Discussion Paper 03. Florence.
DIVSI. 2018. DIVIS U 25-Studie – Euphorie war gestern. Die „Generation Internet" zwischen Glück und Abhängigkeit. Hamburg.
Enriquez, Juan. 2013. Your online life – permanent as a tatoo. TED Talk. https://www.ted.com/talks/juan_enriquez_your_online_life_permanent_as_a_tattoo?language=en.
Feinberg, Joel. 1980. A Child's Right to an Open Future. In: Aiken, William, und LaFollette, Hugh, Hrsg., *Whose Child? Parental Rights, Parental Authority and State Power*. Totowa, NJ: Littlefield, Adams & Co., 124–153.
Flasher, Jack. 1978. Adultism. In: *Adolescence*, 13 (51), 517–523.
Frankfurt, Harry G. 2001. Willensfreiheit und der Begriff der Person. In: ders. *Freiheit und Selbstbestimmung*. Ausgewählte Texte. Berlin: Akademie, 65–83.
Friedman, Marilyn. 2000. Feminism in Ethics: Conceptions of Autonomy. In: *The Cambridge Companion to Feminism in Philosophy*, Cambridge: Cambridge University Press, 205–219.
Fuhs, Burkhard. 2004. Kindheit. In: Krüger, H.-H., und Grunert, C., Hrsg. *Wörterbuch Erziehungswissenschaft*. Wiesbaden; 274–280.
Funiok, Rüdiger. 2007. *Medienethik. Verantwortung in der Mediengesellschaft*. Stuttgart.
Giesinger, Johannes. 2019. Kinder und Erwachsene: Abgrenzungs- und Zuordnungsprobleme. In: Drerup, Johannes, und Schweiger, Gottfried, Hrsg. Handbuch Philosophie der Kindheit. Berlin: Metzler, 43–49.

Giesinger, Johannes. 2017. Kinder und Erwachsene. In: Drerup, J., und Schickhard, C., Hrsg. *Kinderethik. Aktuelle Perspektiven – Klassische Problemvorgaben.* Münster: Mentis, 21–32.
Giesinger, Johannes. 2007. *Autonomie und Verletzlichkeit. Der moralische Status von Kindern und die Rechtfertigung von Erziehung.* Bielefeld: transcript.
Gilligan, Carol. 1982. *In A Different Voice.* Cambridge, Mass.: Harvard University Press.
Grunwald, Armin. 2016. Technikethik. In: Heesen, J., Hrsg. *Handbuch Medien- und Informationsethik.* Stuttgart: Metzler; 25–33.
Hargreaves, Stuart. 2017. Relational privacy and tort. In: *William and Mary Journal of Women and the Law* 23(3), 433–476.
Heesen, Jessica. 2016. *Handbuch Medien- und Informationsethik.* Stuttgart: Metzler.
Hengst, Heinz. 2013. *Kindheit im 21. Jahrhundert. Differenzielle Zeitgenossenschaft.* Weinheim: Beltz.
Honig, Michael S., Hrsg. 2009. *Ordnungen der Kindheit. Problemstellungen und Perspektiven der Kindheitsforschung.* Weinheim/München: Beltz Juventa.
Korczak, Janusz. 2011. *Das Recht des Kindes auf Achtung.* Gütersloh: Gütersloher Verlagshaus.
Krones, Tanja, und Richter, Gerd. 2003. Kontextsensitive Ethik am Rubikon. In: Düwell, M., und Steigleder, K., Hrsg. *Bioethik. Eine Einführung.* Frankfurt a. M.: Suhrkamp, 238–245.
Krotz, Friedrich. 2001. *Die Mediatisierung kommunikativen Handels. Der Wandel von Alltag und sozialen Beziehungen, Kultur und Gesellschaft durch die Medien.* Wiesbaden: Westdeutscher Verlag.
Lansdown, Gerison. 2005. *The Evolving Capacities of the Child.* Florenz: UNICEF.
Livingstone, Sonia, Stoilova, Mariya, und andagiri, Rishita. 2019. Children's data and privacy online: Growing up in a digital age. An evidence review. London: London School of Economics and Political Science.
Lupton, Deborah, Williamson, Ben. 2017. The datafied child: the dataveillance of children and implications for their rights. In: *New Media & Society* 19(5), 780–794.
Mackenzie, Catriona, und Stoljar, Natalie. 2000. *Relational autonomy: feminist perspectives on autonomy, agency, and the social self.* New York: Oxford University Press.
Maywald, Jörg. 2012. *Kinder haben Rechte! Kinderrechte kennen – umsetzen – wahren.* Weinheim/Basel: Beltz/Juventa.
Meyers, Diana T. 1987. Personal Autonomy and the Paradox of Feminine Socialization. In: *Journal of Philosophy,* 84, 619–628.
Medienpädagogischer Forschungsverbund Südwest (MPFS). 2018. KIM-Studie 2018. Kindheit-Internet-Medien. Basisuntersuchung zum Medienumgang 6- bis 13-Jähriger. Stuttgart.
Nissenbaum, Helen. 2010. *Privacy in Context. Technology, Policy, and the Integrity of Social Life.* Stanford: Stanford University Press.
Norberg, Patricia A., und Horne, Daniel R. 2007. The privacy paradox: personal information disclosure intentions versus behaviours. In: *Journal of Consumer Affairs* 41(1), 100–126.
Nussbaum, Marta. 2002. *Konstruktionen der Liebe, des Begehrens und der Fürsorge.* Stuttgart: Reclam.
Ochs, Carsten. 2019. Teilnahmebeschränkungen und Erfahrungsspielräume: Eine negative Akteur-Netzwerk-Theorie der Privatheit. In: Behrendt, H., Loh, W., Matzner, T., und Misselhorn, C., Hrsg. *Privatsphäre 4.0. Eine Neuverortung des Privaten im Zeitalter des Digitalen.* Berlin: Metzler, 13–31.
Petrén, Alfhild, und Hart, Roger. 2000. The Child's Right to Development. In: Petrén, Alfhild, und Himes, James, Hrsg. *Children's Rights: Turning Principles into Practice.* Stockholm/Katmandu: Save the Children, 43–59.
Prensky, Marc. 2001. *Digital Natives, Digital Immigrants.* In: *On the Horizon. MCB University Press.* Bd. 9 H. 5, October 2001. http://www.marcprensky.com/writing/Prensky%20-%20Digital%20Natives,%20Digital%20Immigrants%20-%20Part1.pdf (zuletzt abgerufen am 05.12.2019).
Prengel, Annedore. 2019. *Pädagogische Beziehungen zwischen Anerkennung, Verletzung und Ambivalenz* (2. Auflage). Opladen/Berlin/Toronto: Barbara Budrich.

Prinzing, Marlis. 2019. Eingeboren? Oder nur eingewandert ins Digitale? Warum die Abkehr vom Mythos einer Generation von Digital Natives Voraussetzung einer verantwortungsorientierten Bildungs- und Gesellschaftspolitik ist. In: Stapf, I. et al., Hrsg. *Aufwachsen mit Medien. Zur Ethik mediatisierter Kindheit und Jugend*. Baden-Baden: Nomos, 283–296.

Prout, Alan, und James, Allison. 1997. A New Paradigm for the Sociology of Childhood? Provenance, Promise and Problems. In: James, Allison, und Prout, Alan, Hrsg., *Constructing and Reconstructing Childhood*. London: Falmer Press, 7–34.

Ropohl, Günter. 1979/³2009. *Allgemeine Technologie. Eine Systemtheorie der Technik*. Karlsruhe: Universitätsverlag Kalsuhe.

Schaber, Peter 2017. Lässt sich Paternalismus gegenüber Kindern rechtfertigen? In: Drerup/ Schickhardt (Hrsg.): *Kinderethik*. Münster: Mentis, 33–48.

Schickhardt, Christoph. 2012. *Kinderethik. Der moralische Status und die Rechte der Kinder*. Münster: Mentis.

Seidel, Christian. 2016. *Selbst bestimmen: Eine philosophische Untersuchung personaler Autonomie*. Berlin: De Gruyter.

Sen Amartya. 2017. Children and Human Rights. Indian Journal of Human Development. 1(2).

Siep, Ludwig. 2004. *Konkrete Ethik: Grundlagen der Natur- und Kulturethik*. Frankfurt a. M.: Suhrkamp.

Solove, Daniel J. 2015. The meaning and value of privacy. In: Roessler, B., Mokrosinska, D., Hrsg. Social dimensions of privacy: interdisciplinary perspectives. Cambridge.

Spitzer, Manfred. 2014. *Digitale Demenz. Wie wir uns und unsere Kinder um den Verstand bringen*. Droemer.

Stapf, Ingrid. 2016. Freiwillige Medienregulierung. In: Heesen, Jessica, Hrsg. *Handbuch Informations- und Medienethik*. Stuttgart: Metzler Verlag, 2016; 96–104.

Stapf, Ingrid. 2018. Kindliche Selbstbestimmung in der digital vernetzten Welt: Kinderrechte zwischen Schutz, Befähigung und Partizipation mit Blick auf „evolving capacities". In: *merzWissenschaft* Kinder|Medien|Rechte – Komplexe Anforderungen an Zugang, Schutz und Teilhabe im Medienalltag Heranwachsender. kopaed, 2018, 7–18.

Stapf, Ingrid. 2019a. Zwischen Selbstbestimmung, Fürsorge und Befähigung. Kinderrechte im Zeitalter mediatisierten Heranwachsens. In: Stapf, I., Prinzing, M., und Köberer, N., Hrsg. *Aufwachsen mit Medien. Zur Ethik mediatisierter Kindheit und Jugend*. Nomos, 69–84.

Stapf, Ingrid. 2019b. „Ich sehe was, was Du auch siehst." Wie wir die Privatsphäre von Kindern im Netz neu denken sollten und was Kinder möglicherweise dabei stärkt – ein kinderrechtlicher Impuls. In: *frühe Kindheit* 2–19, 12–25.

Stapf, Ingrid et al. 2020. White Paper Kinderrechte und Privatheit. Schriftenreihe des Forum Privatheit. Online abrufbar unter: https://www.forum-privatheit.de/publikationen/white-paper-policy-paper/

Steinberg, Stacey. 2017. Sharenting: Children's Privacy in the Age of Social Media (March 8, 2016). 66 *Emory Law Journal* 839. University of Florida Levin College of Law Research Paper No. 16–41.

Stoilova, Mariya, Livingstone, Sonia, und Nandagiri, Rishita. 2019. Children's data and privacy online: Growing up in a digital age. Research findings. London: London School of Economics and Political Science.

Third, Amanda, Livingstone, Sonia, und Lansdown, Gerison. 2019. Recognizing children's rights in relation to digital technologies: Challenges of voice and evidence, principle and practice. In: Wagner, Ben, Kettermann, Matthias C., und Vieth, Kilian, Hrsg., *Research Handbook of Human Rights and Digital Technology*, 376–410.

Tillmann, Angela, und Hugger, Kai-Uwe. 2014. Mediatisierte Kindheit – Aufwachsen in mediatisierten Lebenswelten. In: Friedrichs, Henrike, Junge, Thorsten, und Sander, Uwe, Hrsg., *Jugendmedienschutz in Deutschland*. Wiesbaden: VS Verlag-Verlag, 31–45.

Westin, Alan F. 1967. *Privacy and Freedom*. New York: Atheneum.

Wiesemann, Claudia. 2019. Verletzbarkeit. In: Drerup, Johannes, und Schweiger, Gottfried, Hrsg. Handbuch Philosophie der Kindheit. Berlin: Metzler, 185–190.

Wiesemann, Claudia. 2006. *Von der Verantwortung, ein Kind zu bekommen. Eine Ethik der Elternschaft*. München: Beck.

Jugendliche Autonomie, körperliche Selbstbestimmung und Sexting

Gottfried Schweiger

Abstract

In diesem Beitrag widme ich mich normativen Fragen bezüglich der körperlichen Integrität und Selbstbestimmung von Jugendlichen aus einer ethischen Perspektive. Ich werde zu Beginn darstellen, worin der Wert der Autonomie besteht und weshalb wir sie respektieren sollten. Dann werde ich mich der Autonomie von Jugendlichen zuwenden, die als sich erst noch entwickelnd und daher prekär beschrieben werden kann. Die Einschränkung der Autonomie von Jugendlichen ist dabei prinzipiell rechtfertigungsbedürftig, jedoch zum Schutz ihres Wohlergehens und Wohlentwickelns ethisch erlaubt. Schließlich diskutiere ich vor diesem Hintergrund den Fall des sog. Sexting und die Frage, ob dieses staatlich verboten werden sollte. Ich argumentiere hier, dass mehr Gründe gegen eine solche weitreichende Einschränkung der körperlichen Selbstbestimmung von Jugendlichen sprechen als dafür.

Keywords

Jugendliche Autonomie · Paternalismus · Sexting · Körperliche Integrität · Wohlergehen · Ethik

G. Schweiger (✉)
Zentrum für Ethik und Armutsforschung, Universität Salzburg, Salzburg, Österreich
E-Mail: gottfried.schweiger@sbg.ac.at

© Springer-Verlag GmbH Deutschland, ein Teil von Springer Nature 2020
M. F. Buck et al. (Hrsg.), *Neue Technologien – neue Kindheiten?*,
Techno:Phil – Aktuelle Herausforderungen der Technikphilosophie 3,
https://doi.org/10.1007/978-3-476-05673-3_4

1 Einleitung

Sexting zwischen Jugendlichen (Döring 2012), also das Versenden von Texten sexuellen Inhalts oder von sexuellen Fotografien oder Videos des eigenen Körpers, ist ein Phänomen, welches in den letzten Jahren einige wissenschaftliche und öffentliche Aufmerksamkeit bekommen hat. Es kommen hier zumindest zwei Aspekte zusammen: auf der einen Seite steht jugendliche Sexualität, die seit jeher ein umstrittenes Feld ist (Best und Bogle 2014); auf der anderen Seite basiert Sexting auf modernen Kommunikationstechnologien, die sich mittlerweile flächendeckend unter Jugendlichen (wie auch Erwachsenen) ausgebreitet haben, wodurch es potentiell fast allen Jugendlichen möglich ist, solche Texte, Fotos oder Videos zu produzieren, zu verschicken und zu erhalten. Dadurch ist auch die Angst der Eltern und in vielen Teilen der Gesellschaft gestiegen, dass es hier zu einem Kontrollverlust über die sexuellen Handlungen von Jugendlichen kommt. Der Diskurs über Sexting ist dabei von der Annahme geprägt, dass Sexting tendenziell als eine Gefahr für das Wohlergehen von Jugendlichen gesehen wird (Döring 2012; Hajok 2015); eine Gefahr, die durch Eltern, andere Erwachsene oder auch den Staat und seine Institutionen nicht ausreichend gebannt werden kann, da die einfache und überall verbreitete technische Verfügbarkeit dem entgegen steht. Diese Ansicht wird auch von vielen Jugendlichen geteilt und es ist durchaus so, dass Sexting eine Ausnahme im jugendlichen Verhalten darstellt – Studien, die sich hauptsächlich auf Erhebungen in den USA beziehen, gehen von einer Minderheit von ca. 15 bis 20 % der Jugendlichen aus, die von sich selbst erotische Aufnahmen an andere geschickt haben (Döring 2012). Sexualität von Kindern und Jugendlichen ist prinzipiell in einen Diskurs eingebettet, der durch die Schlagworte von Verletzlichkeit, Tabu, Angst, Kontrollverlust, Scham und Moral geprägt ist (Graf und Schweiger 2017; Kehily und Montgomery 2009; Döring 2019). Es geht hier um das richtige Verhältnis zwischen mehreren involvierten Akteuren: es geht um die Jugendlichen und ihre eigene Sexualität, um ihr Verhältnis zu anderen Jugendlichen und Erwachsenen; um das innerfamiliäre Verhältnis zwischen Eltern und ihren Kindern, um das Verhältnis zwischen Staat und Eltern sowie Staat und Jugendlichen. Noch immer ist es so, dass jugendliche Sexualität in vielen Familien und Schulen ein Tabuthema ist, über das nur wenig oder gar nicht gesprochen wird. Das hat auch Auswirkungen darauf, wie mit so einem neueren Phänomen wie Sexting umgegangen wird. Nicht zu vergessen werden sollte, dass jugendliche Sexualität auch noch immer stark in soziale und kulturelle Normen und Praktiken eingebettet ist, die als problematisch bezeichnet werden können. Genannt seien hier nur Genderstereotype über das „richtige" Sexualverhalten von Mädchen und Buben (Jewell und Brown 2013), die Übermacht medialer Darstellungen von Sexualität (Aigner et al. 2015), die einstige Schönheitsideale und tendenziell sexistische und heteronormative Verhaltensweisen propagiert, die massenhafte Verfügbarkeit von Pornographie in all ihren Facetten (Rose 2013) oder die erbitterten moralisierenden Kämpfe um Sexualerziehung an Schulen (Helmer et al. 2015; Drerup 2019). Man kann hier teilweise auch von „moralischen Paniken" sprechen

(Robinson 2011), also der diskursiven Eskalation von Problemen mit jugendlicher Sexualität, wobei es hier auch kulturelle Differenzen zwischen Ländern gibt und etwa der moralisierende Diskurs um Teenagerschwangerschaften in Deutschland oder Österreich (noch) nicht so ausgeprägt ist wie in den USA oder dem Vereinigten Königreich (Selman 2003). Sexting und jugendliche Sexualität im Allgemeinen auch unter den Vorzeichen jugendlicher Rechte und deren Selbstbestimmung zu sehen ist dabei eher die Ausnahme (Simpson 2013; Gillespie 2013; Brennan und Epp 2015), wodurch der Subjekt- und Akteursstatus von Jugendlichen tendenziell heruntergespielt wird und vornehmlich eine paternalistische Perspektive eingenommen wird.

Dieser Beitrag widmet sich nur einem kleinen Ausschnitt dieses komplexen Themas, nämlich der körperlichen Integrität und Selbstbestimmung von Jugendlichen aus einer normativ-ethischen Perspektive und inwieweit dies für die staatliche Regulierung des Sextings von Jugendlichen relevant ist. Ich werde zu Beginn darstellen, worin der Wert der Autonomie besteht und weshalb wir sie respektieren sollten. Dann werde ich mich der Autonomie von Jugendlichen zuwenden, die als sich erst noch entwickelnd und daher prekär beschrieben werden kann. Die Einschränkung der Autonomie von Jugendlichen ist dabei prinzipiell rechtfertigungsbedürftig, jedoch zum Schutz ihres Wohlergehens und Wohlentwickelns ethisch erlaubt. Schließlich diskutiere ich vor dem Hintergrund der körperlichen Integrität und Selbstbestimmung von Jugendlichen den Fall des Sexting und die Frage, ob dieses staatliche verboten werden sollte. Ich argumentiere hier, dass mehr Gründe gegen eine solche weitreichende Einschränkung der körperlichen Selbstbestimmung von Jugendlichen sprechen als dafür.

Ich beginne mit der Einschränkung dessen, was ich hier diskutieren möchte. Ich interessiere mich nur für solche Fälle, in denen Jugendliche aus freien Stücken Sexting praktizieren und dies zwischen Jugendlichen stattfindet. Für mich fallen hier also alle Formen von Sexting weg, die durch Zwang und Ausbeutung entstanden sind und zwischen Erwachsenen und Jugendlichen oder gar innerhalb von asymmetrischen Machtbeziehungen (wie etwa zwischen Lehrern und Schülern) stattfinden. Ich interessiere mich auch nicht für Formen des Sexting, die mit dem Zweck eines Gelderwerbs durchgeführt werden. Diese fallen für mich unter den Begriff der Pornographie oder Prostitution, welche eigens diskutiert werden sollten. Desweiteren interessiere ich mich hier nur für die Rolle des Staates und nicht die anderer Autoritäten, etwa die Befugnisse von Eltern. Die Frage lautet für mich also, welche Gründe sprechen für oder gegen ein staatliches, also gesetzliches Verbot des Sexting zwischen Jugendlichen. Ganz klar ist dies für mich ein Eingriff in die jugendliche Selbstbestimmung, insbesondere ihrer körperlichen Integrität. Es ist der Körper des Jugendlichen, den diese oder dieser selbst ablichtet bzw. ablichten lässt, und mit diesen Aufnahmen dann im privaten Rahmen handelt.

Der beschränkte Fokus meines Beitrags wird also viele interessante Fragen unberührt lassen, die mit jugendlicher Sexualität und dem Einfluss neuer Kommunikationstechnologie auf deren Entwicklung und Ausdrucksweisen zu tun haben. Hier liegt ein von der Philosophie fast noch zur Gänze ignoriertes

Themenfeld vor: Welchen Stellenwert hat eine gelungene Sexualität während der Jugend etwa in einer Theorie des Wohlergehens oder der guten Kindheit/Jugend? Welche Rechte und Pflichten haben Jugendliche im Bereich ihrer Sexualität? In welchem Verhältnis stehen hier elterliche Rechte und Pflichten zu denen ihrer jugendlichen Kinder?

2 Zum Begriff der Autonomie

Autonomie ist ein zentraler ethischer und politischer Wert, der sich aus zwei Quellen speist (Pauer-Studer 2000). Einerseits ist Autonomie intrinsisch wertvoll, was bedeutet, dass die Fähigkeit, über das eigene Leben zu bestimmen, als wertvoll erfahren und angesehen wird. Menschen wollen autonom sein. Andererseits ist Autonomie instrumentell wertvoll, was bedeutet, dass Autonomie die Bedingung der Möglichkeit für andere wertvolle Dinge und Tätigkeiten ist. Man kann hier an Liebe oder Freundschaft als Beispiele denken. Liebe ist wertvoll – zumindest für viele Menschen – aber sie ist es nur insoweit als sie eine autonome Liebe ist, also eine Liebe aus freien Stücken und zu einer frei gewählten Person. Ohne solche Autonomie ist Liebe nicht möglich. Für sehr viele wertvolle Dinge gilt also auch, dass sie als autonom gewählte und realisierte an Wert gewinnen bzw. – was oft deutlicher zu erfahren ist – durch das Fehlen von Autonomie an Wert verlieren. Gesundheit ist ein solcher Wert. Sie ist wertvoll, jedoch vor allem insoweit – ja vielleicht sogar nur solange – sie an Autonomie gekoppelt ist, also eine frei gewählte und nicht erzwungene Gesundheit ist. Menschen, die nicht gesund sein wollen, oder eben solche Handlungen bewusst setzen, die ihrer Gesundheit schaden, sprechen dieser zumeist nicht ihren Wert ab, sondern bewerten eben andere Dinge – aus freien Stücken – höher und ein Zwang zur Gesundheit gegen ihren Willen, der ihre Autonomie bewusst verletzt, wird als nicht gerechtfertigt erlebt – und dafür gibt es auch gute Gründe.

Personen sollen sich selbst bestimmen können. Sie sollen frei sein können, also ihre Autonomie in entsprechenden Handlungen umsetzten können. Dabei sind allerdings unterschiedliche Varianten von Autonomie zu unterscheiden. Ich möchte einige hier nennen, um das Thema einzuführen. Es lassen sich so, auf der einen Seite, eine lokale und eine globale Autonomie unterscheiden (Franklin-Hall 2013). Lokale Autonomie beschreibt die Selbstbestimmung in einem unmittelbaren Kontext. Was will ich heute essen, welche Kleidung wähle ich, fahre ich mit dem Bus oder mit dem Auto in die Arbeit. Das alltägliche Leben ist voller solcher Entscheidungen, die getroffen werden müssen, und die Personen auf frei treffen sollten. Die lokale Autonomie ist also geprägt von solchen Entscheidungen, deren zeitliche Erstreckung gering ist, die unmittelbar vorliegen, deren Konsequenzen gering sind, und für die auch nur eine geringe Anstrengung der Reflexion nötig ist, um eine gute Entscheidung zu treffen. Oftmals sind die zur Auswahl stehenden Optionen mehr oder weniger qualitativ und quantitativ ähnlich. Globale Autonomie hingegen beschreibt solche Entscheidungen, die die eigene Biographie betreffen, das Leben, welches man führen will und wie man es führen will in seinen zentralen Elementen. Darunter fällt etwa die Wahl des Berufes, die Wahl der Ehepartnerin oder des Ehepartners, oder auch die Entscheidung, ob man Kinder möchte oder nicht. Solche Entscheidungen sollten auch autonom getroffen werden – ja vermutlich wird in diesen Fällen Autonomie nochmals höher bewertet als bei den Entscheidungen der lokalen Autonomie. Die globale Autonomie befasst sich also mit Dingen die zeitlich zumeist länger erstreckt sind, deren Konsequenzen bedeutsam, oft nicht so ohne Weiteres korrigierbar sind, und die ein hohes Maß an Reflexion erfordern, um gut über sie zu urteilen. Diese idealtypische Unterscheidung ist in der Praxis natürlich durchbrochen. Die erwähnten Reflexionsanforderungen werden oftmals nicht erfüllt bzw. gibt es keine Instanz, die diese einfordern würde. Jedem Erwachsenen ist es frei zu heiraten, wen er oder sie möchte und auch die Berufswahl ist als Menschenrecht freigestellt ohne, dass verlangt werden würde, dass sich Personen damit auseinandersetzen, inwieweit ihre Wahl realistisch ist oder nicht. Die Autonomie des Einzelnen wird dahingehend respektiert, gerade auch wenn Entscheidungen getroffen werden, die unüberlegt und schädlich sind. Autonomie als intrinsischer Wert ist eben unabhängig von ihren Konsequenzen und etwaigen Standards wertvoll. Stark vereinfacht gesagt, ist Autonomie ein wesentlicher Bestandteil eines guten Lebens.

Auf der anderen Seite ist Autonomie nicht statisch, sondern dynamisch, sie ist an Bedingungen gebunden und darüber hinaus auch sozial verankert. Zu diesen drei Punkten will ich nur kurz einige Bemerkungen machen: dynamisch ist Autonomie zunächst einmal deshalb, weil sie sich im Laufe des Lebens entwickelt und verändert. Kinder sind, dazu komme ich später noch einmal, weniger autonom als Erwachsene. Sie verfügen über weniger Fähigkeiten, die für ihre Autonomie wichtig wären. Das sind sowohl kognitiver Fähigkeiten als auch soziale. Die biologische Seite der Autonomie drückt sich dabei in den Fähigkeiten aus, über die ein Mensch verfügen muss, um überhaupt autonome Entscheidungen treffen zu können. Im Alltag fällt dies eben oft nur bei Personen auf, die diese Fähigkeiten nicht in einem ausreichenden Maße besitzen: Kinder, Menschen mit schweren geistigen Behinderungen, Demenzkranke Personen oder auch Personen, die im Koma liegen. Ihnen ist eine Willensäußerung zwar möglich, aber keine Entscheidungsfindung, die die minimalen Bedingungen der Autonomie an Vernünftigkeit und Reflexion erfüllt. Krankheiten und Unfälle können also auch zu einem Autonomieverlust führen. Daneben gibt es aber auch soziale Voraussetzungen von Autonomie. Dazu gehören zum Beispiel Bildung, die Unterstützung durch andere, die Bereitstellung von Optionen oder auch der Schutz von Entscheidungen. Wenn ich keine Informationen darüber habe, wer zur Wahl steht bzw. darüber welche Inhalte die zur Wahl stehenden Parteien oder Personen vertreten, dann ist eine sinnvolle Entscheidung darüber, wen ich wähle nicht möglich. Es existiert in diesem Fall keine echte Autonomie, da meine freie Entscheidung rein zufällig fallen wird. Ebenso wenig kann ich eine autonome Entscheidung darüber treffen, ob ich mit dem Bus oder mit dem Auto in die Arbeit fahre, wenn es gar keinen Bus gibt. Meine Autonomie ist durch den Mangel an Optionen eingeschränkt und solche Einschränkungen können so weit gehen, dass von einem Autonomieverlust zu sprechen ist. Dieser wird in den seltensten Fällen total sein, aber ausreichend, um ein gutes Leben zu verunmöglichen oder die Autonomiebeschränkung als leidvoll und ungerecht erfahren lassen. Wenn ich weiß, dass ich zwar meine politische Meinung äußern kann, dafür aber mit einer harten Gefängnisstrafe oder gar dem Tod bedroht bin, dann ist diese Autonomie nur eine scheinbare.

Autonomie wird daher auch rechtlich und politisch als schützenswert angesehen und viele Bereiche, über die wir frei entscheiden können sollen, sind im Rahmen von Rechten abgesichert. Das Menschenrecht der Religionsausübung erlaubt uns, eine Religion zu wählen oder eben auch keine zu wählen. Andere Menschenrechte wiederum schützen auch die sozialen Bedingungen von Autonomie wie zum Beispiel das Recht auf einen Lebensstandard, oder das Recht auf Nahrung und Obdach. Ohne eine solche Absicherung wären Autonomie und Selbstbestimmung für viele Menschen nur scheinbar vorhanden, sie wären bloße abstrakte Optionen, die sie nicht realisieren könnten.

3 Jugendliche Autonomie

Nun will ich von dieser kurzen allgemeinen Darstellung zu einem Abriss darüber wechseln, wie jugendliche Autonomie gefasst werden könnte und welche Rolle die körperliche Selbstbestimmung dabei spielt. Zunächst sei vorangestellt, dass ich Jugendliche im Sinne einer Altersgruppe verstehe, die all jene Menschen zwischen ab dem 14 und vollendeten 18 Lebensjahr umfasst. Diese Altersgrenzen sind sicherlich hinsichtlich ihrer normativen, rechtlichen, politischen oder entwicklungspsychologischen Festlegung – ich werde mich dazu aber nicht weiter äußern. Aus einer ethischen Perspektive, und um eine solche geht es mir ja in diesem Beitrag, ist eine Bestimmung der jugendlichen Autonomie von mehrfacher Bedeutung:

Autonomie und Rechte sind eng verzahnt. Es gilt also herauszuarbeiten, welche Recht und Pflichten Jugendlichen zugeschrieben werden können, und zwar in einem moralischen als auch positiven Sinne, womit die Zuschreibung von Rechten durch den Staat gemeint ist. Im Allgemeinen werden die Rechte und Pflichten von Jugendlichen von denen Erwachsener, aber auch von denen jüngerer Kinder unterschieden, und zwar so, dass sie gegenüber denen von Erwachsenen eingeschränkt, gegenüber denen von Kindern jedoch erweitert werden. Jugendliche dürfen nicht (in allen Staaten) wählen bzw. selbst gewählt werden. Sie dürfen nicht Auto fahren, sind eingeschränkt darin, welche Drogen wie Alkohol und Tabak sie konsumieren können, und sie dürfen auch nicht heiraten (ohne Zustimmung der Eltern). All diese Dinge und viele mehr sind sicherlich Dimensionen der lokalen und globalen Autonomie und für die Ausbildung und Realisierung eines guten (mehr oder weniger) Lebens wichtig. Kinder haben mehr und umfangreichere Rechte und Pflichten als jüngere Kinder, jedoch weniger als Erwachsene. Eine solche Unterscheidung, die mit einer Beschränkung von Rechten einhergeht, ist nun sichtlich begründungsbedürftig. Rechte, insbesondere fundamentale Rechte wie es Menschenrechte sind, dürfen nicht einfach so für eine Gruppe von Personen beschränkt werden. Gerade wenn solche Dinge betroffen sind, die auch Bestandteile eines guten Lebens sind, darf diese Einschränkung nicht willkürlich erfolgen, und zwar weder durch den Staat, noch durch andere Personen wie etwa Eltern.

Damit ist schon ein nächster Punkt angesprochen, nämlich die Frage worin sich Jugendliche in normativ bedeutender Hinsicht von anderen Personengruppen unterscheiden. Es ist wichtig hier darauf abzuzielen, dass es um normativ relevante Unterschiede gehen muss. Offensichtlich ist zum Beispiel das Geschlecht oder die Hautfarbe kein solch normativer relevanter Unterschied, der eine Beschneidung von Rechten und Pflichten, oder auch eine sonstige moralische Ungleichbehandlung rechtfertigen würde. Dies wäre vielmehr als Sexismus bzw. Rassismus moralisch verwerflich und politisch ungerecht. Welche Gründe können nun also dafür vorgebracht werden, Jugendliche anders zu behandeln, ihnen einen anderen moralischen Status zuzuschreiben? Autonomie nimmt hier eine zentrale Stelle ein. Gerade weil die jugendliche Autonomie noch nicht voll ausgeprägt ist, ist es berechtigt, ja nötig, Jugendliche in ihrer Selbstbestimmung zu beschneiden. Unterschiede in der Autonomiefähigkeit sind also von normativer Bedeutung, weil Autonomie selbst normativ, also ethisch, bedeutungsvoll ist. Dann gilt es jedoch zu fragen, wie sich dieser Unterschied in der Autonomiefähigkeit ausdrückt und inwieweit er mit den eingeschränkten Rechten und Pflichten überhaupt korreliert.

Dazu sind zwei Bemerkungen zu machen. Jugendliche Autonomie ist, erstens, noch in Entwicklung begriffen. Die kognitiven Fähigkeiten sind andere, jedoch ist davon auszugehen, dass es einige Jugendliche gibt, die sicherlich über ähnliche Fähigkeiten verfügen wie die Mehrzahl der Erwachsenen und es auch einige Erwachsene gibt, die was ihre Fähigkeiten anbelangt, dem der Mehrzahl der Erwachsenen ähnlich sind. Es wird hier also mit groben Unterscheidungen gearbeitet, denen ebenso grobe und pragmatisch begründete Altersgrenzen folgen. Das wird umso klarer wenn man sich, zweitens, unterschiedliche Autonomieanforderungen für bestimmte Rechte und Pflichten ansieht. Das Wahlrecht etwa darf jede erwachsene Person ausüben, ohne dass diese sich in irgendeiner Weise dafür einem Test über Fähigkeiten oder Wissen unterziehen müsste. Es ist ohne jede Anforderung jedem frei zu wählen, wen oder was er oder sie will. Da es hier also eigentlich überhaupt gar keine Anforderungen gibt, ist es auch nicht gut begründbar, warum nicht auch Jugendliche, ja sogar jüngere Kinder ein Wahlrecht besitzen sollten (Giesinger 2017). Es ist für die Selbstbestimmung bedeutsam, politisch partizipieren zu dürfen und zu können, und Jugendliche können dies, zumindest was das Wahlrecht angeht, auf gleich gute Weise wie alle anderen, eben weil es gar keinen Maßstab für eine gute oder gelungene Partizipation gibt, außer der, gewählt zu haben. Wenn auf Basis unterschiedlicher Autonomiefähigkeit also bestimmte Rechte und Pflichten eingeschränkt werden, so müssen diese Rechte und Pflichten auch tatsächlich bestimmte Autonomiefähigkeiten verlangen, ansonsten ist dies, wenn keine weiteren Argumente folgen, willkürlich.

Solche weiteren Argumente können nun in anderen normativ relevanten Unterschieden zwischen Jugendlichen und Erwachsenen bzw. Kindern gefunden werden. Ein solcher wir oftmals in der größeren Verletzbarkeit von Kindern und Jugendlichen gesehen. Dazu lassen sich wiederum drei Punkte vorbringen:

Erstens ist jeder Mensch hinsichtlich seiner körperlichen, psychischen und sozialen Integrität verletzbar. Manche Gruppen allerdings sind anders verletzbar bzw. in größerem Ausmaß gefährdet. Zwei Dimensionen der Verletzbarkeit sind hier relevant: die Verletzung des aktuellen Wohlergehens und die Verletzung des Wohlentwickelns (Graf und Schweiger 2015). Ein gebrochener Fuß ist sicherlich schmerzhaft, eine Verletzung des aktuellen Wohlergehens und mit Einschränkungen verbunden, in den meisten Fällen wird er aber wieder verheilen und es bleiben eventuelle gar keine bis minimale Folgeschäden zurück. Rauchen und ungesunde Ernährung auf der anderen Seite wird von vielen Betroffenen überhaupt nicht als eine akute Einschränkung oder Verletzung wahrgenommen, kann jedoch schwerwiegende und irreparable Folgeschäden nach sich ziehen, die erst oft Jahrzehnte später sichtbar und spürbar werden. Hier ist also von einer Schädigung des Wohlentwickelns zu sprechen. Da Jugendliche eben sich noch entwickelnde Personen sind, und in der Phase der Jugend zahlreiche Entwicklungsschritte, sowohl biologischer als auch sozialer Natur, gemacht werden, sind auch hier immer beide Perspektiven zu berücksichtigen: sind Jugendliche besonders bzw. anders verletzbar als Erwachsene, was ihr aktuelles Wohlergehen anbelangt und in welcher Weise sind sie dies auch, was ihr zukünftiges Wohlergehen anbelangt. Verletzbarkeit kann dabei in zumindest fünf Kategorien unterteilt werden: in eine körperliche, psychische, soziale, politische, und ökonomische. All diese Kategorien bzw. Formen der Verletzbarkeit weisen weitere Differenzierungen auf und sind miteinander verwoben (Schweiger und Graf 2017). So sind zum Beispiel Mädchen und Jungen unterschiedliche verletzbar, was ihre körperlich-sexuelle Integrität betrifft. Diese Verletzbarkeit, so etwa das erhöhte Risiko für Mädchen und Frauen, Opfer sexualisierter Gewalt zu werden, ist dabei nicht natürlich oder gar biologisch bedingt, sondern wiederum sozial bedingt, eingebettet in kulturelle, aber auch politisch-diskursive Normen und Praktiken, die sexualisierte Gewalt gegenüber Mädchen und Frauen toleriert oder gar fördert bzw. unzureichend sanktioniert. Die psychische Verletzbarkeit etwa durch Mobbing und Diskriminierungen ist ebenso nicht für alle Jugendliche gleich verteilt, und sie ist oft eingebettet in einen institutionellen Raum, nämlich die Schule, in dem Jugendliche zusammen zu kommen (und zwar nicht überwiegend selbstbestimmt, sondern fremdbestimmt durch Eltern und staatliche Autorität) (Griffin und Gross 2004). Dass Jugendliche nicht, oder nur in sehr geringem Maße an der ökonomischen Erwerbsarbeit teilnehmen, macht sie abhängig von anderen. Es ist dies aber auch gleichzeitig ein Schutz vor Ausbeutung, deren Opfer Jugendliche oftmals in Gesellschaften werden, in denen sie ab einem jungen Alter durch ökonomischen Druck zur Erwerbsarbeit, unter oftmals schlechten Bedingungen, genötigt werden. Hier können sich wiederum Verletzbarkeiten verzahnen.

Aus diesen Ausführungen kann geschlossen werden, dass eine Einschränkung jugendlicher Autonomie zu deren eigenem Wohl (Wohlergehen und Wohlentwickeln) prinzipiell rechtfertigbar ist – wir können also mit entsprechend guten Gründen diesen gegenüber paternalistisch handeln (Mullin 2014). Jedoch ist die jugendliche Autonomie nicht mit der von jüngeren Kindern gleichzusetzen – wir schulden Jugendlichen also zumindest, dass wir ihre Autonomie respektieren und anerkennen, und dass wir ihnen ausreichend Spielräume gewähren (als Rechte und Pflichten zugestehen), um ihre Autonomie entsprechend ihrer Fähigkeiten zu verwirklichen.

4 Körperliche Selbstbestimmung von Jugendlichen

Eine zentrale Dimension jugendlicher Autonomie betrifft die körperliche Integrität und Selbstbestimmung (Graf und Schweiger 2017). Körperliche Integrität lässt sich dabei entlang von drei Dimensionen näher bestimmen: a) Gesundheit, b) positive Selbstbeziehungen und c) Handlungsfähigkeit (agency). Zu allen drei will ich kurz etwas erläutern.

Gesundheit beschreibt das körperliche und psychische Wohlergehen einer Person, ist also nicht auf einen bio-medizinischen Bereich beschränkt (Venkatapuram 2011). Gesundheit als Teil der körperlichen Integrität von Jugendlichen ist darüber hinaus immer in den beiden Hinsichten des aktuellen Wohlergehens als auch des sich Wohlentwickelns zu verstehen. Einerseits weil die Phase der Jugend eben eine ist, in der die körperliche und psychische Entwicklung noch nicht abgeschlossen ist. Andererseits, weil Gefährdungen der Gesundheit in dieser Phase langfristige und erst später sichtbare Folgen haben können. Aus diesem Grund sind als Teil der zu schützenden körperlichen Integrität von Jugendlichen immer auch jene möglichen Folgen zu betrachten, die durch eine Handlung (etwa Rauchen) oder durch andere Einflüsse (etwa Umweltgifte) erst zu einem späteren Zeitpunkt schlagend werden. Gesundheit ist sicherlich auch ein Bereich der für die Autonomie und Selbstbestimmung von Jugendlichen zentral ist. Sie ist sowohl eine Voraussetzung für autonome Entscheidungen und ihre Umsetzung, als auch Medium und Gegenstand solcher Handlungen. Körper und Psyche sind dabei instrumentell als auch intrinsisch wertvoll. Sie sind das Medium durch das Autonomie überhaupt erst existiert und umgesetzt werden kann. Aufgrund dieser Bedeutung ist der Eingriff von Jugendlichen in ihre eigene Gesundheit auch besonders umstritten – auch bei Erwachsenen ist eine entsprechende Tendenz zu verzeichnen – und der Schutz der jugendlichen Gesundheit ein zentrales Anliegen öffentlicher Gesundheitspolitik. Dies lässt sich an zahlreichen Schutzmaßnahmen, die gleichzeitig Einschränkungen jugendlicher Autonomie sind, ablesen.

Als positive Selbstbeziehungen möchte ich hier hervorheben solche Bestandteile psychischer Gesundheit, die für eine gelungene Identitätsbildung und Teilhabe an der Gesellschaft zentral sind: Selbstvertrauen, Selbstrespekt und Selbstwertschätzung. Auch sie sind Dimensionen der körperlichen Integrität von Jugendlichen, da sie einerseits beschreiben, welche Beziehung Jugendliche zu sich selbst und ihrem Köper haben, und das ist, andererseits, auch eng damit verknüpft sind, wie Jugendliche mit sich selbst und ihrem Körper umgehen – diesen sozial positionieren, verändern, modifizieren, zeigen. Es ist für das Wohlergehen und das Wohlentwickeln von Bedeutung, wie ich mich selbst sehe und wahrnehme, und es ist ein Teil eines jeden guten Lebens, dass diese Selbstbeziehungen positiver Natur sind und nicht geprägt von Angst, Scham, oder dem Gefühl der Unzulänglichkeit. Wenn von körperlicher Integrität die Rede ist, dann beziehen sich diese Selbstbeziehungen vornehmlich auf den eigenen Körper als Subjekt und Objekt des eigenen Selbst. Die körperliche Integrität wird also auch dann geschädigt, wenn Jugendliche ein gestörtes, entfremdetes oder manipuliertes Bild ihres eigenen Körpers bzw. von Körperidealen, die sie auf sich selbst anwenden, besitzen und es ihnen dadurch nicht möglich ist, zu sich selbst ein positives Verhältnis, ein vertrauen in den eigenen Körper zu entwickeln. Dass dieser Aspekt gerade in der Phase der Jugend prekär und gefährdet ist, ist durch die körperliche und psychische Entwicklungen und Veränderungen währenddessen evident. Doch gehen die Erfahrungen, die die Selbstbeziehungen während der Jugend ausmachen, später nicht verloren, sondern werden vielfach internalisiert und prägen dann auch das Erwachsenenalter und das körperliche Handeln und Selbstbild. Auch dahingehend sind also Jugendliche besonders verletzbar und schützenswert.

Die dritte Dimension körperlicher Integrität von Jugendlichen, die ich erwähnen möchte, ist jene der Handlungsfähigkeit (agency). Der eigene Körper ist das Medium durch welches der Mensch handelt und welches im Alltag Handlungen umsetzt. Sowohl Gesundheit als auch Selbstbeziehungen bedürfen der Handlungsfähigkeit, um erhalten und ausgebildet zu werden. Nur wenn Jugendliche handlungsfähig sind, können sie überhaupt ihre Autonomie entfalten und auch paternalistische Interventionen bedürfen der Handlungsfähigkeit, wenn sie umgesetzt werden sollen. Dabei beschreibt Handlungsfähigkeit eine Dimension, die respektiert werden soll als auch einen normativen Anspruch, diese verwirklichen zu können. Jugendliche sind handlungsfähig, sie handeln und dieses Handeln ist auch nötig, um sich überhaupt weiterentwickeln zu können. Es ist ein prekäres Handeln, da es sowohl Beschränkungen unterliegt (sozialen, rechtlichen, ökonomischen etc. Normen und Praktiken), es ist unsicher, da Jugendliche eben noch nicht vollständig in der Gesellschaft „angekommen" sind, es ist ein Handeln, welches auch mit Fehlern und Unsicherheiten behaftet ist, und es ist ein Handeln, um Erfahrungen zu machen (um Dinge zum ersten Mal selbst zu tun) und auch ein Handeln, welches sich seiner Konsequenzen oft nicht ausreichend bewusst ist. Prekär ist dieses Handeln, aber dennoch auch normativ wertvoll. Die jugendliche Handlungsfähigkeit verlangt den Respekt, den wir auch der Handlungsfähigkeit von Erwachsenen entgegenbringen sollten, dass sie Autorinnen ihres eigenen Lebens sind, und auch nur sie selbst handeln können und niemand für sie (trotz aller Anweisungen und Ratschläge). Die man ihnen geben kann). Handlungsfähigkeit ist aber etwas sich entwickelndes. Es ist nicht nur das Vermögen, eine Handlung auszuführen, sondern auch das Wissen darum, wie diese Handlung auszuführen ist, wann und welche Konsequenzen zu erwarten sind – eben etwa auch Konsequenzen für die eigene Gesundheit oder die eigenen Selbstbeziehungen, sei es jetzt oder auch erst später.

Die körperliche Selbstbestimmung von Jugendlichen umfasst somit die Dimensionen ihrer Gesundheit, ihrer Selbstbeziehungen und ihrer Handlungsfähigkeit. Sie sind jeweils sich noch entwickelnde und verändernde, aber sie sind auch zu respektierende Eigenschaften. Der Schutz der körperlichen Integrität wird also auch nicht einseitig darauf abzielen können, Jugendliche Selbstbestimmung in diesem Bereich zu beschränken, sondern ihnen Freiräume zu geben.

5 Sexting zwischen Jugendlichen: Verletzlichkeit, Gefahren und Freiheiten

Ich möchte nun einen konkreten Fall der körperlichen Selbstbestimmung von Jugendlichen thematisieren, der sowohl ethisch als auch politisch relevant ist. Auf Basis neuerer Informationstechnologien ist es heute Personen ohne jeden Aufwand möglich, von sich selbst Nacktaufnahmen anzufertigen und andere Personen digital zu versenden. Mit jeden Smartphone ist dies problemlos und in Sekundenschnelle möglich. Dieses Phänomen, welches als Sexting, einem Kofferwort auf Sex und Texting, bezeichnet wird, ist vor allem deshalb in das Blickfeld des medialen, pädagogischen, wissenschaftlichen und politischen Interesses gerückt, weil es mit spezifischen Gefahren in Verbindung gebracht wird, insbesondere jener, dass der Empfänger oder die Empfängerin dieses sexuellen Bildes oder Videos es ohne Weiteres an Dritte weiterleiten bzw. überhaupt im Internet öffentlich zugänglich machen kann (Döring 2012).

Ich wiederhole hier nochmals kurz die Einschränkung dessen, was ich hier diskutieren möchte. Ich interessiere mich nur für folgende Fälle, in denen Jugendliche aus freien Stücken Sexting praktizieren und dies zwischen Jugendlichen stattfindet. Für mich fallen hier also alle Formen von Sexting weg, die durch Zwang und Ausbeutung entstanden sind und zwischen Erwachsenen und Jugendlichen oder gar innerhalb von asymmetrischen Machtbeziehungen (wie etwa Lehrer und Schülern) stattfinden. Ich interessiere mich auch nicht für Formen des Sexting, die mit dem Zweck eines Gelderwerbs durchgeführt werden. Diese fallen für mich unter den Begriff der Pornographie oder Prostitution, welche eigens diskutiert werden sollten. Weiter interessiere ich mich hier nur für die Rolle des Staates und nicht die anderer Autoritäten, etwa die Befugnisse von Eltern. Die Frage lautet für mich also, welche Gründe sprechen für oder gegen ein staatliches, also gesetzliches Verbot des Sexting zwischen Jugendlichen. Ganz klar ist dies für mich ein Eingriff in die jugendliche Selbstbestimmung, insbesondere ihrer körperlichen Integrität. Es ist der Körper des Jugendlichen, den diese oder dieser selbst ablichtet bzw. ablichten lässt, und mit diesen Aufnahmen dann im privaten Rahmen handelt. Vor dem Hintergrund der bislang dargelegten Überlegungen zu jugendlicher Autonomie und der körperlichen Selbstbestimmung und Integrität sollen also Risiken, Gefahren, aber auch positive Potentiale von Sexting zwischen Jugendlichen skizziert werden. Danach wende ich mich der Frage zu, ob und wie der Staat hier regulierend eingreifen sollte. Zwei Punkte möchte ich anbringen.

Erstens ist Sexting deshalb mit Risiken verbunden, weil sie einen sensiblen Bereich körperlicher Integrität betreffen, nämlich die eigene Körperlichkeit und Sexualität und die Möglichkeit darüber zu bestimmen, wem gegenüber die Jugendliche sich so zeigt. Das ist nicht zu trennen von sozialen Normen und

Praktiken, die das Selbstverhältnis und das Verständnis von Nacktheit, Schönheit, Erotik und Sexualität bestimmen. Klarerweise ist die Annahme, dass Nacktheit nicht öffentlich gemacht werden sollte und dies, wenn es geschieht, Gefühle der Scham und der Verwundbarkeit erzeugt, nicht angeboren, sondern immer auch ein Sozialisationsprodukt – dafür genügt ein Blick in den Kulturvergleich wie unterschiedliche (kindliche, jugendliche und erwachsene) Nacktheit bewertet wird. Es sind hier also immer auch nur kontextrelative ethische Aussagen möglich, die keinen universalen Anspruch erheben können. Jugendliche Autonomie und körperliche Selbstbestimmung über Sexting sind also nicht davon abzutrennen, dass die damit verbundenen Risiken auch sozial generierte sind. Es geht also um Verletzlichkeit in mehrerer Hinsicht: Die Erstellung von Sextingaufnahmen macht einen verletzlich gegenüber den Rezipienten und dessen Reaktion – ein Risiko das die erstellende Jugendliche abschätzen kann insoweit sie den Rezipienten kennt. Sexting macht dann verletzlich gegenüber dritten, insoweit die Aufnahmen (ungewollt) weitergegeben werden. Diese Weitergabe ist ein doppelter Bruch: auf der einen Seite der Vertrauensbruch durch die weitergebende Person (sofern dies ungewollt geschieht) und auf der anderen Seite das ungewollte Gesehenwerden durch andere und dann, dass man deren Reaktionen ausgesetzt ist. Man schämt sich also vielleicht sowohl dafür gesehen zu werden, von diesen bewertet zu werden und auch dafür, jemand anderem so vertraut zu haben, dass man ihm diese Aufnahme geschickt hat, die dann weitergegeben wurde. Das sind alles Risiken, die in der Phase der jugendlichen Unsicherheit und der Ausbildung einer eigenen körperlichen und sexuellen Identität und positiver Selbstverhältnisse schädlich wirken können: von Gefühlen der Scham, Trauer, Wut, Gefühle des Ausgenutztwordenseins bis hin zu Depressionen, Angststörungen und Selbstverletzungen (Gassó et al. 2019).

Zweitens ist Sexting aber zumeist ein Ausdruck einer bewussten Handlungen einer Jugendlichen, mit der bestimmte als positive bewertete Zwecke verfolgt werden. Das zeigt auch die empirische Forschung, die Sexting zumeist innerhalb von Paarbeziehungen verortet und mit den Motiven der Herstellung von Intimität, Erotik aber auch Vertrauen in Zusammenhang bringt (Vogelsang 2017). Natürlich wird Sexting auch dafür verwendet, zu flirten, sexuelle Kontakte herzustellen oder auch nur zum Zeitvertreib. Man kann Sexting also als differenziertes Anerkennungshandeln verstehen, da damit von der Person an die das erotische Material geschickt wird, eine positive Reaktion erhofft bzw. erwartet wird, die den eigenen Selbstwert steigert und durch die man Bestätigung für die eigene Körperlichkeit erfährt. Solches Anerkennungshandeln ist für sich genommen sowohl normal als auch legitim, insofern es selbstbestimmt und ohne Verletzung (aller beteiligten Personen) ist. Es ist davon auszugehen, dass Jugendliche dahingehend autonom genug sind, um so zu handeln, also wissen, was sie hier tun und warum sie es tun und auch Risiken ausreichend abschätzen können. Die Messlatte, die hier an jugendliche Autonomie angelegt werden sollte, sollte nicht höher sein als bei Erwachsenen. Es geht also nicht darum, dass Jugendliche vollständig autonom sind oder alle Risiken überblicken können müssen, sondern, dass sie ausreichend dazu in der Lage sind, die Konsequenzen ihres Handelns und ihre Motive zu verstehen. Die genannten Motive erfüllen diese Bedingungen: es ist legitim, in konsensualen Paarbeziehungen zwischen Jugendlichen erotische Handlungen zu setzen und es ist auch legitim, konsensuale sexuelle Handlungen außerhalb von Paarbeziehungen anzustreben und diese mittels Sexting anzustreben. Schließlich sind es die Jugendlichen selbst, die über ihren Körper und dessen Darstellung bestimmen dürfen, insofern sie sich dadurch nicht in hohem Maße gefährden oder dies unter Zwang geschieht.

Dabei ist auch zu beachten, dass körperliche Selbstbestimmung nicht nur den Zweck hat, im Hier und Jetzt zu entscheiden. Es geht also nicht nur um das Gut einer gelungenen Jugend, sondern auch um das Gut, die Jugend so zu gestalten, dass diese für das für ein gelungenes Erwachsenenleben die Grundlage liefert. Jugend als distinkte Lebensphase zwischen Kindheit und Erwachsenenalter ist die Phase, in der erste Versuche in Sexualität und Liebe gemacht, Wissen um diese Dinge erworben, die sie prägenden Normen und Praktiken eingeübt und die Grundlagen für spätere, langfristige und gelungene Liebesbeziehungen und Sexualität gelegt werden. Es geht also auch um den Respekt davor, dass Jugendliche ihre eigene Sexualität gestalten und sich ihres Begehrens und ihrer eigenen Erotik versichern und diese erkunden können (Tolman 2012). Sexting wird für manche, sicher nicht für alle, Jugendliche Teile dieser Entwicklungsphase sein, die auch mit positiven Erfahrungen verbunden sein kann. Auch weil sich Jugendliche im Zuge dieser Praktiken und deren Thematisierung durch Erwachsene in Familie, Schule und anderen Institutionen der Rechte, die sie in Bezug auf ihren Körper und ihrer Sexualität haben, bewusst werden können.

6 Sexting zwischen Jugendlichen: Verbote, Staat und Eltern

Sexting ist also durchaus mit Risiken verbunden, die gegenüber dem Wert der jugendlichen Autonomie und Selbstbestimmung unter nicht-idealen Bedingungen, also solchen unter denen freie Entscheidungen durch soziale Vorstellungen über Normen und Praktiken „richtiger" Sexualität geprägt sind, abgewogen werden müssen. Das macht die Sache höchst kompliziert, da eine jede ethische Bewertung diesen epistemischen Einschränkungen unterliegt, dass weder die handelnden Personen (das betrifft die Jugendlichen aber auch alle anderen involvierten Akteure) völlig frei und rational noch die herrschenden Bedingungen frei von ideologischen Verzerrungen und Pathologien sind. Es bleibt also ein Rest an Unsicherheit, der wiederum beeinflusst, wie stark das ethische Urteil ausfallen kann und zu Bescheidenheit mahnt. Zunächst befasse ich mich mit zwei möglichen Gründen, die für ein staatliches Verbot sprechen, danach will ich mich Gegenargumenten zuwenden.

Ich sehe ein Hauptargument für ein Verbot darin, dass Jugendliche sich durch Sexting selbst gefährden, und zwar vor allem dadurch, dass ihre Aufnahmen durch Dritte weitergegeben werden können. Dies kann einige mögliche Schäden nach sich ziehen: Scham, Angst, dass es die Eltern oder andere sehen, Mobbing durch andere Jugendliche, mögliche langfristige Auffindbarkeit der Aufnahmen im Internet, die spätere Beziehungen, die Arbeitssuche etc. negativ beeinflussen könnten, oder auch nur die Verletzung des Rechts auf Privatsphäre, dass man von unbekannten Dritten nicht nackt oder bei sexuellen Handlungen gesehen werden will. Solche Schädigungen bzw. deren Risiko will der Staat minimieren, und zwar im Interesse der Jugendlichen, die noch nicht in der Lage sind diese ausreichend zu überblicken, abschätzen und sich davor schützen zu können.

Ein weiterer Grund für ein Verbot könnte darin liegen, dass eben Macht- und Abhängigkeitsverhältnisse auch zwischen Jugendlichen nicht ausgeschlossen, sondern vielmehr angenommen werden müssen. Der Druck durch andere Jugendliche – den Freundeskreis oder den Partner, die Partnerin – verleitet sie dazu, solche Aufnahmen zu machen bzw. ihnen zu zustimmen, obwohl man dies nicht wirklich wollen würde. Ein Verbot würde hier präventiv wirken bzw. diesen Jugendlichen eine gute Argumentationsgrundlage geben, sich solchen Formen des sozialen Drucks nicht zu unterwerfen. Es würde also die Situation weniger häufig auftreten, dass Jugendliche dazu ermuntert oder aufgefordert werden, Sexting zu betreiben. Auch hier steht also der Schutz des Jugendlichen im Vordergrund, der als verletzlich angesehen wird.

Ich halte beide Gründe nicht für vollständig überzeugend. Zunächst aber ist festzuhalten, dass es hier ja nur um ein Verbot des Sexting zwischen Jugendlichen geht, dieses Verhalten bei Erwachsenen aber von den allermeisten als unproblematisch angesehen wird. Diese Ungleichbehandlung ist auch angesichts der vorgebrachten Argumente nicht ganz einsichtig, da die Gefahren für Erwachsenen (unfreiwillige Weitergabe an Dritte, Schädigungen etc.) wohl nicht als (viel) geringer angesehen werden können. Überhaupt ist es wohl so, dass eine Schädigung durch Sexting zwar möglich, aber keineswegs notwendig eintreten muss und das entsprechende Risiko nicht so einfach abzuschätzen ist. Es kann hier entweder unterstellt werden, dass alle Jugendliche dazu neigen, entsprechende Aufnahmen ungefragt weiterzugeben, oder dass die entsprechende Person viel zu leichtfertig damit umgeht. Dafür gibt es zwar Anhaltspunkte in der empirischen Literatur, jedoch sind diese wohl nicht stark genug, um ein staatliches Verbot zu rechtfertigen. Dafür müsste die Kausalkette einer Schädigung sehr viel klarer und eindeutiger vorhanden sein. Und vermutlich wäre es dann auch plausibler die unbefugte Weitergabe, die ja jetzt schon nicht erlaubt ist, stärker zu sanktionieren. Ein Verbot sollte also die treffen, die Sexting dazu benutzen andere tatsächlich zu schädigen, in dem sie etwa die Aufnahmen an andere weitergeben oder ins Internet hochladen, und nicht jene, die von ihrem Recht Gebrauch machen, sich selbst aufzunehmen bzw. aufnehmen zu lassen und dies mit einer oder mehreren Personen ihres Vertrauens zu teilen.

Schließlich, und das für mich überzeugendste Argument gegen ein staatliches Verbot, würde ein solchen einen massiven Eingriff in die Privatsphäre von Jugendlichen darstellen. Es steht für mich außer Frage, dass Jugendliche im Rahmen ihrer körperlichen Selbstbestimmung ein Recht darauf haben, sich als sexuelle Wesen zu verstehen und entsprechende Handlungen zu setzen (also auch Sexualpartnerinnen zu wählen). Sie sollen darin unterstützt werden, ihre

Handlungsfähigkeit in diesem Bereich reflexiv und verantwortungsvoll einzusetzen, aber dazu zählt auch der Einsatz von Smartphone oder Kamera, wenn sie es wünschen. Jugendliche dafür zu bestrafen bzw. ihnen zu verbieten, von sich selbst Aufnahmen zu machen und diese zu teilen, kann hier keine gerechtfertigte Antwort sein. Die Folgen einer polizeilichen Verfolgung, Gerichtsverhandlung und Bestrafung, ja gar einer Gefängnisstrafe, sind in ihren negativen Folgen stärker anzusehen als die Risiken, die konsensuales Sexting zwischen Jugendlichen mit sich bringt (Holoyda et al. 2018; Zhang 2010). Es würde mit diesen Mitteln des überwachenden und strafendenden Staates also nicht nur unverhältnismäßig vorgegangen, sondern der ganze Zweck des Schutzes des Wohlergehens der Jugendlichen verfehlt und ad absurdum geführt.

Es sollte also über Sexting und die real bestehenden Gefahren aufgeklärt werden und diese sollten immer wieder durch Eltern, Schule, Ärztinnen etc. thematisiert werden. Jedoch nicht staatlich verboten. Es ist Teil der körperlichen Integrität und Selbstbestimmung von Jugendlichen, dass diese auch solche Handlungen setzen können, die potentielle Risiken in sich bergen, auch im Bereich der Sexualität. Diese Risiken sollen nicht ignoriert werden, sondern vor allem dadurch reduziert, dass Jugendlichen geholfen wird, einen selbstbewussten Umgang damit zu finden.

Literatur

Aigner, Josef Christian, Theo Hug, Martina Schuegraf, und Angela Tillmann, Hrsg. 2015. *Medialisierung und Sexualisierung. Vom Umgang mit Körperlichkeit und Verkörperungsprozessen im Zuge der Digitalisierung*. 1. Aufl. Wiesbaden: Springer VS. http://link.springer.com/10.1007/978-3-658-06427-3.

Best, Joel, und Kathleen A. Bogle. 2014. *Kids gone wild: from rainbow parties to sexting, understanding the hype over teen sex*. 1. Aufl. New York, NY: New York University Press.

Brennan, Samantha, und Jennifer Epp. 2015. „Children's Rights, Well-Being, and Sexual Agency". In *The Nature of Children's Well-Being*, herausgegeben von Alexander Bagattini und Colin Macleod, 1. Aufl., 9:227–46. Dordrecht: Springer. http://link.springer.com/10.1007/978-94-017-9252-3_14.

Döring, Nicola. 2012. „Erotischer Fotoaustausch unter Jugendlichen: Verbreitung, Funktionen und Folgen des Sexting". *Zeitschrift für Sexualforschung* 25 (01): 4–25. https://doi.org/10.1055/s-0031-1283941.

Döring, Nicola. 2019. „Jugendsexualität heute. Zwischen Offline- und Online-Welten". In *Geschlechtliche und sexuelle Selbstbestimmung durch Kunst und Medien*, herausgegeben von Heinz-Jürgen Voß und Michaela Katzer, 219–44. Psychosozial-Verlag. https://doi.org/10.30820/9783837974560-219.

Drerup, Johannes. 2019. „Sexualerziehung, staatliche Neutralität und der Wert der Vielfalt". In *Handbuch Philosophie der Kindheit*, herausgegeben von Johannes Drerup und Gottfried Schweiger, 1. Aufl., 430–37. Stuttgart: J.B. Metzler. https://doi.org/10.1007/978-3-476-04745-8_54.

Franklin-Hall, Andrew. 2013. „On Becoming an Adult: Autonomy and the Moral Relevance of Life's Stages". *The Philosophical Quarterly* 63 (251): 223–47. https://doi.org/10.1111/1467-9213.12014.

Gassó, Alina M., Bianca Klettke, Jóse R. Agustina, und Montiel. 2019. „Sexting, Mental Health, and Victimization Among Adolescents: A Literature Review". *International Journal of Environmental Research and Public Health* 16 (13): 2364. https://doi.org/10.3390/ijerph16132364.

Giesinger, Johannes. 2017. „Wahlrecht für Kinder? Politische Initiation und der Status der Kindheit". *Archiv für Rechts- und Sozialphilosophie* 103 (4): 456–69. https://doi.org/10.25162/ARSP-2017-0247.

Gillespie, A. A. 2013. „Adolescents, Sexting and Human Rights". *Human Rights Law Review* 13 (4): 623–43. https://doi.org/10.1093/hrlr/ngt032.

Graf, Gunter, und Gottfried Schweiger, Hrsg. 2015. *The Well-Being of Children: Philosophical and Social Scientific Approaches*. 1. Aufl. Berlin: DeGruyter Open.

Graf, Gunter, und Gottfried Schweiger, Hrsg. 2017. *Ethics and the Endangerment of Children's Bodies*. Basingstoke: Palgrave Macmillan.

Griffin, Rebecca S, und Alan M Gross. 2004. „Childhood Bullying: Current Empirical Findings and Future Directions for Research". *Aggression and Violent Behavior* 9 (4): 379–400. https://doi.org/10.1016/S1359-1789(03)00033-8.

Hajok, Daniel. 2015. „Sexting und Posendarstellungen Minderjähriger. Fakten, Hintergründe und Konsequenzen für den Kinder- und Jugendschutz". *Jugend Medien Schutz-Report* 38 (4): 2–6. https://doi.org/10.5771/0170-5067-2015-4-2.

Helmer, Janet, Kate Senior, Belinda Davison, und Andrew Vodic. 2015. „Improving Sexual Health for Young People: Making Sexuality Education a Priority". *Sex Education* 15 (2): 158–71. https://doi.org/10.1080/14681811.2014.989201.

Holoyda, Brian, Jacqueline Landess, Renee Sorrentino, und Susan Hatters Friedman. 2018. „Trouble at Teens' Fingertips: Youth Sexting and the Law". *Behavioral Sciences & the Law* 36 (2): 170–81. https://doi.org/10.1002/bsl.2335.

Jewell, Jennifer A., und Christia Spears Brown. 2013. „Sexting, Catcalls, and Butt Slaps: How Gender Stereotypes and Perceived Group Norms Predict Sexualized Behavior". *Sex Roles* 69 (11–12): 594–604. https://doi.org/10.1007/s11199-013-0320-1.

Kehily, Mary Jane, und Heather Montgomery. 2009. „Innocence and Experience: A Historical Approach to Childhood and Sexuality". In *An Introduction to Childhood Studies*, herausgegeben von Mary Jane Kehily, 2. Aufl., 57–74. Maidenhead/New York, NY: Open University Press/McGraw-Hill. http://www.ECU.eblib.com.au/EBLWeb/patron/?target=patron&extendedid=P_409764_0.

Mullin, Amy. 2014. „Children, Paternalism and the Development of Autonomy". *Ethical Theory and Moral Practice* 17 (3): 413–26. https://doi.org/10.1007/s10677-013-9453-0.

Pauer-Studer, Herlinde. 2000. *Autonom leben. Reflexionen über Freiheit und Gleichheit*. 1. Aufl. Frankfurt a. M.: Suhrkamp.

Robinson, Kerry. 2011. „In the Name of ‚Childhood Innocence': A Discursive Exploration of the Moral Panic Associated with Childhood and Sexuality". *Cultural Studies Review* 14 (2): 113. https://doi.org/10.5130/csr.v14i2.2075.

Rose, David Edward. 2013. *The Ethics and Politics of Pornography*. 1. Aufl. Basingstoke/New York, NY: Palgrave Macmillan. http://www.palgraveconnect.com/doifinder/10.1057/9780230371125.

Schweiger, Gottfried, und Gunter Graf. 2017. „Ethics and the dynamic vulnerability of children". *Les Ateliers de l'éthique/The Ethics Forum* 12 (2–3): 243–261. http://dx.doi.org/10.7202/1051284ar.

Selman, Peter. 2003. „Scapegoating and Moral Panics: Teenage Pregnancy in Britain and the United States". In *Families and the State*, herausgegeben von Sarah Cunningham-Burley und Lynn Jamieson, 1. Aufl., 159–86. London: Palgrave Macmillan. https://doi.org/10.1057/9780230522831_9.

Simpson, Brian. 2013. „Challenging Childhood, Challenging Children: Children's Rights and Sexting". *Sexualities* 16 (5–6): 690–709. https://doi.org/10.1177/1363460713487467.

Tolman, Deborah L. 2012. „Female Adolescents, Sexual Empowerment and Desire: A Missing Discourse of Gender Inequity". *Sex Roles* 66 (11–12): 746–57. https://doi.org/10.1007/s11199-012-0122-x.
Venkatapuram, Sridhar. 2011. *Health justice*. 1. Aufl. Cambridge/Malden, MA: Polity Press.
Vogelsang, Verena. 2017. *Sexuelle Viktimisierung, Pornografie und Sexting im Jugendalter*. 1. Aufl. Wiesbaden: Springer VS. https://doi.org/10.1007/978-3-658-16843-8.
Zhang, Xiaolu. 2010. „Charging Children with Child Pornography – Using the Legal System to Handle the Problem of ‚Sexting'". *Computer Law & Security Review* 26 (3): 251–59. https://doi.org/10.1016/j.clsr.2010.03.005.

Erziehung zum Enhancement?

Zur Rolle der Digitalisierung, Biomedikalisierung und Neurotechnologie in edukativen Optimierungsprozessen

Martin Hähnel

Abstract

Der vorliegende Beitrag konzentriert sich auf die Frage, welche Bedeutung digitalen und biomedizinischen Technologien bzw. Praktiken im Rahmen aktueller Bildungsprozesse zukommt, die vornehmlich das Ziel verfolgen, kognitive Fähigkeiten und Kompetenzen bei Erwachsenen, Jugendlichen und Kinder zu schulen und ggf. zu steigern. Anhand des Begriffes des „Enhancement" (und in Abgrenzung zum Begriff „Therapie") werde ich zeigen, dass verschiedene Formen der Leistungssteigerung, die in edukativen Kontexten auftauchen, von einer Reihe von Faktoren abhängig ist (z. B. Wird die Leistungssteigerung mittels des Einsatzes einer bestimmten Technologie oder pharmakologischen Maßnahme erreicht oder nicht? Welches pädagogische Ziel soll mit der Optimierung verbunden werden?), die eine kontextsensitive ethische Bewertung bedingen. Im letzten Teil meines Beitrages plädiere ich für einen maßvollen Einsatz solcher digitalen Technologien und biomedizinischen Praktiken, die eine schrittweise und sanfte Leistungsverbesserung ermöglichen und dabei nicht zulasten des Gedeihens der eigenen Persönlichkeit gehen.

Keywords

Enhancement · Digitale Technologien · Lernen · Biomedizin · (Charakter-)Bildung · Therapie · (Selbst-)Optimierung · Neuroethik

---

M. Hähnel (✉)
Philosophisch-Pädagogische Fakultät, KU Eichstätt-Ingolstadt, Eichstätt, Deutschland
E-Mail: M.Haehnel@ku.de

1 Einführung

Die ethische Diskussion um den Einsatz neuer digitaler Technologien im Freizeit- und Schulbereich sowohl bei Kindern als auch bei Jugendlichen ist ein kontrovers behandelter Gegenstand in zahlreichen aktuellen bildungspolitischen Debatten (JRC SCIENCE FOR POLICY REPORT 2018; OECD Report 2019). Inhaltlich geht es in der Auseinandersetzung zumeist um die Frage, ob und inwieweit es unter Berücksichtigung möglicher Risiken mit Hilfe dieser modernen Technologien gelingen kann, das Leben im Allgemeinen „smarter" zu machen und im Besonderen den Schulunterricht interaktiver und effizienter zu gestalten. Ohne Zweifel handelt es sich bei den Bestrebungen, digitale Technologien im Vorschul- und Schulbereich verstärkt einzusetzen aber auch um die Durchsetzung einer spezifischen Optimierungsstrategie, die dafür sorgen soll, dass Kinder und Jugendliche Wissen besser aufnehmen können und Lernprozesse stärker gefördert werden.[1]

In meinem Beitrag versuche ich zu verdeutlichen, was in diesem Zusammenhang eigentlich mit „besser" gemeint sein könnte, denn es scheint (noch) nicht klar zu sein, worauf diese technologisch gestützten Verbesserungsprozesse eigentlich hinauslaufen: Soll mit deren Hilfe der Unterricht oder die Freizeit generell etwas interessanter und vielfältiger werden? Oder sollen Konzentrationsdefizite bei Schülerinnen und Schüler mit dem Einsatz neuer digitaler Technologien kompensiert werden? Ist es das vorrangige Ziel, bei Kindern und Jugendlichen punktuelle Leistungssteigerungen, z. B. bezüglich der kognitiven Verarbeitung von Informationen, hervorzurufen, die vielleicht für das spätere Arbeitsleben hilfreich sind? Wäre es auch denkbar, dass die aktuelle Digitalisierungsstrategie in Politik und Gesellschaft bei den jungen Nutzerinnen und Nutzern dazu führt, den Grad der Abhängigkeit von diesen Technologien zu erhöhen (Stichwort: digitale Inkulturation), um sie damit zu willfährigen Konsumenten zu formen, welche ihr ganzes Leben Produkte bestimmter Firmen, deren Namen wir alle kennen, kaufen und verwenden sollen?[2]

---

[1] Ohne Zweifel spielen hier kommerzielle Aspekte eine Rolle, wie an der Einrichtung von sogenannten „iPad-Klassen" an zahlreichen deutschen Schulen deutlich wird, deren Etablierung im Curriculum eine frühe Kundenbindung an global agierende Technologiegroßkonzerne begünstigt. Während meiner Arbeit als Lehrer habe ich zu meinem Bedauern feststellen müssen, wie tief dabei der Eingriff in die kognitive Verhaltensstruktur durch die Nutzung digitaler Produkte bereits vorangeschritten ist, wenn beispielsweise Kinder und Jugendliche auf die Aufgabe hin, Tiere bildlich darzustellen, zunächst „googeln" anstatt selber den Stift in die Hand zu nehmen, um dieses oder jenes Tier zu zeichnen. Im schulischen Kontext zeichnet sich m. E. damit mehr und mehr die Ablösung (primären) performativen Wissens, das wichtige Aspekte der Selbstwirksamkeit („Ich kann einen Hasen zeichnen!") einschließt, durch ein durch digitale Techniken ermöglichtes, letztlich sekundäres Zugriffswissens ab. Welche Konsequenzen dies auf den langfristigen Lernerfolg hat, wird sich zeigen.

[2] Hier sind sicherlich mehrere empirische Längsschnittstudien notwendig, die verdeutlichen, wie und warum Kinder und Jugendliche digitale Technologien verwenden. Interessant dürfte hier vor allem sein, wie sich durch eine intensive Nutzung Aufmerksamkeitsspannen und Gedächtnisleistungen verändern und welchen Einfluss digitale Technologien auf die seelische Gesundheit, das soziale Verhalten und die physische Aktivität bei Kindern und Jugendlichen haben.

Im Folgenden geht es mir allerdings nicht darum diese Fragen im Einzelnen zu beantworten, sondern zu untersuchen, welches genuine Enhancementpotential neue digitale Technologien besitzen. Dazu kläre ich in einem ersten Schritt, was Enhancement eigentlich bedeutet und welche Formen und ethischen Bewertungsstrategien es für Enhancement gibt. In einem zweiten Schritt versuche ich die Enhancementthematik sowohl auf allgemeine als auch auf spezifische Bildungsprozesse und -situationen zu beziehen und dabei vor dem Hintergrund der aktuellen Digitalisierungsproblematik neue begriffliche Unterscheidungen einzuführen. Schließlich möchte ich in einem dritten Schritt aufzeigen, zu welchen Zwecken digitale Technologien verstärkt eingesetzt werden sollten und in welchen Bereichen sich eine Einschränkung des Gebrauchs empfiehlt. Um das richtige Maß eines Gebrauches überhaupt bestimmen oder praktisch einüben zu können, wird man – so mein abschließendes Plädoyer – aus pädagogischer Sicht nicht umhin kommen, *vor* aller digitalen Erziehung den Akzent auf eine gelingende Charakterbildung zu legen.[3]

2 Enhancement in edukativen Optimierungsprozessen

2.1 Was ist Enhancement im Allgemeinen?

In der heutigen Literatur findet man keine einheitliche Definition von „Enhancement", da der Begriff zumeist kontextabhängig gebraucht wird. Daher bietet es sich zunächst an von verschiedenen Enhancement*techniken* zu sprechen, die nach Thomas Douglas als „interventions that a) aim at (succeed in) augmenting human capacities or traits, either by amplifying existing capacities/traits, or by adding new ones; and, b) are not, or not merely, therapeutic." (Douglas 2013). Grundsätzlich unterscheidet man dabei „Enhancement" von „Therapie", demzufolge Ersteres direkte psychisch oder physisch wirksame Eingriffe betrifft, welche genutzt werden sollen, um die menschliche Lebensform und deren Funktionsfähigkeit jenseits dessen zu verbessern, was notwendig ist (also jenseits dessen, was man unter „Therapie" versteht), um die Gesundheit zu erhalten bzw. wiederherzustellen (dazu vgl. Hähnel 2017). Wie hier unschwer zu erkennen ist, spielt Enhancement vor allem im biomedizinischen Bereich eine Rolle, so dass gilt: „enhancements meet the further criterion that they c) centrally involve the use of biomedical technologies, such as pharmaceuticals or surgical techniques" (Ebd.).

Hieran ließe sich womöglich auch ablesen, ob und inwieweit digitale Technologien das kognitive Leistungsspektrum erweitern oder einschränken. Sollte Letzteres der Fall sein, müsste man sich Strategien zur Vermeidung einer intensiven Nutzung oder bestimmte „De-Enhancement"-Methoden überlegen.

[3] Unter Charakterbildung verstehe ich die aktive Beförderung und Einübung stabiler positiver Persönlichkeitsmerkmale, also Tugenden, die den Menschen zu guten Menschen, d. h. einem Menschen *mit gutem Charakter,* heranreifen lassen. Hierzu Hähnel (2020) etc.

Allerdings ist Enhancement nicht unbedingt auf biomedizinische Interventionen einzuschränken (*enger Begriff* von Enhancement), sondern kann sich auch auf Bereiche erstrecken, in denen nicht auf medizinische Methoden und Praktiken zurückgegriffen werden muss bzw. in denen man auf technische oder anderweitige Eingriffe von außen verzichtet (*weiter Begriff* von Enhancement). Vor diesem Hintergrund unterscheide ich deshalb drei Arten von Enhancement: technologisches oder digitales Enhancement,[4] pharmakologisches Enhancement[5] und performativ-selbstwirksames (d. h. nicht pharmakologisches) Enhancement, welches wiederum in ein nicht-moralisches[6] und moralisches Enhancement unterschieden werden kann.[7] Alle drei Enhancementarten können für edukative Optimierungsprozesse normativ relevant sein, d. h. auch miteinander kombiniert werden, was eine komplexe ethische Bewertung nach sich zieht.[8]

2.2 Spezifisches Enhancement in edukativen Optimierungsprozessen

Wenn wir uns in dieser Untersuchung auf edukative Optimierungsprozesse beziehen wollen, dann müssen wir in erster Linie von einem *spezifischen* Enhancement sprechen, das Elemente sowohl des technologischen als auch des pharmakologischen und des performativ-selbstwirksamen Enhancements enthalten kann. Es ist daher im Einzelfall unbedingt zu prüfen, welche Gewichtung jedes der Elemente im Rahmen einer Optimierungsstrategie bekommen darf, was wiederum Einfluss auf die Form der ethischen Bewertung hat. So ist es beispielsweise unerlässlich festzustellen, ob eine Technik – die sowohl den Körper als auch die Psyche des Menschen betreffen kann – invasiv ist und welche Eingriffstiefe diese Technik bzw. deren Einsatz mit sich bringt. Wird in edukativen Optimierungsprozessen folglich

---

[4]Neben dem Einsatz und Gebrauch von medialen Digitalisierungstechniken (Smartphone etc.) sei hier auch an Technologien gedacht, welche einen direkten physiologischen Einfluss auf die neuronale Struktur ausüben können, z. B. Brain-Computer-Interfaces: Vgl. Cinel et al. (2019).

[5]Pharmakologisches Enhancement obliegt unter Erwachsenen der Selbstbestimmung eines jeden (man denke hier u. a. an Bodybuilding) und hat damit ethisch ein geringeres Gewicht als die Verabreichung von Ritalin an minderjährige Personen. Zum pädiatrische Neuroenhancement: Graf et al. (2013).

[6]Unter diese Kategorie fallen ausschließlich Selbstoptimierungstechniken, die ohne künstliche Hilfe vollzogen werden, d. h. hier geht es um Training und Übung.

[7]Vgl. Harris (2016). Moralisches „Enhancement" bezieht sich vornehmlich auf das Vorbildsein für andere, in dem man beispielsweise gut zu seinen Kinder ist, sich bildet, auf Vorgaben seines sozialen Umfelds eingeht, moralische Geschichten erzählt oder sie bildlich zur Darstellung bringt etc. Allerdings zielt „moral enhancement" nicht darauf ab, ein guter, sondern vielmehr einer besserer Mensch zu werden.

[8]Neben diesen Enhancementarten lassen sich auch drei Arten der ethischen Bewertung von Enhancement unterscheiden: konsequentialistische (Heinrichs/Stake 2018), deontologische (Rüther/Heinrichs 2019) und tugendethische (vgl. Heinrichs/Stake 2019).

zu sehr Wert auf technologisches und weniger auf performativ-selbstwirksames Enhancement gelegt, dann kann sich dies massiv in der normativen Bewertung und damit auch in der ethischen Praxis selbst niederschlagen.

Um ein wenig Klarheit in die vorliegende Diskussion zu bringen, möchte ich daher betonen, dass der Begriff des Enhancement in der Bildungsdebatte außerhalb eines biomedizinischen Kontexts bzw. als Abgrenzungsbegriff zu therapeutisch-kurativen Maßnahmen nur *cum grano salis* zu gebrauchen ist. Enhancement sollte in diesem Zusammenhang deshalb eher als „Learning" verstanden werden,[9] das Aspekte der charakterlichen Selbstoptimierung, der physischen und kognitiven Leistungssteigerung sowie der ethischen *compliance* umfasst.[10]

2.2.1 Technologisches bzw. digitales Enhancement: Lernen als erweitertes „meaning making"?

Im Folgenden konzentrieren wir uns auf den Bereich des technologischen bzw. digitalen Enhancement. Hier handelt es sich vornehmlich um physiologisch nicht-invasive Techniken der Verbesserung. Allerdings ist es nicht von der Hand zu weisen, dass in diesem Bereich nicht selten eine Erweiterung der Eingriffstiefe angestrebt wird, indem heutzutage öffentlich über maximal-invasive Methoden des technologischen Enhancement und verschiedene Formen einer ungebremsten Ausdehnung digitaler Praktiken nachgedacht wird.[11] Damit zeichnet sich in diesem Bereich eine sukzessiv einsetzende Substitution bzw. Modifikation des auf individuelle Kontexte bezogenen performativ-selbstwirksamen Enhancement durch ein ubiquitär implementierbares technologisches Enhancement ab. So sind digitale Praktiken (wie Smartphonenutzung) zwar weiterhin performativ, gehen aber über basale operative Fähigkeiten (wie z. B. mit der Hand schreiben) hinaus. In diesem Sinne stellt Yelland folgende vier Dimensionen des technologischen Enhancement auf: Substitution, Optimierung/Erweiterung, Modifikation, Neudefinition (vgl. Yelland 2016, 136). Fokussieren wir uns z. B. auf die zweite Dimension des technologischen Enhancement, der Optimierung, so fällt auf, dass man sich damit im Bereich der Pädagogik vor

---

[9]Die in diesem Kontext immer wieder anzutreffen de Begriffsverwendung „enhancement of learning" ist irreführend, da jeder Lernprozess schon eine Verbesserung bzw. Erweiterung darstellt. Somit würde in diesem Fall von „Verbesserung der Verbesserung" die Rede sein, was darauf hindeutet, dass „enhancement of learning" ein besseres Lernen oder eine Beschleunigung des Lernprozesses, nicht aber das gute Lernen selbst, zum Ziel hat.

[10]Etwas lernen zu müssen, um sich bilden zu können, scheint eine notwendige, nicht aber eine hinreichende Bedingung (für Letzteres) zu sein. Der Bildungsbegriff hat demnach eine umfassendere Bedeutung als der Lernbegriff (kurzum und trivialerweise: Wer viel lernt, muss noch lange nicht gebildet sein!), woraus folgt, dass verbessertes Lernen nicht automatisch ein Zuwachs an Gebildetsein mit sich bringt. Ob jemand gebildet ist, hängt zumeist auch von Faktoren ab, die sich der Optimierungslogik (z. B. des Enhancement) entziehen, z. B. spezifische Persönlichkeitsdispositionen wie spezifisches ästhetisches Empfinden und Differenzierungsvermögen, die Fähigkeit zur Selbstdistanzierung und Selbstkritik usw.

[11]Hier denke man an bestimmte Hirnschrittmacher und Gedächtnischips.

allem eine Erweiterung der Lernmöglichkeiten, d. h. einen größeren Lernerfolg, verspricht: „Digital technology can enhance young children's narrative meaning-making" (Garvis 2016, 28). Im dritten Abschnitt werden wir darauf noch näher eingehen. Indes stellen sich hier erneut viele Fragen: Erhöht die wachsende Vertrautheit mit digitalen Technologien automatisch die Akzeptanz für den Einsatz invasiver Enhancementtechniken? Ersetzen digitale Technologien über kurz oder lang bewährte Praktiken der Selbstoptimierung und lassen dabei auch die therapeutische Dimension dieser Praktiken vergessen? Etc.

2.2.2 Pharmakologisches Enhancement: Lernen als künstlich induzierte kognitive Leistungssteigerung?

Dagegen ist das medikamentös unterstützte Lernen zum Zwecke der Leistungssteigerung auf die gezielte Verbesserung spezifischer Eigenschaften, vor allem kognitiver Art, fokussiert. Hier handelt es sich im Gegensatz zum bisweilen sehr mühsamen Lernen als Selbstoptimierung vorrangig um ein instrumentelles Verhältnis zu den eigenen (menschlichen) Eigenschaften, die für den Zweck einer effektiv und schnell wirksamen Leistungssteigerung bewusst manipuliert werden können und sollen. Diese Form des Lernens ist daher von bestimmten Enhancementpraktiken abhängig und kann darüber hinaus sogar an die Nutzung digitaler Technologien gebunden sein. Allerdings kann zur Erhöhung der kognitiven Aufmerksamkeit auf Methoden und Mittel im Kontext der Therapie zurückgegriffen werden, auf die im Kontext von Enhancement lieber verzichtet werden sollte. Warum ist das so?

Aus ethischer Sicht erfordert das pharmakologische Enhancement bei Kindern eine besondere Berücksichtigung, da sich diese naturgemäß durch eine besondere Verwundbarkeit und Unreife auszeichnen, die es ihnen im Unterschied zu Erwachsenen nicht erlaubt, hilfreiche Strategien gegen äußere Schädigungen zu entwickeln. Hinzu kommt, dass die Ziele der Kinder nicht ihre eigenen sein können, sondern mit den Eltern geteilt werden müssen. Dies wird vor allem bei Kindern mit ADHS ersichtlich. Dabei ist es sicherlich vorrangiges Interesse des Kindes, weniger an den Folgen des Syndroms zu leiden. Aber auch Eltern hegen selbst den Wunsch ADHS bei ihrem Kind therapeutisch behandeln zu lassen, da es deren Lebensbereich massiv tangiert. Das Gedeihen eines Kindes stellt also stets ein fragiles Beziehungsgut dar, das bestimmte Möglichkeiten und Einschränkungen mit sich bringt.

Kann jedoch dieses Beziehungsgut der reinen Leistungssteigerung dienen? Und ist damit auch garantiert, dass dem Kind damit zugleich Gutes geschieht? Normalerweise stimmen wir der Behauptung zu, dass ADHS ein Mangel an Reife und ein ernstes Hindernis für die vollständige und ordnungsgemäße Persönlichkeitsentwicklung ist. Heißt dies aber auch, dass wir diesen Mangel nicht nur kompensieren sollten, sondern Ritalin und ähnliche Enhancer zur Leistungssteigerung – zum Beispiel in der Schule – einsetzen dürfen?

Ich habe an anderer Stelle gezeigt, dass es in diesem Zusammenhang wichtig ist „gut für X" von „gut als X" zu unterscheiden (vgl. Hähnel 2018). So kann

Ritalin unter Umständen „gut für" die Entwicklung des Kindes sein, da es eine prima facie-Pflicht der Eltern und anderer ist, Kinder vor den Gefahren negativer gesundheitlichen Folgen von ADHS zu schützen. Indes ist es für eine Kind *als* Kind nicht gut, Ritalin in Anspruch zu nehmen. Es ist somit normalerweise gut, auf Ritalin zu verzichten, da das Befolgen der Praxis des Verzichts auf Ritalin als Kind, das über eine intrinsische Neigung zum Gedeihen verfügt, gut ist. Vor diesem Hintergrund ist es durchaus auch angebracht zu behaupten, dass eine bestimmte medikamentöse oder technologisch induzierte Verbesserung – wie die Verbesserung der kognitiven Funktionen von Kindern – sowohl ihrer natürlichen Gutheit als auch ihrem Recht, als diese Kinder zu gedeihen, zuwiderläuft. Wir können Optimierungen im Allgemeinen nicht nur deshalb befürworten, weil wir eine bestimmte Verbesserung für eine ausgewählte Zielgruppe befürworten oder umgekehrt. In diesem Rahmen ist es aus Sicht der natürlichen Gutheit einer Praxis nicht erforderlich oder persönlich bindend, Enhancer einzunehmen, auch nicht, wenn es sich um ein Kind mit ADHS handelt. Daher ist es auch nicht intuitiv einsichtig zu behaupten, dass es „normal" sei, Ritalin einzunehmen oder abzulehnen, nur weil die Mehrheit der Kinder es einnimmt oder deren Einnahme unterlässt. Stellen Sie sich vor, die statistische Mehrheit der Kinder nähme Neuroenhancer? Müssten wir das als „neue Normalität" akzeptieren? Ich denke nicht. Alles, was nicht unter die Kriterien der Lebensform „Kind" fällt, ist auch nicht notwendig. Dies bedeutet auch, dass die Lebensform nur von einem konkreten Kind instanziiert werden kann. Indes hängt im Gegenzug jede einzelne Instanziierung davon ab, wie das, was *normalerweise* im Lebenszyklus der individuell instanziierten Spezies passiert, abläuft. Die Einnahme von Ritalin kann also durchaus in der Beschreibung eines Phasensortals mit dem Namen „Kind" vorkommen, normalerweise jedoch nicht, denn ADHS kann keiner menschlichen Form angehören – sie ist kein Aspekt der menschlichen Natur.

ADHS deutet eher auf einen „natürlichen Defekt" hin, der auf eine „Unterbrechung des Lebenszyklus" (Groll und Lott 2015, 637) hinweist, die nicht zum natürlichen Muster einer Lebensform gehört. „Natürliche Defekte" beziehen sich übrigens nicht nur auf angeborene (d. h. genetische) Funktionsstörungen, die erheblich zur Diagnose von ADHS und zu einer weniger kontroversen Rechtfertigung von therapeutischen Interventionen gegen ADHS beitragen. Sie betreffen auch Fragen der Mangelhaftigkeit des Willens (Foot 2001, 38). Diesen Willensmangel zu haben, bedeutet indes, dass etwas mit der Entscheidung, eine Reihe notwendiger Eigenschaften oder bestimmter Handlungen vorzuweisen oder nicht, nicht stimmt. In Bezug auf die Enhancementproblematik könnte es falsch (oder ein Mangel des Willens) sein, in erster Linie Neuroenhancer zu nehmen, wenn wir keinen Bezugspunkt finden, der durch unsere (menschliche) Lebensform gegeben ist. Aber wir müssen diesen Punkt finden, denn andernfalls sind wir gezwungen die absurde Behauptung aufstellen, dass die fehlende Rationalität des fehlerhaften Willens (nicht aus Gründen zu handeln) etwas ist, das als verbesserungsfähig eingestuft werden kann. Wir können die Verbesserung des Willens jedoch nicht als eine Verbesserung *über die Therapie hinaus* betrachten, da dies implizieren würde, dass die angeborene (genetische) Seite der natürlichen Defektivität und die absichtliche Seite der natürlichen Defektivität zwei korrespondierende Bereiche ein und derselben Defektivität seien.

Was bedeutet das alles für den speziellen Fall des pädiatrischen Neuroenhancement? Mithilfe des hier vorgestellten Lebensformkonzepts können wir zumindest verschiedene Formen der Verbesserung bewerten: „Zum Beispiel könnte eine Verbesserung des Sehvermögens oder möglicherweise sogar die Fähigkeit zum Fliegen gerechtfertigt sein wie es uns ermöglicht, in Bezug auf andere Aspekte der menschlichen Form besser abzuschneiden" (Groll und Lott 2015, 289). In der Tat könnte es eine zukünftige Aufgabe sein, geeignete Methoden zur pädiatrischen Neuroenhancement zu finden, die sich an der spezifischen Lebensform „Kind" orientieren. Teleologische Lebensformkonzepte ziehen jedoch dabei eine Grenze zwischen nützlichen und nutzlosen Verbesserungsmethoden, ohne allgemeine Urteile über ein bestimmtes perfomatives Ergebnis abzugeben. Von diesem Standpunkt aus wollte ich vor allem zeigen, dass die menschliche Natur offensichtlich eine Rolle bei den Debatten über Enhancement spielt, denn unter diesen von Philippa Foot und Michael Thompson paradigmatisch definierten erkenntnistheoretischen Umständen gehören sowohl Kinder als auch Erwachsene in all ihren Phasen der gleichen menschlichen Lebensform an. In diesem Zusammenhang beruht eine ethische Bewertung also nicht mehr auf einer mehr oder weniger ausgeprägten Fähigkeit, seine persönliche Autonomie zu entwickeln, oder auf familiären oder gemeinschaftlichen Erwartungen (vgl. Graf et al. 2013, 1252); vielmehr ist es notwendig, die natürlichen Dispositionen zu üben und zu realisieren, die vorhanden sein müssen, um den arttypischen Kriterien zu entsprechen, die die menschliche Form selbst vorgibt. Als Therapieform kann das Geben und Nehmen von Ritalin durchaus notwendig sein und ist daher *prima facie* zulässig, da es den Bedürfnissen und therapeutischen Erfordernissen des Organismus nach Selbsterhaltung entspricht. Als eine Form der Verbesserung ist das Verabreichen von Ritalin jedoch nicht notwendig und daher auch nicht zulässig, da es den normalen, d. h. natürlich gewollten, Bedürfnissen des Organismus gerade nicht entspricht, nach Ritalin als Instrument zur Leistungssteigerung zu verlangen. Dieser Anspruch konfligiert eben mit dem Anspruch, das artspezifische Gut menschlicher Lebewesen zu realisieren.

2.2.3 Performativ-selbstwirksames Enhancement: Technologie- und medikamentenfreies Lernen in Form moralischer (Selbst-)Optimierung?

In der gesamten Bildungsdebatte müssen wir Optimierungsprozesse aber nicht unbedingt auf bestimmte kognitive und physische Fähigkeiten, die das Lernen betreffen, beschränken, sondern können die Verbesserung auch als eine charakterliche Selbstoptimierung verstehen. Dieses Besserwerden der Personen in ihren Fähigkeiten umfasst sowohl die Einübung von Tugenden und verschiedenen Lern- und Mnemotechniken als auch verschiedene Formen der Persönlichkeitsbildung bzw. -reifung. Diese Form der Selbstoptimierung ist dabei nicht unbedingt an die Nutzung digitaler Technologien gebunden, sondern kann kontext- bzw. situationsübergreifend allein in der Einübung lobenswerter Charaktermerkmale angelegt werden.[12] Für Persson and Savulescu ist diese Form der Charakterbildung sogar ein Beispiel für ein sozial akzeptiertes nicht-biomedizinisches moralisches Enhancement (Persson/Savulescu 2012). Allerdings ist fraglich, ob der Terminus „moral enhancement" hier überhaupt passend ist, da beispielsweise nicht klar ist, wie man Personen mit komplexen Eigenschaften als ganze moralisch verbessern kann. Jede Verbesserung einer bestimmten charakterlichen Eigenschaft zieht nicht unbedingt die Verbesserung einer anderen charakterlichen Eigenschaft nach sich. Außerdem lauert jederzeit die Gefahr der moralischen Überforderung, wenn, wie John Harris behauptet, wir sogar eine Pflicht zum moralischen Enhancement hätten. Wäre dem tatsächlich so, dann müsste unsere einzige Tugend in einem universellen Wohlwollen bestehen, das auf die Hervorbringung einer maximalen Nutzensumme für alle Menschen abziele und aus dem dann auch folgen müsste, dass wir eine Pflicht zum technologischen und pharmakologischen Enhancement hätten. Das ist aber ein Szenario, dessen Realisierung man vernünftigerweise nicht wollen kann.

3 Konklusion und Ausblick

Ich habe in diesem Beitrag versucht zu zeigen, dass in seitens der Politik, Sozialwissenschaften und Wirtschaft immer vehementer geforderten edukativen Optimierungsprozessen der Begriff des kontextspezifischen und fähigkeitenbasierten Enhancementsbegriffes durch den Begriff eines kontexterweiternden Lernens abgelöst werden sollte, welches sich auf die ganze Person und nicht nur auf einzelne Fähigkeiten bzw. deren Aneignung zu beziehen hat. Kontexterweiterndes bzw. kontextübergreifendes Lernen, welches sowohl den Wissenserwerb als auch die Verbesserung einzelner (nicht aller) Fähigkeiten umfassen kann, sollte dabei gerade im Kinder- und Jugendalter einem Bildungskonzept folgen, das den Einsatz digitaler Technologien empfiehlt, ohne dabei die Persönlichkeit und Authentizität des Heranwachsenden zu beschädigen (im Gegenteil, diese Persönlichkeit sollte vielmehr gefördert werden). Die Verwendung des Begriffes „Enhancement" als terminus technicus ist dabei abhängig vom jeweiligen Einsatzbereich (technologisch, pharmakologisch, performativ-selbstwirksam), dem gewählten normativen Bezugsrahmen (tugendethisch, deontologisch, konsequentialistisch) und dem jeweils bevorzugten Dispositiv (Enhancement oder Therapie?).[13]

---

[12]Diese Perspektive setzt allerdings voraus, dass Tugenden als stabile Charaktermerkmale (wie in der aristotelischen Tradition) und nicht als okkasionell auftretende Zustände (wie in der heutigen Moralpsychologie) verstanden werden.

[13]Ob eine Technik für Therapie- oder Enhancementzwecke gebraucht wird, ist nicht von dieser oder jener Technik selbst, sondern von der Geltung oder Infragestellung bestimmter epistemologischer Hintergrundannahmen, welche jeder Technikevaluation zugrunde liegen, abhängig.

Vor diesem Hintergrund habe ich versucht darzulegen, dass mir ein deontologisch-tugendethisches Bildungs- bzw. Erziehungsmodell, das kein instrumentelles Verhältnis zu den eigenen Eigenschaften aufweist und in Bezug auf neue digitale Technologien das richtige Maß[14] zwischen Unterhaltung, Informationsgewinn, Kreativität und Kommunikation vorgibt, die besten Chancen zu haben scheint, um charakterliche Fortschritte und kognitive Verbesserungen bei Kindern und Jugendlichen zu erzielen. Wichtig für den Erfolg einer digital gestützten Lernstrategie, die auf dem Konzept der natürlichen Gutheit (79f.) basiert, ist zudem, dass die Distinktion von „Enhancement" und „Therapie" nicht zugunsten der endgültigen Durchsetzung eines der beiden Narrative aufgegeben wird. Aus meiner Sicht ist und bleibt es ethisch relativ unbedenklich, wenn digitale Techniken und biomedizinische Interventionen aus therapeutischen Gründen angewendet bzw. durchgeführt werden. Es sollte daher erstes pädagogisches Ziel sein, zunächst die Grundbedingungen für normales Lernen zu bestimmen, um diese dann im konkreten Schulalltag zu implementieren bzw. – wo sie verloren gegangen sind – wiederherzustellen. Ich halte diesbezüglich vor allem eine Kombination von digitalen mit nicht-digitalen Technologien bzw. Praktiken für sinnvoll, denn Kinder haben naturgemäß eine dynamisch-leibliche Beziehung zu realen Gegenständen (vgl. Streri, 2005),[15] die sie auf diese Weise zu digitalen Technologien und Inhalten nicht haben können. Aus diesem Grund scheint es mir auch gegeben, dass bevor digitale Praktiken überhaupt erlernt werden, nicht-digitale Praktiken eingeübt werden müssen, und zwar in dem Maße, dass sie nicht durch digitale Praktiken ersetzt werden können. Damit klassische analoge Praktiken des Lehrens und Lernens (wie mit der Hand auf Papier schreiben oder malen, Nutzung analoger Medien wie Schiefertafel etc.) nicht durch digitale Praktiken substituiert werden, gilt es Meta-Regeln zum besseren Gebrauch dieser digitalen und nicht-digitalen Praktiken zu erlernen, die sowohl der moralischen Selbstoptimierung als auch der Leistungssteigerung dienen. Zu dieser compliance-Strategie gehört es vor allem, dass Nutzerinnen und Nutzer – egal, ob jung oder alt – Vor- und Nachteile digitaler Technologien und biomedizinischer Interventionen kennen und erkennen. Für den Aspekt der Selbstoptimierung können neue digitale Technologien dabei durchaus soziale Tugenden fördern und einen Probierstein für die Erziehung zur Enthaltsamkeit bezüglich der „screen time" darstellen. In all diesen Hinsichten ist es besonders wichtig, dass die Eltern als Vorbilder in der balancierten Nutzung dieser Medien fungieren, damit ein Lernerfolg zu Hause und in der Schule garantiert werden kann. Auch ist sich bewusst zu machen, dass digitale Technologien und biomedizinische Interventionen unsere kognitiven

---

[14]Hier ließe sich gut an die aristotelische Mesotes-Lehre anschließen.

[15]Sowohl die Montessori-Pädasgogik als auch die moderne Leibphänomenologie gehen davon aus, dass Kinder primär über haptische Wahrnehmungen ihre Umwelt entdecken und strukturieren lernen.

Fähigkeiten auf eine Weise beeinflussen können, die unser gesundes Urteilsvermögen auch ungünstig affizieren kann.[16]

Eingedenk dieser und anderer Vorbehalte sei jedoch abschließend festzuhalten: Digitale Systeme und medizinische Therapieangebote können in erster Linie dabei helfen, überkommene Lern- und Konzentrationsschwierigkeiten zu überwinden; auf der anderen Seite können sie aber auch – im Bewusstsein ihrer Grenzen – gezielt, d. h. kontextsensitiv, eingesetzt werden, um eine schrittweise und sanfte Leistungssteigerung bei den Schülerinnen und Schülern zu begünstigen.

Literatur

Aristoteles. 1985. Nikomachische Ethik. Hamburg: Meiner.
Cinel et al. 2019. Neurotechnologies for Human Cognitive Augmentation: Current State of the Art and Future Prospects. Front Hum Neurosci. 13(13).
Douglas, T. 2013. Biomedical Enhancement. In H. Lafollette, Hrsg. International Encyclopedia of Ethics. Oxford: Wiley-Blackwell. http://onlinelibrary.wiley.com/doi/10.1002/9781444367072.wbiee560/pdf.
Foot, S. 2001. Natural Goodness. Oxford: OUP.
Garvis, S. 2016. Digital Technology and young children's narratives. In. Garvis und Lemon, a. a. O., 28–37.
Garvis, S. und Lemon N., Hrsg. 2016. *Understanding* digital technologies and young children. New York: Routledge.
Graf W. D. et al. 2013. Pediatric neuroenhancement: ethical, legal, social, and neurodevelopmental implications. Neurology 80(13):1251–1260.
Groll, D., und Lott, M. 2015. Is There a Role for ›Human Nature‹ in Debates About *Human Enhancement?* Philosophy 90/4: 623–651.
Hähnel, M. 2017. Is it ‚more normal' to enhance than to restore our nature? Ethics and Bioethics (De Gruyter) 7/12: 105–113.
Hähnel, M. 2018. Theorien des Guten zur Einführung (mit Maria Schwartz). Junius: Hamburg.
Hähnel, M. 2019. Paediatric Neuro-Enhancement and Natural Goodness. In Saskia Nagel, Hrsg. Shaping Children. Ethical and Social Questions that Arise when Enhancing the Young. Cham: Springer, 57–71.
Hähnel, M. 2020. Neoaristotelische Tugendethik. In Christoph Halbig, und Felix Timmermann, Hrsg. Handbook Virtue and Virtue Ethics. Springer VS: Wiesbaden, in Vorbereitung.
Harris, J. 2016. How to be Good: The Possibility of Moral Enhancement. Oxford: OUP.
Heinrichs, J., und Stake, M. 2018. Enhancement: Consequentialist Arguments. ZEMO 1: 321–342.
Heinrichs, J., und Stake, M. 2019. Human Enhancement: Arguments from Virtue Ethics. *ZEMO* 2. https://doi.org/10.1007/s42048-019-00050-7.

---

[16]Ich denke hier an verschiedene Formen des „Framing", d. i. die Einbettung von Ereignissen und Themen in allgemein oder von bestimmten Gruppen erwünschte Deutungsraster. Digitale Technologien sind hervorragende Instrumente, um verschiedene Zwecke des „Framings" (z. B. um Käufer für ein bestimmtes Produkt zu gewinnen oder die Akzeptanz für die Einführung einer neuen medizinischen Technologie zu erhöhen) zu erfüllen. Es ist daher aus meiner Sicht eine zentrale zukünftige Aufgabe, Wege aufzuzeigen, wie digitale Technologien den Menschen dienen können, ohne dass dieser seine Autonomie und sein Recht auf analoge, von jedem technologischen „Framing" ausgenommene Formen der Bildung preiszugeben gezwungen ist.

Impacts of technology use on children: Exploring literature on the brain, cognition and well-being. OECD Education Working Paper No. 195 Francesca Gottschalk, OECD.

JRC Science for Policy Report: Young Children (0–8) and Digital Technology A qualitative study across Europe; Stephane Chaudron Rosanna Di Gioia Monica Gemo 2018.

Persson, I., und Savulescu, J. 2012. Unfit for the Future: The Need For Moral Enhancement (Uehiro Series In Practical Ethics). Oxford: OUP.

Rüther, M., und Heinrichs, J. 2019. Human Enhancement: Deontological Arguments. ZEMO 2, 161–178.

Streri, A. et al. 2005. The development of haptic abilities in very young infants: From perception to cognition. Infant Behavior & Development 28: 290–304.

Yelland, N. 2016. *iPlay*, iLearn, iGrow. Tablet technologies, curriculum, pedagogies and learning in the twenty-first century. In Garvis und Lemon, a. a. O., 122–138.

An Ethical Framework for Robotics and Children

Vulnerability and Promotion of Autonomy

Manuel Aparicio Payá, Ricardo Morte Ferrer, Mario Toboso Martín, Txetxu Ausín, Aníbal Monasterio Astobiza und Daniel López

Abstract

The advancement towards interactive robotics requires reflection about its impact on children. The paper defends the need for a normative development of interactive robotics, in accordance with the Convention on the Rights of the Child. To justify this, we use Martha Nussbaum's capabilities approach, also as a guide for the analysis of assistance, educational and entertainment

---

This research has been funded by INBOTS project (ID 780073) of the H2020 Programme, and "Capacitismo" project (ref. FFI2017-88787-R) of the Retos Programme of the Spanish State R+D+i Plan MINECO.

M. Aparicio Payá (✉)
Department of Philosophy, Universidad de Murcia, Murcia, Spain
E-Mail: manuel.aparicio@um.es

R. Morte Ferrer
LI²FE (Laboratorio de Investigación e Intervención Filosófica y Ética), Rosdorf, Deutschland
E-Mail: ricardo63@autistici.org

M. Toboso Martín · T. Ausín · D. López
Institute of Philosophy, CCHS-CSIC, Madrid, Spain
E-Mail: mario.toboso@csic.es

T. Ausín
E-Mail: txetxu.ausin@cchs.csic.es

D. López
E-Mail: daniel.lopez@csic.es

A. Monasterio Astobiza
ILCLI, UPV/EHU, San Sebastian, Spain
E-Mail: anibal.monasterio@ehu.es

© Springer-Verlag GmbH Deutschland, ein Teil von Springer Nature 2020
M. F. Buck et al. (Hrsg.), *Neue Technologien – neue Kindheiten?*,
Techno:Phil – Aktuelle Herausforderungen der Technikphilosophie 3,
https://doi.org/10.1007/978-3-476-05673-3_6

robotics. To complete this research, we connect the capabilities approach to the principles of robo-ethics.

Keywords

Capability approach · Convention on the Rights of the Child · Interactive robotics · Childhood

1 Introduction

The significant advances in AI and robotics taking place in recent years have opened the door to the use of *autonomous* robotic devices[1] that interact with human beings in different spheres of everyday life, both in institutional frameworks as well as in home environments. In the context of this work, we assume that the next socio-technical transformation involving the introduction of interactive robotics on a social scale will not merely consist in—as already happened with the emergence of other earlier technologies—the use of new and more efficient instruments in replacement of others, now considered obsolete, in their role as a mediator. New robotic technologies will also involve, to a large extent, a reconfiguration of human activities in these coming areas (Winner 2008), with the possibility of substantially affecting the lives of people, not always positively. Among the daily activities that will be affected by interactive robotics are those developed in the fields of care-giving, entertainment or in the educational world,[2] in which the social group made up of children, although not exclusively, is involved. Landong Winner has raised the importance of carrying out a careful social and political reflection on the limits that technological changes should be subject to, guided by a question it is essential to consider:

> Are we going to design and build situations that increase the growth potential for human freedom, sociability, intelligence, creativity and self-government? Or, are we heading in a completely different direction? (Winner, 2008, 23)

If robots are going to form part of the circumstances that will shape the surrounding world in which children must live, then we have to seriously consider what types of robots we want to build for them—also counting on their input—

---

[1]The term "autonomous robotic device" is understood as being the type of robot that can perform tasks independently from human operators and without human control (EGE 2018). Nevertheless, the use of the term "autonomy" has been questioned, given the moral connotation of this term, whose application therefore would not be extended to these technological objects (EGE 2018).

[2]Currently, different types of robots that interact with human beings have already been developed: assistive, educational, for entertainment, therapeutic, personal assistants, caregivers, doctors or sexual ones (Dominguez-Alcón 2017).

as well as what types of uses of these devices might be suitable in childhood[3] and how their mediation might contribute, if possible, to fostering balanced development in this stage of growth, one that all human beings go through. Although we try to respond to these issues in this work, we are aware that these are open questions having enormous complexity. To address them, we focus on two objectives. First, we adopt an ethical-political conception of this vital stage to justify that the responsible incorporation of interactive robotics into social activities involving children (care-giving, games, education) requires using the underlying general obligations for protection, full development and well-being found in the discourse from the Convention on the Rights of the Child (CRC) as a reference to always safeguard the *best interests of the child*. Although this legal international document constitutes an indispensable guide for interactive robotics with children, we also understand that future technological advances in this field make it urgent to update the CRC, based on the mechanisms provided within it, to address in detail the regulation of proper child-robot interaction (Lambea 2018).[4] For ethical-political justification of the development of interactive robotics with children, supported legislatively on the CRC, we have drawn on the capabilities approach developed by various authors (Nussbaum, Biggeri, etc.), those who apply it to the scope of that life stage. We will argue that Nussbaum's proposal is a normative approach that can provide a useful basis for the implementation of children's rights within the context opened up by interactive robotic technology. In this sense, their version of the capabilities approach aims to provide a theoretical justification for human rights in general (2012a) and for the rights of children recognized in the CRC (Dixon and Nussbaum 2012).

In the second part, we take into account that recently, on a European level, significant ethical reflection has been done around the social challenges that large-scale introduction of interactive robotics implies, with the idea of guiding this based on a framework of normative principles and values that seeks the protection of human dignity and attempts to avoid the appearance of future dystopic horizons (EGE, 2018; Floridi et al. 2018). The second objective of this work focuses on analysis of the principles proposed for the ethics of robotics (non-maleficence, beneficence, autonomy, justice and explicability), (Floridi et al. 2018), relating this to the specific field of robotic devices aimed at (or used by) children and adolescents, as well as indicating a basic axiological framework that these should adapt to. We understand that these principles are compatible

---

[3]In this work, following the legal perspective set out in the Convention on the Rights of the Child (hereinafter, CRC), we understand "childhood" as that stage of life in human beings that ends when you reach 18 (or another age, if so determined by law). That is, when what is called "legal age" is reached. Nevertheless, it is also pertinent to take into account interdisciplinary studies about this stage of life, which include the distinction between "childhood" and "adolescence" as distinct biographical stages that are included up to, approximately, 18 years of age.

[4]The need for such a revision, according to Lambea, is justified since the CRC "does not refer to robots or artificial intelligence systems [...], nor of course to the interaction between children and robots. It can, however, do so through general observations." (Lambea, 2018: 213).

with Nussbaum's capabilities approach, while illuminating the application of that approach to the ethical issues generated by this technology. To take into account the moral-legal challenges that underlie future progress toward robotic societies implies trying to imbue these technological developments with a normative rationality that is geared towards the protection and balanced growth of children's autonomy, considering them to be digital citizens as well (Cortina 2018).

2   Childhood, Normativity and Robotic Devices

Development of interactive robotics that truly take into account the needs of children and the obligations to them would have to adopt an integrated approach from the design phase, where different components are included (epistemic, technical and normative-evaluative) so that innovation in this field is ethically responsible (van den Hoven, Vermaas, and van de Poel 2015) with the lives that children live now and will live in the future as adults. Even when the child-robot interaction has distinctive features that can establish significant differences in respect to interhuman relationships, the adoption of this integrated approach can make it easier for children's interaction with robots to conform to a set of conditions under which such an interaction, without being perfect, matches as closely as possible what characterizes proper intersubjective relationships between adults and children, or among children themselves. Ultimately, it is about this interaction being able to have a positive effect on children.

In regard to the epistemic aspect, interdisciplinary contributions from scientific knowledge about children (neurobiology, psychology, sociology, pedagogy, philosophy, etc.) should be included. It is true that, in the different disciplines, alternative theories—when not opposing—can coexist, and that human knowledge is characterized by its fallibility and revisable nature. It is no less true that consensual knowledge about what characterizes this stage of life and more-extensive understanding of how children function in the world could help in refining the substantial ends sought in the use of robotic devices. An example can illustrate the importance of this knowledge. Therapeutic robots have been designed with sociability traits to develop social skills in children with autism; however, it is quite possible that other knowledge, such as contributions from psychology regarding attachment behaviour, was not taken sufficiently into consideration. In fact, a side effect of this behaviour can appear in the child when interacting with this type of robot such that, when it disappears, the child may have anxiety, which could possibly create a setback in the treatment (Torras 2019). Lay knowledge is also needed (Fuller 2003), which can add other people (parents, teachers, associations, etc.) who have some type of relationship with the world of childhood. Giving them an opportunity in the design phase will give you quite detailed knowledge on the daily functioning of children, which exists in the practical experiences of interacting socially with them. It is equally important to listen to the children's own voices, to the extent that this enables their development, in the design as well as the assessment phase, as they provide knowledge from the people who will be the users. From a purely epistemic point of view, democratic deliberation among experts and other lay social groups, including children, organized through "consensus conferences" (Fuller 2003) should lead to the establishment of what is considered relevant for the design, construction and marketing of interactive robotic devices. Certainly, in a pluralistic society this institutionalization of citizen participation will not cancel out all disagreements. But besides the fact that these may be limited, the normative fixation of the consensus conference procedure allows for the responsible provision of binding legislation on interactive robotics, although such legislation remains open to later revisions, depending on the consequences of its enactment (Fuller 2003).

A second aspect to consider are the technical challenges associated with the development of interactive robots. The most relevant challenges today are security, adaptability to environments, the possibility to customize robots to respond to the specific needs and preferences of users, and achieving an interaction that can be considered "friendly" (Torras 2019). Illuminating these pragmatic possibilities is an open and innovative job, whose achievement would facilitate refining the use of interactive robots, adapting them to the variety of contexts and children's individual differences.

However, it should not be forgotten that the techno-scientific system is subject to influences from the social system as a whole (Agazzi 1996). For this reason, robotic developments affecting children must consider a third aspect: legal and moral normativity. The foundation for normativity that must influence the construction and uses of interactive robotic devices is derived from the understanding of childhood widely accepted in current studies (Shaw and Baile 2018; Derup, Graf, Schickhardt, and Schweiger 2016). In accordance with this understanding, it is a stage of life whose characteristic traits range between high vulnerability, which demands special protection, and progressive development, requiring precise support of the physical, psychological and moral capabilities that are at the basis of growing autonomy. The regulatory requirements for protection and justice with children, extendable to a robotic social context in the future, are not based merely on descriptive traits that determine what children are like. Considering how a boy or a girl should be treated—adjusted, of course, to the peculiarities of human beings at this stage of the life cycle—must adhere to their normative status as members of the human community, based on the recognition of their equal *dignity*. In this sense, we should remember that the Preamble to the CRC appeals to this concept, expressly reaffirming recognition of "the inherent dignity and of the equal and inalienable rights of all members of the human family" (UN, 1989). If the existence of a conceptual connection between dignity and human rights is emphasized (Habermas 2012), then the same dignity that is also recognized for children, by virtue of their belonging to the human community, constitutes the basis for a normative conception of childhood that contains an understanding of children as subjects having human rights. Habermas has specified the singular nature of these rights, noting that "they appear Janus-faced, looking simultaneously at morality and law" (2012, 21–22). Thus, the normative conception underlying the international juridical document from the CRC justifies that developments in robotics that are going to be used in interaction with children should be subject to both legal as well as moral standards which, together, continue protecting their human rights when facing future socio-technical transformations. On the one hand, there must be an effect on enacting positive regulatory law for products from the robotics industry, in monitoring their compliance and on the sanctions involved if the law is violated, specifically respecting the special protection required for these users (Lambea 2018). Nevertheless, the moral impact of this idea should also be considered in the field of technology: equal respect for the dignity of children (with the moral duties involved in respecting their rights under the CRC) by those involved in the design and construction of robotic devices in their physical dimension, virtual programming and in the uses for which the robot's interaction with children is intended all constitute a moral requirement. Attention to this moral side implies a need to create proper education for engineers and programmers, in which ethical training is clearly present, complementing scientific-technical training, the creation of standards to protect and empower autonomy in the codes of ethics of the professions involved, and a business ethic that can win the trust of all affected stakeholders (García-Marzá 2011), including the families who purchase the robots, and that the responsibility taken is not limited to strict compliance with current laws.

From the universalist concept of dignity, recognized for the entire human community, the concept of the best interests of the children, as set out in Article 3 of the CRC, draws its normative force. The equal dignity of children is respected when the action of the State or private institutions, in developing measures that affect them, is subject to the obligation to take into account their rights and, therefore, to take those interests into consideration.

The requirement to protect the interests of the child, which acts as a balancing factor in the dependent relationships existing in the family or other institutions, refers to achieving well-being for the child, which depends on both emotional care as well as real protection of their rights. These moral types of relationships with the child, on which their well-being rests, reveal that the normative sense of care and respect for the interests of children connects, ultimately, with the equal dignity they are granted. Violation of getting the care and rights that are their due, from institutions (family, State, etc.) on which children's lives asymmetrically[5] depend, is clearly at the expense of their interests. It undermines their dignity, threatening both their current well-being and their future well-being as adults. Current studies make a point of highlighting the limits of taking an instrumental view of children in which the most relevant interests about the child are, first and foremost, those related to their future life as an adult (Bagattini 2016). By questioning this viewpoint and recognising the intrinsic value of each moment

---

[5]This is a factual asymmetry (e. g. the survival of the young child depends on the care of the adult), without implying that the equal dignity they share with adults should not be respected.

in life, there is realignment as to the interests that should be addressed. That is, the future interests that today's children might have as adults should be properly balanced with the interests they have while going through this first stage of the life cycle: to feel safe, develop their imagination through games, explore cognitively the world around them, learn about their own body, develop abstract thinking, solidify social relationships, establish emotional-sexual relationships, etc. (Nussbaum 2015; Bagattini 2016; López and Castro 2007). In this work, in line with the interests noted previously, we focus on the importance in children's lives of being cared for, of playful activities and of education. Keeping in mind the normative conception of childhood, looking towards the most balanced development possible in physical, emotional, cognitive and moral capabilities, it is imperative that the normative aspect of robotic development, specified in legal regulations and a moral debate, is coordinated with the epistemic and technical aspects that make this socio-technical change possible. An aspect of special relevance in the social transformation towards interactive robotization, given that this is established in article 12 of the CRC, is that the free voice of children must be heard and attended to, according to their age and maturity, because they are directly affected in their interaction with robots in the activities indicated. As their cognitive development facilitates the formation of their own judgments, their opinions about whether they prefer to be cared for by robots or by human beings, about the characteristics of the robots that care for them, about the circumstances in which robots are to be used in care, education or play, etc., should be addressed.

The capabilities approach developed by Martha Nussbaum is a normative idea that is intended to provide theoretical justification for the understanding of children as subject to human rights, as set out in the CRC, based on the concept of dignity that should be equally respected for children (Dixon & Nussbaum, 2012, 552–553). The concept of human dignity proposed by Nussbaum starts from a characterization of the human being as a citizen who goes through a life cycle having different stages, and is characterized by their vulnerability and dependence on others, as humans have a variety of needs as well as different abilities (Nussbaum 2007). These characteristics are also typical of children, although their vulnerability is more accentuated because of their greater dependence in comparison to other members of their family (or child-care institution). That said, since for Nussbaum the family is not a "private" institution but one created and maintained by State actions (Nussbaum 2002), the dignified treatment owed to children requires not only the emotional care provided by the family (or another institution, either complementary or as a substitute) but also legal norms and public policies established by the State:

> The family is (for children, in any case) a non-voluntary institution that has a widespread effect from the start on the life of citizens. In addition, with children, as future citizens that are under its protection, the State has a legitimate interest. (Nussbaum 2002, 366)

Nussbaum's capabilities approach picks up on the Kantian concept of dignity by adopting the *principle of each person as an end in themselves* (Nussbaum 2002), which justifies that each and every member of the family should be protected by the State. As a result, the human rights of children, at least partially reflected in the CRC, "are nothing more than words until action from the State makes them real" (Nussbaum 2012a, 87). Multinational corporations, according to this author, also have part of the responsibility in promoting the dignity of all human beings (Nussbaum 2007, 313–314). If we take into account that the family, the State and businesses are involved, in one way or another, in the development of robotic devices for children, the normative nexus that unites these institutions in respect to advancing with ethically responsible robotics lies in having respect for the dignity and human rights of children.

On the other hand, Nussbaum's capabilities approach not only builds a relationship between dignity and human rights, extendable to children, but also attempts to justify the human rights of children as a priority (Dixon and Nussbaum 2012), which implies a certain recognition of "the best interests of the child". In this sense, two supporting principles are proposed: the unique vulnerability of children and the special efficacy involved in the economic costs of protecting children's rights (Dixon & Nussbaum 2012, 573–583). It must be taken into account that, combined with the first principle stated above, this second principle is linked to the fertility found in the development of children's abilities, during childhood[6] as well as in the following adult stage. That is, due to its effect on the growth of autonomy,[7] it seems correct to justify that, normatively, development of interactive robotics with children has legal and moral protection due to children's special vulnerability and their growing autonomy, integrated into the epistemic and technical aspects already mentioned.

3 Children's Rights, Capabilities and Robotics

The capabilities approach developed by Nussbaum establishes a close connection between the concept of dignity and the list of core capabilities she proposes:

"The main idea is not, then, dignity itself, as if it could be separated from the capabilities needed to live life, but rather the idea of a life in line with human dignity, to the extent that this life is made up, at least partly, by the capabilities that are on the list" (Nussbaum, 2007, 169).

---

[6]It should be taken into consideration, according to Article 5 of the CRC, that the capabilities found in children are in a state of growth (Biggeri and Karkara 2014).

[7]Anlike the utilitarian approach, focused on welfare, the capabilities approach also considers freedom valuable, conceiving people as active subjects. In this sense, it points out that "satisfaction is an appropriate goal in the case of young children, even though we also want them to try to start their activity quite soon." (2012a: 77). Hence, he argues that "children should have the maximum separate scope for decision-making, freedom consistent with their actual or potential ability to make rational and reasoned choices or judgements." (Dixon & Nussbaum, 2012: 559–560).

Children's dignity, as such, overlaps with the set of capabilities or real opportunities they have in order to act and be, which are materialized in different functionings (Nussbaum, 2012a: 44). Given that the child's life basically unfolds in the family, Nussbaum defends the *principle of each person's capabilities* in such a way that public policies take into account all the people who form part of the family, also including each child as one of the members (Nussbaum 2002, 325). This principle can be extended to any other institution, public or private, in which the child's life is carried out in a complementary or substitutive way. On the other hand, both the capabilities approach developed by Sen (2009) and the version proposed by Nussbaum note the connection existing between capabilities and human rights. There is substantial overlap between the capabilities list proposed by Nussbaum and the human rights set out in the Universal Declaration of Human Rights and other similar international documents (Nussbaum, 2012a: 83–84, 89). Moreover, Biggeri & Karkara (2014) have also pointed out the existence of synergies between the human rights of children included in the CRC and the capabilities approach. According to these authors, the human rights approach favours defence of the capabilities that are important for children, while at the same time the capabilities or real opportunities that children have in society depend on a normative framework that is based on human rights. An important consequence of this synergy, transferred now to developments in interactive robotics, is that by having to adapt these developments to a normative framework promoting children's rights, the designs created and the impact from these technological devices on children's growing capabilities during this stage of life must be assessed.

The underlying question being considered then is the effect of robotic technology on these capabilities both 1) from a general theoretical level, as well as 2) from an analysis of the specific capabilities involved in care, education and playing.

1. From a general theoretical viewpoint, the question has been raised as to how you can apply the capabilities approach to design technological devices (Oosterlaken 2012). A design for robotic devices that is "sensitive to the growing capabilities" of children involves a certain complexity as, on the one hand, the expansion of these capabilities also depends on how robotic devices are integrated into wider social and physical structures (Oosterlaken 2012), that is, how they fit into different functioning environments (Toboso & Aparicio 2019). On the other hand, it should be remembered that robotic devices can not only help expand capabilities, but can also have a negative effect by contributing to their decline (Oosterlaken 2012). This ambivalent consequence of interactive robotic technology—as with any other type of technology—makes it essential to be especially careful during the design process and when assessing the risks arising from the effects on children's capabilities (Murphy and Gardoni 2006). Likewise, it is not enough just to consider the influence of such technology on the current way of understanding capabilities, that is, on the impact, as we conceive it in the present social context, of what

children can do or become using this socio-technical mediation. As noted by Coeckelberg (2012), an advocate of a non-instrumental view of technology, this is not simply a means to reach some sort of end. From this viewpoint, as we pointed out at the beginning of this article, introduction of interactive robotic technology does not simply constitute a new instrumental means put at the service of certain activities related to children. When reconfiguring these activities, it is advisable to describe and assess how this technology can vary children's quality of life and dignity, as it also contributes to transforming the current meaning of capabilities, thus changing what we understand by health, education, care, play, etc. (Coeckelberg 2012, 81–82). Undoubtedly, this implies a higher level of complexity, which requires an even greater imaginative effort in the descriptive-evaluative process done through the capabilities approach (Coeckelberg 2012). One last aspect that should not be relegated in the careful design of these devices is the fact that children are extremely diverse. In accordance with Nussbaum's conception of justice (2007), the making of inclusive robotic designs constitutes an ethical-political requirement (Toboso and Aparicio 2019), which must also encourage the growth of capabilities in children with functional diversity, in accordance with what is established in the CRC as well as what is highlighted in the Convention on the Rights of Persons with Disabilities (UN 2006).
2. In second place, an analysis can be done on the impact of the synergy between capabilities and the rights of children in robotic designs and creations with AI related to care, education and playing. Such an analysis is necessary because interactive robotics will impact on the child's core capabilities such as the ability to love and be loved, cared for and protected to safeguard his or her life, integrity and physical, mental and moral health (Articles 3, 7, 18, 19, 20, 21, 22, 23, 25, 26 and 27 of the CRC), the power to be educated to cultivate the senses, imagination and thought (articles 13, 24, 28 of the CRC) and the power to participate in leisure activities (in correspondence with article 31 of the CRC) (Nussbaum 2012a, 53–54; Biggeri and Karkara 2014, 32–33; CRC) This is without prejudice to being heard when she expresses, in any way, her views in relation to these areas of operation, in which she is to play an active role (art. 12 of the CRC).

Below we present a short reflection on some aspects of this impact:

- Assistive robotics: one of the uses for interactive robotics hailed as the most important is focused on care for vulnerable people (the elderly, children, people with disabilities). The capabilities that have been associated with care (Biggeri and Karkara 2014, 32) are: 1) life and physical health (to be healthy and have a normal life span and receive health care), 2) mental well-being (to be mentally healthy and not be neglected), 3) bodily integrity and security (to be protected from violent situations, injuries, etc.), 4) love and care (to be able to love and be loved by those who take care of us and to be protected). All of these capabilities are supported by different articles included in the CRC, and their promotion concerns not only the family but must also be backed by private institutions and, primarily, the State.

It is possible that introduction of interactive robots in the care of children can, under specific circumstances, help to expand some of the capabilities mentioned. This could be the case, for example, with robots used for healthcare in hospitals, or robots that help people who care for children while parents are at work, monitoring the work of aides to help prevent injuries or avoid violent situations, etc. Nevertheless, it has been pointed out that substituting robots in jobs dealing with long-term care has large negative effects on emotional, cognitive and social areas, both in the experiences the child has in this stage as well as in the experiences the child will have in their adult life, given the later influence of these first experiences (Sharkey and Sharkey 2010, 2011; Hosseini and Goher 2017; Torras 2019). Emotional care-giving jobs, even though these are repetitive tasks that consume large amounts of energy from caregivers, are a necessary support for the life and well-being of the child as well as for achieving balanced development in all dimensions of their personality. Replacing human care with robotic care over a long period of time could lead to serious deficiencies that can affect not only the capabilities directly involved in care, but also other types of capabilities (education, affiliation, etc.). This is what Nussbaum called, according to Wolff & De-Shalit, "corrosive disadvantage" (Nussbaum, 2012a: 64–65), that is, a disadvantage that diminishes a good number of capabilities, that slows down and endangers many other dimensions of human development.

A different issue is how robots can form part of an "enabling environment" (Nussbaum 2012a, 2015) for children when they are used as a complement in caregiving tasks, that is, when they are used as an aid for the tasks performed by caregivers. Nussbaum points out that "enabling environments are not created, then, by parents, but also by customs, institutions and laws" (2015, 263). Interactive robots, as elements that are going to form part of the various settings where children develop their behaviour, have to be subject to standards that, in addition to the design and development process, also regulate their use, both in the family and in other childcare institutions. In this way, to the extent that such standards help to promote the fulfilment of the rights set out in the CRC that relate to care (rights that must be updated in the context of the socio-technical changes that are currently taking place), interactive robots -under the supervision of parents or other caregivers, but also taking into account the child's degree of autonomy (Biggeri and Karkara 2014)—can help to promote such evolving capacities of children. In this case, interactive robots may provide a mediation that can be socially accepted.

- Educational robotics: Nussbaum conceives education broadly, as deep cultivation of cognitive (senses, imagination, thought), emotional and moral skills that are characteristically human (2012a: 53–54). For Nussbaum, education, interpreted as wide mobilization of such abilities, constitutes a "fertile capability" (2012a: 64–65) as it contributes to opening a wide range of life opportunities (health, employment, social relationships, choosing options for a good life, etc.). Taking into account this broad conception of education, development of educational robotics aimed at children and adolescents needs, from our viewpoint, to consider at least three aspects: a) What type of education is needed in a socially robotic world?, b) What educational content should be the subject of robotics?, and, more importantly, c) What impact will the use of robots have on the cognitive, emotional and moral skills that education needs to strengthen? On these aspects, we can note the following:

a) If we take into account that one of the most important roles of education is to prepare children to live in a world that is yet to come, and that this world is now starting to be, increasingly, a robotic world, then there needs to be suitable technological education to help ensure that children and adolescents are better able to understand and vitally confront this world, both in terms of the possibilities that will open in it as well as in regard to the dangers and risks involved. In this sense, numerous European countries are introducing into the secondary education curriculum "educational robotics", aimed at the design, construction and programming of robots (Pradas 2016). It is necessary that this technological literacy in robotics includes in its development appropriate methodologies for the development of learning skills, such as critical thinking or imaginative development (Alimisis, Loukatos, Zoulias, and Alimisi 2019). Nor, from a critical point of view, should the social, ethical, etc., implications that robotics using AI has be left unaddressed (Floridi et al. 2018, 21). However, being an important aspect, for "technological education" we do not refer to education focused only on professional development, however this is expected to be done in the future, using technological mediation (Susskind and Susskind 2015). Undoubtedly, professional development is enormously important in personal life. However, this is only one dimension forming part of the entirety of the life of any person. Technological education, in a social context in which robotics will colonize many everyday activities, must contribute to preparing the person to be able to face on their own all the aspects of life that will be developed in robotic environments. It must also prepare for raised awareness and a reduction in possible vulnerabilities produced by this technology.

Nor should the education preparing for this future robotic world be limited to scientific-technological literacy. Nussbaum has criticized a restrictive conception of education, understood as a mere instrument at the service of economic utility, which implies the progressive reduction or elimination of humanistic or artistic subjects (Nussbaum, 2012b). For this author, what is most relevant in education is its ethical-political purpose: in the end, education must contribute to the preparation to autonomously shape a personal sense of life and to achieve a just coexistence in a democratic society (Nussbaum, 2012b). In education for a socio-technical robotic environment, the deliberative exercise between autonomous subjects and empathetic compassion for the others with whom we coexist interdependently (and, as such, are open to vulnerability) will continue to be necessary. As Nussbaum correctly stresses, humanistic and artistic subjects contribute to these formative ends. Nevertheless, what corresponds to this is the urgent task of translating to education a critical reflection on the desirability, opportunity, risks and limits of a world and personal life influenced by interactive robotics.

b) Another issue advancing in the world of education is the one about robotization of the teaching-learning of conceptual or procedural content on the curriculum (López and Andrade 2013). There may be certain types of learning that can be replaced or complemented by a robot, especially if the device contributes to improving the motivation of the child or adolescent. Consider, for example, in language learning, in learning from the field of scientific education (mathematical operations, chemical formulation, physics problems, etc.). Or others that require searching for and selecting information (historical data, geographic locations, scientific theories, philosophical ideas, etc.). A positive aspect of using robots lies in the possibility of learning this content more autonomously, in particular outside of school hours. From a methodological perspective, the use of robots for training in other subjects on the curriculum would be more complex and difficult.

In any case, we are facing a psycho-pedagogical issue in which we must assess whether or not there is extra improvement for learning in comparison to other existing classroom strategies, and whether it is appropriate to replace them. The introduction of robots in the classroom must be studied carefully, given that it also has implications in terms of reconfiguring the role played by teachers in the teaching-learning process, as well as the implications this may have on children's emotional development (COMEST 2017). However, a complementary approach for educational robotics based on AI systems, used in support of the teaching performed by the teacher, can help facilitate the customization of certain types of learning (Susskind and Susskind 2015).

It is necessary to place on the opposite side of the scale the negative aspects existing in the use of robots in children's education. In a world populated by technological devices, a series of risks already present in other types of technologies could become even deeper: technological addiction; access to content that could be harmful, given the age of the student; lack of protection for privacy; decline in social skills (López and Castro 2007, 302–303); techno-cerebral exhaustion from the use of technological mediations (Small and Vorgan 2008), etc. are risks that would have to be dealt with from the design perspective, developing protective regulations by incorporating user recommendations and having parental educational measures for usage that ends up benefiting the harmonious development of children and adolescents.

c) A question of great importance is how the introduction of robots will affect the learning of cognitive, emotional and moral skills in children and adolescents. Advances in automation processes in some professions has involved repression or deterioration of certain skills in the adults who do these jobs (responsibility, memorization, comprehension, etc.), due to a disconnection with the world stemming from automation (Carr 2014). Similarly, the view could be taken of whether the abstraction at the basis of computational thinking, necessary in an education to learn about or with robotics (López and Andrade 2013), if not controlled and interspersed with other didactic strategies, can end up distancing students from the real world such that certain skills are weakened and significant aspects of them may be lost (Carr 2014, 249–250). On the other hand, the introduction of robots in alternate teaching tasks, now done by the faculty, as well as having emotional effects, could discourage students from making the effort to develop cognitive abilities, thinking that robots equipped with AI will be able to free them from the difficulties and fatigue involved in learning, while they would be better off devoting their time to leisure activities. This, perhaps, is what could happen if they had a vision of robots as being "slaves", mere tools that act on their behalf (Carr 2014, 256–257). If, additionally, during their experiences in childhood they were cared for during long periods of time by robots, this could lead us to think that their moral skills are also vulnerable to being weakened when it comes to providing care themselves as adults. From this perspective, a reflective debate is needed that addresses the use and limitations of interactive robotics with children, within an education using diversified teaching-learning strategies, in order to avoid that the abilities children can develop thanks to education are restricted or regress.

- Entertainment robotics: Nussbaum conceives playing and time spent doing this as one of the core capabilities (2012a, 54), that is, as a "constitutive element of a valuable human life" (2012a, 57). Given this constitutive nature of play for children's dignity, and taking into account that game-playing activities are often done with different types of objects, entertainment robotics, in principle, does not seem to be problematic. Nevertheless, it is advisable to make some clarifications to this statement: a) Given the interrelationship between the various capabilities proposed by Nussbaum (2012a, 59), entertainment robots should also contribute, at least in part, to the entire set of core capabilities. In addition to having to be safe from the perspective of health and physical and mental integrity, they must be designed—according to each type of robot—to promote development of the imagination and thought, emotional development, social relationships, and should not foster or make the child undergo any type of discrimination, etc.; b) The type of game developed is related to age, so the type of entertainment robot and content that can be included must be appropriate for the children's age, given that their capabilities are in continual growth; c) One of the most commonly mentioned problems in regard to technology-based games (video games, computer programs, etc.) used by children is isolation or a decline in social relationships; also that prolonged use of these technologies is at the expense of physical exercise. Balance in development of the different dimensions of the personality requires that these vulnerabilities of children and adolescents be taken into account by designers and users; d) A type of robot for children that has been manufactured is the robot pet, which provides fun and company for the child without the counterpart of care required by real animals. It should be noted, nevertheless, that substituting an artificial being for a living one, even though it can simulate similar behaviour, can deprive children of the valuable emotional experience of having an animal as a companion.

There are some aspects of entertainment robotics that are problematic. For example, regarding the use of robots by adolescents with the purpose of causing some kind of harm (e. g., hacking) when interacting with other people. The introduction of cybersecurity measures, moral education and legal responsibility of minors would act as a brake. Another example is sexual robots. Their use should be restricted below the age of adolescence. Physical-emotional development and the exercise of autonomy can lead to the adolescent's decision to use them. From the perspective of Nussbaum's capabilities approach, the sexual use of this technology can be viewed in a positive light, as opportunities may be available to experience the onset of sexuality (Nussbaum 2012a: 53). But, given the integrated architecture of capabilities, its use has to be put in relation to emotional development or social interaction. From this perspective, sexual robotics could be an obstacle for inter-human sexual relations (it could substitute them, it could contribute to later reify the sexual partner, etc.). Affective-sexual education and the parental promotion of responsible autonomy constitute the appropriate path for achieving the balanced development of this human dimension in relation to the set of dimensions of the personality.

4 Ethical Principles and Values for Robotics in Childhood

Proposals from the European Group on Ethics in Science and New Technologies (EGE) or the High-Level Expert Group on Artificial Intelligence (AI HLEG), both from the European Commission, are useful for adopting an ethical approach to AI and interactive robotics intended for children. The ethical principles for robotics proposed by the AI HLEG basically coincide with bioethical principles: non-maleficence, beneficence, autonomy, justice, although a new principle is also included: the principle of explicability (Floridi et al. 2018). Moreover, EGE adds the principle of dignity, as well as the condition of democratic control. Nussbaum's capability approach emphasizes the idea of dignity and the importance of autonomy in decisions, in addition to providing a broad view of human well-being and pointing out human vulnerability, which requires protection. It is also a minimum conception of justice within the framework of human diversity, which highlights the responsibility of public institutions to move towards societies that are just and respectful of the dignity of all, including children. Overall, therefore, the principles of the ethics of robotics are not alien to it. Conversely, the ethical principles that guide a robotic society can be made concrete by tracing the wide range of factors involved in a quality life, as the capabilities approach highlights. The confluence occurs when the robotization of society, guided by the above ethical principles applied to this multiplicity of factors, meets "the objective of ensuring dignity and opportunity for each person." (Nussbaum 2012a: 35).

Some relevant issues that fall within the modulation of these principles as applied to development of robotics for children are:

- *Principle of non-maleficence*: As this is a group characterized by greater vulnerability, the robotic designs must be subjected to rigorous testing to guarantee, within demanding parameters, security and physical and emotional integrity, data protection and the children's right to privacy. Profiling must be avoided, as children are in a formative process with their personality and profiles can lead to a negative impact on their future life. Recommendations should be included to avoid potentially harmful use of these devices in a family setting or in other places where the child's life unfolds, and legislation should be created that prevents and punishes negligent use of robots that accentuates the vulnerability typical of children and adolescents. Furthermore, it is necessary to protect children and adolescents against malicious use of interactive robots (hackers), or when the connection of the robots to the internet or communication technologies implies some type of threat to cybersecurity (Romero 2017).
- *Principle of beneficence*: Robotic designs and uses of robotic devices aimed at children should contribute to the improvement of their quality of life, being additional facilitators of a balanced human development in its different dimensions. By analogy with beneficence in the bioethical realm, it is not enough that robots do not harm the quality of life of children, they must also favour it. The ultimate meaning of robotic technology is also to provide benefit, i. e. to provide new pragmatic opportunities and choices, thus expanding human development in the social framework. To do this, the design and use of devices that interact with children must be adapted to the dynamic nature of child development, taking into account the evolution of functionings and capabilities over the time that this stage of life lasts (Biggeri and Karkara 2014). It is the responsibility of the different institutions that use these devices (family, school, hospitals, etc.) to comply with standards of usage that specify the rights children have, as well as to make sure that the use of such technological devices favours their greater interests.
- *Principle of autonomy*: The design and uses of robots aimed at children must be able to contribute to the development of growing autonomy. It is essential that the child, to the extent possible, has the ability to choose between human contact and interaction with the robot (EGE 2018). Moreover, children's autonomy must be addressed, in some way, in the process to design and build the robots. Children should be provided, in institutions, with support in sharing decisions (Biggeri and Karkara 2014), which implies that they are informed,

they receive justification and, where possible, they provide consent to the use of robotic technologies (for example, in schools this can be done through advisory bodies; in hospitals it should be incorporated into the informed consent document already required, etc.). This will prevent both the restriction of children's autonomy when using robots and facilitate the promotion of autonomy through robotic devices (Floridi et al. 2018). They should also maintain the ability to decide which tasks are delegated to robots (Floridi et al. 2018) or even their disconnection, should some type of danger be foreseen.

- *Principle of justice*: In a general sense, manufacturing companies and institutions that promote their use must respect the best interests of the child in their evolving development. Furthermore, this principle implies that certain social conditions must be present that promote fairness in access to robotic technologies that contribute to expanding children's capabilities, thus avoiding the existence of a robotic divide. Without a minimum of equity in the social introduction of robotic technology, it would be acting in diminishing the dignity of people of disadvantaged social groups, seriously limiting their human development, given the wide impact of this technology on different opportunities and choices (health, education, work, etc.). Also deriving from this principle is that the use of robots in different environments should not lead to the existence of any type of discrimination toward users who are children.

- *Principle of explicability*: This new principle is related to transparency in explaining, understanding of what is explained, accountability and responsibility (Floridi et al. 2018). The child has the right to receive an explanation, adapted to their ability to understand according to age, on how the robotic devices work. The child, or a legal representative on their behalf, has the right to demand compensation for injuries caused by unforeseen consequences arising from the use of the robot.[8] The institutions that use robotic technologies must be able to get and give suitable explanations on how this technology contributes to expanding children's functionings and capabilities.

- *Principle of dignity*: Overall, the equal dignity of children demands equal respect for their rights, in accordance with the provisions of the CRC and with the necessary updates to adapt this to a robotized socio-technical context (Lambea 2018), as well as the creation of robotic designs aimed at protecting children's vulnerability and the growth of their basic capabilities. The equal dignity of all children, regardless of their factual diversity, is an ethical-legal requirement for AI incorporated into robots to avoid discriminatory biases (e. g. racist, homophobic content, etc. in educational or entertainment robots) and should be inclusive (e. g. that used by children with disabilities).

---

[8]The issue of responsibility is currently under discussion. In principle, designers, manufacturers, distributors, users, etc. are involved, and it is up to the legislation to limit this responsibility. On this complex issue, see Mark Coeckelbergh (2019).

In line with these ethical principles, the values that the design as well as the use of interactive robots with children must meet are personal dignity, fairness, non-discrimination, inclusion, safety, freedom, solidarity, privacy, responsibility, intelligibility and sustainability (Floridi et al. 2018; EGE 2018).

5 Conclusions

The large-scale introduction of autonomous robotic devices designed to interact with children implies a remarkable transformation in the daily activities dedicated to care, education and entertainment. The situation that lies ahead implies a large ethical challenge in regard to the legislation, design and proper use of these technological devices, given the greater need for protection and continued growth in autonomy the social group made up of children has.

In the first part of this article, we have dealt with this ethical challenge by referring to the capabilities approach developed by Martha Nussbaum. This theoretical approach is useful, both to carry out a rationale for the rights of the child included in the CRC and for directing the design of interactive robots and assessing the risks inherent in their implementation. Overlapping this dual utility of the capabilities approach, we have justified that the normative dimension of this technology's design, in addition to the cognitive and technical dimensions, must be adapted to the rights included in the CRC and to a future revision of this document to adapt it to this socio-technical change. As such, what will be taken into account is the equal dignity of children, as equal members of the human family, although characterized by a special vulnerability and some growing capabilities that are the basis for their progressive autonomy.

In the second part of the article we have briefly addressed the characteristics of interactive robotics with children in the fields of care, education and entertainment. With regard to the robotics of care, we have stressed the dangers of long-term alternative care for harmonious development of the child, as has been shown by different specialists in this field, noting that assistive robots must be designed and used to be integrated into what Nussbaum calls an "enabling environment". Educational robotics, furthermore, introduces questions regarding how to create children's education so they can face a robotic world, questions about robotics on the curriculum, and questions about the impact of automation in the world of education. In regard to the first issue, it is necessary to move towards digital citizenship, which requires preparing children in technological literacy, without forgetting that it is also necessary, from the humanities, to critically reflect on the desirability, opportunities and risks of a world having greater technological complexity. Secondly, it is the work of the psycho-pedagogical approach to determine if didactic strategies in computational thinking, which is the basis for robotic programming, are differentially useful in the varied subjects on the curriculum, as well as the proportion they should have in respect to other types of strategies. Finally, we understand that the third type of question requires reflection on the introduction of robots as teachers, given the potential negative effects that have been mentioned in automation, in emotional as well as cognitive aspects.

From the perspective of the capabilities approach, entertainment robots have to contribute, according to their different types, to development of children's growing capabilities, adapted to their age. Recommendations also have to be included on usage and to be subject to parental responsibility, with the goal of not hindering children's harmonious development.

Given the ethical challenge posed by interactive robotics with children, we have finished the work reflecting on the application of ethical principles and values that interactive robotics with AI must adapt to. This ethical framework, which has to include the rights enshrined in the CRC, constitutes the normative-axiological dimension that should be addressed in the design, use and social implementation of interactive robotics as a safeguard for the equal dignity that children must continue having in the complex technological world we are heading towards.

Bibliography

Agazzi, E. 1996. *El bien, el mal y la ciencia*. Madrid: Tecnos.
Alimisis, D., Loukatos, D., Zoulias, E., & Alimisi, R. 2019. The Role of Education for the Social Uptake of Robotics: The Case of the eCraft2Learn Project, in Pons, J. L., Hrsg. *Inclusive Robotics for a Better Society. IBOTS 2018*. Biosystems & Biorobotics, vol 25. Cham, Switzerland: Springer, 180–187.
Bagattini, A. 2016. "Future-Oriented Paternalism and the Intrinsic Goods of Childhood", in Drerup, J., Graf, G., Schickhardt, C. & Schweiger, G., Hrsg. *Justice, Education and the Politics of Childhood. Challenges and Perspectives*, Switzerland: Springer.
Biggeri, M. & Karkara, R. 2014. "Transforming Children's Rights into Real Freedom: A Dialogue Between Children's Rights and the Capability Approach from a Life Cycle Perspective", in Stoecklin, D. & Bonvin, J-M, Hrsg. *Children's Rights and the Capability Approach. Challenges and Prospects*. Dordrecht: Springer.
Carr, N. 2014. *Atrapados. Cómo las máquinas se apoderan de nuestras vidas*, Madrid: Taurus.
COMEST. 2017. Report of COMEST on Robotics Ethics. París: UNESCO.
Cortina, A. 2018. "Ciudadanía digital y dignidad humana", *El País*, 26-03-2018. https://elpais.com/elpais/2018/03/22/opinion/1521737007_854105.html. Accessed on 18-8-2019.
Coeckelberg, M. 2012. "How I Learned to Love the Robot": Capabilities, Information Technologies, and Elderly Care", in Oosterlaken, I. & van den Hoven, J., Hrsg. *The Capability Approach, Technology and Design*. Dordrecht: Springer, 77–86.
Coeckelbergh, M. 2019. Artificial Intelligence, Responsibility Attribution, and a Relational Justification of Explainability. *Sci Eng Ethics*. https://doi.org/10.1007/s11948-019-00146-8.
Dixon, R. & Nussbaum, M. C. 2012. "Children's rights and a capabilities approach: the question of special priority", Chicago *Public Law & Legal Theory Working Paper*, no. 384. http://papers.ssrn.com/sol3/papers.cfm?abstract_id=2060614
Domínguez-Alcón, C. 2017. "Ética del cuidado y robots", *Cultura de los Cuidados*, 21(47). https://rua.ua.es/dspace/bitstream/10045/65767/1/CultCuid_47_01.pdf. Accessed on 5-8-2019.
Drerup, J., Graf, G., Schickhardt, C., & Schweiger, G., Hrsg. 2016. *Justice, Education and the Politics of Childhood. Challenges and Perspectives*. Switzerland: Springer.

EGE (European Group on Ethics in Science and New Technologies). 2018. Statement on Artificial Intelligence, Robotics and 'Autonomous' Systems. Luxembourg: Publications Office of the European Union.

Floridi, L. et al. 2018. AI4People—An Ethical Framework for a Good AI Society: Opportunities, Risks, Principles, and Recommendations, Brussels: Atomium—European Institute for Science, Media and Democracy.

Fuller, S. 2003. "La ciencia de la ciudadanía: más allá de la necesidad de expertos", *Isegoría*, 28, 33–53.

García-Marzá, D. 2011. *Ética empresarial: del diálogo a la confianza*. Madrid: Trotta.

Habermas, J. 2012. "El concepto de dignidad y la utopía realista de los derechos humanos", en Habermas, J., *La constitución de Europa*. Madrid: Trotta.

Hosseini, S. H. & Goher, K. M. 2017. "Personal Care Robots for Children: State of the Art", *Asian Social Science*; 13(1), 169–176.

Lambea, A. 2018. "Entorno digital, robótica y menores de edad", *Revista de Derecho Civil*. Bd. V, H. 4, 183–232.

López, A. M., & Castro, A. 2007. *Adolescencia*, Madrid: Alianza editorial.

López, P. & Andrade, H. 2013. "Aprendizaje de y con robótica, algunas experiencias", *Revista Educación* 37(1), 43–63.

Murphy, C, & Gardoni, P. 2006. "The Role of Society in Engineering Risk Analysis: A Capabilities-Based Approach", *Risk Analysis*, 26(4), 1073–1083.

Nussbaum, M. C. 2002. *Las mujeres y el desarrollo humano: el enfoque de las capacidades*, Barcelona: Herder.

Nussbaum, M. C. 2007. *Las fronteras de la justicia*, Barcelona: Paidós.

Nussbaum, M. C. 2012a. *Creando capacidades. Propuesta para el desarrollo humano*, Barcelona: Paidós.

Nussbaum, M. C. 2012b. *Sin fines de lucro. Por qué la democracia necesita de las humanidades*. Barcelona: Paidós.

Nussbaum, M. C. 2015. *Paisajes del pensamiento. La inteligencia de las emociones*. Barcelona: Paidós.

Oosterlaken, I. 2012. The Capability Approach, Technology and Design: Taking Stock and Looking Ahead, in Oosterlaken, I. van den Hoven, J., Hrsg. *The Capability Approach, Technology and Design*. Dordrecht: Springer

Pradas, S. 2016. *Neurotecnología educativa. La tecnología al servicio del alumno y del profesor*. Madrid: Ministerio de Educación, cultura y deporte.

Romero, J. 2017. "CiberÉtica como ética aplicada: una introducción", *Dilemata*, 24, 45–63.

Sen, A. 2009. *La idea de la justicia*. Madrid: Taurus.

Sharkey, A. & Sharkey, N. 2010. "The crying shame of robot nannies: an ethical appraisal". *Interaction Studies*, 11(2), 161–190.

Sharkey, A., & Sharkey, N. 2011. "Children, the elderly, and interactive robots". *IEEE Robotics & Automation Magazine*, 18(1), 32–38.

Shaw, M. & Bailey, S., Hrsg. 2018. *Justice for Children and Families. A Developmental Perspective*. Cambridge: Cambridge University Press.

Small, G. & Vorgan, G. 2008. *El cerebro digital. Como las nuevas tecnologías están cambiando nuestra mente*. Barcelona: Urano.

Susskind, R. & Susskind, D. 2015. *The future of the professions*. New York: Oxford University Press.

Toboso, M. & Aparicio, M. 2019. "Entornos de funcionamientos robotizados. ¿Es posible una robótica inclusiva?", Dilemata, n 30, 171–185.

Torras, C. 2019. "Assistive Robotics: Research Challenges and Ethics Education Initiatives", Dilemata. 30, 63–77.

UN. 1989. Convention on the Rights of the Child. New York: UN.
UN. 2006. Convention on the Rights of Persons with Disabilities. New York: UN.
Van den Hoven, J., Vermaas, P. E. & van de Poel, I., Hrsg. 2015. *Handbook of Ethics, Values, and Technological Design. Sources, Theory, Values and Application Domains.* Dordrecht: Springer.
Winner, L. 2008. *La ballena y el reactor.* Barcelona: Gedisa.

Der Roboter – mein Freund?

Svenja Wiertz

Abstract

Der Beitrag behandelt die Frage, ob und in welchem Sinne Roboter Freunde von Kindern sein können. Er stellt die typischen Werte von Freundschaften insbesondere in der Kindheit dar und diskutiert die Möglichkeit der Verwirklichung dieser Werte in der Interaktion zwischen Kindern und Robotern. Die Verwirklichung einzelner Werte wie Freude an der gemeinsamen Interaktion, Einübung sprachlicher Fähigkeiten und ein Zugewinn an Wissen wird als möglich und plausibel dargestellt. Die Möglichkeit der Entwicklung sozialer Kompetenzen in der Interaktion mit Robotern hingegen hinterfragt. Als zentraler Unterschied zwischen Kinderfreundschaften und Beziehungen zwischen Kindern und Robotern wird herausgestellt, dass heutige Roboter als Repräsentanten der Zielsetzungen und Autorität von Erwachsenen verstanden werden müssen, während es für Freundschaften zwischen Kindern wesentlich ist, dass diese sich als Gleiche begegnen.

Keywords

Freundschaft · Kindheit · Roboter · Künstliche Intelligenz · Mensch-Technik-Interaktion

---

S. Wiertz (✉)
Institut für Ethik und Geschichte der Medizin, Albert-Ludwigs-Universität Freiburg,
Freiburg, Deutschland
E-Mail: wiertz@egm.uni-freiburg.de

© Springer-Verlag GmbH Deutschland, ein Teil von Springer Nature 2020
M. F. Buck et al. (Hrsg.), *Neue Technologien – neue Kindheiten?*,
Techno:Phil – Aktuelle Herausforderungen der Technikphilosophie 3,
https://doi.org/10.1007/978-3-476-05673-3_7

1   Freundschaft und Mensch-Maschinen-Beziehungen

Roboter, Maschinen, künstliche Intelligenzen, sind heute nicht mehr nur Gegenstand von Science Fiction Filmen, sondern finden zunehmend Eingang in unsere Lebenswelt. Beziehungen zwischen Menschen und Robotern (sowie Künstlichen Intelligenzen und Maschinen in einem weiteren Sinne) werfen unterschiedlichste praktische und ethische Fragestellungen auf. Je stärker sie in unseren Alltag eindringen, desto dringlicher werden diese Fragen.

Ich möchte einige Aspekte der Frage, wie Beziehungen zwischen Menschen und Robotern gedacht werden können und welche ethischen Perspektiven sich auf solche Beziehungen einnehmen lassen, erörtern. Ich tue das, indem ich einige Überlegungen zur Möglichkeit von Freundschaften zwischen Menschen und Robotern vorstelle. Ich werde diese Überlegungen zur Freundschaft explizit auf Freundschaften in der Kindheit beziehen, und die Möglichkeiten, Chancen und Gefahren von Robotern als Kinderfreunden thematisieren. Es wäre sicher nicht uninteressant, auch über Erwachsene zu sprechen. Insbesondere ein Vergleich könnte sich lohnen. Eine Betrachtung speziell von Beziehungen von Kindern zu Robotern bietet sich jedoch an, weil wir hier – so nehme ich an – eine größere gesellschaftliche Verantwortung zur Regulierung haben. Ich gehe von der Annahme aus, dass wir Erwachsenen eher das Recht zusprechen sollten, selbst zu entscheiden, wie sie sich zu intelligenten Maschinen verhalten wollen. Gleichzeitig wird die Frage, wie sie sich tatsächlich zu ihnen verhalten, zu einem Teil dadurch beeinflusst, welche Erfahrungen sie in ihrer eigenen Kindheit gemacht haben.

Im Alltag benutzen wir den Begriff Freundschaft in vielen Kontexten. Wir sprechen über Freundinnen und Freunde, und meinen manchmal eine Gruppe von wenigen Personen, die uns besonders nahestehen. Wir können am nächsten Tag aber auch 40 Freund/innen zu einer Geburtstagsfeier einladen. Zudem haben wir Geschäftsfreund/innen, bezeichnen wir uns als Tierfreund/innen oder als Freund/innen italienischen Weins. Jenseits des persönlichen Kontexts sprechen wir auch im Politischen beispielsweise von der deutsch-französischen oder der deutsch-amerikanischen Freundschaft. In diese vielfältigen Verwendungsweisen des Begriffs der Freundschaft ist hier zunächst Ordnung zu bringen. Ich werde zwischen einer eigentlichen Verwendung des Begriffs und einer Verwendung im übertragenen Sinne unterscheiden. Ich gehe davon aus, dass der Begriff der Freundschaft im eigentlichen Sinne eine in unserer Gesellschaft etablierte soziale Praxis persönlicher Beziehungen sowie konkrete Instanziierungen dieser Praxis bezeichnet (Wiertz 2020, 55–59). Innerhalb dieser Begriffsverwendung lässt sich ein enger Begriff von Freundschaften, wie er in philosophischen Theorien etwa bei Aristoteles, Cicero und Montaigne entworfen wird, noch einmal von einem weiten Begriff der Freundschaft unterscheiden, der immer noch interpersonale Beziehungen bezeichnet, jedoch in einem weniger anspruchsvollen Sinne verwendet wird (Wiertz 2019).

Im übertragenen Sinne wird der Begriff verwendet, wenn die Freund/innen nicht mehr zwei oder mehr konkrete Personen darstellen, sondern andere Instanzen als Teil der Relation vorkommen. Die deutsch-französische Freundschaft bezeichnet die Beziehung zwischen zwei Nationen bzw. zwischen politischen Vertreter/innen derselben. Wenn ich mich als Tierfreundin bezeichne, dann beschreibe ich meine Beziehung zu Tieren insgesamt, nicht meine Beziehung zu einem konkreten Tier. Meine Freundschaft zum Wein sagt schließlich viel über mich aus, aber nichts über die Einstellung des Weines zu mir (Wiertz 2020, 7).

Mensch-Maschinen Beziehungen lassen sich in diesem übertragenen Sinne unter dem Stichwort Freundschaft diskutieren. So titeln etwa Thimm und Bächle „Die Maschine: Freund oder Feind?" (2019). Hier wird nicht die Frage gestellt, ob eine konkrete Maschine als Freund oder Feind einer konkreten Person auftritt, sondern es geht um die Frage, ob ‚Die Maschine' an sich als Freund oder Feind der Menschheit zu begreifen ist. Freunde sind wohlgesonnene Helfer, die uns unterstützen. Feinde sind bösartig und hindern uns an der Verfolgung unserer Ziele, so die Grundunterscheidung, auf die hier Bezug genommen wird. Ohne Maschinen (insbesondere *den Maschinen* im Plural) eine intentionale Einstellung der Menschheit gegenüber zuschreiben zu müssen, können sie uns im übertragenen Sinne als Freunde erscheinen, insofern sie sich als hilfreich erweisen in der Verfolgung unserer Ziele. Ethisch gewendet würden wir die Frage ‚Freund oder Feind?' als Frage danach verstehen, ob Maschinen zu einem guten menschlichen Leben beitragen können, oder ob sie (in ihrer Gesamtheit gesehen) als Hindernis für ein gutes Leben begriffen werden müssen. Dann wäre die Maschine im übertragenen Sinne unser Feind. Sollten wir auf der abstrakten Ebene tatsächlich zu diesem pauschal ablehnenden Urteil gelangen, sind alle weiteren Detailfragen eigentlich hinfällig. Wenn Maschinen, Roboter oder künstliche Intelligenzen *an sich* einen negativen Einfluss auf unser Leben haben, so wäre zu schlussfolgern, dass wir ihre Entwicklung ablehnen sollten.

Ich gehe davon aus, dass sich diese übergeordnete Frage nicht rein negativ, sondern mindestens differenziert beantworten lässt: Ich nehme also an, dass Maschinen in zumindest einigen Bereichen zu einem guten menschlichen Leben beitragen können. Dann erst wird die Frage nach der Gestaltung individueller Mensch-Maschinen Beziehungen sinnvoll. Kann eine intelligente Maschine im engen Sinne als Freund begriffen werden? Dazu ist zunächst zu klären, was wir unter Freundschaft im Sinne der eigentlichen Begriffsverwendung verstehen. Ein grober Verweis auf eine förderliche oder hindernde Rolle kann hier nicht genügen.

Ich betrachte Freundschaften als freiwillig geschlossene, symmetrische Beziehungen, die auf Basis umfassender gegenseitiger Kenntnis intime Identifikation ermöglichen. Freundschaften sind gekennzeichnet durch eine gegenseitige Einstellung der Wertschätzung, die in dem Bemühen um Verständnis sowie der Bereitschaft zur Selbstoffenbarung zum Ausdruck kommt. Hierdurch werden Freundschaften zu Anerkennungsbeziehungen, aus denen wir Bestätigung beziehen, in denen wir gelegentlich aber auch Kritik akzeptieren müssen. Freundschaft ist nicht auf eine bloße Einstellung zu reduzieren, sondern umfasst notwendig eine gemeinsame Praxis, in der geteilte Projekte verfolgt werden und eine

Bereitschaft zu gegenseitiger praktischer Unterstützung zum Ausdruck kommt. Freundschaften sind als Beziehungen zumindest mittelfristig als verbindlich zu verstehen. Die gemeinsamen Interaktionen beruhen nicht allein auf Gelegenheit, sondern werden wertgeschätzt und entsprechend gesucht (Wiertz 2020).

Freundschaften ermöglichen uns die Verwirklichung spezifischer Werte. Einige davon sind: Freude am gemeinsamen Handeln, die Erfahrung gegenseitiger besonderer Wertschätzung, ein Gefühl der Sicherheit entstehend aus einem Vertrauen auf gegenseitige Hilfeleistungen und/oder emotionale Unterstützung. Um die Frage zu beantworten, ob Maschinen im engen und eigentlichen Sinne Freunde von Menschen sein können, ist die Frage zu beantworten, ob sich diese Merkmale in einer konkreten Mensch-Maschinen Beziehung verwirklichen lassen.

2 Kindheit und Kinderfreundschaften

Wenn es in diesem Artikel um Freundschaften in der Kindheit gehen soll, dann ist zunächst zu klären, was dabei unter Kindheit zu verstehen ist, und wie sich Freundschaften in diese Lebensphase einordnen lassen. Kindheit ist einerseits eine anthropologische Konstante: jeder Mensch ist irgendwann Kind. Andererseits ist Kindheit aber auch eine soziale Kategorie: was Kindheit konkret ist, wie sie sich gestaltet und wahrgenommen wird, hängt vom gesellschaftlichen und kulturellen Kontext ab, in dem sie stattfindet. Als Phase im Lebenslauf des Menschen wird Kindheit typischerweise „durch einen Status der Unreife, der Vulnerabilität und der Angewiesenheit auf Sorge" sowie „durch ein Werden, eine Entwicklung in physischer, psychischer, geistiger und sozialer Hinsicht" (Kelle 2019, 19 f.) beschrieben.

Im Rahmen einer angemessenen Beschreibung von Kindheit als sozialer Kategorie sind hingegen Fragen nach der Verteilung von Macht unter den Generationen, nach Partizipationschancen, sowie nach der Verteilung von Ressourcen zu stellen. Zudem sind hier jeweils die normativen Begründungen relevant (Kelle 2019, 20). Die Festlegung von Kinderrechten ist Teil dieser sozialen Kategorie. Auch die Frage danach, was das *Kindeswohl* eigentlich auszeichnet, das durch diese Rechte geschützt werden soll, lässt sich nicht völlig losgelöst vom sozialen Kontext begreifen. Helga Kelle stellt als vergleichsweise neue Perspektive in der Forschung zu Kindheit eine praxistheoretische Ausrichtung heraus:

> In praxistheoretischen Zugängen rücken menschliche Akteure neben nicht-menschlichen Akteuren wie Dingen, Technologien und Artefakten als ‚Partizipanden in Praktiken' ein; agency erscheint hier weder als individuelle Eigenschaft und persönliche Handlungsmächtigkeit, noch einfach als Effekt sozialer Beziehungen, sondern vielmehr als Effekt situierter Partizipationen an Praktiken und der produktiven Auseinandersetzung mit jenen Akteurspositionen, die Praktiken vorhalten (Kelle 2019, 22).

Diese Perspektive sollten wir zugrunde legen, wenn wir Freundschaften als Praktiken betrachten wollen, an denen sowohl menschliche Akteure als auch

Technologien teilhaben können, und die zudem als situiert zu betrachten sind. Hierzu später mehr.

Die Entwicklung einer Perspektive auf die Möglichkeiten und Beschränkungen von Freundschaften zwischen Robotern und *Kindern* bietet sich an, weil wir Kindheit als Phase der Unreife und Vulnerabilität einordnen. Während wir es Erwachsenen in Bezug auf die Ausbildung persönlicher Beziehungen weitgehend selbst überlassen zu entscheiden, welche Beziehungen sie eingehen wollen und welche nicht, wird über die Frage nach dem Wohlergehen von Kindern vielfach aus externer Perspektive gestritten:

> Die meisten Gesellschaften verwenden einen nicht unbeträchtlichen Teil ihrer Ressourcen dafür, das Wohlergehen von Kindern zu befördern, sei es beim Versuch, die verschiedenen Herkunftsbedingungen von ihnen auszugleichen, oder sei es für das Erreichen gesellschaftlich gewünschter Güter wie Bildung, Ausbildung und Gesundheit. […]
> Gleichwohl gibt es teilweise stark voneinander abweichende Meinungen darüber, was dem Wohlergehen von Kindern dient. Immer wieder kommt es zu Deutungskonflikten, an denen so unterschiedliche Gruppen wie Ärzte, Lehrer, Eltern, Richter, Mitglieder religiöser Gemeinschaften, Sozialarbeiter und letztlich auch Kinder selbst beteiligt sind. Dies ist eine kategorial andere Situation als bei erwachsenen Personen, bei denen man (abhängig natürlich davon, was man unter Wohlergehen versteht) die Entscheidung darüber, was gut für eine Person ist, normalerweise ihr selbst überlässt (Bagattini 2019b, 128).

In der Debatte um die Frage, wie das Wohlergehen von Kindern zu bestimmen ist, wird zwischen extrinsischen und intrinsischen Gütern der Kindheit unterschieden. Güter sind hier nicht im Sinne von Waren zu verstehen, sondern als Werte, die in dieser Lebensphase verwirklicht werden können. Konzeptionen, die beanspruchen objektive Kriterien des Wohlergehens von Kindern im Sinne von Grundgütern oder Fähigkeiten zu benennen, bewerten Kindheit meist als eine Phase der Entwicklung im Hinblick auf ein Ziel. Dieses Ziel, das als wertvoll gesetzt wird, ist das gute Leben der späteren Erwachsenen und kann daher auch nur von Erwachsenen angemessen bestimmt werden. So mögen viele Kinder eine intrinsische Motivation mitbringen, Lesen und Schreiben zu lernen. Aber auch wenn sie diese Motivation nicht haben, halten wir es für wichtig, dass sie diese Fähigkeiten erlernen, um später weitere Bildungsoptionen in Anspruch nehmen zu können. Wir nehmen an, dass sie uns als spätere Erwachsene in dieser Einschätzung zustimmen würden.

Der Versuch, im Unterschied zu dieser Perspektive einen *intrinsischen* Wert der Kindheit herauszustellen, zielt darauf ab, in ihr einen Wert zu identifizieren, der nicht vom Bezug auf das spätere gute Leben eines Erwachsenen abgeleitet ist (Bagattini 2019a, b, 132). Wenn intrinsische Werte der Kindheit auch als spezifische Werte der Kindheit verstanden werden sollen, dann werden sie häufig in Bezug zur Vorstellungskraft von Kindern und ihrer Umgangsweise mit Realität und Fiktion gesetzt (Bagattini 2016, 27). Selbst wenn wir davon ausgehen, dass es keine spezifischen Werte der Kindheit gibt – dass wir also alle Werte, die Kindheit auszeichnen, auch als Erwachsene verwirklichen können – so ist es dennoch sinnvoll, von typischen Werten der Kindheit auszugehen. So können wir etwa das unstrukturierte Spiel, das eben der Vorstellungskraft besonders viel Raum lässt, als typisches Gut der Kindheit betrachten, ohne deshalb Erwachsenen die Fähigkeit zum unstrukturierten Spiel vollständig abzusprechen oder davon auszugehen, dieses sei für sie nicht wertvoll (Gheaus 2015).

Nach Ansicht von Colin Macleod stehen die intrinsischen Güter der Kindheit oft, aber nicht immer, in einem Zusammenhang mit dem Wohlbefinden der Kinder. Es ist naheliegend, intrinsische Wertkonzeptionen zunächst als hedonistische Wertkonzeptionen zu verstehen, die einen Wert der Kindheit darin verorten, dass Kinder sich *gut fühlen*. Sie sind jedoch nicht notwendig auf diese hedonistische Perspektive zu reduzieren. Allgemeiner gefasst zeichnet sich eine wertvolle Kindheit für Macleod dadurch aus, dass die verschiedenen Fähigkeiten, die Kinder besitzen, in vielfältiger Weise stimuliert und angesprochen werden. Das Sammeln von Erfahrungen, auch wenn diese teilweise mit negativen Emotionen verbunden sind, sei für Kinder wertvoll, unabhängig davon, ob diese Erfahrungen einen Beitrag zum späteren gelungenen Leben des Erwachsenen leisten (Macleod 2010, 187). Die Fähigkeiten von Kindern stehen natürlich in einem engen Zusammenhang zu Fähigkeiten von Erwachsenen. Geht es um den Wert der Kindheit, sollten diese jedoch nicht allein im Hinblick auf die Ausbildung von Autonomie und Handlungsfähigkeit der späteren erwachsenen Person bewertet werden:

> The human faculties of children obviously stand in close relation to those of adults but we can think about the value of using and challenging these faculties without supposing that it is always the exercise and development of agency that is important. The value of sharing a knock-knock joke with a child is typically simply that the child finds it amusing. It's not valuable because it helps pave the way for later appreciation of Woody Allen (MacLeod 2010, 188).

Sofern Freundschaften soziale Praktiken darstellen, in denen wir zentrale Werte menschlichen Lebens verwirklichen, können auch Freundschaften von Kindern in diesen beiden Perspektiven verortet werden: Sie können sich als wertvoll erweisen, weil sie zu einer gelungenen und glücklichen Kindheit beitragen. Sie können sich auch als wertvoll erweisen, sofern sie wichtig für das spätere gelungene Leben der erwachsenen Person sind.

Freundschaften der Kindheit werden gelegentlich als gewissermaßen defizitär gegenüber Freundschaften von Erwachsenen dargestellt. Kinderfreundschaften sind je nach Alter noch stark auf einzelne Interaktionen beschränkt. Sie sind weniger stabil und weitgehend über die Rolle der Spielgefährten zu fassen. Die Fähigkeit von Kindern zu Identifikation und Perspektivübernahme ist begrenzt, Rücksichtnahme auf die (möglichen) Emotionen des anderen Kindes daher seltener. Erst in der späten Kindheit und frühen Jugend entwickeln sich in besten Freundschaften klar *die* Merkmale heraus, die für die Freundschaften von Erwachsenen als zentral angesehen werden (Rawlins 1992).

Ein hohes Maß an gegenseitiger Identifikation kann also in Kinderfreundschaften nicht als konstitutives Merkmal vorausgesetzt werden, die Fähigkeit dazu wird ggf. gerade durch die Freundschaften der Kindheit entwickelt. Gegenseitige Wahl und Wertschätzung sind gegeben, aber nicht notwendig mit der Stabilität, die wir Freundschaften des Erwachsenenalters zuschreiben. Die gemeinsame Praxis, nicht die Einstellung, spielt in der Kinderfreundschaft die zentrale Rolle, hier wird gemeinsamen Interessen nachgegangen, Interessen werden ausgehandelt, gegenseitige Unterstützung geübt. Freude am gemeinsamen Handeln und Wertschätzung werden auch in der Kinderfreundschaft verwirklicht, während für das eigene Bedürfnis nach Sicherheit und emotionaler Unterstützung in vielen Fällen eher erwachsene Bezugspersonen in Anspruch genommen werden.

Andererseits wird von vielen Autor/innen die Rolle von Freundschaften in der Ausbildung zwischenmenschlicher Fähigkeiten betont. So wird teilweise angenommen, Freundschaften seien essentiell für die Ausbildung moralischer Emotionen (Blum 2009, 50). Dieser starke Zusammenhang wird jedoch auch in Frage gestellt. Auf die bisher mangelnden empirischen Belege für die Rolle von Freundschaften in der Entwicklung prosozialer Kompetenzen von Kindern verweist Willard Hartup (1996) mit dem Hinweis darauf, dass Freundschaften bis dato wenig und vor allem wenig differenziert erforscht wurden. Es gibt gut erforschte Modelle, *wie* die moralische Entwicklung von Kindern abläuft – von einer präkonventionellen Stufe, auf der Kinder vermittelte Normen zunächst einfach als gegeben annehmen, dann lernen, dass sich die Perspektiven anderer von ihrer eigenen Perspektive unterscheiden können, und schließlich auch ein Bewusstsein dafür entwickeln, dass Menschen um diese Unterschiede wissen können, ohne jedoch über den Bezug auf eine Kleingruppe hinauszudenken. Erst Jugendliche und junge Erwachsene können darüber hinaus die Perspektive einer ganzen Gesellschaft einnehmen und weitere Grade der Abstraktion entwickeln (Nunner-Winkler 2019, 167 f.). Zum einen bleibt aber bis heute unklar, welche Faktoren genau die individuelle Entwicklung beeinflussen, zum anderen wird mit diesem Modell die Entwicklung der moralischen *Urteilsfähigkeit* beschrieben. Insofern zunehmend die Aufmerksamkeit darauf gerichtet wird, dass Urteile und Handlungen auseinanderfallen können, spielt heute in der Diskussion die Frage nach der moralischen Motivation eine größere Rolle. Studien belegen, dass die moralische Motivation bei Kindern zwischen dem vierten Lebensjahr und dem Erwachsenenalter insgesamt deutlich zunimmt, dass jedoch individuelle Entwicklungen durchaus nicht linear verlaufen und auch Abnahmen moralischer Motivation zu beobachten sind (Nunner-Winkler 2019, 169 f.). Es scheint trotz der unklaren Forschungslage durchaus plausibel anzunehmen, dass Freundschaften, die die Perspektivübernahme und die Berücksichtigung von Interessen einer anderen Person fordern und fördern, zur Entwicklung moralischer Motivation ihren Beitrag leisten.

Wenn wir die Praxis der Kinderfreundschaften unter der Perspektive auf Kindheit als einer intrinsisch wertvollen Lebensphase betrachten, dann gelangen andere Werte in den Blick, als wenn wir sie im Hinblick auf das spätere gelungene Leben der zukünftigen Erwachsenen begreifen. Als wertvolle Ziele der Praxis können zunächst die Freude am gemeinsamen Spiel und die Erfahrung des Gewählt-Werdens verstanden werden. Auch kommt im selber Wählen der Freund/innen die – zwar begrenzte, aber dennoch vorhandene - Autonomie des Kindes zum Ausdruck. Eine Wertschätzung eigener Interessen kann konkret erfahren werden, wenn diese als Impulse für das gemeinsame Spiel aufgenommen werden. Auch wenn die Anerkennung der Interessen anderer als Handlungsgründe in Freundschaften des Kindesalters weniger zum Tragen kommt als in Freundschaften Erwachsener, kann in den gemeinsamen Interaktionen dennoch Unterstützung erfahren werden und ein Gefühl von Sicherheit entstehen.

Betrachten wir Kindheit unter der Entwicklungsperspektive, dann ist zu fragen, welchen Beitrag Freundschaften zu dieser Entwicklung leisten können. Im Zusammenhang mit der möglichen Bedeutung von Freundschaften für die Entwicklung prosozialer Einstellungen und moralischer Motivationen können wir auf die Rücksichtnahme verweisen, die Kindern im Umgang mit Gleichaltrigen abverlangt wird. Entsprechend ist Streit für Interaktionen zwischen Kindern typisch (Salisch 1991). Auch in anderen Hinsichten leisten Freundschaften aber natürlich einen Beitrag zur Entwicklung und Bildung. Ganz allgemein können Kinder voneinander Wissen über die Welt erwerben und zum Beispiel sprachliche Fähigkeiten im Üben miteinander ausbauen. Auch das unstrukturierte Spiel kann nicht allein als ein Raum zur Ausübung imaginativer Fähigkeiten verstanden werden – konkret ist beispielsweise das Nachspielen und damit verbundene Einüben gesellschaftlicher Rollen im Rahmen des kindlichen Spiels typisch. Um die Frage zu beantworten, ob Roboter ernstzunehmend in der Rolle von Freund/innen für Kinder auftauchen können, muss diskutiert werden, inwiefern die hier benannten Werte auch in der Interaktion mit diesen verwirklicht werden können.

3 Roboter als menschliche Interaktionspartner

Wenn in der Philosophie über Roboter und künstliche Intelligenzen geschrieben und gestritten wird, dann liegen hier teilweise sehr unterschiedliche Vorstellungen zugrunde. Häufig wird auf die klassisch gewordene Unterscheidung zwischen schwacher KI und starker KI zurückgegriffen. Diese Unterscheidung wird zum Teil unterschiedlich gefasst. Ursprünglich wird unter dem Begriff der starken KI die Frage diskutiert, ob auf Basis der Rechenkapazität von Computern echte Intelligenz produziert werden kann, so dass auf diesem Wege aufgezeigt werden könnte, dass auch menschliche Intelligenz als bloße komplexe Rechenleistung zu verstehen ist. Der Begriff der schwachen KI ist dann Kontexten vorbehalten, in denen es um die bloße Simulation von Intelligenz geht bzw. bezeichnet auch die These, dass überhaupt nur eine solche Simulation möglich ist (Bringsjord und Govindarajulu 2019; Searle 1997).

Losgelöst von der Frage, wie nah künstliche Intelligenz an menschliche Intelligenz herankommen kann, wird der Begriff der schwachen KI heute auch verwendet, um solche Anwendungskontexte zu bezeichnen, in denen gar nicht erst versucht wird, menschliche Intelligenz umfassend zu simulieren, sondern in denen intelligente Algorithmen für die Bewältigung spezifischer Probleme entwickelt werden. So ist ein Schachcomputer nicht dazu gedacht, menschliche Gespräche zu simulieren, sondern eben daraufhin entwickelt, möglichst gut Schach zu spielen. Ich halte diese zweite

Unterscheidung, die man auch mit den Begriffen enger und weiter KI fassen kann, um sie von der ursprünglichen Frage nach der Möglichkeit der Simulation menschlicher Intelligenz abzugrenzen, für die hier wichtigere Unterscheidung. Natürlich gibt es in der Tat Versuche, menschliche Intelligenz zu simulieren und damit die Vision starker KI Wirklichkeit werden zu lassen. Sofern hier Fortschritte erzielt werden, die tatsächlich menschliche Fähigkeiten in die Technologien verlegen, sind die daran angebundenen Diskussionen um den moralischen Status etc. berechtigt und notwendig. Weit mehr Technologien, so scheint mir, werden jedoch im Hinblick auf konkrete Anwendungskontexte entwickelt. Das Ziel dieser Entwicklungen ist entweder unter dem Ziel der Erfüllung menschlicher Bedürfnisse – beispielsweise gute Pflege oder Unterhaltung – oder unter der Perspektive der Gewinnmaximierung von Unternehmen zu verstehen. In beiden Fällen werden Roboter und künstliche Intelligenzen *für* den Gebrauch durch Menschen und im Hinblick auf *menschliche Ziele* entwickelt und das Ziel, sie menschlich werden oder erscheinen zu lassen, kann nur als untergeordnet betrachtet werden.

Ich gehe davon aus, dass in diesen Kontexten wenig Interesse daran besteht, Roboter mit genuin *eigenen* Motivationen und *eigenen* Interessen zu schaffen. Was sie an scheinbaren Motivationen und Emotionen mitbringen, ist vollständig vorgegeben und ergibt sich aus ihrem Anwendungskontext. Hierzu zwei Beispiele:

1. Seit 2005 wird die Plüschtier-Roboter-Robbe PARO als therapeutischer Roboter genutzt (Graf und Klein 2018). PARO wird insbesondere in der Therapie mit Demenzpatient/innen eingesetzt. Die Robbe ist bewusst niedlich designt, mit großen Kulleraugen, und mit einem flauschigen Fell überzogen. Der Roboter verfügt über Berührungssensoren und gibt über Laute Rückmeldungen. PARO wirkt zunächst wie ein großes Kuscheltier, die Interaktivität des Roboters spricht jedoch stärker die Emotionen der Patient/innen an. PARO soll über die Rückmeldungen, die angenehme und unangenehme Emotionen simulieren, soziale Interaktion fördern, Stress und Angst reduzieren, und notwendige Medikamentengaben reduzieren (Hung et al. 2019, 3 f.). Der Einsatz eines lebendigen Tiers könnte ähnliche Effekte erzeugen, ist jedoch aus verschiedenen Gründen problematisch, die einerseits in einem Risiko für die Patient/innen (Infektionen, Allergien, Bissrisiko) andererseits in Tierschutzbedenken liegen. PARO ist in der Rolle als Therapierobbe gerade deshalb *besser* geeignet, weil er keine Leidensfähigkeit und keine genuin eigenen Bedürfnisse mitbringt.
2. iPal ist einer von mehreren Robotern, die derzeit auf dem asiatischen Markt angeboten und für den Einsatz im Umgang mit Kindern beworben werden. Auf die Frage nach möglichen Anwendungsfeldern für iPal bietet die Internetseite des Herstellers folgende Antworten an:

    – Senior companionship and care
    – A companion/therapist for children with special needs such as Autism
    – A helper/educator in schools to support teachers and provide more on-to-one [sic!] interaction for children
    – Sales initiator in retail stores and receptionist in businesses of all kinds (Nanjing AvatarMind Robot Technology A)

In Bezug auf Erziehung wird weiter präzisiert:

> Education: In schools iPal can serve as a teacher's assistant in such areas as taking roll and enhancing the education process. Under the supervision of a teacher, iPal can aid in lessons by presenting educational content in an engaging manner that supports social development and encourages interest in science and technology (Nanjing AvatarMind Robot Technology B).

Zudem wird in den FAQs ergänzt: „the focus of iPal is entertainment, education, and safety monitoring" (Nanjing AvatarMind Robot Technology A) – Unterhaltung, Bildung und Sicherheit sind also Werte, die in der Interaktion mit dem Roboter verwirklicht werden sollen. Raya A. Jones stellt dar, dass in der Ankündigung von iPal insbesondere online der Roboter ursprünglich eher als aufsehende Bezugsperson und damit als Ersatz für eine erwachsene Betreuungsperson beworben wurde:

> In autumn 2016, Avatar Mind launched iPal, marketing it primarily in China as a robot companion suitable for children aged 3–8 years who might spend daily a few hours alone. According to Avatar Mind's founder Jiping Wang, iPal is 'perfect for the time when children arrive home from school a few hours before their parents get off work' (Jones 2019, 448).

Auch die Formulierung „it will be your child's best friend" taucht laut der Autorin in Werbebotschaften von 2016 noch auf (Jones 2019, 448). Erst nachdem diese Formulierungen in der englischsprachigen Presse heftige Kritik hervorriefen, wurden die Werbebotschaften angepasst. Unabhängig von den Werbebotschaften lässt sich fragen, inwiefern die vorgesehenen Interaktionen zwischen dem Roboter und Kindern mit freundschaftlichen Interaktionen verglichen werden können.

iPal erscheint im Unterschied zu PARO in seinem Äußeren offensichtlich absichtlich menschenähnlich. Bemühungen um ein menschenähnliches Erscheinungsbild von Robotern sollen im Allgemeinen soziale Bindungen erleichtern und damit die Akzeptanz von Robotern im privaten Umfeld steigern. Dieses Ziel verfolgt beispielsweise auch das vom BMBF geförderte Projekt VIVA (Bundesministerium für Bildung und Forschung). Hier ist aber nicht zu übersehen, dass gerade der dennoch bestehende Unterschied wichtig und zentral für den Einsatz von Robotern ist: Wir würden Demenzpatient/innen gerade nicht mit echten Tieren interagieren lassen, auch weil hier Bedenken um das Wohlergehen der Tiere eine Rolle spielen. Und wir haben kein Interesse daran, dass iPal eigene Bedürfnisse etwa nach Freizeit und Entspannung entwickelt, die seiner beworbenen Funktion im Weg stehen würden. Der Mangel an echten Bedürfnissen und echter Verletzbarkeit von Robotern kann in diesen Kontexten als Vorteil verstanden werden. Es ist nicht ersichtlich, warum wir ein Interesse an der Entwicklung von Robotern haben sollten, die sich menschähnlicher verhalten, sofern dies bedeutet, dass sie eigene Bedürfnisse vor die Bedürfnisse ihrer Nutzer/innen stellen, und genau wie wir ungeduldig, ärgerlich, genervt, desinteressiert etc. reagieren können. Gerade das nicht-menschliche dieser Roboter verschafft ihnen einen Vorteil im Hinblick auf das Erreichen ihrer Ziele.

4 Das Potential von Roboterfreund/innen

Um die Frage zu beantworten, ob Roboter Freunde in einer vergleichbaren Weise sein können wie menschliche Freund/innen, ist zu erörtern, welche Werte in der jeweiligen Praxis der Freundschaft verwirklicht werden können, und wie diese zu einer gelungenen Kindheit im Sinne einer intrinsisch und extrinsisch wertvollen Kindheit beitragen können.

Nehmen wir zunächst die Perspektive einer intrinsisch wertvollen Kindheit im hedonistischen Sinne ein. Freundschaften sind offensichtlich wertvoll für Kinder, weil in ihnen gemeinsame Freude erlebt wird und sie so zum Wohlbefinden der Kinder beitragen. Kinder verwirklichen in der gemeinsamen Interaktion mit Freund/innen etwa Spaß am Spielen. Wenn wir den Wert der Praxis von Kinderfreundschaften primär hier verorten, dann wäre auch der Roboter als Freund im Hinblick auf die Möglichkeit der Verwirklichung von Freude im gemeinsamen Spiel zu bewerten. Sein Erfolg wäre am Unterhaltungswert zu messen. iPal ist auf die Verwirklichung dieses Wertes ausgerichtet, sofern er tanzt und Witze erzählt (Der Standard 2018). Allgemein gefasst wären Roboter dann geeignete Freunde, wenn sie vielfältige und interessante Interaktionsmöglichkeiten bieten. Wird diese Perspektive zugrunde gelegt, dann lässt sich die Frage nach der Möglichkeit einer angemessenen Ersetzung von menschlichen Spielgefährt/innen mit Robotern als empirische Frage auffassen: Wann sind Kinder glücklicher? Wie viel Freude empfinden sie tatsächlich in der gemeinsamen Interaktion? Obwohl die Verwirklichung von Freude in der Interaktion typischerweise als Wert von Freundschaften und insbesondere als Wert von Kinderfreundschaften gesehen wird, werden der Praxis der Freundschaft jedoch in der Regel weitere Werte zugeschrieben. Eine Praxis, die allein Freude an der gemeinsamen Interaktion schafft, ist noch nicht als Freundschaft in einem umfassenden Sinne zu werten.

Ich hatte dargestellt, dass die Annahme, Kindheit habe einen intrinsischen Wert, nicht notwendig rein hedonistisch zu verstehen ist. Statt allein das Wohlbefinden als Gradmesser der Verwirklichung eines guten kindlichen Lebens zu verstehen, kann auch auf die Möglichkeit des Entwickelns und Auslebens kindlicher Fähigkeiten verwiesen werden. Als spezifische kindliche Fähigkeit wurde oben bereits das Vorstellungsvermögen von Kindern benannt. Wir könnten versuchen, die Interaktion von Kindern mit Robotern daran zu messen, wie stark das Vorstellungsvermögen der Kinder hier angesprochen wird. Kinder bereichern sich in ihrem Vorstellungsvermögen durch die Erfindung gemeinsamer Spielwelten gegenseitig. Heutigen Robotern würden wir Vorstellungskraft sicher nicht als zentrale Eigenschaft zuordnen. Andererseits könnte man betonen, dass vielfältige neue Impulse unser Vorstellungsvermögen anregen. Insofern Roboter über Zugriff auf umfassende Daten zu verschiedensten Formen menschlicher Kreativität verfügen können, könnte hier ein Potential vermutet werden, vielfältige Anregungen zu bieten. Kinder, die in einer geteilten Kultur und vergleichbaren Alltagswelten leben, bleiben weitgehend auf den gemeinsamen Horizont begrenzt. Die Entwicklung eines Roboters, der von Woche zu Woche Lieder,

Spiele, Tänze unterschiedlichster Regionen vorschlägt, und Kunstformen verschiedenster Kulturen erklärt, könnte als durchaus attraktive und bereichernde Option erscheinen.

Nehmen wir nun die Perspektive ein, nach der Kindheit vor allem in ihrem extrinsischen Wert für ein gutes Leben der späteren Erwachsenen beurteilt werden sollte. Der zentrale Wert der Interaktion zwischen Kind und Roboter könnte dann etwa in ihrem Beitrag zur Bildung des Kindes gemessen werden. Mindestens für einige Aspekte von Bildung scheinen Roboter gut geeignet. So verfügt iPal etwa über die Fähigkeit zur Kommunikation in Englisch und Chinesisch, sowie über einprogrammierte Mathematik-Lektionen (Der Standard 2018). Insofern der Roboter potentiell über mehr Wissen verfügt, als andere Kinder dies typischerweise tun, könnte er sich als der überlegene Lernpartner erweisen. Ein dennoch bestehender Unterschied drängt sich auf: Freund/innen begegnen sich insofern als Gleiche, als beide zu lernen haben, wenn auch in Einzelheiten erhebliche Unterschiede im Wissen und in den Fähigkeiten bestehen können. Roboter jedoch wären in solchen Interaktionen nicht nur in einigen Hinsichten überlegen. Sie sind nicht in gleicher Weise auf den Erwerb von Wissen und das Trainieren von Fähigkeiten ausgerichtet (Sofern es sich um selbstlernende KIs handelt, so würde sich ihr Lernen dennoch wesentlich vom Lernen des Kindes unterscheiden). Die Interaktion zwischen Roboter und Kind kann also durchaus zum Wissenserwerb und zur Ausbildung von sprachlichen Fähigkeiten beitragen, die Erfahrung von Erfolgen und Frustrationen kann jedoch nicht geteilt werden.

Wiederum aus der extrinsischen Perspektive auf Kinderfreundschaften hatte ich oben ihren Beitrag zur Entwicklung moralischer Urteilsfähigkeit und moralischer Handlungsmotivation als einen zentralen Wert von Kinderfreundschaften herausgestellt. In dieser Weise erlernen wir in Freundschaften der Kindheit wesentliche Fähigkeiten für die Pflege wertvoller sozialer Beziehungen im Erwachsenenalter. Freundschaften tragen zu unserer moralischen Entwicklung bei, insofern sie uns Rücksichtnahme und altruistisches Handeln abverlangen. In der Begegnung mit anderen, die uns wichtig sind, erleben wir, dass ihre Wahrnehmungen und Interessen den unseren in manchen Momenten gleichen, in anderen abweichen. Freund/innen erscheinen als Personen mit eigenen Bedürfnissen, auf die wir Rücksicht nehmen müssen, wenn wir sie nicht verletzen oder verärgern wollen. Das Aushandeln von unterschiedlichen Interessen, die gemeinsames Handeln bestimmen, ist Quelle von Konflikten und Streit. Gerade das Austragen solcher Konflikte, so sollte man annehmen, trägt zur moralischen Entwicklung von Kindern bei. Empathie und Rücksichtnahme werden Kindern in Freundschaften in besonderer Weise abverlangt, weil sie notwendige Grundlage für das Weiterbestehen der Freundschaft sind.

Rufen wir uns die Darstellung von iPal in Erinnerung, dann gibt es keinen Hinweis darauf, dass dieser Roboter darauf ausgerichtet ist, sich mit Menschen – seien es Kinder oder Erwachsene – zu streiten, und genuin eigene Bedürfnisse in die gemeinsame Interaktion einzubringen. Dass bisherige Robotermodelle dies nicht tun, ist natürlich nicht hinreichend, um anzunehmen, dass sie es nicht könnten. Selbst wenn wir nicht davon ausgehen, dass Roboter mit genuin eigenen Bedürfnissen entwickelt werden, so könnten wir natürlich Roboter entwickeln, die menschliche Bedürfnisse simulieren, gerade um zur Entwicklung menschlicher Fähigkeiten beizutragen. Schauen wir uns die bisher entwickelten Roboter an, dann scheint mir jedoch nicht viel dafür zu sprechen, eine solche Entwicklung in naher Zukunft zu erwarten. Ein Roboter, der darauf ausgerichtet ist, sich mit Kindern zu streiten, entspricht nicht der bisher vorherrschenden Service-Ausrichtung. Sofern sich dies nicht ändert, werden Roboter als Freunde der Kindheit nicht adäquat dazu beitragen, dass wir lernen, soziale Beziehungen zu entwickeln.

Ob Roboter in der Rolle als Freunde für Kinder als wünschenswert erscheinen können oder nicht, hängt jenseits der Möglichkeiten zur Verwirklichung spezifischer Werte der Freundschaften zudem auch von den gegebenen Rahmenbedingungen ab, insbesondere von der Verfügbarkeit menschlicher Spielgefährt/innen. Bestünde die Wahl darin, keine Spielgefährt/innen, oder einen Roboter zu haben, erscheint der Roboter schnell als positive Option. Die Rahmenbedingungen von Kindheit verändern sich. So sprechen etwa Heidrun Bründel und Klaus Hurrelmann in Bezug auf die heutige Zeit von einem Trend der ‚Entstraßlichung' zur ‚Verhäuslichung': Kinder spielen weniger außerhalb des eigenen Zuhauses draußen und mit anderen, und zunehmend zuhause und damit auch allein (2017, 153 f.). Die Verfügbarkeit von künstlich intelligenten Spielgefährt/innen im eigenen Kinderzimmer dürfte eher als positive Entwicklung begrüßt werden, wenn sie als Ausweg aus einer zunehmenden Vereinzelung begriffen wird, die dieser Trend hervorbringt. Andererseits könnte die Verfügbarkeit von Robotern zu einem an sich problematischen Trend beitragen, weil hierdurch das Bedürfnis nach Gesellschaft anderer reduziert wird.

Bisher bin ich in dieser Diskussion auf die Möglichkeit der Verwirklichung von Werten eingegangen, die als typisch für die Praxis von Kinderfreundschaft betrachtet werden können. Das Potential von Robotern, zu einem guten Leben für Kinder beizutragen, kann jedoch auch über die Möglichkeiten der Kinderfreundschaft hinaus betrachtet werden. Als intrinsisch wertvoll für Kinder können etwa auch Sicherheit und körperliche Unversehrtheit aufgefasst werden. Wenn iPal ursprünglich als Babysitter beworben wurde, so ist der Roboter klar auch auf das Ziel größtmöglicher Sicherheit von Kindern ausgerichtet. Und sofern Roboter tatsächlich zu einer sicheren Kindheit beitragen können, ist dies natürlich aus ethischer Perspektive begrüßenswert. Ein weiterer möglicher Wert, der ins Feld geführt werden kann, um für eine Präsenz von Robotern in der Lebenswelt unserer Kinder zu argumentieren, ergibt sich aus der zunehmenden Präsenz von Robotern und künstlichen Intelligenzen in unserer Lebenswelt allgemein, bzw. der anzunehmenden Präsenz solcher Entitäten in der späteren Lebenswelt der Kinder:

> In immer mehr Bereichen des alltäglichen Lebens sind immer handlungsförmigere Aktionen immer autonomerer technischer Systeme zu berücksichtigen. Der alltägliche Handlungsraum, der vormals nur mit anderen Menschen sozial geteilt werden musste, muss zunehmend auch mit technischen Anteilen geteilt werden (Gransche 2014, 23).

Vorausgesetzt, die Lebenswelt unserer Kinder umfasst im Erwachsenenalter notwendig auch Roboter und erfordert die Interaktion mit diesen, und die Fähigkeit zum Umgang mit Robotern stellt für künftige Generationen ein wichtiges Kriterium beispielsweise für beruflichen Erfolg dar, so ist der erlernte positive Umgang mit diesen als wertvoll einzuordnen im Hinblick auf die später notwendige Fähigkeit, Mensch-Roboter Interaktionen so positiv wie möglich zu gestalten.

Natürlich gibt es auch eine ganze Reihe von Bedenken, die jenseits des Vergleichs von Robotern und menschlichen Freund/innen gegen die Einführung von Robotern im Kinderzimmer sprechen. Etwa können Bedenken in Bezug auf die körperliche Sicherheit von Kindern im Umgang mit Maschinen angeführt werden. Zudem wären sicherlich Datenschutzbedenken und das Recht auf Privatsphäre von Kindern zu diskutieren, sofern solche Roboter Daten über Kinder sammeln und weiterleiten. Ich erwähne diese Bedenken nur am Rande, nicht, weil ich sie für unwichtig halte, sondern gerade weil sie einer ausführlichen Diskussion bedürfen, die den Rahmen dieses Artikels sprengen würde.

5 Autorität und Macht: Die Rahmenbedingungen der Freundschaft als Praxis

Im vorangegangenen Abschnitt habe ich die Potentiale von Freundschaften zwischen Robotern und Kindern im Hinblick auf die Möglichkeit der Verwirklichung einzelner zentraler Werte erörtert. Dabei kam Freundschaft als Praxis der Interaktion zwischen zwei Personen in den Blick, deren Rahmenbedingungen weitgehend ignoriert wurden. Diesen Rahmenbedingungen möchte ich mich nun widmen, um wesentliche Unterschiede zwischen einer Praxis gemeinsamer Interaktion zwischen Kindern und einer Praxis der Interaktion zwischen Kind und Roboter herauszustellen.

Wenn Freundschaften als Beziehungen unter Gleichen eingeordnet werden, so ist damit manchmal die Annahme gemeint, dass solche Menschen eher Freundschaft schließen, die sich in vielen Eigenschaften gleichen. Diese These ist aber durchaus umstritten. In einem anderen Sinne können Freund/innen als Gleiche konzipiert werden, sofern sie in einer symmetrischen Beziehung zueinanderstehen und vergleichbare Akteursrollen in der gemeinsamen Praxis einnehmen. Freundschaften sind in diesem Sinne keine Autoritätsbeziehungen. Dies gilt für Kinderfreundschaften genauso wie für Freundschaften unter Erwachsenen. Während Kinder zu vielen Menschen in ihrem Umfeld in klar hierarchischen Beziehungen stehen, agieren sie in Freundschaften als Gleiche unter Gleichen. Die Praxis der Kinderfreundschaft findet dabei nicht in einem autoritätsfreien Raum statt – wo Kinder sich treffen, wen sie treffen, welche Optionen sie haben, miteinander zu spielen, all dies hängt in vielfältiger Weise von den Entscheidungen von Erwachsenen ab. Kindergärten, Schulen, Spielplätze sind gestaltete Räume. Begegnungen von Kindern hängen von der zeitlichen Gestaltung ihres Tagesablaufs durch Erwachsene ab. Verfügbare Spielzeuge beeinflussen das gemeinsame Spiel der Kinder, das häufig zudem unter Aufsicht geschieht. Trotz dieser Rahmenbedingungen ist die Praxis der Freundschaft für Kinder ein vergleichsweise autoritätsfreier Raum, in dem sie selbst als Gleiche gemeinsam bestimmen, wie sie ihre Interaktionen gestalten.

Die gemeinsame Interaktion zwischen Kind und Roboter kann nicht in vergleichbarer Weise als eine Interaktion zwischen Gleichen verstanden werden. Das Kind ist in einer Machtposition, insofern der Roboter zum Ziel seines Wohlbefindens und seiner Entwicklung programmiert und angeschafft wurde. Erfüllt er diese Funktion nicht, wird er voraussichtlich nicht weiter genutzt. Es gibt keine genuinen Bedürfnisse des Roboters, auf die das Kind Rücksicht nehmen muss. Andererseits kann der Roboter in der gemeinsamen Interaktion als Stellvertreter elterlicher Autorität fungieren. Wenn er das Kind motiviert, einige Zeit des Tages mit bestimmten Lernspielen zu verbringen, oder ein Signal sendet, wenn dem Kind Gefahr droht, dann agiert er nicht als unabhängiger Akteur sondern als Instrument elterlicher Fürsorge. Die Tatsache, dass Roboter von Erwachsenen entwickelt, programmiert und beurteilt werden, dass wir uns Gedanken darüber machen, welche Werte genau in der Interaktion zwischen Kindern und Robotern verwirklicht werden können, stellt bereits den zentralen Unterschied zur Praxis der Freundschaft unter Kindern dar.

Ein zentraler Einwand gegen die Annahme, künstlich intelligente Spielgefährten könnten menschliche Spielgefährten adäquat ersetzen, leitet sich aus diesem Unterschied ab. Diesen Gedanken möchte ich mit einem Zitat einleiten, dass den zunehmenden Bildungsdruck auf Kinder reflektiert:

> Der Druck, der nicht zuletzt auch in den deutschsprachigen Ländern schon in der Grundschule auf Kinder ausgeübt wird, ist enorm. Um überhaupt noch etwas beruflich werden zu können – so wird den Kindern früh suggeriert – müssten sie auf jeden Fall aufs Gymnasium. Der Unterricht wird immer häufiger auf den Nachmittag ausgedehnt, und immer mehr Schüler bekommen Nachhilfe, nicht nur um versetzt zu werden, sondern auch um bessere Noten zu bekommen (Wildt 2015, 146).

Was Bert te Wildt hier kritisiert ist eine zunehmend extrinsische Perspektive auf Kindheit: Das Wohl der Kinder wird in diesem Szenario an ihren Chancen auf späteren beruflichen Erfolg gemessen. Der Alltag von Kindern wird zunehmend durch Zielvorgaben bestimmt. Natürlich verfolgen auch Kinder Ziele und können einander Ziele aufdrängen. Aber sie tun dies mit einem gewissen Grad an Unabhängigkeit von den Zielen Erwachsener, insofern auch Kinder schon handelnde und sich verhaltende Personen darstellen. Roboter hingegen besitzen heute nicht die Fähigkeit, vorgegebene Ziele zu hinterfragen. Die Ziele, die sie in die Interaktion mit Kindern einbringen, sind notwendig von Erwachsenen vorgegebene Ziele. Während die Praxis der Freundschaft mit Gleichaltrigen es Kindern also ermöglicht, in einem Raum zu agieren, der vergleichsweise frei von Autorität ist und in dem sie zu vorgegebenen Zielen auch eine kritische Haltung entwickeln – und sich in einer solchen Haltung gegenseitig bestärken – können, besteht die Gefahr, dass die Einführung von Robotern als Spielgefährten die Zielvorgaben Erwachsener noch präsenter werden lassen in der Alltagswelt von Kindern.

6 Fazit: Roboter als Stellvertreter erwachsener Autorität

In der Diskussion der verschiedenen Werte, die wir Praktiken der Kinderfreundschaften zuschreiben, ist deutlich geworden, dass diese bisher nur teilweise in der Interaktion mit maschinellen Spielgefährten verwirklicht werden. Kinder können in der Interaktion mit Robotern durchaus Freude erleben oder Wissen erwerben. Die Möglichkeit zur Ausbildung sozialer Fähigkeiten muss jedoch als eingeschränkt begriffen werden. In Anbetracht der rasanten technologischen Entwicklungen besteht Grund zu der Annahme, dass schnelle Fortschritte in der Entwicklung der Technologien zu erwarten sind. Fraglich bleibt, ob eine Entwicklung, die die Ausbildung sozialer Fähigkeiten in der Interaktion von Kindern mit Robotern ermöglichen würde, überhaupt gewünscht ist, sofern anzunehmen ist, dass diese eben auch durch Widerspruch, Konflikt und Streit gefördert wird.

Betrachtet man nicht die Möglichkeit zur Verwirklichung einzelner Werte sondern die Struktur der Praxis von Kinderfreundschaften, so wird deutlich, dass Roboter nicht im eigentlichen Sinne Freunde unserer Kinder sein können, insofern sie nicht als Gleichgestellte auftreten, genuin eigene Interessen verfolgen und eigene Bedürfnisse anmelden. Naheliegender erscheint es, sie als unterstützende Instrumente in Erziehung und Beaufsichtigung zu begreifen, sowie als interaktive Medien, die sicher Chancen bieten, zwischenmenschliche Beziehungen jedoch nicht ersetzen können.

Verstehen wir Freundschaft im weiten Sinne, geht es also um die Wahrnehmung von Robotern als unterstützend oder hindernd im Hinblick auf die Möglichkeiten der Verwirklichung eines guten Lebens, dann kann die Entwicklung zu einer reflektierten, positiven Einstellung zu Robotern als ein wertvolles Ziel gesehen werden, sofern anzunehmen ist, dass diese zunehmend Teil unserer Alltagswelt werden. Möglichkeiten der Interaktion mit Robotern wären im Hinblick auf dieses Ziel sowohl für Erwachsene als auch für Kinder als grundsätzlich wünschenswert einzuordnen, wie diese aber konkret ausgestaltet sein sollten, bleibt dabei offen.

Literatur

Bagattini, Alexander. 2016. Future-Oriented Paternalism and the Intrinsic Goods of Childhood. In *Justice, Education and the Politics of Childhood: Challenges and Perspectives*, Hrsg. Johannes Drerup, Gunter Graf, Christoph Schickhardt und Gottfried Schweiger, 17–33. Cham: Springer International Publishing.

Bagattini, Alexander. 2019. Children's well-being and vulnerability. *Ethics and Social Welfare* 13 (3): 211–215. https://doi.org/10.1080/17496535.2019.1647973.

Bagattini, Alexander. 2019. Kindeswohl. In *Handbuch Philosophie der Kindheit*, Hrsg. Johannes Drerup und Gottfried Schweiger, 128–136. Stuttgart: J.B. Metzler.

Blum, Lawrence A. 2009. *Friendship, altruism, and morality*. New York: Routledge.

Bringsjord, Selmer, und Naveen Sundar Govindarajulu. 2019. Artificial Intelligence. *The Stanford Encyclopedia of Philosophy* (Winter 2019 Edition). Hrsg. Edward N. Zalta, https://plato.stanford.edu/archives/win2019/entries/artificial-intelligence/. Zugegriffen: 19.01.2020.

Bründel, Heidrun, und Klaus Hurrelmann. 2017. *Kindheit heute: Lebenswelten der jungen Generation*. Weinheim: Beltz.
Bundesministerium für Bildung und Forschung. VIVA — Mensch-Technik-Interaktion. https://www.technik-zum-menschen-bringen.de/projekte/viva. Zugegriffen: 31. Dezember 2019.
Der Standard. 2018. iPal: Roboter-Freund für einsame Kinder, STANDARD Verlagsgesellschaft, 9. August 2018, https://www.derstandard.de/story/2000085037405/ipal-roboter-freund-fuer-einsame-kinder. Zugegriffen: 19.01.2020.
Gheaus, Anca. 2015. The 'Intrinsic Goods of Childhood' and the Just Society. In *The Nature of Children's Well-Being*, Hrsg. Alexander Bagattini und Colin M. Macleod, 35–52. Dordrecht: Springer Netherlands.
Graf, Birgit, und Barbara Klein. 2018. Robotik in Pflege und Krankenhaus: Einsatzfelder, Produkte und aktuelle Forschungsarbeiten. *Zeitschrift für medizinische Ethik* 64 (4): 327–343.
Gransche, Bruno. 2014. *Wandel von Autonomie und Kontrolle durch neue Mensch-Technik-Interaktionen: Wissenschaftliche Vorprojekte aus dem Bereich der Mensch-Technik-Interaktion für den demografischen Wandel; WAK-MTI*. Karlsruhe: Fraunhofer Verlag.
Hartup, Willard W. 1996. The Company They Keep: Friendships and Their Developmental Significance. *Child Development* 67 (1): 1–13. https://doi.org/10.1111/j.1467-8624.1996.tb01714.x.
Hung, Lillian, Cindy Liu, Evan Woldum, Andy Au-Yeung, Annette Berndt, Christine Wallsworth, Neil Horne, Mario Gregorio, Jim Mann, und Habib Chaudhury. 2019. The benefits of and barriers to using a social robot PARO in care settings: a scoping review. *BMC geriatrics* 19 (1): 232. https://doi.org/10.1186/s12877-019-1244-6.
Jones, Raya A. 2019. Concerning the Apperception of Robot-Assisted Childcare. *Philosophy & Technology* 32 (3): 445–456. https://doi.org/10.1007/s13347-018-0306-6.
Kelle, Helga. 2019. Kindheit als anthropologische und soziale Kategorie. In *Handbuch Philosophie der Kindheit*, Hrsg. Johannes Drerup und Gottfried Schweiger, 18–25. Stuttgart: J.B. Metzler.
Macleod, Colin M. 2010. Primary goods, capabilities, and children. In *Measuring justice: Primary goods and capabilities*, Hrsg. Harry Brighouse und Ingrid Robeyns, 174–192. Cambridge: Cambridge University Press.
Nanjing Avatar. Mind Robot Technology A. Frequently Asked Questions. https://www.ipalrobot.com/faq-1. Zugegriffen: 31. Dezember 2019.
Nanjing Avatar. Mind Robot Technology B. What is it for? https://www.ipalrobot.com/. Zugegriffen: 31. Dezember 2019.
Nunner-Winkler, Gertrud. 2019. (moralische) Entwicklung. In *Handbuch Philosophie der Kindheit*, Hrsg. Johannes Drerup und Gottfried Schweiger, 165–172. Stuttgart: J.B. Metzler.
Rawlins, William K. 1992. *Friendship Matters: Communication, Dialectics, and the Life Course*. Somerset: Taylor and Francis.
Salisch, Maria von. 1991. *Kinderfreundschaften: Emotionale Kommunikation im Konflikt*. Göttingen: Hogrefe.
Searle, John R. 1997. *The mystery of consciousness*. New York: New York Review of Books.
Thimm, Caja, und Thomas Christian Bächle. 2019. Die Maschine: Freund oder Feind? In *Die Maschine: Freund oder Feind? Mensch und Technologie im digitalen Zeitalter*, Hrsg. Caja Thimm und Thomas Christian Bächle, 1–13. Wiesbaden: Springer VS.
Wiertz, Svenja. 2019. Gibt es eine Ausstiegsoption in Freundschaften? Zur Verbindlichkeit einer frei gewählten Beziehung. In *Die Freiheit zu gehen: Ausstiegsoptionen in politischen, sozialen und existenziellen Kontexten*, Hrsg. Simone Dietz, Hannes Foth und Svenja Wiertz, 223–247. Wiesbaden: Springer VS.
Wiertz, Svenja. 2020. Freundschaft. Berlin: De Gruyter.
Wildt, Bert te. 2015. *Digital Junkies: Internetabhängigkeit und ihre Folgen für uns und unsere Kinder*. München: Droemer.

Ernsthaftes Verspieltsein und verspielte Ernsthaftigkeit

Der Begriff der Kindheit im Feld „Neuer Technologien"

Miguel Zulaica y Mugica

Abstract

Das zwecklose Spiel und die ernste Arbeit bilden eine Dualität innerhalb der modernen Erziehungskindheit und den Ausgangspunkt einer Pädagogik, die das Kind vom Spielen zur Übung und zur Teilhabe an der wirklichen Welt hinleiten möchte. Nun ist der Begriff der Kindheit philosophisch ein Labyrinth weitausgetretener Pfade, von denen manche durch psychoanalytische Warnhinweise verstellt sind und andere in gesellschaftsferne anthropologische Spekulationen führen. Die in dem Artikel vertretene These ist, dass der Begriff der Kindheit als reflexiver Gegengehalt pädagogischer Theoriebildung im Zuge der Digitalisierung eine Entgrenzung in Form einer Pädagogisierung des Sozialen erfährt. Vermittelt wird diese Pädagogisierung durch ein verändertes Verhältnis von Spiel und Ernst. Über das digitale Spiel und die Figuration alltäglicher Praktiken mit Spielelementen (Gamification) entstehen neue Regierungsformen der Verhaltenskontrolle, die das Spielerische zum Medium ökonomischer und politischer Interessen werden lassen. Die List des Pädagogischen verbindet sich hier mit der List des Spiels und bringt ein ernsthaftes Verspieltsein hervor, womit neben einer besseren Kund/innenloyalität auch u. a. ein ökologischeres, gesünderes und leistungsfähigeres Verhalten befördert werden soll. Ziel der systematischen Diskussion wird die Frage nach einer reflexiven bildungstheoretischen Verhältnisbestimmung zu diesen Phänomenen sein. Hierfür wird die Relation von Spiel, Pädagogik und Bildung analysiert und im Feld neuer Technologien konkretisiert. Statt jedoch einen neuen Begründungsanker

M. Zulaica y Mugica (✉)
Institut für Allgemeine Erziehungswissenschaft und Berufspädagogik, TU Dortmund, Dortmund, Deutschland
E-Mail: miguel.zulaica@tu-dortmund.de

zu formulieren, wird das Konzept der spielerischen Ernsthaftigkeit als eine mediale Strategie, über spielerische Verweise auf Wirklichkeit Ernsthaftes sichtbar werden zu lassen, exploriert und auch nach den Grenzen des Spiels gefragt.

Keywords

Spiel · Kindheit · Digitalisierung · Gamification · Pädagogisierung

1 Einleitung

Spielend ein besserer und gesünderer Mensch werden. So ließe sich das Versprechen von Marketingfirmen, Spieledesigner/innen und Forschenden im Bereich *persuasive technologies* zusammenfassen. Gegenstand der folgenden explorativ angelegten Diskussion werden digitale Spielwelten sein, die eben ohne die Mühen der Reflexivität einer sperrigen Auseinandersetzung mit der Welt oder einer Begründungslast intendierter Verhaltensveränderungen auskommen, und das Soziale dabei ludifizieren und zugleich pädagogisieren.

Nehmen wir einmal das Spiel Pokémon Go von Niantic. Dieses entfachte als mobiles Computerspiel in dem Jahr 2016 durch seine gesellschaftliche Verbreitung und ein kolportiertes Gefahrenpotential aufgrund der Augmented-Reality-Technologie ein großes internationales Medienecho. In dem Spiel werden – vermittelt über das Display des Smartphones – graphische Elemente auf reale Orte projiziert und diese Orte in Spielwelten umgewandelt. Die alltägliche institutionalisierte Funktion etwa von Straßen ist für die Spielenden in den Hintergrund getreten, wodurch anfangs Unfälle entstanden sind (vgl. Decker 2018).

Konzipiert als digitale Schnitzeljagd suchen in Pokémon Go Spielende geleitet von einer speziell angepassten Google Maps mehr oder weniger seltene und starke Fantasiewesen, die an einer Anime-Ästhetik angelehnt sind, über trainierbare Eigenschaften verfügen und mit denen virtuelle Kämpfe bestritten werden können. Ziel ist es, als Pokémon-Trainer/in durch gewonnene Kämpfe Punkte zu sammeln, Levels aufzusteigen und immer mächtigere Pokémons zu fangen und zu trainieren. Wenngleich die mediale Aufmerksamkeit abgeflacht ist und schon längst eine Normalisierung stattgefunden hat, verfügt das Spiel immer noch über eine große Spielcommunity, wird kontinuierlich weiterentwickelt, um Konsumloyalität zu initiieren, und mobilisiert eine hohe Anzahl an Personen, an speziellen Events wie etwa an der Pokémon Go Safari Zone in Dortmund teilzunehmen. 2019 besuchten ca. 85.000 Nutzer/innen den Dortmunder Westfalenpark, um die speziellen Pokémons zu ergattern, die zu diesem Event ausgelobt wurden (vgl. Dietzke 2019).

Die Normalisierung findet ihr Echo auch in der öffentlichen Diskussion, in medienpädagogischen Ratgebern und in der wissenschaftlichen Resonanz. In einem FAZ-Interview zur „Sogwirkung von Spielen" betont etwa Patricia

Cammarata – Betreiberin des medienpädagogischen Blogs dasnuf.de –, dass Kinder mit Pokémon Go angeregt werden könnten, sich mehr zu bewegen (vgl. Bähr 2019). Dies hebt auch der vom Ministerium für Kinder, Familie, Flüchtlinge und Integration des Landes NRW geförderte Verein Spieleratgeber NRW hervor, der „Pokémon Go unter [die] pädagogische Lupe" (Heinz 2019) nimmt und feststellt, dass „der Spieler […] tatsächlich das Sofa verlassen, sich bewegen und kooperieren" (ebd.) muss. Während Nikka Daryan mit dem spielerischen Umgang im Verhältnis zum Raum bildungstheoretische Überlegungen verbindet – eine Transfomation von räumlicher Wahrnehmung hin zur Arbitrarität von räumlichen Nutzungsweisen und „herrschenden symbolischen Ordnungen" (Daryan 2018, 90) – wird die Spielbarmachung von Raum in Studien zu *persuasive technologies* als Instrument zur Verhaltensveränderung betrachtet. Alexander Meschtscherjakov, Sandra Trösterer, Artur Lupp und Manfred Tscheligi vom Center für Human-Computer Interaction an der Universität Salzburg haben beispielsweise untersucht, „which game-design elements were successful in nudging physical activity" (Meschtscherjakov et al. 2017 243). Das Punktesammeln, das Streben nach höheren Levels, nützlichen Gadgets, limitierten Artefakten und der soziale Wettbewerb erzeugen orchestriert von einem graphischen Interface „[a] persuasive environment" (ebd., 243), welche über das Spiel zu einem veränderten Verhalten – „mobility behavior" (ebd., 247) – beim Individuum führen soll. Zur Operationalisierung dieser These haben sie die differenten Spielelemente von Pokémon Go (z. B.: *exploiting special events, catching new pokémon, hatching eggs* etc.) nach dem Indikator *nudging walking* aufgeschlüsselt. Im Resultat zeige sich, dass Spielende von speziellen Events, von denen sie besondere Boni erwarten, oder von der Hoffnung auf neue Pokémons in höherem Maße zum Bewegen geschubst werden als etwa von kooperativen Kämpfen (vgl. ebd., 248). Gleichwohl der Spaß am Spiel der wesentliche Motivationsfaktor für den Erfolg der Verhaltensveränderung sei, könne das „Game-Design" hinsichtlich „nudging people to be more physical active" (ebd., 250) optimiert werden. Der pädagogische Impetus des Spieleratgebers zur Bewegungsmotivation findet auf der Ebene des Gamedesigns bzw. der Softwarearchitektur eine Entsprechung. Die spielende Person, für die die algorithmische bzw. technische Designebene verborgen bleibt, bewegt sich mehr, weil diese Spaß am ästhetisch aufbereitete Spiel hat. Diese List des Spiels als eine pädagogische List scheint mit der Dualität von ästhetisierter Interface-Ebene und intransparenter Codeebene als Konnex der Digitalisierung zu korrespondieren und ein Verspieltsein zu kultivieren, das für Regierungsformen offensteht, die über positive Feedbacksysteme Verhaltenskontrolle zu realisieren und zugleich die Möglichkeit von Widerstand, Widerspruch und Reflexion zu reduzieren suchen.

Die Diskurse zur Digitalisierung und zu digitalen Medien tragen nun differente Blüten und provozieren Assoziationen, die weit über das technische Faktum hinausreichen. Faktisch lässt sich unter Digitalisierung erstmal nur die Wandlung von analogen in digitale Signale verstehen, die unter den Schlagwörtern Computerisierung und Vernetzung gefasst werden könnten. Analog zur industriellen Revolution, in der industrielle Techniken wie etwa die

Dampfmaschine und das Fließband nicht „nur" eine Veränderung der Arbeitsprozesse nach sich gezogen haben, sondern grundsätzliche Transformationen der menschlichen Beziehungsformen, der individuellen Deutungsmuster des Denkens und des Handelns und des ästhetischen Ausdrucks, spricht einiges dafür, dass die „Digitalisierung" als formal technologischer Wandlungsprozess auch veränderte Formen der Vergesellschaftung und der kulturellen Ausdrucksformen konstituiert bzw. konstituieren wird, die wiederum neue Deutungsschemata provozieren (vgl. Baecker 2017, 5).

In den theoretischen Annäherungen an die Frage, was denn nun das spezifisch Neue an der Digitalität sei, treten Reflexionen zur digitalen Medialität auf und schlagen sich in Diagnosen zu Mediatisierung der Gesellschaft nieder, in der nicht nur digitale Medien als universale Informationstechnologien in den Blick geraten, sondern als *„Kulturmaschinen"* (Reckwitz 2017, 228), in welchen technologisches, ästhetisches und Nutzungs-Design miteinander verschmelzen und eine Dualität von Codierungsebene und sinnlich wahrnehmbarer Nutzungsebene entsteht – ein doppelter Charakter des Computers (vgl. Schelhowe 2011, 352). Die Bedienung eines Smartphones bedarf keines technischen Wissens über die Funktionsweise von Algorithmen. Spätestens seit Microsoft Windows als nutzer/innenfreundliches Betriebssystem entwickelt hat, entstand eine systematische Intransparenz zwischen Code und Software. In diesem intransparenten Zwischenraum entstehen die Fragen von Datensicherheit und Big Data (vgl. Gapski 2015), Mythos algorithmischer Wahrheit (vgl. Bächle 2015, 44 f.), Illusion technischer Rationalität und Gatekeeping (vgl. Seyfert und Roberge 2017, 18), filter bubbles (vgl. Pariser 2012), Digitaler Kapitalismus (vgl. Daum 2019, 13), Gamification (vgl. Stampfl 2012) etc. Nach Felix Stalder besteht hier ein strukturelles technisches Problem, welches er unter dem Titel Algorithmizität bespricht. Aufgrund der enormen Expansion an Daten durch die Umwandlung von analogen in digitale Signale entsteht eine Unübersichtlichkeit, die ohne Ordnungssystem nicht beherrschbar wird. Gleichzeitig eröffnet die Nutzbarkeit einen Zwischenraum, den Unternehmen wie Google nutzen können, um jeder Person eine spezifisch auf sie zugeschnittene Welt zu entwerfen (vgl. Stalder 2017, 188 f.). Digitale Medialität verliert hier ihren Werkzeugcharakter und wird zu einer algorithmisch und ästhetisch designten Umwelt, die Fragen zu neuen Bedingungen von Akteur/innenschaft, Autonomie, Kommunikation, Interaktion und notwendiger Kompetenz ins Bewusstsein treten lässt (vgl. Bettinger 2017, 14 f.).

Meine These, die an die gesellschaftstheoretischen Analysen von Reckwitz anschließt, ist, dass mit der Digitalisierung eine Ästhetisierung und Ludifizierung (Spielbarmachung) der gesellschaftlichen Handlungsvollzüge, eine Entgrenzung der „Kindheit" im Sinne einer Pädagogisierung des Sozialen einhergeht. Die scharfe Trennung von Spiel und Arbeit lässt sich als moderner Code der Sachlichkeit lesen, der charakteristisch für Industriegesellschaften war, die dem Primat der Rationalität verpflichtet waren. Das Spiel als im Gegenwärtigen verbleibend und als nutzloser Zeitvertreib wird zu einer kindlichen Angelegenheit, die sich Erwachsene höchstens in der Freizeit erlauben dürfen. Während Spiel, Kreativität und Selbstverwirklichung in der Moderne tendenziell Domestizierungen unterworfen waren, werden sie im Wandel zur postfordistischen Wirtschaftsform, hin zum Aufkommen einer Kreativwirtschaft und im Zuge der Digitalisierung zu Dispositiven, die in verspielten Praktiken der Selbstpräsentation und des alltäglichen Handlungsvollzugs an Ernst gewinnen. Hiermit ist das ernsthafte Verspieltsein angesprochen, welches gerade keine Infantilisierungsdiagnose ist. Ich werde im Kontrast hierzu argumentieren, dass mit dieser eine Zukunftsvergessenheit verbunden ist, die neue problematische Formen des Regiertwerdens hervorbringt und einer Pädagogisierung über die Spielbarmachung alltäglicher Handlungsvollzüge folgt. Letztlich evoziert aber auch diese Diagnose selbst wiederum pädagogische Verhältnisbestimmungen, die die Individuen mit dem Versprechen der Souveränwerdung lebensphasenübergreifend zu Adressat/innen pädagogischer Intervention machen. Statt aber bloß pädagogisch verwertbare Begründungsanker zu suchen, möchte ich mit dem Konzept der spielerischen Ernsthaftigkeit Phänomene interpretieren, die den spielerischen Moment zum Verhandeln von ernsten Fragen und Problemen verwenden. Bevor ich diese Argumentation entfalten kann, werde ich 1) den Begriff der Kindheit anhand historischer, sozialwissenschaftlicher und philosophischer Thematisierungsformen als reflexiven Begriff einführen und von anthropologischen Annahmen lösen. Der Begriff des Spiels wird im zweiten Schritt 2) im Verhältnis zum Ernst und in seiner paradoxalen zeitlichen Struktur diskutiert und 3) zu einer schlaglichtartigen Betrachtung des Verhältnisses von Spiel, Kindheit und der pädagogischen Verwertung hingeleitet, um die List des Spiels als eine pädagogische List zu rekonstruieren. 4) Eine Annäherung an das Spiel im Digitalen und die entsprechenden Regierungsformen werden den Abschluss meiner Reflexionen bilden, wobei es mir auch um die Grenzen des Spiels selbst gehen wird.

2 Der Begriff der Kindheit

Die Literatur zum Begriff der Kindheit ist kaum noch zu überblicken. Sie reicht von Anrufungen des Kindes als vulnerable, schutzbedürftige, unschuldige, förderungsbedürftige Adressat/innen von pädagogischen und bildungspolitischen Programmen bis hin zu Objekten psychologischer Entwicklungstheorien, Spracherwerbstheorien und historischen und sozialwissenschaftlichen Studien, die die historische Entdeckung und die soziale Hervorbringung der Kindheit untersuchen. Auf eine Wendung, die die wissenschaftliche Thematisierung von Kindheit in der Kindheitsforschung mit der Studie *Geschichte der Kindheit* von Philippe Ariés (1978) erfahren hat und mit der die Kindheit als eine Entdeckung der historischen Epoche der Moderne beschreibbar wird, möchte ich mich hier konzentrieren, weil sie sich von der Prämisse löst, Kindheit als anthropologisch gesetzte Lebensphase zu bestimmen. Im Kontrast zu dieser Annahme lässt sich diese Entdeckung als eine Entdeckung der Erziehungskindheit deuten (vgl. Schäfer 2005). Das Erscheinen der *Natürlichkeit* des Kindes, die sie von Erwachsenen scheidet und der sich Erziehung teleologisch zuzuwenden habe, lässt sich demnach sozialgeschichtlich auf das „Zerbrechen des praktischen Zirkels von Erziehung, Sitte und Lebenswelt" (Tenorth 1988, 32) im Übergang von traditionellen zu modernen Gesellschaften verdeutlichen.

Die Kennzeichnung der Modernität ist allerdings keine bloße Deskription. Sie ist ein Anspruch der Modernisierung im Modus einer „riskante[n] Offenheit" (Honig 1999, 167) und eine im Wachstumsparadigma verhaftete Perpetuierung eines notwendig „uneingelöste[n] Versprechen[s]" (ebd.) im Horizont der Zukunft. Das Krisenbewusstsein, ob kulturpessimistisch, ökonomie- und/oder gesellschaftskritisch, sei nach Michael-Sebastian Honig in der gleichen Weise ein konstitutives Phänomen der Moderne wie der Optimismus der Selbstorganisation, der mit der Aufforderungsstruktur der zu gestaltenden Zukunft eine normative Performanz für Individuum und Gesellschaft realisiert (vgl. ebd., 169). Für Honig sind die basalen paradoxalen Dimensionen der Moderne zum Verständnis der Konstruktion von Kindheit das *Differenzierungsparadox,* das *Rationalisierungsparadox,* das *Individualisierungsparadox* und das *Domestizierungsparadox.* Die Ausdifferenzierung gesellschaftlicher Handlungssphären (z. B. Wirtschaft, Politik, Wissenschaft, Religion etc.) und der Aufgabenteilung, an der eine potentiell egalitäre Teilhabe möglich sein soll, fordert ein „Bildungsmoratorium" (ebd., 117) und erzeugt einen an Förderungsbedarf und Defizitbeschreibung orientierten Gerechtigkeitsdiskurs. Die Differenzierung impliziert eine rechtliche und methodische Rationalisierung der Erziehungsverhältnisse, die unter dem Begründungsdruck der Herstellung von Handlungsfähigkeit unter kontingenten Bedingungen der Individualisierung gestellt werden. Die Domestizierung wandelt sich, wie es Foucault in seiner Disziplinargesellschaft einschlägig erläutert und wie es in Subjektivationsdiskursen verhandelt wird, von direkter Disziplinierung zu Formen der „Selbstbeherrschung" (ebd., 116) und Selbstorganisation. Die Paradoxien der Moderne und der rationalen Industriegesellschaft bilden schlussendlich auch den Rahmen für eine binäre Codierung der Erziehungskindheit zwischen mündigem Erwachsenen und zu behütendem Kind. Im modernen Ideal der Kindheit wird diese Lebensphase zum „Sachwalter von Spiel, Fantasie, Ästhetik" (Zinnecker 1990, 27) im Kontrast zu den „vielbeschäftigten Eltern" (ebd.).

Auch wenn die Modernitäts- und Entdeckungsthese im Ausgang der Studie von Ariés sich vermehrt kritischen Einwänden gegenübersieht (im Überblick Winkler 2017, 21 f.), ist die Historisierung von Kindheit ein Ergebnis, das das Sprechen über Kindheit als unhinterfragte anthropologische Kategorie zumindest erschwert und letztlich auch zu den sogenannten Childhood Studies geführt hat. Die Entmythologisierung des Begriffs der Kindheit gewinnt ihre Kraft aus der Einsicht, dass das Sprechen über Kindheit von keinem kulturell, geschichtlich oder sozial externen Standpunkt aus getätigt werden kann und dass dieses Sprechen immer eine spezifische soziale Funktion hat, die an Kindheitsbilder, Normalitätsvorstellungen, Machtverhältnisse und kulturelle Hierarchisierungen gekoppelt ist. Die kindliche Unschuld, Kindheit als Moratorium, das Kinderzimmer als Ort des Spiels und der Ausgrenzung (vgl. Zinnecker 2000), die binäre Logik zwischen Kindheit und Erwachsensein (vgl. Kelle 2018, 42), an die eine Asymmetrie in Bezug auf Zurechnungsfähigkeit, Kompetenz, Wissen und Verantwortungszuschreibung gekoppelt wird, oder auch die Dethematisierung oder

Pathologisierung von kindlicher Sexualität (vgl. Brumlik 2018, 69 f.) verlieren ihren ontologischen Status und werden als performative Konstruktionen gehandelt.

Mit diesen historisch und sozial dekonstruktiven Analysen tritt nun auch eine grundsätzliche Frage in den Vordergrund und zwar, wer eigentlich wie über Kindheit spricht (vgl. Winkler 2017, 15). Aus einer historischen Perspektive macht Willem Frijhoff darauf aufmerksam, dass Kindheit ein virtuelles Thema ist, da die historischen Quellen meist aus der Perspektive von Erwachsenen geschrieben sind und der Begriff der Kindheit kein selbstreflexiver sei. Kinder hätten in der Regel keinen Begriff von Kindheit, da sie sich selbst nicht nach der Allgemeinheit ihres kindlichen Daseins befragen würden (vgl. Frijhoff 2012, 12). Historisch treten Kinder etwa als gottnahe Wesen (ebd., 14), als „object of fascination, love or admiration" (ebd., 15), als Träger von „capacities and needs" (ebd., 16) oder zusammen mit ihren Eltern oder Erziehungsberechtigten als Adressat/innen einer „childhood industry" (ebd.) auf. Statt aber nur eine Entdeckung zu präskribieren, müsste von einer Pluralität von mehreren Entdeckungen ausgegangen werden, deren Thematisierung selbst ein historischer Ort des Sprechens eingeschrieben ist (vgl. Dekker et al. 2012, 5 f.). Die soziale, historische und kulturelle Dezentralisierung der Forschungsperspektive auf Kindheit erweitert die Frage nach dem Ort des Sprechens von einer diachronen auf eine synchrone Perspektive, da die „Muster moderne[r] Kindheit" (Mierendorff 2010) nicht nur ein epochales, sondern ein kulturelles Konzept werden, mit dem politische Hegemonien einhergehen können. Mit Vorstellungen von „Guter Kindheit", von „Child Well-Being" als „,fuzzy concept[s]'" (Andresen 2018, 79), das von UNICEF und der OECD zur politischen Evaluation von Bedingungen des Aufwachsens verwendet wird, oder „kindlichem Wohlbefinden" ist die Forschungsperspektive in Aushandlungsprozesse involviert, mit denen Normalitätsvorstellungen formuliert werden (vgl. Joos et al. 2018, 7 f.).

Ein Problem ist die Dialektik von Idealen. Die Konstruktion einer *guten Kindheit* impliziert die Idee einer *schlechten Kindheit*. Die angenommene Vulnerabilität des Kindes befördert den „Auf- und Ausbau von Präventions- und Disziplinierungsmaßnahmen" (ebd., 9). Der Gefährdungsdiskurs ebnet den Weg letztlich zu einer Pädagogisierung und zu einem Kontrollregime, die im Gestus des Risikomanagements Schutz verspricht. Zusätzlich problematisch werden Ideale, wenn die Normalkindheit vom Standort einer westlichen Mittelschichtsperspektive entwickelt wird und die „lange und behütete Kindheit nach westlichem Muster zur weltweiten Norm und Realtität" (Bühler-Niederberger 2011, 45) erhoben werden soll. Sabine Andresen und Sascha Neumann sprechen in diesem Zusammenhang auch von einer „westernization of childhood" (Andresen und Neumann 2018, 53). Ergänzend hierzu wird aus einer sozialwissenschaftlichen Perspektive allgemein die binäre Codierung von Kindheit kritisiert (vgl. Kelle 2018, 22), die auch mit in der Entdeckungsmetaphorik fortgeschrieben wird. In Kontrast hierzu entwickeln Helga Kelle (2018) und Florian Eßer (2016) netzwerktheoretische und praxeologische Modellierungsversuche, mit denen differente Akteur/innenpositionen und Konzeptionen „situierter Partizipationen an Praktiken" (Kelle 2019, 22) denkbar würden. Dies lässt sich als Schritt aus einem naiven Gefährdungs- und

Entwicklungsdiskurs werten, in denen Kinder zu Objekten pädagogischer Verwertungslogiken werden.

Obwohl diese konstruktivistischen Perspektiven hohes aufklärerisches Potential haben und naive Anrufungen wie etwa „Zukunft unserer Kinder" ihres ideologischen Gehalts zu überführen wissen, lassen sich zwei Problemdimensionen markieren, die miteinander verknüpft sind. Die existentielle Erfahrung des neugeborenen Menschen (Arendt) und die Entwicklungstatsache von Kindern, auf die die Gesellschaft reagiert (Bernfeld), gehen nicht in der historischen und kulturellen Konstruktion auf. Die Negation des Kindseins in seiner anthropologischen Dimension wäre nur unter sehr artifiziellen Bedingungen annehmbar, die kaum mit lebensweltlichen Erfahrungen vereinbar wären. Dass die Entwicklungstatsache von Kindern eine Reaktion fordert, bestimmt aber nicht, wie Gesellschaften auf die Entwicklungstatsache Heranwachsender reagieren. Dies kann sehr different sein (vgl. Brumlik 2018, 73). Das zweite Problem bezieht sich auf die Frage der Normativität und der rechtlichen Einordnung von Kindern. Bei diesem Problem, welches im Diskurs um Kinderrechte und dem Kindeswohlprinzip virulent wird (vgl. Sutterlüty 2018, 102 ff.), stehen sich Theorieformate des liberalen Perfektionismus (u. a. Giesinger 2019, Drerup 2016), in dem die Bedingungen der Autonomiewerdung und der Verantwortungsübernahme gegenüber eigenen Entscheidungen ausgelotet werden, und machtkritische Positionen, die den „philosophische[n] *agency* Begriff nach bewusstem, im idealen Falle rationalem Handeln" (Winkler 2017, 226) nach ihren Voraussetzungen befragen und als Exklusionsregime dechiffrieren, gegenüber. Die Frage nach „*agency* und *citizenship*" (ebd., 229) von Kindern als wichtiger theoretischer Gesichtspunkt lässt sich nicht einfach ausblenden, womit die moral- und rechtsphilosophischen Kategorien wieder auf dem Tisch liegen.

Die philosophische Thematisierung von Kindheit geht aber nicht in moralischen Fragen und der Ermöglichung von Autonomie auf, sondern lässt sich an die historische und sozialwissenschaftliche Perspektive insofern annähern, als dass nach Kindheitsbildern gefragt werden kann, auf die sich pädagogische Theorien als ihr „Poprium" (Kelle 2018, 40) beziehen. Philosophiegeschichtlich einflussreich sind Kindheitsbilder, die das „Kind" als der Welt aufgeschlossenes Wesen charakterisieren, das neugierig und ohne das zivilisatorische Netz eingeübter Wahrnehmungs- und Deutungsformen essentielle Fragen stellen kann. Beispielhaft parallelisiert Karl Jaspers die philosophische Haltung mit dem kindlichen Blick[1] oder verschränkt Martin Wagenschein die forschende Perspektive mit einer kindliche Offenheit (Wagenschein 1955, 531). Das Kind begegnet

---

[1] „Kinder besitzen oft eine Genialität, die im Erwachsenwerden verlorengeht. Es ist, als ob wir mit den Jahren in das Gefängnis von Konventionen und Meinungen, der Verdeckungen und Unbefragtheiten eintreten, wobei wir die Unbefangenheit des Kindes verlieren. Das Kind ist noch offen im Zustand des sich hervorbringenden Lebens, es fühlt und sieht und fragt, was ihm dann bald offenbare, und ist überrascht, wenn die aufzeichnenden Erwachsenen ihm später berichten, was es gesagt und gefragt habe." (Jaspers 1971, 11 f.)

nicht nur staunend der Welt (dies ist nach Sokrates auch der Anfang aller Philosophie). Das Kind wird mit der Neuzeit selbst als etwas Fremdes bzw. Unverfügbares betrachtet, das sich durch seine Alterität, seinem unmittelbaren Bezug zum Natürlichen, zur Welt oder zu Mitmenschen dem kulturellen Verständnis entzieht (vgl. Schäfer 2007, 7 ff.), auch wenn der philosophische Begriff der Kindheit ein Labyrinth weitausgetretener Pfade ist, von denen manche durch freudsche Warnhinweise verstellt sind und andere in das Gesellschaftsferne anthropologischer Spekulation führen. Hier sei nur an Siegfried Bernfelds Kritik an der geisteswissenschaftlichen Pädagogik und an die Konstruktion des idealisierten Kindes erinnert. Der Begriff der Kindheit markiert hierbei immer einen Anfang, von dem aus Spracherwerb, Enkulturation, Sozialisation und Bildung gedacht wird.

Alfred Schäfer diskutiert den Begriff des Kindes ausgehend von der Anfangsmetaphorik als „Reflexionsmedium sozialer Kontingenz" (Schäfer 2018, 125) und als konstitutive Bedingung pädagogischer Autorisierung. Anknüpfend an das Theorem Ariés der Entdeckung der Kindheit und Luhmanns Systemtheorie ist für ihn die Erfahrung der Kontingenz, im Prozess des Wandels von feudalen Herrschafts- zu differenzierten Gesellschaften, bedeutsam, um nachvollziehbar zu machen, wie der Varianzraum zwischen Integration in die Gemeinschaft und Unbestimmtheit der Zukunft entstehen konnte. Mit der Entwicklung des Buchdrucks als „Chiffre der Modernisierung" (ebd., 126), der „Vervielfältigung zugänglicher Perspektiven" (ebd.) und der Wahrscheinlichkeitsrechnung verlieren kosmologische Konzeptionen an Bedeutung und werden soziale Ordnungen destabilisiert. Durch die Offenheit der Zukunft und die Unbestimmtheit des *Zöglings* wird das Pädagogische hervorgebracht, welches einerseits in einen Begründungsdiskurs und andererseits in einen Zukunftsdiskurs verwickelt ist. „Kindheit" ist in diesem modernen Sinne das Unkontrollierte. In gewisser Weise das Anarchische bzw. das grundlos Souveräne (vgl. Schäfer 2018, 127), das sich von den Regeln lösen kann, dem eine Spontanität und auch Plastizität inne ist, Neues zu schaffen und gleichzeitig geformt zu werden. An diesem Punkt setzt eben Rousseaus Begriff des Kindes an, der mit der aufklärerischen Entdeckung der Kindheit einhergeht. Der „Kindheit" wird eine Natürlichkeit zugesprochen, die es zu entfalten gilt, um Mensch zu werden. Bekanntlich ist das pädagogische Paradox, dass diese Entfaltung nur durch Erziehung gelingen kann (vgl. Rousseau [1762] 1963). Diese prognostische Dimension des Begriffs der Kindheit kommt auch bei Immanuel Kant zum Ausdruck, wenn der Mensch durch Erziehung zum Menschen werden soll und er am Horizont des zirkulären Generationenverhältnisses eine vernünftige Gesellschaft zu entdecken glaubt (vgl. Kant [1803] 1977).

An eine Nietzscheanische Tradition anknüpfend beschäftigt sich auch Gorgio Agamben in seiner Studie *Kindheit* mit der Anfangsmetaphorik und diskutiert den Begriff der Kindheit als *„experimentum linguae"* (Agamben 2004, 10). Mit dieser Verwendung schwebt ihm weniger eine besondere Lebensphase vor Augen als ein „Wagnis" (ebd., 12), sich von den sprachlichen Kategorien zu lösen und Erfahrung zuzulassen. Inspiriert ist Agambens Denkbewegung vom „heiligen Ja-Sagen" (Nietzsche [1886] 2002, 26) des unschuldigen Kindes aus Friedrich

Nietzsches Schrift *Also sprach Zaratrustra*. Nietzsche möchte das unschuldige Kind als ein von gesellschaftlichen Zwängen und moralischen Pflichten befreites Selbst- und Weltverhältnis am Ende einer Transformation verstanden wissen. Die Unschuld dieses Kindes ist keine moralische Unschuld. Es ist eine Offenheit für Erfahrungen und eine Voraussetzung für das „Neubeginnen" (ebd.). Durch das „Vergessen" (ebd.) als Befreiung kann sich ein „Spiel" (ebd.) entflechten, welches Nietzsche als ein „aus sich rollendes Rad" (ebd.) kennzeichnet. Den assoziativen Raum, den Nietzsche mit dem Kind als Bewusstseinsgestalt öffnet, verwendet Agamben sprachphilosophisch und begreift die Kindheit als *„die Grenze zwischen Menschlichem und Sprachlichem"* (Agamben 2004, 74) oder als die Möglichkeit einer „stummen Erfahrung" (ebd., 69). An ihr schließt Agamben eine Kritik des modernen Erkenntnissubjekts an, in dem Erfahrung und Erkenntnis vereint werden sollen und die Kindheit eine „Bruchstelle" (ebd., 73) sein soll. Die „stumme Erfahrung" ist eine Art unverstellte Erfahrung, die sich aus der Einheit der Gegenwart ohne sprachlichen Verfügungswillen zeigt, und eine sprachlich vermittelte Erfahrung, die Erkenntnis sein soll, die als Erkenntnis nicht in Besitz genommen werden kann und auf die Zukunft verwiesen bleibt (vgl. ebd., 31 f.). Das Spiel tritt nun aus dieser sich synchronisierenden Fortschrittslogik heraus. Es zielt auf keine Erkenntnis, ist entlastet von Verantwortung und bedarf auch keines Produkts. Das Spiel verwandelt „Strukturen in Ereignisse" (ebd., 108) und bereitet damit einen Raum für Erfahrungen und Veränderungen. Die Bruchstelle ist folglich in der „Zeiterfahrung" (ebd., 146), in der das Potential von „Unordnung und Subversion" (ebd., 127) liegt. Mit einer aus heutiger Perspektive fragwürdig gewordenen geschichtsphilosophischen Zeigegeste auf ein aus dem Spiel emergierendes Kontingenzbewusstsein greift Agamben einen Topos auf, der quasi typisch für die Moderne ist. Dem Spiel wird in der industriellen Moderne sein subversives Potential genommen, indem es in das Kinderzimmer bzw. in das „Land des Spielzeugs" (ebd., 127) zurückgedrängt wird und im kindlichen Moratorium Raum greifen darf. Im „Land des Spielzeugs" verliert es in der „ewigen Gegenwart" (ebd., 114) auch seine emanzipatorische Kraft, die Grenze der Erfahrung zu verschieben. Das Anarchische des Spiels und die Fremdheit des Kindes werden schließlich domestiziert. Agambens Theorieentwurf fügt sich mit diesem Changieren zwischen Gegenwart und Zukunft, Veränderung und Tradierung, Rationalität und Kontingenz und der Verstetigung des Krisenbewusstseins dem Modernitätsparadigma Honigs und bildet die paradoxe Struktur von Spiel und Ernst ab, worauf sich die Pädagogik bezieht und die Gegenstand des nächsten Reflexionsschrittes sein wird.

3 Das Spiel, die Gegenwärtigkeit und ihre Unwirklichkeit

Aus dieser Beschäftigung mit dem Begriff der Kindheit heraus, möchte ich nun mein Augenmerk auf den Begriff des Spiels lenken, um das Verhältnis von Spiel und Ernst zu klären und den Umbruch von moderner Industriegesellschaft zur digitalisierten Spätmoderne nachvollziehbar zu machen. Der Begriff des Spiels ist jedoch genauso vielschichtig und überkomplex wie der Begriff der Kindheit. Statt einer „allgemein gültige[n] Definition" (Weiß 2020, 78) können nach Gabrielle Weiß nur Merkmale angegeben werden. Michael Parmentier spricht gar von einem „vibrierende[n] Sammelname[n]" (Parmentier 2010, 929) oder in Referenz zu Wittgenstein von einem Begriff „mit verschwommenen Rändern" (ebd.), der sowohl für ökonomische Verhaltensmuster (Spieltheorie, Gefängnisdilemma, freies Spiel der Märkte) als auch für ästhetische Ausdrucksformen (Spiel der Musik, das theatrale Spiel, das Spiel der Wellen) verwendet werden kann.

Strukturell könne nach Gregory Bateson von einem Spiel dann gesprochen werden, wenn eine Interaktion vorliegt, bei der das Signal „„Dies ist ein Spiel'" (Bateson 1983, 242) am Anfang steht. Dieses Signal, welches bei Affen, Katzen und Menschen in ähnlicher Form zu beobachten sei, erzeugt einen Handlungsrahmen, in dem a) die „ausgetauschten Mitteilungen oder Signale in gewissem Sinne unwahr oder nicht gemeint sind; und b) daß das, was mit diesen Signalen bezeichnet wird, nicht existiert" (ebd., 248). Die Handlung im Spiel bekommt entsprechend einen uneigentlichen Charakter, in dem das Symbolisierte keine reale Referenz aufweist. Das „Zwicken" (ebd., 244) der spielenden Katze symbolisiert zwar den Biss. Es ist aber kein Biss. Das Monopolygeld symbolisiert Geld. Es ist aber kein reales Geld. Alfred Schäfer und Christiane Thompson formulieren in Anschluss an die Studie *Homo Ludens* (1938) vom Kulturanthropologen Johan Huizinga und an die existential philosophische Studie *Spiel als Weltsymbol* (1960) von Eugen Fink diese Uneigentlichkeit treffend als „Unwirklichkeit des wirklichen Spiels" (Schäfer und Thompson 2014, 14), womit ein mehrfaches Verhältnis aufgerufen wird. Im Spiel treten erstens die Spielenden aus ihren sozialen Zusammenhängen heraus und treten in eine Als-Ob-Struktur (Wittig 2018) ein. Es bleibt damit an die Wirklichkeit derart gebunden, dass die Symbolebene auf diese referiert, ohne diese zu repräsentieren, und es erhält einen entsprechend illusionären Charakter. Die *Unwirklichkeit* des Spiels entlastet die Spielenden von der Verantwortungsübernahme ihrer Handlungen, solange es Spiel bleibt. Bateson geht davon aus, dass die Spielenden sich immer wieder daran erinnern müssen, dass sie ein Spiel spielen (vgl. Bateson, 248). Im Spiel werden zweitens die alltäglichen Regeln, Deutungsmuster und Identifikationen suspendiert, aber neue Regeln aufgestellt. Das Spiel ist zwar ein herrschaftsfreier Raum. Es basiert aber auf Spielregeln, die die Handlungen der Spielenden koordinieren. Die Ernsthaftigkeit von Spielregeln und die Verantwortungsübernahme zur Einhaltung dieser ist dann auch eine Bedingung für das Gelingen von Spielen. Huizinga spricht hier vom „heilige[n] Ernst" (Huizinga [1938] 1997, 27), mit dem das Spiel eine eigene Wirklichkeit erhält. Regeln werden „unbedingt bindend und dulden keinen Zweifel." (Ebd., 20) Gegenüber dieser Ernsthaftigkeit können Spielende aber auch eine distanzierte Haltung des „Falschspielers" (ebd.) einnehmen, der sich nur scheinbar auf die Regeln einlässt und sein eigenes Spiel daraus kreiert, die anderen im Glauben seiner Ernsthaftigkeit zu lassen. Der „Spielverderber" (ebd.) hält sich dementgegen offenkundig nicht an die Spielregeln, womit er das Spiel zerstört. Die Konsequenz ist der Spielabbruch. Hieraus resultiert drittens Huizingas konstitutives Merkmal des Spiels. „Alles Spiel ist zunächst und vor allem *ein freies Handeln.*" (Ebd., 16) Der wesentliche Unterschied zum „Ernst" der Wirklichkeit ist, dass Spielende sich selbst für das Spiel entscheiden, dieses in jedem Spielzug erneut aufrechterhalten, beenden und das Spiel wiederholen können. Sobald das Spiel zum Zwang oder von Nützlichkeitserwartungen dominiert wird, hört es auf, Spiel zu sein und wird zur Arbeit. Das Spiel muss zwecklos, unnütz und unproduktiv sein. Es erzeugt viertens eine eigene Zeit- und Raumerfahrung, die im Gegenwärtigen verbleibt, und ohne Zukunftsbezug sein soll. Der illusionäre Charakter bzw. die Unwirklichkeit des Spiels kann sich viertens nur dann realisieren, wenn es „Spieler in den Bann" (Wittig 2014, 175) zieht. Es muss eine Form des Glaubens der Wirklichkeit in der Unwirklichkeit einsetzen (vgl. Schäfer und Thompson 2014, 19 f.), die auch als Immersion verstanden werden kann. Mit Eugen Fink finden die Spielenden sich in einer „Spielwelt" (Fink [1960] 2010, 88) wieder, die nur für diese wirklich wird. Kinder, die miteinander Ärztin und Patientin spielen, müssen sich in einer Arztpraxis glauben, um das Rollenspiel als solches zu spielen. Dieser *Bann* muss ferner mit einer Offenheit über den Ausgang Ausgangs des Spiels verknüpft sein. Das Resultat sollte nicht im Vorhinein feststehen oder es muss ein Moment der Zufälligkeit implementiert sein, der alternative Spielverläufe zulässt. Erweitern lassen sich diese Merkmale fünftens durch die kategoriale Differenzierung von Roger Callois zwischen *paida* und *ludus* als Modi des Spielens. Bei *paida* dominiert das Prinzip des Vergnügens und der „anarchischen und launenhaften Natur" (Caillois [1958] 2017). Der Spielmodus des *ludus* entspricht dem Prinzip der Regulierung, dem zunehmenden Anspruch an Geschicklichkeit, Anstrengung und Übung. Diese Modi wendet er auf die vier differenten Spielformen *agon* (Wettkampf – Sport, Gesellschaftsspiele), *alea* (Chance – Glücksspiel), *mimicry* (Verkleidung – Theater, Rollenspiel) und *ilinx* (Rausch – Schaukel, Drehspiel, Alpinismus, Extremsport) an.

Im Gegensatz zu dieser Sammlung von Merkmalen versucht Eugen Fink der Unwirklichkeit des Spiels weiter einen systematischen philosophischen Kern abzugewinnen, indem er sich an der Dualität von Spiel und Ernst und von Unwirklichkeit und Wirklichkeit abarbeitet. Seine Befragung entwickelt er ausgehend von dem Weltverhältnis, von dem aus über Wirkliches und Unwirkliches gesprochen werden kann. Verständlich werde der Begriff der Wirklichkeit nämlich erst in Abgrenzung zum Spiel nicht aus einer ontologischen Bestimmbarkeit heraus, sondern ausgehend von einer in der Tradition Aristoteles stehenden Zweckbestimmung menschlicher Handlung als *energeia* bzw. „Am-Werksein" (Fink [1960] 2010, 84). Wirklich ist der Sinn, den der Mensch seinem Handeln in der Tätigkeit bzw. der Arbeit gibt (das Warum und Wozu). Unwirklich ist das sinnlose *Tun* (Zeitvertreib). Wenngleich das Spiel von dem Selbsterhaltungskampf im „Lebensernst" (ebd., 75) losgelöst ist, symbolisiert es diese wirkliche Welt des Sozialen zugleich. Das Spiel sei „die scheinhafte Paraphrase des Ernstlebens" (ebd., 77). Diese Paraphrase dürfe nicht als bloßer Spiegel des Wirklichen oder als Imitation im Sinne einer Mimesis interpretiert werden, womit ihr Geltungsanspruch bzw. Recht auf den Hinweis ihrer Unwirklichkeit marginalisiert werden könnte. Dieses Problem der Marginalisierung sieht Fink bei Platons Dichterkritik und Hegels Bestimmung der Kunst als „schönen Schein". Das Spiel sei als ein schöpferischer, ästhetischer und imaginärer Raum ein Spiel mit Möglichkeiten, die sich im Lebensvollzug durch das Tätigsein und Entscheiden zwischen Lebensoptionen vom Kind bis zum „Greis" reduzieren würden (vgl. ebd., 89 f.). Obwohl es diese Entscheidungen imaginiert (auch im Spiel müssen Spielende sich für Regeln und Spielzüge entscheiden), realisiere es doch die Freiheit zur „schöpferischen Umgestaltung" (ebd., 90) bzw. einer „phantasievollen Variation des Ernstlebens" (ebd.). Diese „produktive Kraft" (ebd.) des Spiels könne sich zwar nur unter der Bedingung der Nutzlosigkeit entfalten, was gleichwohl aber nicht bedeute, dass es deswegen unwahr wäre. Für Fink realisiere sich im Spiel eine holistische Symbolik, indem eine Ganzheit der Welt imaginiert wird. *Spiel als Weltsymbol* erschafft demnach Wirklichkeit in der Unwirklichkeit und referiert damit auf die Wirklichkeit, ohne diese sein zu können (vgl. ebd., 125).

Mit dem Spiel der Möglichkeit schließt Fink an Schillers ästhetische Schriften an, in denen Schiller die Sinnlosigkeit in Referenz zu Kants *Kritik der Urteilsbildung* als Interessenslosigkeit bespricht und das Spiel als Ort der Menschwerdung definiert (hierzu: Weiß 2020, 78 f.). In dem berühmt gewordenen Zitat – „[D]er Mensch spielt nur, wo er in voller Bedeutung des Wortes ist, und er ist nur da ganz Mensch, wo er spielt." (Schiller [1801] 2013, 62 f.) – formuliert er die Programmatik einer ästhetischen Deutung des Spiels, in dem Einbildungskraft und Verstand in eine Wechselwirkung treten und der Antagonismus des Selbsterhaltungszwangs („Stofftrieb" (ebd. 69)) und der formalen Rationalität und Gesetze („Formtrieb" (ebd.)) über den „Spieltrieb" (ebd., 59) im Spiel mit der Schönheit aufgehoben wird. Das Ästhetische erhält einen utopischen und auch kritischen Gehalt, insofern es Alternativen denkbar werden lässt und das „Problem der Grundlegung unter modernen Vorzeichen" (Schäfer und Thompson 2014, 25) markiert. Neben Christoph Menke, der in der Spielform der *mimicry* bzw. des Theaters das Potential sieht, Naturalisierungsprozesse normativer Ordnungen performativ zu explorieren, ohne sie als Kunst direkt verändern zu können (Menke 2005, 153), und Robert Pfaller, der im Spiel eine Souveränität erkennt, entgegen der üblichen Kontrolllogik sich selbst und Normen aufs Spiel zu setzen, steht auch Gabriele Weiss in dieser Argumentationslogik der ästhetischen Spieltheorie Schillers und sieht genau in der spielerischen Souveränität den „Eigen- und Bildungswert von Spielen" (Weiß 2020, 60). Steffen Wittig pointiert ferner die dialektische Struktur der Unwirklichkeit des Spiels. Aus einer Form der konstruktiven Negation, in der die Imagination immanent die Möglichkeit ihrer Wirklichkeit mitdenkt (sein Beispiel ist das Horoskop (vgl. Wittig 2014, 174), lässt sich nach Wittig die imaginäre Ganzheit von Kultur im Modus des Als-Ob thematisieren und damit auf die Grundlosigkeit und die Unmöglichkeit des Gründens des Sozialen hinweisen. Diese Beziehung von Sozialem, Kultur und Spiel liest er als eine *Ludifizierung des Sozialen,* in welchem dem Sozialen gerade keine künstlichen Spielelemente verliehen werden, sondern die Differenz zum Spiel in dieser Tradition der ästhetischen Deutung offengehalten werden soll (vgl. Wittig 2018). Im Zentrum dieser Lesart steht ein Kontingenzbewusstsein in Hinsicht eines nicht zu begründenden Sinns, welches im „Lebensernst" unhinterfragt bleibt. Diagnosen, die das Spiel als die Form des Postmodernen diskutieren, lassen sich hieran anschließen (vgl. Minnema 1998).

Die Unwirklichkeit des Spiels und die Paraphrasierung der Welt lässt sich aber auch machtlogisch verwertbar machen, wenn die sozialen Handlungsformen spielerische Elemente erhalten und sie hierdurch „Verführungsgewalt" (Fink [1960] 2010, 86) gewinnen. Mit Blick auf die Digitalisierung haben Dan Verständig und Jens Holze eine entsprechende These verfolgt (vgl. Verständig und Holze 2014). Die Annahme ist, dass über das Spiel Haltungen eingeübt werden, die zur Handlungsfähigkeit führen. Hierbei erstrahlt der „Lebensernst" über den Umweg der Unwirklichkeit des Spiels erst retrospektiv in einem neuen (verbesserten) Licht. Diesen Zusammenhang würde ich als eine List des Spiels bezeichnen, die sich in der historischen Diskussion um das Kinderspiel wiederfinden lässt.

4   Die List des (Kinder-)Spiels

Historisch ist das Kinderspiel nach Michael Parmentier mit dem Erscheinen des Kindes „als ‚Hoffnungsträger' bzw. ‚Sorgenkinder'" (Parmentier 2010, 931) „theoriewürdig" (ebd.) geworden. Bruegels Werk „Kinderspiele" von 1560 stelle in diesem Kontext eine „Zäsur" (ebd., 931) dar, weil sie das Kinderspiel als Kinderspiel thematisiere. Dies läge jedoch quer zur einer Jahrtausende überspannenden Kontinuität dieser Kulturtechnik. Demnach wären Spiele wie Ball-, Geschicklichkeits- oder auch Rollenspiele in jeder historischen Epoche nachweisbar (vgl. ebd.). Philippe Ariés diskutiert diese *Entdeckung* in seiner Studie *Geschichte der Kindheit* weniger von der Kontinuität als von der Frage aus, wieso das Spiel als Kinderspiel in den Blick geraten ist. Dies sei insofern nicht selbstverständlich, als dass in vormodernen Gesellschaften das Spiel nicht im Sinne von Kinder- und Erwachsenspielen nach Altersklassen differenziert gewesen wäre (vgl. Ariés 1978, 139). Ariés spricht auch von einer alten „Spielgemeinschaft" (ebd., 173), die aufgrund einer Veränderung des Verhältnisses zur Arbeit, zur Kindheit und zur gesellschaftlichen Differenzierung aufgebrochen wurde. Demnach hätte die „Zerstreuung" (ebd., 139) im Spiel um das 16. Jahrhundert[2] noch eine wesentlich höhere Bedeutung. Sie sei das „Hauptmittel [gewesen], um die gemeinschaftlichen Bande enger zu knüpfen, ein Zusammengehörigkeitsgefühl zu entwickeln." (Ebd., 140) Die „Spezialisierung der Spiele" (ebd., 137) habe sich nur auf die frühe Kindheit erstreckt und wäre schon „vom dritten oder vierten Lebensjahr an verwischt" (ebd.). Kinder hätten ebenso mit anderen Kindern wie auch mit Erwachsenen und Erwachsene untereinander gespielt. Vom 17. bis zum 19. Jahrhundert an seien viele Spielformen als Kinderspiele und volkstümliche Spiele, die einer sozialen Stratifizierungslogik folgten, umgedeutet worden. Eine Reihe

---

[2]Die Studie von Ariés bezieht sich auf europäische Quellen aus Frankreich, Spanien, Italien, England und Deutschland.

von Bewegungsspielen z. B. wurden unter dem Einfluss von Jesuiten, „„Ärzte der Aufklärung und der ersten Nationalisten" (ebd., 161), zu „„Ertüchtigungsspiele"" (ebd., 160) für Kinder und Soldaten oder zu Sportarten, womit diese Spiele der Infantilisierung enthoben wurden. Versteckspiele, die im 16. Jahrhundert noch unverfänglich von „Bauern und Edelleute[n]" (ebd., 138) gemeinsam gespielt worden seien, oder Verkleidungs- und Rollenspiele, deren kulturelle Verankerung im Karneval sichtbar seien, werden Kindern oder niedrigeren Schichten zugeschrieben. Gesellschaftsspiele werden darüber hinaus nach ihrem geistigen Anspruchsniveau gesellschaftlich bewertet (vgl. ebd., 163).

In der historisch pädagogischen Diskussion des Spiels lassen sich musterhaft neben pietistischen Verwerfungen des Spiels, wie etwa von August Hermann Francke, der das Spiel für eine „Einblasung des Bösen" (zit. in Scheuer 1997, 190) gehalten hat, dem Spiel zugewandte Positionen finden. Johann Amos Comenius z. B. hat das Spiel 1658 in seiner Schrift *Orbis sensualium pictu* in pädagogisch-didaktischer Absicht als Methodik der Vermittlung eingeführt. Das Lehren sollte in der *Schola ludus* auf spielerisch bildhafte Weise vollzogen werden (vgl. Bredekamp 2018, 23). Die Hoffnung, die sich mit dem Spiel verbindet, brachte Ernst Christian Trapp mit der „Überlistung der Mühe durch das Angenehme" (Trapp 1787, 97) auf den Punkt. Diese List des Spiels lässt sich auch schon in Rousseaus Erziehungsroman Emile (1762) aufspüren. Sein erziehungstheoretisches Gedankenexperiment Emile, in dem er ein duales Beziehungsverhältnis zwischen Jean-Jaques als Erzieher und Emile als Educanden fern der sozialen Abhängigkeitsverhältnisse städtischen Lebens in einer möglichst „natürlichen Umgebung" inszeniert, zielt auf eine Autonomiewerdung bei gleichzeitigem Freisein von der Willkür anderer Menschen und auf eine Selbstentfaltung, die auf eine Balance zwischen Wollen und Können hinausläuft. Das Experimentelle am Roman Emile ist, die Dinge bzw. die dingliche und soziale Umwelt von Emile derart einzurichten, dass Emile seine Reaktionen auf die Umwelt als seine Handlungen erfährt, in denen er seinen Willen identifizieren kann. Die Willkür der erzieherischen Intention wird zum „Gesetz der Notwendigkeit" (Rousseau [1762] 1963, 376), auf das das Kind eine Antwort geben muss, ohne sich unterworfen zu wissen. Die moderne List des Pädagogischen wäre hiernach, die Autonomie in der Unterwerfung zu kultivieren. Für diese zweifache Transformation, der Kontingenz in Notwendigkeit und der Heteronomie zur Autonomie bedarf es letztlich einer pädagogischen Methodik.

Das Spiel als pädagogische Methode kommt im dritten Buch von Emile zur Sprache, in dem es um das Heranführen des Kindes an die wissenschaftliche Entdeckung der Welt geht. Emile soll „von dem Spielen der Wissenschaft zu den wahren menschlichen Beschäftigungen gelangen" (ebd., 374), indem er „den Unterschied zwischen Arbeit und Zeitvertreib zu erfassen, und den Zeitvertreib nur noch als Erholung von der Arbeit zu betrachten" (ebd., 375 f.) lernt. Das Spielerische knüpft Rousseau an die Offenheit des Kindes. Solange das Kind nicht durch das „Gift der Meinung" (ebd., 376) infiziert sei, nehme es eine fragende Haltung zur Welt ein. Das Staunen und die Neugier als Grundhaltung speisen den Prozess des experimentellen Annäherns an Naturgesetze, die sich der unmittelbaren Wahrnehmung entziehen. Das Spielen soll das Kind zur Einsicht in den

„realen Nutzen[...]" (ebd., 376) und zur Ernsthaftigkeit der Beschäftigung führen, die den Heranwachsenden befähigen soll, durch die geschickte und technische Manipulation der Natur seine Bedürfnisse zu befriedigen und für sich nützliches Wissen zu generieren. Es entsteht ein Zeitindex, in dem die Gegenwärtigkeit des Spiels, das Unproduktive und der „Zeitvertreib" in die Zukunft überführt und der Gegenstand des Spiels nach dem Nutzen überprüfbar wird. Die List des Pädagogischen wird zur List des Spiels, indem die spielerische Übung in das Üben der Arbeit transformiert wird.

Dieser Punkt zwischen Spiel und Übung ist für Schleiermacher nun ein ganz wesentlicher pädagogischer Hebel, an dem das Verhältnis von Zukunft und Gegenwart verhandelt wird. Angelehnt an seine dialektische Argumentationssystematik müsse die Erziehung, deren Natur die Ausrichtung auf die Zukunft sei, zwischen dem Spiel als „Befriedigung in der Gegenwart" (Schleiermacher [1826] 2000, 54) und der Übung, die die Erfahrung des Moments gegen die Nützlichkeit der Zukunft aufopfere, moderieren und die Übung an das Spiel anlehnen, bis ein „Sinn für die Uebung" (ebd., 57) entstanden sei. Die Widerständigkeit des Kindes wird durch eine sukzessive Umwandlung des Spiels, in dem geübt wird, in eine Übung, in der die Tätigkeit Sinn bzw. Ernst erhält, übergeleitet und in die Praxis der Arbeit eingehegt. Die Schule ist dann nach Hegel auch die Institution, in der die Regelhaftigkeit, das Leistungsprinzip und die Objektivität wissenschaftlicher Erkenntnis zur Gewohnheit und das Spiel, das Erproben und die Subjektivität des Lustvollen durch die Haltung eines verantwortlichen Bürgers als primäres Selbstverständnis ersetzt werden soll. Nach Schleiermacher besteht genau in dieser Trennung von Schule und Familie bzw. Arbeit und Spiel die „wahre Evolution" (Schleiermacher [1813/1814] 2000, 258). „Schulleben ist Arbeitsleben oder Übungsleben, Leben zu Hause ist Spielleben." Ebd.)

Diese instrumentelle Betrachtung, die sich auch in sozialwissenschaftlichen – bspw.: Mead Sozialisationstheorem zwischen Play und Game – und psychologischen Theorieformaten – Spiel als Ventil (Spencer), als Rekreation (Lazarus), als Vorübung (Groos), als harmloser Abbau schädlicher primitiver Instinkte (Hall), als kathartisches Ableiten von negativen Empfindungen (Carr) etc. – wiederfinden lässt, besitzt eine hohe Attraktivität für die pädagogische Aneignung von spielerischen Praktiken. Diese Attraktivität der List des Spiels fundiert darauf, dass die Verhaltensveränderung nicht durch eine negative Disziplinierung begleitet wird, in der die Willkür des Erziehenden erfahrbar und die Unterwerfung thematisch bleiben würde. Das Spiel ist eben kein hegelianischer Machtkampf zwischen Herr und Knecht, sondern eine scheinbar vom Ernst befreite Praxis, die der Realität und des Zwangs enthoben ist. Das Spiel ist, so könnte geschlussfolgert werden, gerade in seiner „Unwirklichkeit" offen für pädagogische Begehrlichkeiten und auch ökonomische Sublimierungsinteressen. Hans Scheuer sieht sich 1974 einem „Boom der Spiele-Industrie" einerseits und andererseits einem wachsenden bildungspolitischen Interesse am Spiel gegenüber, das mit einem ganzen Katalog an Potentialen versehen wurde – „Förderung kreativen Verhaltens[,] Aufbau emotionaler Ich-Stärke[,] Anregung der Phantasie und Kommunikationsbereitschaft[,] Stärkung von Solidaritäts- oder

Emanzipationsbereitschaft" (Scheuer 1997, 189). Während bis in die 80er des 20. Jahrhunderts diese Ökonomisierung des Spiels noch primär auf die Kindheit bezogen war, markiert nach Zygmunt Bauman (1995) das Verhältnis zum Spiel den Übergang von der Moderne zur Postmoderne. *„The mark of postmodern aduldhood is the willingness to embrace the game whole-heartedly, as children do."* (Bauman 1995, 99) Das Spiel hat das Kinderzimmer folglich wieder verlassen und gewinnt an gesamtgesellschaftlicher Bedeutung. Zugleich lassen sich „Übergriffe der (ökonomischen und politischen) ‚Wirklichkeit' auf den Bereich der spielerisch-ästhetischen Erfahrung konstatieren – Übergriffe, die das ‚Unwirkliche' zum Instrument von realen Machttechniken machen. Dies lässt sich beispielhaft an der Tendenz aufzeigen, mit der Spielende mehr und mehr in der Logik von Kapital bzw. Humankapital operieren." (Schäfer und Thompson 2014, 26) Ich möchte mich nun aber weniger mit der Frage beschäftigen, ob dem Spiel das kritische Potential verloren geht, als vielmehr die Pädagogisierung des Spiels durch das digitale Spiel in den Vordergrund rücken, womit aus meiner Sicht auch eine Entgrenzung der Kindheit und mit dieser eine pädagogische Autorisierung verbunden ist.

5 Entgrenzung des Spiels im Digitalen und seine Pädagogisierung

Die moderne Ambivalenz des Spiels zwischen Abwertung ihrer Nutzlosigkeit, Infantilisierung und pädagogischer Verwertbarkeit scheint sich nun in der digitalisierten Spätmoderne zu wandeln. Computerspiele werden zum Massenphänomen, das zunehmend die Freizeitgestaltung aller Altersstufen durchdringt. Sie werden zum familiären Erlebnis, zum gemeinschaftlichen Erfahrungsraum in MMPORG, in Serious Games zu Lernformaten oder zum Modus des Identitätsspiels. Sie werden nach ihrem Bildungswert befragt (z. B.: Tillmann und Weßel 2018) und die Optik, wie etwa die des Egoshooters, zu einer kulturellen Ausdrucksform, die bis in den Terrorismus hineinreicht. Digitale Spiele werden ferner zum Modus politischer Aushandlungsprozesse und zum Mittel von Hate Speech, wie etwa bei sogenannten *Beat Up*-Games als moderne Form des Prangers (vgl. Eickelmann 2017, 219). Des Weiteren werde mit Mitteln der Gamification spielferne alltägliche Praktiken mit spielerischen Elementen versehen. Handlungen wie Gewichtsabnahme (FDDB), sportliche Aktivitäten (Nike fuel), Mobilität (Sammeln von Flugmeilen), ökologisches Verhalten zum Einsparen von $CO2$ und Umgang mit Müll etc. können durch digitale Medien in Spielformen umgewandelt werden. Diese Phänomene werden in zeitdiagnostischen Besprechungen als Ludifizierung wahlweise des Sozialen, der Kultur oder der Gesellschaft gekennzeichnet (hierzu Raessen 2014; McGonigal 2011; Dragona 2014). Im bildungstheoretischen Diskurs haben Dan Verständig und Jens Holzer in Referenz auf die Studie *Broken Reality* von Jane McGonigal auf Gamification, Selbstpräsentationsspiele und social games aufmerksam gemacht (vgl. Verständig und Holze 2014). Der grundlegende Gedanke von McGonigal ist, dass Menschen, abgestoßen durch die Unzulänglichkeiten der Wirklichkeit, in die Unwirklichkeit des Spiels flüchten. Diese Flucht ins digitale Spiel führe im Kontrast zu oftmals formulierten skeptischen Positionen nicht in eine Realitätsvergessenheit. Digitale Spielformen würden uns erlauben, soziale Kontakte zu pflegen, an Wertschätzung zu gelangen, zu lernen, unsere Leistungsfähigkeit zu erweitern etc. Aus diesem Grund könnten *good games* zu einer Verbesserung der Welt beitragen. A „whole-planetary mission, to use games to raise global quality of life, to prepare ourselves for the future, and to sustain our earth for the next millenium and beyond." (McGonigal 2011, 344) Sie prophezeit: „Games aren't leading us to the downfall of human civilization. They're leading us to reinvention." (Ebd., 354) Der Optimismus von McGonigal basiert auf ihrer Annahme, dass Spiele „our real lives" (ebd.) mit „positive emotions, positive activity, positive experiences, and positive strenghs" (ebd.) erfüllen würden. Diese teleologische bis sakralisierende Beschreibung der Ludifizierung steht in einem hohen Passungsverhältnis zu Marketingversprechen der Gamification und referiert dabei aber auch auf die Transformation der modernen Logik im Kontext neuer Technologien.

Mit den neuen Technologien bzw. der Digitalisierung transformiert sich die moderne Logik zwischen Spiel als nutzlosem Zeitvertreib und Ernst als sinnvoller Tätigkeit. Die Moderne bzw. die Industriegesellschaft, die in einer Dualität von verantwortungslosem Verspieltsein und der Ernsthaftigkeit des Einübens von verantwortlichem Handeln eingespannt war, folgt nach Reckwitz noch einer sachlichen Grammatik. Das Spielerische und Kreative steht hier in einem Spannungsverhältnis zu dieser *sachlichen* Rationalitätsform und fordert das Pädagogische heraus, den Übergang zu gestalten. In diesem Kontext gewinnt das Spielerische eine individualisierende, widerständige Dimension, die in der spätmodernen Gesellschaft der Singularitäten zur sozialen Erwartung avanciert. Mit dem Internet als „*Affektmaschine*" (Reckwitz 2017, 234) emergiere aus der „*extremen Überproduktion von Kulturformaten*" (ebd., 238) (z. B.: digitale Fotografie) und der faktischen „*Knappheit der Aufmerksamkeit*" (ebd.) eine Aufmerksamkeitsökonomie, in der die digitalisierten Objekte (Texte, Bilder, Videos) „keinen bloß kognitiven, sondern einen narrativen, ästhetischen, gestalterischen oder ludischen Charakter erhalten" (ebd., 235). Reckwitz sieht gar aufgrund der „omnipräsenten Visualität" (ebd.) eine Tendenz zur „Entinformationalisierung und *Emotionalisierung*" (ebd.), die dem einfachen Sachverhalt der Herstellung von Sichtbarkeit geschuldet sei. Hiernach verdränge im Kontext ubiquitär gewordener digitaler Selbstdarstellungspraktiken, phatischer Kommunikationsformen, entgrenzter Spielpraktiken und eines affektiven Informationsverhaltens eine kulturelle Codierung sachliche Codes der Industriegesellschaft. Die Mediatisierung durch Digitalisierung (vgl. u. a. Krotz 2017), die Reckwitz als universell werdende Kulturmaschine interpretiert, fordert eine paradoxe Reflexion des Gegenwärtigen, in dem die Aktualisierungsschleifen vor dem Vergessen bzw. der Unsichtbarkeit schützen, quasi eine „*momentanisiert*[e]" (Reckwitz 2017, 242) Kultur, die durch Praktiken des Remixes und der Referenzialisierung (vgl. Stalder 2017, 125 f.) begleitet werden. Der Medientheoretiker Roberto Simanowski wertet die Momentanisierung als ein Symptom einer *Facebook-Gesellschaft* und beschreibt diese als einen paradoxen Verlust an Gegenwart als eine reflexive Gegenwart und Zeitgenossenschaft, da die auf Permanenz gestellte Gegenwart Praktiken der distanzierten Reflexion von „Welt- und Selbstwahrnehmung" (vgl. Simanowski 2016, 15) überflüssig mache. Die Dominanz der Visualität, die Perpetuierung der Aktualisierung, die in der Angst des *Fear of missing out* zum Ausdruck kommt, habe ein „phatische[s] Erlebnismodell" (ebd., 162) zur Konsequenz, das Simanowski als „hyperaktive Zerstreuung" (ebd.) charakterisiert.

Nun ließe sich fragen, ob eine zyklische Zeitstruktur vorliegt, in der die Zerstreuung im Spielerischen wieder an Relevanz für die Vergemeinschaftung gewinnt. Konträr hierzu steht jedoch, dass das Spiel im Sinne McGonigals einen ernsthaften Charakter annimmt. Es wird mit der Gestaltung des „Lebensernsts" vermengt bzw. dieser wird ästhetisiert und spielbar gemacht. Diese Spielbarmachung von spielfernen Tätigkeiten zum Zweck der Motivationssteigerung ist die Definition von Gamification (vgl. Rachkowski und Schrape 2018, 313), auf die ich mich im Folgenden beispielhaft konzentrieren möchte. Gamification basiert auf der Implementierung von „points, levels, leaderboards, badges, challenges/quests, onboarding, and engagement loops" (Zichermann und Cunningham 2011, 36) in ästhetisch designte Anwendungen, die alltägliche Interaktionen (soziale Aufmerksamkeit – likeability) und Handlungsverläufe (Autofahren, Sportaktivitäten, Körpergewichtskontrolle) quantifizieren, verdaten und vernetzen. Gamification ist ohne Big Data undenkbar (vgl. Schrape 2014, 31 f.). Grundlage dieser persuasiven Technologie ist es, menschliche Aktivitäten an einem Punktesystem messbar werden zu lassen, ein Rankingsystem in Hinsicht erreichbarer und nach oben skalierbarer Levels zu modellieren, Anerkennungsregime einzuführen und ganz wesentlich eine vernetzte Sichtbarkeit zwischen den Nutzenden zu gewährleisten, die vor diesem Hintergrund des Wettbewerbsspiels – *agon* – zu Gegenspieler/innen werden. Mit dem Prinzip der Gamification wird ein Konkurrenzverhältnis strukturiert, in dem das Punktesammeln und die Rankings zum Selbstzweck werden. Das reale Handeln erhält eine Einübung von erwünschten Verhaltensweisen (z. B. Markenloyalität, sportliches und gesundes Verhalten oder auch umweltfreundliches Verhalten etc.). Das Spezifikum dieses Versprechens der spielerisch vermittelten Verhaltensveränderung sei nach Schrape ihre Freiheit von sachlichen Begründungserfordernissen (ebd., 25 f.). Paradigmatisch stehe hierfür das Konzept der *layality 3.0,* mit der die Bindung von konsumierenden Personen und Nutzenden über deren Spiel- und Wettbewerbsbedürfnis gelenkt wird und durch ein positives Feedbacksystem stabilisiert und angereizt wird (up-leveling, badges). Dieses positive Feedbacksystem unterscheide die *new governmentality* von Disziplinierungsformen, die Foucault in seinen gesellschaftstheoretischen und historischen Studien herausgearbeitet hätte. Gamification sei auf eine Unterwerfung gerichtet, die zusammen mit dem Prinzip des Nudgings vom Verhaltensökonomen Richard H. Thaler und dem Harvard Jurist Cass R. Sunstein Verhaltensveränderung zu einem *libertarian paternalism* hinführe. Einserseits werde mit einer intelligenten Wahlarchitektur Einfluss auf das Wahlverhalten der adressierten Personen genommen, denen eine konstitutive Rationalitätsschwäche zugesprochen wird, und andererseits werde das Wahlverhalten durch das Wettbewerbsspiel in verhaltensveränderte Haltungen verstetigt (vgl. ebd., 43). Algorithmisch gestützte Personalisierungsoptionen sollen die Wahloptionen (etwa bei Google, Amazon, Facebook) derart anpassen, dass das *Schubsen* der Nutzenden deren Wahrnehmungsschwelle immer subtiler unterläuft.

Bröckling beschreibt die Regierungsform des Nudgings als einen Versuch, die „Bürger […] vor sich selbst, vor ihren Fehlurteilen, ihrer Trägheit und ihren falschen Intuitionen [zu schützen], und zwar so behutsam, dass sie es kaum merken." (Bröckling 2017, 186 f.) Die große Aufmerksamkeit, die diesem Ansatz von politischen Akteur/innen (z. B.: der Obama-Administration, dem Behavioural Insights Team gegründet von der konservativen Regierung in Großbritannien 2010 und das Schaffen einer spezifischen Referatsstelle im Bundeskanzleramt 2014 von Angela Merkel (vgl. ebd., 184)) geschenkt wird, ist vom Glauben getragen, „Gesundheits-, Armuts- oder Umweltrisiken" (ebd., 190), die durch „individuelle Trägheit und unzureichende kognitive Kompetenzen" (ebd.) verursacht werden, ohne individuelle Widerstände im Schein der Freiheit reduzieren zu können. „Der libertäre Paternalist ähnelt so dem guten Hirten, der keine Schutzzäune errichtet, sondern Wege bahnt, der die Schwächen seiner Schafe kennt und jene, die in die falsche Richtung laufen, auf den rechten Weg zurücklockt." (Ebd.) Mit McGonigal nähme die/der Spieledesigner/in diese libertär paternalistische Position ein, die die Menschen zu einem sozialverträglichen, umweltbewussten und leistungsfähigen Verhalten *schubsen* soll. Scheitern wird diese „Utopie" an der Realität. Aus der Sicht von Bröckling weist diese eher auf ein „Szenario eines fortdauernden Kriegs konkurrierender Paternalisten [hin], die mit immer raffinierteren Nudges darum kämpfen, wer bestimmt, was wir wollen und wie wir uns verhalten sollen." (Ebd., 194) Für Schrape entsteht mit der Ausrichtung von Politik und Wirtschaft an Prinzipien der Gamification und dem Nudging-Prinzip die Gefahr, dass die Idee einer deliberativen Demokratie – Handeln unter den Vorbehalt intersubjektiv einsichtiger Gründe zu stellen – nicht mehr reproduziert werden könnte (Schrape 2014, 43).

Das Für und Wider eines habermasianischen Politikverständnisses möchte ich an dieser Stelle nicht diskutierten. Der Zusammenhang, der hier aus meiner Sicht durchscheint, ist die List des Spiels im Horizont einer List des Pädagogischen. In der Differenz zur modernen Pädagogik wird das Spielerische aber perpetuiert und leitet nicht mehr vom Spiel in die sachliche Beschäftigung mit der Welt über. Sie wird zu einem ernsthaften Verspieltsein um soziale Sichtbarkeit und Wertschätzung im Kontext von Leistungsoptimierung. Sie wird zu einer immersiven „Suggestion von Folgenlosigkeit" (Baecker 2017, 18). Thematisch wird der Begriff der Kindheit hier in zweifacher Hinsicht, als pädagogische Autorisierung und als Ausgangspunkt einer altersübergreifenden Pädagogisierung. Mit der *new governmentality* und der Verschränkung von Nudging und Gamification basierend auf algorithmischen Umwelten wird auf eine spielerische Vermittlung von ökonomisch und politisch angestrebten Haltungen und Verhaltensweisen abgezielt, deren Verhandelbarkeit verschleiert wird. Dieses Szenario des ernsthaften Verspieltseins öffnet gleichwohl das Tor für Gefährdungsdiagnosen, die den mündigen, verantwortungsvollen Umgang mit diesen Technologien anmahnen – die an manchen Stellen durchaus berechtigt sein mögen-, nach neuer Bildung rufen, digital literacy forcieren und einen pädagogischen Auftrag formulieren, der über alle Altersstufen hinweggeht (Bsp.: Aktionsrat Bildung). Alternativ hierzu stehen Ansätze, die die ästhetische oder poetische Dimension des Spiels pointieren und sich fragen, wie das Kritische des Improvisierens und des Spiels der Möglichkeiten im Kontext der „neuer Technologien" und digitaler Spiele reaktualisiert werden könnte. Aus der Sicht von Heidrun Allert und Christoph Richter wären „poetische Spielzüge" (Allert und Richter 2017, 249), die einen „Als-Ob-Charakter" (ebd., 251) aufweisen und einem „Prinzip der Anarchie" (ebd., 258) verpflichtet wären, sperrig gegenüber der Algorithmizität des Digitalen, welches Interaktionsprozesse in „regulative Spielzüge" (ebd., 249) übersetzen würde. Bildungstheoretisch wäre hiernach weniger relevant, wie im Medium des Digitalen gespielt werden könnte, als den technischen „Werkzeugcharakter" (ebd., 256) wiederzuerlangen und höchstens mit dem Digitalen zu spielen. Digitale Medien sollten nach dem Kriterium bewertbar werden, ob sie „die Möglichkeit zur Eröffnung poetischer Spielzüge" (ebd., 257) bieten. In eine ähnliche Richtung geht Benjamin Jörissen, wenn er vom „‚Design-Spiel'" (Jörissen 2018, 88) spricht, welches darauf angelegt ist, an der Designarchitektur auf differenten Ebenen digitaler Technologien mitzuspielen (hierzu auch Jörissen und Verständig 2017). Das ästhetische Mitspielen bildet darüber hinaus ein Motiv des Konzepts der Counter-Gamification nach Daphine Dragona, die nach immanenten Strategien der „resistance" (Dragona 2014, 238) und „opposition" (ebd., 239) sucht, um „a changing and a re-designing of the system" (ebd.) zumindest denkbar werden zu lassen. In einer Zusammenstellung beschäftigt sie sich mit verschiedenen Strategien z. B. der „Obfuscation", der „Overidentification" und der „Re-Appropriation" (vgl. ebd., 240), worunter sie die Sichtbarmachung von „algorithmic processes and [...] network structur" (ebd., 243) fasst. Ein spielerisches Beispiel wäre das Spiel *Data Dealing,* in welchem die Spielenden als Teil des Datenhandels deren Mechanismen verstehen lernen sollen. Joost Raessen sieht gar die Notwendigkeit für eine *ludoliteracy* im Sinn einer „competence to deal playfully with the systems you are of" (Raessens 2014, 109) und „allow for leaks in the system (use, cheating, modding und programming games)" (ebd.). Auf die Differenz von Gamification und Spiel deuten schlussendlich auch Rachkowski und Schrape hin, die einerseits dafür plädieren die kulturelle Bedeutung von digitalen Spielen nicht auf Gamification zu reduzieren und sich andererseits dem Vorschlag von Ian Bogost anschließen, diese als „‚Exploitationsware'" (Rachkowski und Schrape 2018, 323) zu bezeichnen.

Die Rückgewinnung des Ästhetischen des Spiels kann als ein kritisches Motiv betrachtet werden, das das Kontingenzbewusstsein hervorheben soll, um die Möglichkeit von Veränderung zu pointieren. Es lassen sich aber auch Phänomene beobachten, in denen spielerisch Ernsthaftes zum Ausdruck kommt. Dies ist etwa bei Open-Source-Bewegungen zu beobachten, die z. B. durch Copyright geschützte Codes in Gedichtform veröffentlichen und damit die systematische Intransparenz von Interface und Code thematisieren. Bei *Data Dealer* wird spielerisch die Verwertungskette innerhalb der Datenökonomie offengelegt. Auch Künstler/innenkollektive spielen mit der Aufmerksamkeitsökonomie digitaler Öffentlichkeit und

Darstellungsformen, um Ernsthaftes zu verhandeln. Gerade das Institut für politische Schönheit bewegt sich dabei an der Grenze zwischen existentiellen Fragen wie globaler Fluchtbewegungen und ästhetischer Inszenierung (hierzu Stange et al. 2018). Diese spielerische Ernsthaftigkeit verwendet spielerische Elemente und zieht den Fokus auf ein Problem, das zum Gegenstand der Reflexion werden soll. Diese Reflexivität bricht mit der in Aktualisierungsschleifen begriffenen Gegenwärtigkeit bzw. mit Agamben gesprochen der „ewigen Gegenwart" und setzt bei einer reflexiven Gegenwärtigkeit an. Den Punkt, den ich nun aus bildungstheoretischer Perspektive für wesentlich halte, ist nicht nur, das Ästhetische des Spiels wiederzugewinnen und damit eine „radikale Offenheit" (Allert und Richter, 258) zu fokussieren, sondern zudem, die Materialität im Sinne von Lebenswirklichkeit, -bedingungen und -formen in den Blickpunkt zu ziehen. Die Kontingenz im Sinne eines Status von Regeln und Ordnungen, die nicht notwendig so sein müssen, wie sie sind, ist ja auch ein Prinzip der digitalen Praktiken, die sich in der Abstraktion von Rankings und Selbstpräsentationsspielen bewegen. Die Frage, die sich vor diesem Hintergrund aufdrängt, ist die nach den Grenzen des Spiels und der Auseinandersetzung mit einer gemeinsam geteilten Wirklichkeit (z. B.: Fluchtbewegungen, Börsenspielen mit Lebensgrundlagen, ökologische Existenzbedingungen etc.), die nicht aufs Spiel gesetzt werden sollten. Die Ludifizierung des Sozialen erlaubt den Individuen hingegen, wie es Simanowski mit Blick auf die sogenannte *Facebook-Gesellschaft* darlegt, affirmativ und nicht kritisch zu sein (vgl. Simanowski 2016, 14). Wir dürfen einfach spielen, Kindsein und uns im „Land des Spielzeugs" aufhalten und fördern dabei noch indirekt unsere Gesundheit, wenn wir z. B. Pokémon Go spielen. Das kritische Moment aus bildungstheoretischer Perspektive läge aus meiner Sicht darin, der Dimension der Welt und ihrer Sperrigkeit zu ihrem Recht zu verhelfen und manchmal die *Spielverderberin* zu spielen.

Literatur

Agamben, Giorgio. 2004. *Kindheit und Geschichte. Zerstörung der Erfahrung und Ursprung der Geschichte.* Frankfurt a. M.: Suhrkamp.
Andresen, Sabine und Sascha Neumann. 2018. Die 4. World Vision Kinderstudie: Konzeptionelle Rahmung und thematischer Überblick. In *„Was ist los in unserer Welt?" Kinder in Deutschland 2018. 4. World Vision Kinderstudie*, Hrsg. World Vision Deutschland e. V., 35–53. Weinheim: Beltz Juventa.
Andresen, Sabine. 2018. Child Well-Being im Schnittfeld von Forschung und Politik. Versuch einer Typologie. In *Gute Kindheit. Wohlbefinden, Kindeswohl und Ungleichheit*, Hrsg. Tanja Betz, Sabine Bollig, Magdalena Joos und Sascha Neumann, 70–83. Weinheim: Beltz Juventa.
Ariés, Philippe. 1978. *Geschichte der Kindheit.* München: Deutscher Taschenbuch Verlag.
Bächle, Thomas Christian. 2015. *Mythos Algorithmus.* Wiesbaden: Springer Fachmedien.
Baecker, Dirk. 2017. Wie verändert die Digitalisierung unser Denken und unseren Umgang mit der Welt? In *Handel 4.0: Die Digitalisierung des Handels – Strategien, Technologien, Transformation,* Hrsg. Rainer Gläß und Bernd Leukert, 3–24. Berlin: Springer Science and Business Media; Springer Gabler.
Bähr, Julia. 2019. Besser „Pokémon Go" als Fußball. Bloggerin Patricia Cammarata im Gespräch. https://www.faz.net/aktuell/feuilleton/bloggerin-patricia-cammarata-im-gespraech-16171736.html#void. Zugegriffen: 20. Dezember 2019.

Bateson, Gregory. 1983. Eine Theorie des Spiels und der Phantasie. In *Ökologie des Geistes. Anthropologische, psychologische, biologische und epistemologische Perspektiven*. Übers. H. G. Holl, 241–261. Frankfurt a. M.: Suhrkamp.

Bauman, Zygmunt. 1995. *Life in fragments. Essays in postmodern morality*. Oxford: Blackwell.

Bettinger, Patrick. 2017. Hybride Subjektivität(en) in mediatisierten Welten als Bezugspunkte der erziehungswissenschaftlichen Medienforschung. In: merz (6), 7–18.

Bredekamp, Horst. 2018. Der Affe der Natur: Zur Utopie des Spiels. In *Spielwissen und Wissensspiele*, Hrsg. Christian Stein und Thomas Lilge, 21–26. Bielefeld: Transcript Verlag.

Bröckling, Ulrich. 2017. *Gute Hirten führen sanft. Über Menschenregierungskünste*. Berlin: Suhrkamp.

Brumlik, Micha. 2018. Zur Dialektik der Kindheit. Konstrukt, ontologische Universalie oder transzendentale Voraussetzung. In *Institutionalisierungen von Kindheit. Childhood Studies zwischen Soziologie und Erziehungswissenschaft*, Hrsg. Tanja Betz, Sabine Bollig, M. Joos und S. Neumann, 66–75. Weinheim: Beltz Juventa.

Bühler-Niederberger, Doris. 2011. *Lebensphase Kindheit. Theoretische Ansätze, Akteure und Handlungsräume*. Weinheim: Beltz Juventa.

Caillois, Roger. [1958] 2017. *Die Spiele und die Menschen. Maske und Rausch*. Berlin: Matthes & Seitz.

Daryan, Nika. 2018. Revidierbarkeit, ein Muster der Hypersphäre. In *Jahrbuch Medienpädagogik 14. Der digitale Raum – Medienpädagogische Untersuchungen und Perspektiven*, Hrsg. Manuela Pietraß, Johannes Fromme, P. Grell und T. Hug, 75–94. Wiesbaden: Springer VS.

Decker, Hanna. 2018. Wer spielt eigentlich noch Pokémon Go? https://www.faz.net/aktuell/wirtschaft/digitec/wer-spielt-eigentlich-noch-pokemon-go-15731738.html. Zugegriffen: 20. Dezember 2019.

Dekker, Jeroen, Bernard Kruithof, F. Simon, und B. Vanobbergen. 2012. Discoveries of childhood in history: an introduction. *Paedagogica Historica* 48 (1): 1–9. https://doi.org/10.1080/00309230.2012.644988.

Dietzke, Anni. 2019. Pokémon GO Fest in Dortmund. Echte Liebe auch fernab vom Fußball. https://www.tagesspiegel.de/wirtschaft/pokemon-go-fest-in-dortmund-echte-liebe-auch-fernab-vom-fussball/24534834.html. Zugegriffen: 20. Dezember 2019.

Dragona, Daphine. 2014. Counter-Gamification: Emerging Tactics and Practices Against The Rule of Numbers. In *Rethinking gamification*, Hrsg. Mathias Fuchs, Sonia Fizek, P. Ruffino und N. Schrape, 227–250. s.l.: s.l.

Drerup, Johannes. 2016. (Re-)Konstruktion praxisinhärenter Normen: Zur Eigenstruktur pädagogischer Rechtfertigungsverhältnisse. (German). *Zeitschrift für Pädagogik* 62 (4), 531–550.

Eickelmann, Jennifer. 2017. *„Hate Speech" und Verletzbarkeit im digitalen Zeitalter. Phänomene mediatisierter Missachtung aus Perspektive der Gender Media Studies*. Bielefeld: Transcript Verlag (Edition Medienwissenschaft, v. 46).

Fink, Eugen. [1960] 2010. Spiel als Weltsymbol. In *Spiel als Weltsymbol*, Hrsg. Cathrin Nielsen und Hans Rainer Sepp, 30–235. Freiburg im Breisgau: Verlag Karl Alber.

Frijhoff, Willem. 2012. Historian's discovery of childhood. *Paedagogica Historica* 48 (1), 11–29.

Gapski, Harald. 2015: *Big Data und Medienbildung. Zwischen Kontrollverlust, Selbstverteidigung und Souveränität in der digitalen Welt*. München: Kopaed (Schriftenreihe zur digitalen Gesellschaft NRW, 3).

Giesinger, Johannes. 2019. Paternalismus und die normative Eigenstruktur des Pädagogischen. Zur Ethik des pädagogischen Handelns. *Zeitschrift für Pädagogik* 65 (2), 250–265.

Heinz, Daniel. 2019. Pokémon Go unter der pädagogischen Lupe. https://www.spieleratgeber-nrw.de/Pokemon-Go-unter-der-padagogischen-Lupe.4770.de.1.html. Zugegriffen: 20. Dezember 2019.

Huizinga, Johan. [1938] 1997. *Homo Ludens. Vom Ursprung der Kultur im Spiel*. Hamburg: Rowohlt Taschenbuch Verlag.

Jaspers, Karl. 1971. *Einführung in die Philosophie*. München: Piper.

Joos, Magdalena, Tanja Betz, S. Bollig, und S. Neumann. 2018. ‚Gute Kindheit' als Gegenstand der Forschung. Wohlbefinden, Kindeswohl und ungleiche Kindheit. In *Gute Kindheit. Wohlbefinden, Kindeswohl und Ungleichheit*, Hrsg. Tanja Betz, Sabine Bollig, M. Joos und S. Neumann, 7–29. Weinheim: Beltz Juventa.

Jörissen, Benjamin und Dan Verständig. 2017. Code, Software und Subjekt. Zur Relevanz der Critical Softwäre Studies für ein nicht-reduktionistisches Verständnis „digitaler Bildung". In *Das umkämpfte Netz. Macht- und medienbildungstheoretische Analysen zum Digitalen*, Hrsg. Ralf Biermann und Dan Verständig, 37–50. Wiesbaden: Springer VS.

Jörissen, Benjamin. 2018. Subjektivation und ästhetische Bildung in der post-digitalen Kultur. *Vierteljahrsschrift für wissenschaftliche Pädagogik* 94 (1), 51–70.

Kant, Immanuel und Wilhelm Weischedel. [1803] 1977. *Schriften zur Anthropologie, Geschichtsphilosophie, Politik und Pädagogik*. Bd. 1. Frankfurt a. M.: Suhrkamp.

Kelle, Helga. 2018. Generationale Ordnung als Proprium von Erziehungswissenschaft und Kindersoziologie. In *Institutionalisierungen von Kindheit. Childhood Studies zwischen Soziologie und Erziehungswissenschaft*, Hrsg. Tanja Betz, Sabine Bollig, M. Joos und S. Neumann, 38–52. Weinheim: Beltz Juventa.

Krotz, Friedrich. 2017. Öffentlichkeit in mediatisierten Gesellschaften von heute. Von inhaltsbezogenen Kommunikationsformen zu medienbezogenem kommunikativen Handeln. In *Der neue Strukturwandel von Öffentlichkeit. Reflexionen in pädagogischer Perspektive*, Hrsg. Ulrich Binder und Jürgen Oelkers, 16–30. Weinheim: Beltz Juventa.

McGonigal, Jane. 2011. *Reality is broken. Why games make us better and how they can change the world*. London: Vintage Books.

Menke, Christoph. 2005. *Die Gegenwart der Tragödie. Versuch über Urteil und Spiel*. Frankfurt a.M.: Suhrkamp.

Meschtscherjakov, Alexander, Sandra Trösterer, A. Lupp, und M. Tscheligi. 2017. Pokémon WALK: Persuasive Effects of Pokémon GO Game-Design Elements. In *Persuasive technology. Development and implementation of personalized technologies to change attitudes and behaviors: 12th International Conference, PERSUASIVE 2017, Amsterdam, The Netherlands, April 4–6, 2017: proceedings*, Hrsg. Peter W. de Vries, Harri Oinas-Kukkonen, L. Siemons, N. B. Jong und L. von Gemert-Pijnen, 241–252. Cham: Springer VS.

Mierendorff, Johanna. 2010. *Kindheit und Wohlfahrtsstaat. Entstehung, Wandel und Kontinuität des Musters moderner Kindheit*. Weinheim: Beltz Juventa.

Nietzsche, Friedrich. [1886] 2002. *Also sprach Zarathustra. Ein Buch für Alle und Keinen*. Nachwort von Josef Simon. Stuttgart: Reclam.

Pariser, Eli. 2012: *The filter bubble. What the Internet is hiding from you*. London: Penguin Books.

Parmentier, Michael. 2010. Spiel. In *Historisches Wörterbuch der Pädagogik*, Hrsg. Dietrich Benner und Jürgen Oelkers, 929–945. Weinheim/Basel: Beltz Verlag.

Rachkowski, Felix und Niklas Schrape. 2018. Gamification. In *Game Studies*, Hrsg. Benjamin Beil, Thomas Hensel und A. Rauscher, 313–329. Wiesbaden: Springer VS.

Raessens, Joost. 2014. The Ludification of Culture. In *Rethinking gamification*, Hrsg. Mathias Fuchs, Sonia Fizek, P. Ruffino und N. Schrape, 91–118. Lüneburg: Meson press.

Reckwitz, Andreas. Hrsg. 2017: *Die Gesellschaft der Singularitäten. Zum Strukturwandel der Moderne*. Berlin: Suhrkamp.

Richter, Christoph und Heidrun Allert. 2017. Poetische Spielzüge als Bildungsoption in einer Kultur der Digitalität. In *Digitalität und Selbst*, Hrsg. Heidrun Allert, Michael Asmussen und C. Richter. Bielefeld: Transcript Verlag.

Rousseau, Jean Jaques. [1762] 1963. *Emile oder Über die Erziehung*. Stuttgart: Reclam.

Schäfer, Alfred und Christiane Thompson. 2014. Spiel – eine Einleitung. In *Spiel*, Hrsg. Alfred Schäfer und Christiane Thompson, 7–34. Paderborn: Ferdinand Schöningh.

Schäfer, Alfred. 2005. *Einführung in die Erziehungsphilosophie*. Weinheim: Beltz Juventa.

Schäfer, Alfred. 2007. Einleitung: Kindliche Fremdheit und pädagogische Gerechtigkeit. In *Kindliche Fremdheit und pädagogische Gerechtigkeit*, Hrsg. Alfred Schäfer, 7–24. Paderborn: Ferdinand Schöningh.

Schäfer, Alfred. 2018. Kontingenz und Souveränität. Annäherungen an das Pädagogische. *Vierteljahrsschrift für wissenschaftliche Pädagogik* 94 (1), 113–132.
Schrape, Niklas. 2014. Gamification and Governmentality. In *Rethinking gamification*, Hrsg. Mathias Fuchs, Sonia Fizek, P. Ruffino und N. Schrape, 21–45. Lüneburg: Meson press.
Schelhowe, Heidi. 2011: Interaktionsdesign: Wie werden digitale Medien zu Bildungsmedien? *Zeitschrift für Pädagogik* (03), 350–362.
Scheuer, Hans. 1997. *Das Spiel. Theorien des Spiels*. Weinheim: Beltz Juventa.
Schiller, Friedrich. [1801] 2013. *Über die ästhetische Erziehung des Menschen in einer Reihe von Briefen. Mit den Augustenburger Briefen*. Stuttgart: Reclam.
Schleiermacher, Friedrich. 2000. Vorlesungen 1813/1814. In *Texte zur Pädagogik. Kommentierte Studienausgabe*. Bd. 1, Hrsg. Michael Winkler und Jens Brachmann, 211–272. Frankfurt a. M.: Suhrkamp.
Schleiermacher, Friedrich. 2000. Vorlesungen 1826. In *Texte zur Pädagogik. Kommentierte Studienausgabe*. Bd. 2, Hrsg. Michael Winkler und Jens Brachmann, 7–404. Frankfurt a. M.: Suhrkamp.
Seyfert, Robert und Jonathan Roberge. 2017. Was sind Algorithmuskulturen? In *Algorithmuskulturen. Über die rechnerische Konstruktion der Wirklichkeit*, Hrsg. Robert Seyfert und Jonathan Roberge, 7–40. Bielefeld: Transcript Verlag.
Simanowski, Robert. 2016. *Facebook-Gesellschaft*. Berlin: Matthes et Seitz Berlin.
Stalder, Felix. 2017: *Kultur der Digitalität*. 3. Auflage. Berlin: Suhrkamp.
Stange, Raimer, Miriam Rummel und F. Waldvogel, Hrsg. 2018. *Haltung als Handlung – Das Zentrum für Politische Schönheit*. München: Metzel.
Sutterlüty, Ferdinand. 2018. Autonomieprinzip und Kindeswohl. Ansprüche des Familienrechts mit paradoxaler Wirkung? In *Gute Kindheit. Wohlbefinden, Kindeswohl und Ungleichheit*, Hrsg. Tanja Betz, Sabine Bollig, M. Joos und S. Neumann, 101–115. Weinheim: Beltz Juventa.
Tenorth, Heinz-Elmar. 1988. *Geschichte der Erziehung. Einführung in die Grundzüge ihrer neuzeitlichen Entwicklung*. Weinheim: Beltz Juventa.
Tillmann, Angela und André Weßel. 2018. Das digitale Spiel als Ermöglichungsraum für Bildungsprozesse. In *Jahrbuch Medienpädagogik 14*, Hrsg. Manuela Pietraß, Johannes Fromme, P. Grell und T. Hug, 111–132. Wiesbaden: Springer VS.
Trapp, Ernst Cristian. 1787. Vom Unterricht überhaupt. Zweck und Gegenstand desselben für verschiedene Stände. Ob und wie fern man ihn zu erleichtern und angenehm zu machen suchen dürfe? In *Allgemeine Revision des gesamten Schul- und Erziehungswesens von einer Gesellschaft praktischer Erzieher. Bd. 8*, Hrsg. Joachim Heinrich Campe, 4–490.
Verständig, Dan und Jens Holze. 2014. Die Ludifizierung des Sozialen durch Digitale Räume. In *Spiel*, Hrsg. Alfred Schäfer und Christiane Thompson, 129–156. Paderborn: Ferdinand Schöningh.
Wagenschein, Martin. 1955. Vierter Tag Pädagogische Folgerungen. Das Exemplarische in seiner Bedeutung für die Ueberwindung der Stofffülle. *Bildung und Erziehung* (8), 519–532.
Weiß, Gabriele. 2020. Spiel. In *Handbuch Bildungs- und Erziehungsphilosophie*, Hrsg. Gabriele Weiß und Jörg Zirfas, 77–88. Wiesbaden: Springer VS.
Winkler, Martina. 2017. *Kindheitsgeschichte. Eine Einführung*. Göttingen: Vandenboeck & Ruprecht.
Wittig, Steffen. 2014. Kultur – Spiel – Subjekt. Zur Konstruktion von Kultur in und als Spiel. In *Spiel*, Hrsg. Alfred Schäfer und Christiane Thompson, 157–184. Paderborn: Ferdinand Schöningh.
Wittig, Steffen. 2018. *Die Ludifizierung des Sozialen. Differenztheoretische Bruchstücke des Als-Ob*. Paderborn: Ferdinand Schöningh.
Zichermann, Gabe und Christopher Cunningham. 2011. *Gamification by Design: Implementing Game Mechanics in Web and Mobile Apps*. Köln: O'Reilly Media.

Zinnecker, Jürgen. 1990. Kindheit, Jugend und soziokultureller Wandel in der Bundesrepublik Deutschland/Forschungsstand und begründete Annahmen über die Zukunft von Kindheit und Jugend. In *Kindheit und Jugend im interkulturellen Vergleich. Zum Wandel der Lebenslagen von Kindern und Jugendlichen in der Bundesrepublik Deutschland und in Großbritannien*, Hrsg. Peter Büchner, Heinz-Hermann Krüger und L. Chisholm, 17–36. Wiesbaden: Springer VS.

Zinnecker, Jürgen. 2000. Kindheit und Jugend als pädagogische Moratorien. Zur Zivilisationsgeschichte der jüngeren Generation im 20. Jahrhundert. In *Bildungsprozesse und Erziehungsverhältnisse im 20. Jahrhundert*, Hrsg. Dietrich Benner und Heinz-Elmar Tenorth, 36–68. Weinheim: Beltz Juventa.

Musikalisch-ästhetische Erfahrung in der frühen Kindheit im Spannungsverhältnis von konkret-sinnlichen und digitalen Bildungsangeboten

Eine phänomenologische Perspektive

Oktay Bilgi

Abstract

In den Debatten um digitale Bildung wird vor allem auf die enormen Lernpotentiale in der frühen Kindheit verwiesen. Wie im Zeitraffer soll schon in der frühesten Kindheit das entscheidende Fundament für die digitale Zukunft gelegt werden. Die hier anvisierten Kompetenzbereiche gehen weit über die Medienkompetenz im engeren Sinne hinaus. So sollen beispielsweise durch den Einsatz neuer Technologien, wie etwa digitaler Musikinstrumente, bereits in der frühen Kindheit Wahrnehmungs- und Lernmöglichkeiten virtuell erweitert werden (AR –Augmented Reality) (u. a. Fthenakis 2020; kritisch dazu McGuirk/Buck 2019). In diesem Zusammenhang deuten Schlagworte wie Virtual Reality oder Augmented Reality darauf hin, wie sehr gewohnte Konzepte von Wirklichkeit und Wahrheit oder Vorstellungen des Menschlichen infrage stehen. Wenn Technik nicht als ein bloßes Geflecht von Tätigkeiten und Maschinen, sondern gleichsam als ein Instrument der Strukturierung der Wahrnehmungsweise verstanden wird (vgl. Heidegger 1962/2014; Vial 2016), dann stellt sich sogleich die Frage, wie mit dem Einsatz digitaler Musikangebote in der frühen Kindheit spezifische Zugangsweisen zur Wirklichkeit hervorgebracht und damit jeweilige Erfahrungsmöglichkeiten geschaffen werden. Am Beispiel musikalisch-ästhetischer Erfahrungen in der frühen Kindheit fragt dieser Beitrag nach den Unterschieden von körperlich-sinnlichen und digitalen Formen der ästhetischen Erfahrung.

O. Bilgi (✉)
Department Erziehungs- und Sozialwissenschaften, Universität zu Köln, Köln, Deutschland
E-Mail: oktay.bilgi@uni-koeln.de

© Springer-Verlag GmbH Deutschland, ein Teil von Springer Nature 2020
M. F. Buck et al. (Hrsg.), *Neue Technologien – neue Kindheiten?*,
Techno:Phil – Aktuelle Herausforderungen der Technikphilosophie 3,
https://doi.org/10.1007/978-3-476-05673-3_9

Keywords

Musikalisch-ästhetische Erfahrungen in der frühen Kindheit · Phänomenologie der Musik · Konkreativität · Digitales Musizieren

1 Einleitung

Ein Blick in die digitale Zukunft des Kindergartens: Lukas (4,5 Jahre) kommt morgens in den Gruppenraum und wird schon an der Tür von dem Roboter-Assistenten mit einem für ihn personalisierten Lied begrüßt. Durch sein ausgefeiltes Profiling-System differenziert der Roboter die Vorlieben, Interessen, Stärken und Schwächen jedes Kinds mittlerweile sehr genau. Über emotionssensitive Sensoren, Kameras und Mikrofone identifiziert und analysiert er kleinste emotionale Signale von Lukas. Auf der Basis ausgeklügelter Algorithmen kann der Roboter sogar Lukas' weiteres Verhalten antizipieren und gezielte Förderangebote generieren. Er kann mit seinen intelligenten Armen geschickt zeichnen, musizieren, Türme bauen. Während seines Einsatzes ist der Roboter durchgehend online und hat Zugriff auf eine unendliche Anzahl von Informationen, Liedern und Geschichten, spricht nahezu alle Sprachen und ist auch noch dazu ein ausgezeichneter Mathematiker. Und für all das braucht es nicht mehr als einen Knopfdruck.

Wer heute noch solche Szenarien einer robotergestützten Lernsituation als Science-Fiction abtut, ist nicht mehr auf dem Stand der Zeit. Laut einer Pressemitteilung der Universität Bielefeld erforschen seit 2016 Wissenschaftler/innen des Exzellenzclusters Kognitive Interaktionstechnologie (CITEC), wie soziale Roboter als Sprachtrainer für den Zweitspracherwerb im Kindergarten eingesetzt werden können. Der sprechende Roboter ist mit seinen 30 cm nicht viel größer als ein Spielzeug, heißt Nao und verfügt über künstliche Intelligenz. Er lernt auf der Basis von Algorithmen, wie Interaktionen mit Kindern effektiv zu gestalten sind, damit sie eine Zweitsprache erlernen. Laut Stefan Kopp (2017), dem Bielefelder Forscher für künstliche Intelligenz, soll der Roboter „verstehen, was in dem Kind vor sich geht, und sein Verhalten danach ausrichten" (Kopp, zitiert nach Universität Bielefeld 2017). Sensoren, Kameras und Mikrofone registrieren dazu Gesichtsausdrücke, Blickrichtungen, Tippverhalten und Antwortgeschwindigkeit des Kinds. Auf dieser Grundlage berechnet das System Aufmerksamkeit, Motivation und Fortschritte im Lernen und trifft Entscheidungen, welche Aktion in der Lernsituation als Nächstes geeignet ist. „Dieser Sprachlehrer weiß genau, was jedes einzelne Kind kann und was noch nicht […]. Er erkennt, wenn es überfordert oder abgelenkt ist und motiviert es, bei der Sache zu bleiben. Er ist nie genervt und wiederholt schwierige Vokabeln bei Bedarf auch ein zehntes oder elftes Mal" (Kopp, zitiert nach Rink 2019).

Die Entwicklung im Bereich der künstlichen Intelligenz ist noch lange nicht so weit, wie das eingangs beschriebene Szenario unterstellt. Trotz seiner positiven Einschätzung, was den Einsatz künstlicher Intelligenz in pädagogischen Lehr-Lern-Situation betrifft, sieht Kopp etwaige Schwierigkeiten. Das Sprechen als soziales Phänomen geht über den *richtigen* Gebrauch von Wörtern und Grammatik hinaus. Was im Sprechen zur Sprache kommt, ist weit mehr als Algorithmen zur Erkennung, Analyse und Musterbildung von Informationen. Das Klingen der Stimme, der gefühlsmäßige Ton, der in jedem Gesagten mitschwingt, ist nicht ein Code, der nur registriert zu werden braucht, sondern etwas durch und durch Leibliches. Die Entstehung der Stimme und ihre Ausdehnung im Raum finden innerhalb und zwischen lebendigen Körpern statt. Folgt man Gernot Böhme, dann „versteht man die Äußerung eines Menschen oder eines Dinges durch dessen Ton und Stimme dadurch, daß sie im eignen Inneren eine Glocke zum Mitschwingen bringt, also durch inneren Mitvollzug. Verstehen ist ein Resonanzphänomen" (Böhme 2019, 163).

Was verspricht man sich aber dann mit dem Einsatz von Lernrobotern im Kindergarten? Die Forschungsarbeiten des Exzellenzclusters Kognitive Interaktionstechnologie (CITEC) zur Robotik und künstlichen Intelligenz exemplifizieren einen tiefgreifenden gesellschaftlichen Transformationsprozess, der häufig mit dem Begriff der digitalen Revolution beschrieben wird. Während Algorithmen schon längst unterschiedliche Lebensbereiche (Online-Suchmaschinen, Navigationssoftware, Personalmanagement) beeinflussen, markieren die Fortschritte in der künstlichen Intelligenz und Robotik einen weiteren Entwicklungspunkt in der Digitalisierung. Im Zeitalter der Robotik und künstlichen Intelligenz verändert sich unsere Vorstellung darüber, was Wahrheit, Wirklichkeit, was überhaupt Menschsein bedeutet. Mehr als nur eine Weiterentwicklung der Technik, so die leitende These des Beitrags, koinzidieren gegenwärtige Phänomene der Digitalisierung mit einer tiefgreifenden Reorganisierung unserer Wahrheits- und Wirklichkeitskonzepte, unserer Selbst- und Weltbeziehungen.

Bereits Martin Heidegger (1962/2014) erkannte in der modernen Technik mehr als ein bloßes Geflecht von Maschinen und Tätigkeiten. Die Technik, so Heidegger, „west in den Bereich, wo Entbergen und Unverborgenheit, wo ἀλήθεια [alétheia], wo Wahrheit geschieht" (Heidegger 1962/2014, 13). Folgt man Heidegger, dann beschreibt die moderne Technik eine spezifische Weise der Wahrnehmung und der Beziehung zur Welt, die das Wirkliche so entbirgt bzw. hervorbringt, dass es zum Bestand für eine weitere Bewirtschaftung wird (vgl. Heidegger 1962/2014, 23). Diesen Wesenszug der modernen Technik, der weit mehr als etwas rein Technisches ist, bezeichnet Heidegger als Ge-Stell. „Ge-Stell heißt das Versammelnde jenes Stellens, das den Menschen stellt, d. h. herausfordert, das Wirkliche in der Weise des Bestellens als Bestand zu entbergen" (Heidegger 1962/2014, 20). Der Mensch selbst ist mit seiner Daseinsweise in das Wesen der modernen Technik gestellt und wird von ihm als menschliche Ressource (etwa gegenwärtig als sogenanntes Humankapital) herausgefordert.

Die heutige Technik ist weniger eine von Fabriken, Kraftwerken und Turbinen, sondern von Algorithmen und Datenbeständen. Eine Vielzahl miteinander vernetzter Geräte, die stets Daten über ihre Nutzer/innen speichern, Wahrnehmung strukturieren sowie präemptive Entscheidungen treffen, durchziehen mittlerweile unseren Alltag. Die digitale Technik ist „nicht mehr einfach ein Werkzeug, dessen wir uns nach Belieben bedienen können. Vielmehr, so will es scheinen, bedient das Werkzeug uns, werden wir von ihm bedient, während wir es bedienen" (Birnstiel 2015). In der technischen Gegenwart des Digitalen werden Grenzen zwischen Realität und Simulation, Wahrheit und Fiktion, Mensch und Maschine immer fluider. Schlagworte wie *Virtual Reality, Augmented Reality, Human Machine Interface* (HMI) oder *Cyborg* deuten darauf hin, wie sehr gewohnte Konzepte von Wirklichkeit, Wahrheit und Menschsein ins Wanken geraten.[1]

Diese zeitdiagnostischen Vorüberlegungen orientieren die Fragerichtung des vorliegenden Beitrags. Wie werden durch den Gebrauch digitaler Techniken in der frühen Kindheit spezifische Wahrnehmungs- und Zugangsweisen zur Wirklichkeit hervorgebracht und damit jeweilige Erfahrungsmöglichkeiten geschaffen? Am Beispiel musikalisch-ästhetischer Erfahrungen in der frühen Kindheit werden so die Unterschiede von körperlich-sinnlichen und digitalen Formen der ästhetischen Erfahrung sowie ihre unterschiedlichen Weisen, Realität erlebbar zu machen, genauer betrachtet. Im Folgenden wird dazu zunächst der Diskurszusammenhang um Digitalisierung und frühkindliche Bildung skizziert, wie er in prägnanter Weise in programmatischen Schriften zu einer Kita 4.0 Gestalt annimmt (Abschn. 2). Anschließend wird eine phänomenologische Perspektive auf Musik bzw. auf das Musizieren als ästhetische Erfahrung entwickelt, mittels derer die jeweiligen Spezifika sinnlich-körperlicher (Abschn. 3) und digitaler Formen der Musikerfahrung (Abschn. 4) mit Blick auf ihre bildungstheoretischen Implikationen untersucht werden.

2 Frühe Kindheit 4.0

Glaubt man Klaus Schwab (2019), dann befinden wir uns mit der zunehmenden Durchdringung unterschiedlicher Lebensbereiche (Arbeit, Bildung, Freizeit und Familie) mit digitalen Technologien im Zeitalter der vierten industriellen Revolution.[2]

---

[1]Bereits heute findet eine Vielzahl von Apps und Applikationen für mobile Geräte oder Head-Up-Displays (HUDs) Anwendung, die die Realität auf dem Bildschirm um digitale Informationen erweitern. So wird etwa in dem Projekt ICSPACE des Exzellenzclusters Kognitive Interaktionstechnologie (CITEC) an einem virtuellen Trainingsraum zum Erlernen und Trainieren von Bewegungsabläufen an Projektionswänden gearbeitet. So entsteht nicht nur der Eindruck eines virtuellen Trainingsraums, sondern mithilfe eines virtuellen Spiegelbilds werden auch digitale Daten generiert und visualisiert, so dass die Trainierenden über Abweichungen in der Bewegungsausführung unmittelbar informiert werden.

[2]Die erste industrielle Revolution wird Mitte des 18. Jahrhunderts mit der Entstehung der Textilindustrie, der Stahlproduktion, der Dampfmaschinen und der Eisenbahn datiert. Die zweite industrielle Revolution vollzieht sich Ende des 19. Jahrhundert bis Anfang des 20 Jahrhunderts mit der Entdeckung der Elektrizität. Radio, Telefon und weitere elektronische Geräte veränderten die Produktion und das Leben der Menschen grundlegend. Die dritte industrielle Revolution ist geprägt durch die Durchbrüche digitaler Technologien des Informationsaustauschs und der Datenverarbeitung. Die vierte industrielle Revolution soll als Zukunftsprojekt an die Errungenschaften der dritten industriellen Revolution anschließen und eine intelligente Gestaltung und Steuerung von Mensch-Maschinen-Vernetzungen ermöglichen (vgl. Schwab 2018, 23 f.).

Als eine neue Fortschrittsgeschichte, wie sie etwa im Rahmen des Projekts der „Hightech-Strategie 2025" (BMBF 2020) der Bundesregierung proklamiert wird, sollen technologische Revolutionen die Gesellschaft, die Ökonomie sowie unsere Lebensweisen grundlegend verändern. In der Industrie 4.0 sind Menschen, Maschinen und Produkte durch Informations- und Kommunikationstechnologien miteinander derart vernetzt, dass Steuerung, Organisation und Überwachung der gesamten Wertschöpfungskette flexibler, dynamischer und effizienter gestaltet und koordiniert werden sollen.

Für die Bewältigung der aus diesen neuartigen Mensch-Maschinen-Vernetzungen erwachsenden Aufgaben und Herausforderung werden neben technologischen Fortschritten neue Kompetenzprofile gefordert. Der *smarte* Mensch 4.0 soll kreativ und übergreifend vernetzt sein, sich flexibel auf neue Situationen einstellen und mit Weitblick auf Veränderungen reagieren können. In den Debatten um digitale Bildung wird vor allem auf die enormen Lernpotentiale in der frühen Kindheit verwiesen. Wie im Zeitraffer soll schon in der frühesten Kindheit die entscheidende Grundlage für die digitale Zukunft gelegt werden.

In seinem Ansatz einer zukunftsorientierten Pädagogik schlägt Martin R. Textor (2006) vor, den Bildungsauftrag von Kindertageseinrichtungen daran zu orientieren, wie Kinder in der volltechnisierten Zukunft leben sollen. Die Welt der Zukunft, so Textor, ist eine ganz und gar technisierte und digitalisierte Welt intelligenter Maschinen, Roboter und Computer, die nur eine Aufgabe haben – und zwar das Zeitsparen (vgl. Textor 2006, 36 f.). Zu den wichtigsten Zukunftskompetenzen zählt Textor unter anderem „lernmethodische Kompetenz[en], Kommunikationsfertigkeiten, Technikverständnis, Medienkompetenz, Teamfähigkeit, Selbstmanagement usw." (Textor 2006, 38). Dabei bedient Textor eine für die Debatten um Digitalisierung typische zeitdiagnostische Doppellogik: Digitalisierung wird sowohl als unausweichliche Realität der Gegenwart verstanden als auch als noch bevorstehende, aber nicht abschätzbare technologische Revolution in der Zukunft entworfen. In dem Diskurskontext Digitalisierung–frühkindliche Bildung werden auf diese Weise technologische Zukunftsentwürfe zu unausweichlichen Anforderungen in der Gegenwart. Die Zukunft greift in die Gegenwart hinein, strukturiert sie, präformiert Möglichkeiten der Wahrnehmung und Handlung und wird selbst zu einer faktischen Situation mit Anpassungsimperativen. Digitale Bildung soll nicht (nur) die Kinder auf eine scheinbar unausweichliche Zukunft der digitalen Gesellschaft vorbereiten, sondern in umgekehrter Weise die Programmatik einer digitalen Gesellschaft durch die frühzeitige Entwicklung von Präferenz-, Wahrnehmungs- und Kompetenzprofilen bereits in der frühen Kindheit befördern.

Eine Betrachtung der bildungsprogrammatischen Ansätze zu Digitalisierung im Kindergarten zeigt, wie sehr die Debatten durch Angstszenarien, Moralisierungen und Anpassungszwänge geprägt sind. Da wäre zum Beispiel Antje Bostelmann (2017), die davor warnt, Kinder nicht zu „digitalen Straßenkindern" verkommen zu lassen:

Die Idee, Kinder von digitaler Technologie fernzuhalten, bedeutet ganz praktisch, sie nicht darüber zu informieren, ihnen keine Möglichkeiten zu geben, die digitale Welt zu erfahren und auszuprobieren. Wer mit der ihn umgebenden Realität keine Erfahrungen machen und diese nicht ausprobieren kann, wer nicht an der Seite eines zuversichtlichen Erwachsenen in die Welt hineinwachsen darf, der ist der Welt ausgeliefert (Bostelmann 2017).

Die hier anvisierten Kompetenzbereiche gehen weit über die Medienkompetenz im engeren Sinne hinaus. So sieht etwa Wassilios E. Fthenakis (2020) in dem Einsatz neuer Technologien die Chance einer Vertiefung von Wahrnehmungs- und Lernmöglichkeiten. Die technologisch erweiterte Realität im Sinne der AR, etwa durch elektronische Mikroskopie oder Tablets, ermögliche „die Einbeziehung von Lerninhalten, die über die Sinnesorgane des Kindes nicht wahrnehmbar sind, oder deren Integration unmöglich war, weil sie weit entfernt liegen beziehungsweise der Umgang mit hohem Risiko behaftet ist" (Fthenakis 2020, 82). Für diese neu entstehende Komplexität von Erfahrungs- und Lernmöglichkeiten durch Mensch-Maschinen-Interaktionen fehle es in der frühkindlichen Bildung bislang an geeigneten lerntheoretischen Ansätzen (vgl. Fthenakis 2020, 79).[3]

Konzeptionelle Überlegungen zur digitalen Bildung in der frühen Kindheit knüpfen zwar an konstruktivistische Lerntheorien an, unterscheiden sich gleichwohl in wesentlichen Gesichtspunkten von diesen. Während autopoietische Ansätze das Lernen als einen sich selbst organisierenden Strukturierungsprozess in das Innere des Subjekts verlagern (vgl. Schäfer 2014), fokussieren ko-konstruktivistische Ansätze (vgl. Fthenakis 2003) zwar die soziale Interaktion zwischen Subjekten, doch bleiben neue (nicht soziale) Formen der Mensch-Maschinen-Interaktion auch in diesen Ansätzen außen vor. Mit der Kritik an einer scharfen Grenzziehung zwischen sozialen und technischen Akteuren in Lernkontexten, rücken insbesondere neuere techniktheoretische Zugänge in das Blickfeld. Dabei bietet insbesondere die Akteur-Netz-Werk-Theorie (ANT) (u. a. Latour 2007) eine sozialtheoretische Basis für ein lerntheoretisches Verständnis für Mensch-Maschinen-Netzwerke. Anstelle eines sich selbst bildenden oder seine Wirklichkeit mit anderen Menschen ko-konstruierenden Kinds rücken nun transversale Lern-Netzwerke in den Untersuchungsfokus. Folgerichtig wird Lernen von menschlichen Subjekten entkoppelt und als Ergebnis eines hybriden Netzwerks von menschlichen und nicht menschlichen Kollektiven betrachtet (Belliger et al. 2011).

In dem gegenwärtig diskutierten lerntheoretischen Ansatz des Konnektivismus, wie er von George Siemens (2005) vorgeschlagen wurde, finden die hier skizzierten techniktheoretischen Annahmen zum Lernen konzeptionelle Anknüpfungspunkte.

---

[3]Eine kritische Analyse von AR-Techniken in pädagogischen Kontexten findet sich bei McGuirk und Buck (2019). Aus einer (leib-)phänomenologischen Perspektive untersuchen die Autoren den spezifischen Modus der Wahrnehmung innerhalb von AR-Techniken. Kritisiert wird hier vor allem die kognitivistische Reduzierung der Wahrnehmungsmöglichkeiten auf das Leiblose, Visuelle sowie auf das algorithmisch Standardisierte innerhalb von augmentierten Lern- bzw. Erfahrungsangeboten.

Innerhalb konnektiver Netzwerke erfüllt das Kind die Funktion eines Knotens, der wiederum mit anderen Knoten (etwa anderen Menschen, aber auch Dingen, wie Tablets, Internet) vernetzt ist. Der Lernprozess lässt sich demnach als fortschreitende Verbindung diverser Knoten innerhalb eines lernenden Netzwerks verstehen. Das dem Konnektivismus zugrunde gelegte Modell zur Beschreibung der netzwerkartigen Wirklichkeit ist das Internet. Der Mensch, seine Selbst- und Weltverhältnisse sollen selbst wie etwas Digitales umstrukturiert werden, um den Herausforderungen, der Komplexität und Vervielfältigung von Wissensinhalten und Kommunikationskanälen des digitalen Zeitalters gerecht zu werden.

Kritik am konnektivistischen Ansatz ist vielerorts geäußert worden. Kritisiert wird der Status des Konnektivismus als eigenständige Lerntheorie sowie dessen Verkürzung auf curriculare Aspekte (als das Was, aber nicht das Wie des Lernens) (vgl. Hartman und Purz 2018, 66 f.). Aus phänomenologischer Sicht hingegen können die anthropologischen wie ontologischen Grundprämissen des konnektivistischen Welt- und Menschenbildes kritisiert werden. Wie etwa Käte Meyer-Drawe betont, sind Momente des Entzugs, des Widerfahrens und Betroffen-seins charakteristisch für das Lernen, mit dem ein „Überschuss an Welterfahrung" einhergeht (Meyer-Drawe 2005, 25). Dimensionen des kulturellen Scheiterns, das Aussetzen kollektiver Sinn- und Deutungsmuster, das Nichtgelingen von Wirklichkeitskonstruktionen, nicht nur äußere Prozeduren der Herstellung, sondern die Innerlichkeit der Mit-Vollziehenden, das leibliche Geworfensein, Betroffensein und Verletzbarkeit, all das sind Erfahrungsdimensionen, die auf den Überschusscharakter des Lernens aufmerksam machen.

Die folgenden Überlegungen folgen der phänomenologischen Sichtweisen des (Erfahrungs-)Lernens und problematisieren vor diesem Hintergrund die sozialontologischen Grundlegungen des konnektivistischen Weltbilds. Angeknüpft sei daher an die eingangs formulierten Gedanken zum Technikverständnis, die vor dem Hintergrund der bisher diskutierten Punkte vertieft werden sollen. Mit Heidegger wurde argumentiert, dass Technik mehr als ein bloßes Werkzeug maßgeblich die Art und Weise strukturiert, wie wir wahrnehmen, welche Art von Beziehungen wir zur Welt haben, wie sich unser Dasein in der Welt gestaltet. Unsere Wahrnehmungen und Empfindungen hängen von den Dingen ab, die wir zur Hand haben, von den Erfindungen und Techniken. Wie der Technikphilosoph Stéphane Vial (2016) in seiner Theorie der Ontophanie formuliert, bildet die Technik eine Matrix der Wahrnehmung, die innerhalb einer historisch gegebenen Wahrnehmungskultur die Art und Weise bedingt, in der uns Realität und Sein erscheinen (vgl. Vial 2016, 3 f.). Damit ist Technik bzw. Digitalisierung gleichermaßen eine ästhetische Ausformulierung der kulturell-historisch bedingten Wahrnehmungsweisen. Der entscheidende Gedanke für die weitere Analyse lautet, dass der Mensch nicht die eine oder andere Technik, nicht die eine oder andere (Handwerks-)Kunst bedient, sondern im „Ins-Werk setzen der Wahrheit" (Heidegger 1960/1988, 34) jeweils selbst in das Sein gestellt wird. Je nachdem ob ihm im Kunstwerk das Wesen der Wahrheit (als Entbergung und Verbergung) aufleuchtet oder im Ge-Stell das Sein als Verfügbares vernutzt wird, ist der Mensch jeweilig als Ganzes angesprochen.

Welcher Art von Beziehung zur Welt, der Wahrnehmung und Erfahrung wird der Vorzug gegeben, wenn wir das Menschsein vor dem Hintergrund hybrider Netzwerke begreifen? Vollzieht sich hier nicht eine Technologisierung auf einer ontologischen Ebene, die weit mehr als nur einzelne Lebensbereiche, vielmehr die Dimension des Menschseins selbst betrifft? Diesen Fragen wird im Folgenden am Beispiel musikalisch-ästhetischer Erfahrungen in der frühen Kindheit nachgegangen.

3 Musikalisch-ästhetische Erfahrung in der frühen Kindheit

Die Frage, was genau mit ästhetischer Erfahrung in der frühen Kindheit gemeint ist und worin die Bildungsbedeutsamkeit solcher Erfahrungen besteht, ist keineswegs eindeutig geklärt.

In seinen „Grundfragen ästhetischer Bildung" begreift Klaus Mollenhauer (1996) ästhetische Bildung „als eine wesentliche Dimension der Auseinandersetzung des Menschen, hier besonders des Kindes, mit ‚Welt' und seiner je eignen Weise der Weltaneignung" (Mollenhauer 1996, 253). Damit stellt Mollenhauer vor allem die „tätige Weise des Weltbezugs" (Mollenhauer 1996, 254) ins Zentrum der ästhetischen Erfahrung. Ästhetische Erfahrung von ihrer Tätigkeitskomponente her zu erfassen bedeutet, „seine eigene Symbolisierungsfähigkeit [zu] erfahren als produktiven Umgang mit den bisher erworbenen Anteilen des Selbst, in Relation zu dem bildnerischen und musikalischen Material, das kulturell überhaupt zur Verfügung steht" (Mollenhauer 1996, 254). Entgegen einem allgemeinen Wahrnehmungsbegriff der Aisthesis, der in der Tendenz eine Diffundierung und Nivellierung des Themas bewirkt, zielt der Begriff der ästhetischen Erfahrung bei Mollenhauer auf die konkrete Tätigkeit der Auseinandersetzung mit kulturell sinnhaften Produkten (Malen, Musik, Tanzen).

Als weitere Merkmale der Unterscheidung vom universellen Aisthesis-Begriff können die Exklusivität sowie die Diskontinuität ästhetischer Erfahrungen genannt werden (vgl. Mattenklott 2004, 14). Spätestens seit Kants (1790/2015) Einschätzungen zum freien Wohlgefallen am Schönen in seiner *Kritik der Urteilskraft* gelten Zweckfreiheit und Interesselosigkeit als charakteristische Merkmale der ästhetischen Erfahrung. In der ästhetischen Wahrnehmung, so Martin Seel (2003), „treten wir aus einer allein funktionalen Orientierung heraus. Wir sind nicht länger darauf fixiert [...], was wir in dieser Situation erkennend und handelnd *erreichen* können. Wir begegnen dem, was unseren Sinnen und unserer Imagination hier und jetzt entgegenkommt, um dieser Begegnung willen" (Seel 2003, 44 f.; Hervorhebung im Original). Die ästhetische Wahrnehmung öffnet sich der in der Situation gegebenen Ereignishaftigkeit, die die kontinuierliche Zeitlichkeit unterbricht und einen Möglichkeitsraum der Erfahrung eröffnet. Für Jörg Zirfas (2004) beschreibt solch ein ereignishafter Einbruch die Grundsituation der ästhetischen Erfahrung. Folgt man Zirfas, haben ästhetische Erfahrungen „einen kontemplativen, reflexiven, dekonstruktiven Charakter, der das bislang Un-erhörte,

Un-gesehene, Un-erahnte hören, sehen und ahnen lässt" (Zirfas 2004, 78). In dieser Alteritätserfahrung sieht Zirfas die Möglichkeit einer spezifischen Weise des Vor-uns-selbst-Bringens (vgl. Zirfas 2004, 79), die unsere bisherigen „Annahmen, Emotionen und Sinnzuschreibungen" (Zirfas 2004, 78) infrage stellt.

Kritisch anzumerken ist hingegen, dass die These der Exklusivität sowie die der Diskontinuität ein spezifisches Verständnis ästhetischer Erfahrung voraussetzen, das wesentliche Aspekte der ästhetischen Erfahrung in der frühen Kindheit überspringt. Ästhetische Erfahrungen in der frühen Kindheit vollziehen sich zunächst nicht im Modus der Kontemplation, der Reflexion oder der Dekonstruktion. Vielmehr sind es zwischenmenschliche Beziehungen, geteilte Aufmerksamkeiten, Synchronizität, Rituale, Resonanzen sowie mimetische Prozess des Nach- und Mitvollziehens, in denen ästhetische Erfahrungen möglich werden (vgl. u. a. Staege 2016, 50). Zu denken ist hier an alltägliche Situationen, wie etwa beim „gemeinsamen Singen, beim Sprechen und Hören von Reimen, Gedichten und Fingerspielen, in Vorlesesituationen, beim Als-ob-Spiel und am ‚Maltisch'" (Staege 2016, 50).

Was hier allgemein über die ästhetische Erfahrung in der frühen Kindheit gesagt wurde, gilt insbesondere für musikalisch-ästhetische Erfahrungen. Musik kann als Ausdruck und Eindruck von „Gefühlen", „Gestimmtheiten", „Empfindungen", „inneren Bewegungen", als eine Art der „menschlichen Sozialität", als „Appell an den Körper zur Bewegung" erfahren werden (Dietrich 2004, 202). Gerade im involvierenden Charakter musikalischer Wahrnehmung geht die ästhetische Erfahrung über die Körpergrenzen eines distanziert-reflexiven Subjekts hinaus und schafft leibliche Zwischenräume der geteilten Aufmerksamkeit, des geteilten Empfindens, der geteilten Berührungen. So beschreibt Ursula Brandstätter (2004) den involvierenden Charakter der Musik als ein direktes Einwirken auf den Körper, wodurch eine Gestimmtheit ausgelöst und der Hörende selbst zum „Ort des musikalischen Geschehens" wird (Brandstätter 2004, 151). Die Musik bleibt in der ästhetischen Erfahrung der Rezipient/innen nicht etwas Äußerliches. Musikalisch-ästhetische Erfahrungen weisen über die Körpergrenzen hinaus und konstituieren ein ineinandergreifendes Gewebe von Selbst- und Weltbezügen.

Die Entstehung der Musik und ihre Ausdehnung im Raum finden innerhalb und zwischen Körpern statt. Der etwa durch die schwingenden Saiten der Violine erzeugte Ton wird getragen durch einen Korpus, dehnt sich im Raum aus und klingt im Inneren des Hörenden nach. Die Violine erfährt die körperliche Gegenwart des anderen durch die Berührung seiner Hände, durch das Streichen ihrer Saiten, durch den Hall des schwingenden Tons in ihrem Korpus. Erklingen und Resonanz sind Prozesse des gegenseitigen Spürens, des Aufeinander-Bezug-Nehmens, einer geteilten Ausdehnung im Raum. Für Gernot Böhme (2019) ist die Musik daher eine atmosphärische Kunst, eine „Modifikation des leiblich gespürten Raumes" (Böhme 2019, 158).

Mit diesem Verständnis von Musik als atmosphärische Kunst werden tradierte Unterscheidungen zwischen innen und außen sowie zwischen Subjekt und Objekt fragwürdig. Atmosphären lassen sich nach Böhme als typische „Zwischenphänomene", als unbestimmt im Raum ergossene „objektivierte Gefühle" beschreiben (Böhme 2019, 154). Im Hören der Musik werden wir der Außenseite dessen gewahr, was in unserem Inneren resoniert. Der durch Materialität – der Korpus, der Ton, die Bewegung – geschaffene Raum der Musik und die erlebte Betroffenheit, Gestimmtsein und Fühlen im Inneren der Zuhörenden sind keine getrennten Sphären, sondern eine lebendige Struktur des gemeinsamen Hervorgangs im musikalischen Geschehen.

Dieser gemeinsame Hervorgang von Musik und Mensch kann mit Heinrich Rombach (1994) als Konkreativität bezeichnet werden. Weder steht am Anfang der Konkreativität der Akt eines kreativen Subjekts, noch ist es die Sache (das bespielte Instrument) selbst, sondern vielmehr die Idemität, indem Mensch und Sache als Eines hervorgehen (Rombach 1994, 22). Die Idemität im Musikgeschehen beruht nicht auf der Intention, sondern der Möglichkeit des Mit- und Nachklingens. Und doch sind Phänomene der Idemität nicht dem Zufall überlassen. Musikalisch-ästhetische Erfahrung setzt neben dem ästhetischen Erlebnis auch eine Praxis des Einübens voraus. Folgt man Malte Brinkmann, dann setzt ein Noch-Nicht-Können ein wiederholendes Sich-Üben voraus, das den „Anfang neuen Lernens" bedeuten kann (Brinkmann 2009, 122). „In der Wiederholung wird das bisher unthematische Vorwissen und Können fragwürdig und damit explizit. Es kann eine Umstrukturierung und Umwendung des Erfahrungshorizontes stattfinden" (Brinkmann 2009, 121). Brinkmann insistiert damit auf die leibliche Verschränkung von Selbst und Welt in der Praxis des Sich-Übens. „Üben (als Prozess) ist Ausüben (einer Sache) im Einüben (einer Fähigkeit) bei gleichzeitigem Sich-selbst-Üben" lassen sich nicht voneinander trennen (Brinkmann 2009, 121).

Sei es ein Lied, ein Reim oder ein Gedicht – die Einübung kultureller Werkzeuge der Darstellung und des Ausdrucks sind daher wesentliche Momente für das Entstehen von Idemität. Das Musizieren, das Singen, das Tanzen wird zu Idemität, wenn nicht nur einzelne Strophen gelernt, nicht einzelne Schritte eingeübt werden. Erst wenn man im Lernen über die Bearbeitung der Teilaspekte hinausgewachsen ist und den Durchbruch in die Dimension des Ganzen des Musizierens, des Singens oder Tanzens vollzogen hat (vgl. Rombach 1994, 21), findet das Phänomen der Idemität statt. Ein Beispiel für diesen Sachverhalt bietet die Tanzerfahrung von Kindern. Folgt man Dietrich (2004), dann erfordert schon

> das Spiel solcher ganz einfacher Figuren […] vom ausführenden Kind eine Trennung von selbstverständlich miteinander verbundenen Empfindungen. Allein nur ein rhythmisches Gleichmaß zu halten und dabei die Lautstärke zu verringern oder umgekehrt, ein *crescendo* zu formen, ohne dabei das Tempo zu beschleunigen, bedeutet jedes Mal einen Verzicht auf Gewohntes. (Dietrich 2004, 204; Hervorhebung im Original)[4]

---

[4]Dietrich selbst weist mit diesem Beispiel nicht auf konkreative Prozesse hin, sondern macht auf Erfahrungen von Selbstdistanzierung der Kinder im Tanz aufmerksam.

Solche eigentümlichen Erfahrungen der selbstdistanzierenden Bewegungsgesten werden vollends möglich, wenn nicht nur einzelne Schritte, sondern das Tanzen in seiner Dimension erschlossen ist. Das heißt, wenn die ganze Dynamik des Tanzes – der Fluss der Bewegung, der Antrieb, die Stauung – in jedem Schritt, in jeder Bewegung als Ineinander-Greifendes präsent ist. In diesem Sinne lässt sich mit Rombach argumentieren, dass die musikalisch-ästhetische Erfahrung erst dann bildungsbedeutsam wird, „wenn man wirklich die Sache ‚von Grund auf‘ gelernt hat, auch in ihre Dimension eingebrochen ist und sich gleichsam mit ihr vermählt hat" (Rombach 1994, 22). Der Einbruch in eine neue Dimension, etwa dann, wenn man im Tanzen ganz *zu Hause* ist, bedeutet immer eine Verwandlung des Menschen, eine Veränderung seiner Beziehung und Haltung zur Welt. Gleichwohl bedeutet dies, dass der eigentliche Bildungsvorgang nicht willentlich hergestellt werden kann. Praktiken des Einübens und Lernens von Ausdrucks- und Darstellungsweisen bilden wichtige Möglichkeitsbedingungen für Phänomene der Idemität, aber sie bieten keine Gelingensgarantie.

> Oft ‚geht‘ etwas trotz größter Anstrengungen nicht; dafür ‚geht es‘ manchmal wie ‚von selbst‘. Ja manchmal läuft es so gut, daß wir nicht mehr nur sagen ‚es geht‘, sondern ‚es gelingt‘. Und manchmal, ganz selten, sagen wir vielleicht sogar ‚es glückt‘. Auf allen drei Stufen dieses eigentümlichen Phänomens (‚es geht‘, ‚es gelingt‘, ‚es glückt‘) ist das ‚es‘ entscheidend (Rombach 1994, 25).

Wenn Musik geschieht, kommt ihr kein Sein im stabilen und konsistenten Sinn zu. Sie geschieht wie ein „Kommen und ein Vorübergehen, ein sich Ausdehnen und Durchdringen" (Nancy 2014 25). Jean-Luc Nancys Gedanken weiter folgend, hat die Musik ein „Präsens wie Welle auf einer Flut, nicht als Punkt auf einer Linie, es ist eine Zeit, die sich öffnet, sich aushöhlt, sich ausweitet oder sich verzweigt, die einhüllt und trennt, die aufspult oder sich aufspult, die sich dehnt oder zusammenzieht usw." (Nancy 2014 26). Musik ist die Bewegung einer lebendigen Ausdehnung in Raum und Zeit, in der etwas entsteht, das nicht voraussehbar ist.

Gerade weil musikalisch-ästhetische Erfahrungen nicht formalisierbar und perfektionierbar[5] sind, sind Ergriffen-Sein und Betroffen-Sein möglich. Aber dies bedeutet wiederum, dass so, wie ästhetische Erfahrung und Bildung gelingen können, auch das Scheitern zu ihnen gehört. Auf einem Instrument kann man sich verspielen, im Tanzen aus dem Takt kommen und im Singen kann die Stimme versagen – aber nur deshalb, weil Musik scheitern kann, weil sie als lebendige Struktur nicht formalisiert werden kann, sind ästhetische Wahrnehmung und Erfahrung, sind konkreative Prozesse des gemeinsamen Hervorgangs, in dem etwas Neues entsteht, möglich.

---

[5]Musikalische Fertigkeiten und Techniken sind durchaus formalisiert und mechanisiert. Auch wenn diese Fertigkeiten und Techniken wichtige Voraussetzungen für die musikalisch-ästhetische Praxis beschreiben, geht die eigentliche Erfahrung über diese Formalisierung hinaus.

4 Digitale Musikangebote in der frühen Kindheit

Was unterscheidet nun sinnlich-körperliche von digitalen Formen der Musikerfahrung? Folgt man Matthias Krebs (2018), dann bieten etwa Musik-Apps neuartige „musikalisch-gestalterische Potentiale" (Krebs 2018) für die Erschließung von Erfahrungsräumen in der frühen Kindheit: einen spielerischen Zugang zur Musik, die Freude an Improvisation und künstlerischem Experimentieren. Mobile Geräte scheinen schier unzählige Möglichkeiten bereitzuhalten: Tablets verwandeln sich in Musikinstrumente und mobile Aufnahmestudios. Zudem ist die Bedienung der digitalen Instrumente auf dem Bildschirm um einiges einfacher als die ersten mühevollen Versuche, ein Instrument zu bespielen.

Eine präzisere Betrachtung dessen, was den digitalen Klang, was die digitale Musik im Kern ausmacht, fördert hingegen die erheblichen Unterschiede zu analoger Musik zutage. Digitale Klänge funktionieren im Modus des Als-ob. Sie sind codierte Virtualisierungen körperloser Informationseinheiten, die virtuelle Ereignisse inszenieren. „Die digitale Welt ist nicht nur eine übersetzte Welt – in Form einer Umwandlung von analogen messbaren Größen (Informationen) in ein digitales Signal aus diskreten Werten, sondern auch eine Welt ohne sinnliche Erscheinung" (Stöckler 2014, 6).

Teilt man die Auffassung von Musik als atmosphärische Räume des Erklingens und Nachklingens, in denen ein ineinandergreifendes Gewebe von Körperlichkeit, Betroffen-Sein, von Gefühlen und Gestimmtheit konstituiert wird, dann lässt sich der digitale Klang im Modus des Als-ob nur schwierig in diese lebendige Struktur integrieren. Tonhöhe und Lautstärke, Ausdehnung und Verklingen des Tons lassen sich als vordefinierte Parameter einstellen und spontan mit einem Fingerwisch über den Touchscreen virtuell realisieren. Was in Bezug auf die musikalisch-ästhetische Erfahrung als Idemität, als konkreativer Hervorgang beschrieben wurde, weicht nun einem unmittelbaren Machen. Die digitalisierte Musik kann „in der Abfolge von Codes repräsentiert und kann willkürlich gestaltet werden, wohingegen das analoge Signal physikalisch seinem akustischen Original entspricht und deshalb nur innerhalb seiner physikalischen Grenzen manipulierbar ist" (Stöckler 2014, 6).

Die entkörperte Musik kennt in gewisser Weise nur sich selbst. Zur Erfahrung – und dies gilt insbesondere für die ästhetische Erfahrung – gehören die Negativität, das Scheitern, die Verwundbarkeit (Han 2015, 45 f.). Der digitale Klang hingegen entspringt einer formalisierten Struktur, die nichts Neues in Bewegung setzt, die keine neuen Dimensionen eröffnet. Außerhalb der festgelegten Parameter (Tonart, Tonhöhe, Lautstärke) kommt nichts Anderes zur Sprache. Genau genommen besteht innerhalb dieser Parameter noch nicht einmal mehr die Freiheit des Falsch-Spielens. Der formalisierte Klang ist transparent und verfügbar. Inwieweit können dann Angebote digitalisierter Musik überhaupt Möglichkeiten ästhetischer Erfahrungen bieten?

Digitale Medien können sinnvolle Hilfswerkzeuge in der Begleitung und Unterstützung musikpädagogischer Angebote sein, etwa wenn es um die Aufnahme und Speicherung von Geräuschen, Klängen und Gesängen geht. Auch gegen das

Abspielen eines Hörspiels oder eines Musikstücks über Tablets ist grundsätzlich nichts einzuwenden. Vor dem Hintergrund der bisherigen Überlegungen stellt sich jedoch gleichsam die Frage, ob mit der Erweiterung medialer Musikangebote in der frühen Kindheit auch Gefahren der Erfahrungsarmut einhergehen. Problematisch in dieser Hinsicht scheint vor allem die Virtualisierung der eigentlich körperlich-materiellen Dimensionen der Musik zu sein. Die mit der digitalen Musik einhergehende Virtualisierung und „Entkörperlichung bewirkt eine völlig neue Körper-Umwelt-Interaktion" (Stöckler 2014, 5). Digitalisierung stellt eine Virtualisierung unserer Weltbezüge dar, die nicht mehr körperlich erlebt, sondern uns durch distanzierte Abstraktion, durch ein – wie Heidegger (1959/2000) sagen würde – rechnendes Denken zugänglich werden. „Das rechnende Denken hält nie still, kommt nicht zur Besinnung. Das rechnende Denken ist kein besinnliches Denken, kein Denken, das dem Sinn nachdenkt, der in allem waltet, was ist" (Heidegger 1959/2000, 13). Das besinnliche Denken verweilt bei dem „Naheliegenden" und besinnt sich auf das „Nächstliegende", also „auf das, was uns, jedem Einzelnen hier und jetzt, angeht" (Heidegger 1959/2000, 14).

Sobald man über den musikalischen Klang vollkommen verfügt, hat er zu unseren Selbst- und Weltbezügen nur noch wenig beizutragen. In diesem Sinne simulieren digitale Musikangebote lediglich „Resonanz, folgen aber nur Algorithmen; sie stehen zwar in einem Ursache-Wirkung-Zusammenhang mit unserem eigenen Tun, allerdings in keinem ‚entgegenkommenden'" (Rosa 2020, 55 f.). Folgt man Rosa weiter, dann ist die Unverfügbarkeit des Musikgeschehens im Musizieren, Singen oder Tanzen eine „qualifizierte Unverfügbarkeit" und keine der bloßen Kontingenz. „Resonanz stellt sich nur zu einem Gegenüber ein, das gleichsam ‚mit eigener Stimme spricht', das so etwas wie einen eigenen Willen oder einen Charakter, zumindest eine innere Logik hat, die als solche unverfügbar bleiben" (Rosa 2020, 56).

Das Erlernen und Einüben von Liedern, Instrumenten oder Tanzschritten bedeutet zugleich, mit der Musik in eine Resonanzbeziehung einzutreten. Es handelt sich hier um eine Antwortbeziehung der geteilten Empfindsamkeit, der ineinandergreifenden Berührungen. So wie ein Glockenspiel auf den Schlag des Kinds mit dem Schlägel antwortet und das Kind dabei etwas über die Sprache dieses Glockenspiels erfährt, kann das Kind erneut mit einer Variation von Schlägen auf das Glockenspiel antworten und so zu einer tieferen Dimension des Glockenspiels vordringen. Ziele der ästhetischen Erziehung in der frühen Kindheit sind demnach nicht Kompetenzen für die technische Beherrschung der Musik. Vielleicht bedarf es etwas, das Heidegger als „herzhaftes Denken" (Heidegger 1959/2000, 25) bezeichnet hat: also eines Denkens, das nicht abstrakt und berechnend ist, sondern die Gefühle, das Empfinden, die Resonanzfähigkeit betrifft. Dafür braucht es neben dem Einüben kultureller Ausdrucks- und Darstellungsweisen Aufmerksamkeit, Sensibilität sowie die Fähigkeit, in Beziehung treten zu können, um den musikalischen Bewegungsvollzug als lebendige Struktur zu vollziehen, um ein Teil der musikalischen Anverwandlung der Welt zu werden (vgl. Rosa und Endres 2016, 17). Wenn Technik unsere Wahrnehmung und Beziehung zur Welt grundlegend gestaltet, wie Heidegger behauptet, dann bietet

Musik eine Weise der Entbergung, die die Welt als *seelischen* Raum lebendiger Beziehungen hervorgehen lässt. Zu diesem seelischen Raum gehören das Sprechen, Singen, Hören, Tanzen, Berühren, Empfinden und Fühlen – also die Vielfalt der sinnlichen Wahrnehmungs- und Daseinsformen.

Die Frage, wie dieser seelische Raum wahrgenommen, vorbereitet und gestaltet werden kann, ist eine wichtige Aufgabe ästhetischer Erziehung in der frühen Kindheit. Entgegen der aktuellen Euphorie legen die hier versammelten leibphänomenologischen Überlegungen eine gewisse Skepsis gegenüber den Möglichkeiten digitaler Bildungsangebote in der frühen Kindheit nahe. Unter Berücksichtigung der hier diskutierten Punkte sind augmentierte Lern- und Erfahrungsangebote, wie sie hier am Beispiel des digitalen Musizierens mit Hilfe von Musik-Apps exemplifiziert wurden, mit Vorsicht zu betrachten. Das Versprechen einer vertieften Wahrnehmung von Lern- und Erfahrungsangeboten kann aus einer leibphänomenologischer Perspektive als eine Reduktion von sinnlichen wie lebendigen Wahrnehmungs- und Erfahrungsmöglichkeiten beschrieben werden. Diese kritische Einschätzung sollte aber nicht eine grundsätzliche Ablehnung digitaler Bildungsangebote missverstanden werden. Ist man sich der begrenzten Reichweite und den möglichen Risiken digitaler Angebote bewusst, dann lassen sich durchaus sinnvolle Anwendungsmöglichkeiten in der Arbeit mit jungen Kindern denken (s. o.). Das heißt aber wiederum, dass digitale Medien nicht als das eigentliche Medium des Sinnlichen misszuverstehen sind.

Literatur

Belliger, Andréa, David Krieger, Erich Herber, und Stephan Waba. 2011. Die Akteur-Netzwerk-Theorie. Eine Techniktheorie für das Lernen und Lehren mit Technologien. In *Lehrbuch für Lernen und Lehren mit Technologien*, Hrsg. Martin Ebner, und Sandra Schön, 265–272. Norderstedt: Books on Demand GmbH.

Birnstiel, Klaus. 2015. Im iGestell. https://avenue.jetzt/cyborgs/im-igestell/. Zugegriffen: 10. Februar 2020.

Böhme, Gernot. 2019. *Leib. Die Natur, die wir selbst sind*. Berlin: Suhrkamp.

Bostelmann, Antje. 2017. Digitale Bildung ist Gemeinschaftsaufgabe. In *Das Kita-Handbuch*, Hrsg. Martin R. Textor, und Antje Bostelmann. https://www.kindergartenpaedagogik.de/fachartikel/bildungsbereiche-erziehungsfelder/medienerziehung-informationstechnische-bildung/2413. Zugegriffen: 10. Februar 2020.

Brandstätter, Ursula. 2004. Musikalische Erfahrung und Sprache. … über Schwierigkeiten und Besonderheiten des Sprechens über Musik. In *Ästhetische Erfahrung in der Kindheit. Theoretische Grundlagen und empirische Forschung*, Hrsg. Gundel Mattenkott, und Constanze Rora, 147–156. Weinheim/München: Juventa.

Brinkmann, Malte. 2009. Nachhaltigkeit oder nachhaltiges Lernen? Zeitphänomenologische Überlegungen zum wiederholenden Lernen und Üben. In *Weitermachen? Einsätze theoretischer Erziehungswissenschaft*, Hrsg. Richard Kubac, Christine Rabl, und Elisabeth Sattler, Würzburg: 112–127. Königshausen & Neumann.

Bruno, Latour. 2007. *Eine neue Soziologie für eine neue Gesellschaft: Einführung in die Akteur-Netzwerk-Theorie*. Frankfurt a. M.: Suhrkamp.

Bundesministerium für Bildung und Forschung (BMBF). 2020. *Hightech-Strategie 2025. Vom Erfinderland zur Innovationsnation: Fortschrittsgeschichte mit Zukunftsperspektive*. https://www.bmbf.de/de/hightech-strategie-2025.html. Zugegriffen: 10. Februar 2020.

Dietrich, Cornelie. 2004. Unsagbares machbar machen? Empirische Forschung zur musikalischen Erfahrungen von Kindern. In *Ästhetische Erfahrung in der Kindheit. Theoretische Grundlagen und empirische Forschung*, Hrsg. Gundel Mattenklott, und Constanze Rora, 195–208. Weinheim/München: Juventa.

Fthenakis, Wassilios E. 2003. Zur Neukonzeptualisierung von Bildung in der frühen Kindheit. In *Elementarpädagogik nach PISA. Wie aus Kindertagesstätten Bildungseinrichtungen werden können*, Hrsg. Wassilios E. Fthenakis, 18–37. Freiburg i. B.: Herder.

Fthenakis, Wassilios E. 2020. Frühpädagogik in der Ära der Digitalisierung. In *Positionen frühkindlicher kultureller Bildung*, Hrsg. Robert Koch Stiftung, 77–83. München: kopaed Verlag.

Han, Byung-Chul. 2015. *Die Errettung des Schönen*. Frankfurt a. M.: S. Fischer.

Hartmann, Simon, und Dirk Purz. 2018. *Unterricht in der digitalen Welt*. Göttingen: Vandenhoeck & Ruprecht.

Heidegger, Martin. 1959/2000. *Gelassenheit*. Stuttgart: Günther Neske.

Heidegger, Martin. 1960/1988. *Der Ursprung des Kunstwerkes*. Stuttgart: Reclam.

Heidegger, Martin. 1962/2014. *Die Technik und die Kehre*. Stuttgart: Klett-Cotta.

Kant, Immanuel. 1790/2015. *Kritik der Urteilskraft*. Köln: Anaconda.

Krebs, Matthias. 2018. *Apps als Instrumentarium für Kinder im Vorschulalter.* http://forschungsstelle.appmusik.de/wordpress/wp-content/uploads/2018/10/Krebs-2018-Kita-digital_Apps-im-Vorschulalter_Vordruckfassung2.pdf. Zugegriffen: 10. Februar 2020.

Mattenklott, Gundel. 2004. Zur ästhetischen Erfahrung in der Kindheit. In *Ästhetische Erfahrung in der Kindheit. Theoretische Grundlagen und empirische Forschung*, Hrsg. Gundel Mattenkott, und Constanze Rora, 7–24. Weinheim/München: Juventa.

McGuirk, James, und Buck, Marc Fabian. 2019. Leibliche (Lern-)Erfahrung qua Augmented Reality. In *Leib – Leiblichkeit – Embodiment. Pädagogische Perspektiven auf eine Phänomenologie des Leibes*, Hrsg. Malte Brinkmann, Johannes Türstig, und Martin Weber-Spanknebel, 405–423. Wiesbaden: Springer VS.

Meyer-Drawe, Käte. 2005. Anfänge des Lernens. In *Erziehung – Bildung – Negativität. (Zeitschrift für Pädagogik, Beiheft; 49)*, Hrsg. Dietrich Benner, 24–37. Weinheim/Basel: Beltz. https://www.pedocs.de/volltexte/2013/7782/pdf/MeyerDrawe_Anfaenge_des_Lernens.pdf Zugegriffen: 10. Februar 2020.

Mollenhauer, Klaus. 1996. *Grundfragen ästhetischer Bildung. Theoretische und empirische Befunde zur ästhetischen Erfahrung von Kindern*. Weinheim/München: Juventa.

Nancy, Jean-Luc. 2014. *Zum Gehör*. Zürich/Berlin: Diaphanes.

Rink, Nina. 2019. *KI im Kindergarten. Humanoide Roboter als Sprachlehrer.* Deutschlandfunk. https://www.deutschlandfunk.de/ki-im-kindergarten-humanoide-roboter-als-sprachlehrer.676.de.html?dram:article_id=440196. Zugegriffen: 10. Februar 2020.

Rombach, Heinrich. 1994. *Der Ursprung. Philosophie der Konkreativität von Mensch und Natur.* Freiburg i. B.: Rombach Verlagshaus.

Rosa, Hartmut, und Wolfgang Endres. 2016. *Resonanzpädagogik. Wenn es im Klassenzimmer knistert*. Weinheim/Basel: Beltz Juventa.

Rosa, Hartmut. 2020. *Unverfügbarkeit*. Wien und Salzburg: Residenz.

Schäfer, Gerd. E. 2014. *Was ist frühkindliche Bildung? Kindlicher Anfängergeist in einer Kultur des Lernens*. Weinheim/Basel: Beltz Juventa.

Schwab, Klaus. 2019. *Die Zukunft der Vierten Industriellen Revolution. Wie wir den digitalen Wandel gemeinsam gestalten*. München: Deutsche Verlags-Anstalt.

Seel, Martin. 2003. *Ästhetik des Erscheinens*. Frankfurt a. M.: Suhrkamp.

Siemens, George. 2005. Connectivism: A Learning Theory for the Digital Age. *International Journal of Instructional Technology and Distance Learning* 2(1): o. S. https://web.archive.org/web/20160908185444/, http://www.itdl.org/Journal/Jan_05/article01.htm. Zugegriffen: 10. Februar 2020.

Steage, Roswitha. 2016. Intersubjektivität und ästhetische Erfahrung. Eine theoretische Annäherung an ästhetische Bildung in der frühen Kindheit. In *Ästhetische Bildung in der frühen Kindheit*, Hrsg. Roswitha Steage, 41–59. Weinheim/Basel: Beltz Juventa.

Stöckler, Eva Maria. 2014. Musik hören – Zeit für den Augenblick haben. Ästhetische Wahrnehmung, Erfahrung und Bildung in der digitalen Gegenwart. *Magazin Erwachsenenbildung. at* 22: 1–9. https://www.pedocs.de/volltexte/2014/9178/pdf/Erwachsenenbildung_22_2014_Stoeckler_Musik_hoeren.pdf. Zugegriffen: 20. Februar 2020.

Textor, Martin R. 2006. *Bildung im Kindergarten. Zur Förderung der kognitiven Entwicklung.* München: Verlagshaus Monsenstein und Vannerdat.

Universität Bielefeld. 2017. *Pressemitteilung. Wie ein Roboter Kita-Kindern Sprachen beibringt (Nr. 99/2017).* https://ekvv.uni-bielefeld.de/blog/pressemitteilungen/entry/wie_ein_roboter_kita_kindern. Zugegriffen: 10. Februar 2020.

Vial, Stéphane. 2016. *Voir et percevoir à l'ère numérique: théorie de l'ontophanie.* https://hal.archives-ouvertes.fr/hal-01516807/document. Zugegriffen: 10. Februar 2020.

Zirfas, Jörg. 2004. Kontemplation – Spiel – Phantasie. Ästhetische Erfahrung in bildungstheoretischer Perspektive. In *Ästhetische Erfahrung in der Kindheit. Theoretische Grundlagen und empirische Forschung*, Hrsg. Gundel Mattenklott, und Constanze Rora, 77–98. Weinheim/München: Juventa.

Computerspiele und Kindheit

Sebastian Ostritsch

Abstract

Ausgehend von Überlegungen George Herbert Meads, die dem kindlichen Spiel eine wesentliche Rolle bei der Entwicklung des personalen Selbst zuerkennen, wird in diesem Aufsatz dafür argumentiert, dass auch Computerspiele eine entsprechende Funktion bei der Herausbildung eines selbstbestimmten und selbstverantwortlichen Selbst erfüllen können. Damit wendet sich der Text zugleich gegen das gängige Pauschalurteil, Computerspiele seien gewaltverherrlichende „Killerspiele" oder sinnloses „Daddeln" und damit Gift für die Entwicklung des Kindes.

Keywords

Spiele · Computerspiele · Kindheit · George Herbert Mead · Selbstbewusstsein · Personales Selbst

1 Einleitung

Es ist philosophisch umstritten, welche Rolle das Spiel im Leben des Menschen einnehmen sollte. Auf der einen Seite des Meinungsspektrums steht Aristoteles (1985, 1176b–1117a). Spiele sind für ihn – zumindest wenn es um das Leben von Erwachsenen geht – nicht mehr als ein Mittel, um sich von den Strapazen des Arbeitsalltags zu erholen. Wer aber erholt ist, kann und soll sich wieder mit

S. Ostritsch (✉)
Institut für Philosophie, Universität Stuttgart, Stuttgart, Deutschland
E-Mail: sebastian.ostritsch@philo.uni-stuttgart.de

voller Kraft dem Ernst des tugendhaften Lebens, in dem allein die Glückseligkeit beschlossen liegt, widmen. Die entgegengesetzte Einschätzung findet sich bei Friedrich Schiller, der im Spiel mehr sieht als nur ein nützliches Instrument zur Regeneration. Das Spiel – zumindest als ‚schönes' und nicht nur alltägliches – ist für Schiller die Verwirklichung des eigentlichen Menschseins: „[D]er Mensch spielt nur, wo er in voller Bedeutung des Worts Mensch ist, und *er ist nur da ganz Mensch, wo er spielt.*" (Schiller 2000, 62 f.)[1]

Die folgenden Überlegungen betreffen allerdings nicht das richtige Verhältnis von Spiel und Menschsein im Allgemeinen. Stattdessen geht es um die viel eingeschränktere Frage nach der richtigen Rolle von Computerspielen im Leben von Kindern und Jugendlichen.[2] Für Kinder sind Spiele im Allgemeinen klarerweise nicht nur als Erholung vom Ernst des Lebens anzusehen. Spiele haben für sie – so viel gesteht auch der sonst spielkritische Aristoteles (1995, 1336a–1336b) zu – eine wichtige pädagogische Funktion.

Im ersten Abschnitt soll erörtert werden, was man die „fundamentalpädagogische Funktion" von Spielen im klassischen Sinne nennen könnte. Es geht mir also nicht um konkrete pädagogische oder gar um didaktische Maßnahmen, sondern darum, *was Spiele zu einem konstitutiven Element des Erwachsenwerdens macht*. Gemeint ist damit der insbesondere von George Herbert Mead beschriebene grundlegende Zusammenhang zwischen Spielen und dem Herausbilden eines selbstbestimmten und selbstverantwortlichen personalen Selbst, das konstitutiv ist für den Status des Erwachsenseins. Unter dem Ausdruck ‚personales Selbst' verstehe ich mit Mead ein Ich, das sich zu sich selbst verhalten kann, d. h. in der Lage ist, sich selbst zum ausdrücklichen Gegenstand seines Denkens, Wollens und Handelns zu machen. Wenn im Folgenden vom personalen Selbst die Rede ist, geht es also nicht um die Formung besonderer Charaktereigenschaften oder individueller Eigenheiten, sondern um das für Personen konstitutive Selbstverhältnis oder – wie Mead sagt – ‚Selbstbewusstsein'.[3]

---

[1]Johan Huizingas Buch *Homo Ludens* (2015) lässt sich gewissermaßen als kulturphilosophisch modifizierte Wiederaufnahme der Schillerschen These vom Spiel als dem Ort genuinen Menschseins verstehen. Nach Huizinga ist der Mensch, zumindest insofern er ein Kulturwesen ist, wesentlich auch ein spielender.

[2]‚Kindheit' ist ein vager Begriff. Die realen Übergänge zwischen Kindheit und Erwachsenenalter sind fließend. Das Erreichen des 18. Lebensjahrs ist offenkundig kein kultur- und zeitinvariantes Kriterium, um den Eintritt in das Erwachsenenalter zu bestimmen. Der Sache nach kann jemand mit vierzehn Jahren erwachsener, d. h. selbständiger, gefestigter, erfahrener sein als ein anderer mit zwanzig. Aus pragmatischen Gründen soll in diesem Text der Ausdruck ‚Kindheit' im gewöhnlichen (die Wirklichkeit nur bedingt einfangenden) Weise gebraucht werden. Als Kinder werden im Folgenden in der Regel alle Menschen bezeichnet, die jünger sind als 18 Jahre. Wo nebeneinander sowohl von Kindern als auch von Jugendlichen die Rede ist, da sind mit ersterem Ausdruck (‚Kinder' im engeren Sinne) Menschen bis ca. 13 Jahren und mit letzterem Ausdruck (‚Jugendliche') Menschen von ca. 14 bis 18 Jahren gemeint.

[3]Mead selbst hält die Unterscheidung zwischen Charakter und personalem Selbst in seinen Vorlesungsmanuskripten nicht immer konsequent aufrecht. Vgl. etwa Mead 2015, 153. Der Sache nach aber ist das personale Selbst vom Charakter zu unterscheiden. Die naturwüchsigen

Im zweiten Abschnitt soll dann auf Computerspiele im Besonderen eingegangen werden.[4] Computerspiele zählen nicht nur zu den beliebtesten, sondern auch zu den kontroversesten Unterhaltungsmedien der letzten Jahrzehnte. Seit ihrem Aufkommen sind sie immer wieder heftiger moralischer Kritik ausgesetzt: Sie machen süchtig, verblöden, führen zu sozialer Isolation, verrohen und machen aus Kindern im schlimmsten Fall sogar Killer – so zumindest lauten die von Politikern, Elternverbänden und vereinzelt auch von Medienpsychologen vorgetragenen Schreckensszenarien. Bei nüchterner Betrachtung zeigt sich allerdings, dass derartige pauschale Verteufelungen unhaltbar sind. Das liegt auch daran, dass Kinder keine bloß passiven Konsumenten sind, die den Wirkungen von Computerspielen schutzlos ausgeliefert wären. Kinder spielen vielmehr *von sich aus* – das gilt für klassische Spiele ebenso wie für Computerspiele. Die spannende ethisch-pädagogische Frage bezüglich Computerspielen lautet daher nicht ‚Was machen Computerspiele mit Kindern?', sondern ‚Was machen Kinder mit Computerspielen?' Die im Anschluss an Mead zu gebende Antwort ist: Ähnlich wie bei Spielen im klassischen Sinne – wenn auch im Detail leicht anders – formen und festigen Kinder ihr personales Selbst beim Computerspielen.

Der Aufsatz schließt mit einer kurzen Bemerkung zur medienpädagogischen Aufgabe von Eltern, die diese angesichts unethischer Inhalte – die es bei Computerspielen zweifellos *auch* gibt – zu bewältigen haben.

2 Kindheit, personales Selbst und Spiel

Was ist Kindheit? Auf diese Frage gibt es zwei weit verbreitete und gleich einseitige Antwortansätze. Der einen Auffassung zufolge ist Kindheit funktional oder instrumentell bestimmt. Kind zu sein hieße demnach zu lernen, wie man aufhört, ein Kind zu sein. Kindheit wäre nur das notwendige Durchgangs- und Entwicklungsstadium zum Erwachsensein. Diese Sichtweise scheint etwa den entwicklungspsychologischen Überlegungen von Lawrence Kohlberg (1996) zu unterliegen. Demgegenüber steht die andere Ansicht, die sich z. B. auf Rousseau (1998) berufen darf, und der zufolge Kindheit aus sich selbst heraus verstanden werden muss, und zwar als ein an sich und nicht nur instrumentell wertvoller Lebensabschnitt.[5]

---

seelischen Dispositionen werden im Rahmen sozialer Interaktion – wobei die Übernahme sozialer Rollen eine entscheidende Rolle spielt – zu einem Charakter geformt und verfestigt. Das personale Selbst oder Selbstbewusstsein besteht in der Fähigkeit, sich selbst zum Gegenstand zu machen.

[4] Der Ausdruck ‚Computerspiele' wird in diesem Aufsatz in einem weiten Sinne gebraucht, d. h. mit ihm sind sowohl PC- als auch Konsolen- als auch Handyspiele gemeint. Es wird hier außerdem nicht zwischen Computer- und Videospielen unterschieden. Für eine ontologische Bestimmung von Computerspielen siehe Ostritsch und Steinbrenner 2018.

[5] Für eine kompakte Gegenüberstellung dieser beiden Perspektiven vgl. Schickhardt 2016, 24–26.

Mir scheint, dass beide Ansätze sich überhaupt nicht ausschließen. Einerseits trägt Kindheit ganz offenkundig das Telos des Erwachsenseins in sich. Kinder wollen von sich aus erwachsen werden. Hegel etwa spricht treffend vom kindlichen „Trieb, der Welt der Erwachsenen, die sie [sprich: die Kinder] als ein Höheres ahnen, anzugehören" (1986b, § 175 Anmerkung). Andererseits bedeutet dies nicht, dass die Kindheit von bloß instrumentellem Wert ist und Kinder keinen Wert an sich, d. h. keine Würde, besitzen. Es ist – wie wir durch Aristoteles (1985, 1097b) wissen – problemlos möglich, dass ein und dieselbe Sache sowohl um ihrer selbst willen als auch um einer anderen Sache willen begehrt wird. Das heißt, manche Dinge sind sowohl an sich selbst wertvoll als auch zugleich von instrumentellem Wert. So ist etwa Ehre ein Wert an sich, wird aber von denen, die sie erstreben, zugleich als ein Mittel zur Erlangung der Glückseligkeit begehrt. Auch Kindheit schöpft ihren Wert einerseits aus sich selbst, ist aber zugleich wertvoll als diejenige Lebensphase, in der sich das Selbst, der Charakter und die Fähigkeiten eines Menschen derart herausbilden, dass er am Ende dieser Entwicklung als Erwachsener für sich selbst einstehen kann.

Betrachtet man die Kindheit als die Phase, in der die für das Erwachsenenalter nötigen Fähigkeiten und Kenntnisse herausgebildet werden, also als Zeit des Erwachsenwerdens, dann lässt sich weiterfragen, welche denn die zentralen Fähigkeiten sind, die vom Kind erworben werden sollen. Die von uns heute weithin als verbindlich akzeptierte Antwort stammt von der Aufklärungsphilosophie und vor allem von Kant. Sie lautet: Der Mensch ist von seiner Anlage her ein freies, d. h. ein selbstbestimmtes Wesen. Das Ziel der Erziehung des Menschengeschlechtes im Ganzen wie der Erziehung des Einzelnen ist demnach Freiheit als Selbstbestimmung (vgl. Kant 1998). Selbstbestimmung wiederum basiert auf der Fähigkeit, auf Basis von Gründen zu sich selbst ein Verhältnis einzunehmen. Nur wer seiner jeweiligen Lebenssituation, seinen inneren und äußeren Determinanten, nicht ausgeliefert ist, sondern sich zu ihnen – wie auch immer beschränkt oder unbeschränkt – verhalten kann, ist in der Lage, sein Leben selbstbestimmt zu führen.

Der Philosoph und Sozialpsychologie George Herbert Mead hat diese Fähigkeit des Sich-zu-sich-selbst-Verhaltens in seinen erst posthum unter dem Titel *Mind, Self & Society* erschienenen Vorlesungen schlicht als das Selbst (,the self') oder als Selbstbewusstsein (,self-consciousness') betitelt.[6] Das Selbst im Sinne Meads ist die Fähigkeit oder Aktivität eines Individuums, derart außerhalb seiner selbst zu kommen, dass es sich selbst zum Gegenstand wird (Mead 2015, 138). Wenn Mead vom Selbst spricht, meint er also nicht das logisch-transzendentale Ich, das gleichermaßen unhintergehbar wie nicht objektivierbar ist. Auch meint

---

[6]Im Folgenden wird von der erschienenen deutschen Übersetzung (Mead 1980) abgesehen, da diese an zentralen Stellen irreführende Ausdrücke verwendet. So wird etwa ,the self' ('selfhood') mit ,Identität' und ,self-consciousness' – das Mead ausdrücklich von ,consciousness' *tout court* unterschieden wissen möchte – mit ,Bewusstsein' wiedergegeben.

er mit ‚Selbst' und ‚Selbstbewusstsein' nicht das erstpersonale mentale Welterleben. Letzteres ist in seiner Terminologie nur das ‚Bewusstsein', das auch Tiere haben, aber noch nicht *Selbst*-Bewusstsein. Das Selbstbewusstsein ist vielmehr das personale Selbst, das aus dem reflexiven Verhältnis des Ich zu sich selbst besteht.

Das personale Selbst, das Selbstbewusstsein, *ist* nach Mead ein soziales Gebilde. Zudem *entsteht* es auch nur aus seiner sozialen Erfahrung heraus: „The self, as that which can be an object to itself, is essentially a social structure, and it arises in social experience." (Mead 2015, 140) Die soziale Erfahrung, die Mead hier an erster Stelle im Sinn hat, ist die Kommunikation innerhalb einer sozialen Gruppe. Die dem Menschen eigentümliche Kommunikation basiert nämlich auf der Fähigkeit, die Wirkung, die der eigene kommunikative Akt auf den anderen haben wird, geistig vorwegzunehmen. Oder anders ausgedrückt: Menschliche Kommunikation beruht auf der Fähigkeit, das eigene kommunikative Handeln – und somit sich selbst – aus der Perspektive des anderen zu betrachten.

Ohne eine solche Vorwegnahme des eigenen Tuns, ohne eine Betrachtung des eigenen Selbst aus der Perspektive des anderen, verbleibt die Kommunikation gezwungenermaßen auf der Ebene des bloß Tierisch-Instinktiven. Der Warnruf, der bei einem Tier durch den Anblick des Fressfeindes rein instinktiv ausgelöst wird, wird von seinen Artgenossen, die diesen Ruf hören, ebenso instinktiv verarbeitet. Der Mensch hingegen kann seine Instinkte hemmen und aufschieben. Er verfügt über die Fähigkeit, zu sich selbst auf Distanz zu gehen, indem er die Rolle seines Kommunikationspartners einnimmt und damit sich selbst aus dessen Perspektive betrachtet. Mead gibt dazu folgendes Beispiel: „One starts to say something, we will presume an unpleasant something, but when he starts to say it he realizes it is cruel. The effect on himself of what he is saying checks him; there is here a conversation of gestures between the individual and himself." (Mead 2015, 141) Erst wenn der Sprecher in der Lage ist, sich selbst zum Adressaten der eigenen Botschaft zu machen, haben wir es mit einem personalen Selbst zu tun. Ohne das Verhältnis zu anderen, außerhalb des Sozialen, kann daher kein personales Selbst im eigentlichen Sinne entstehen.[7] Und auch bestehen kann das Selbst außerhalb des Sozialen nur auf eine verarmte, abstrakte Art und Weise.[8]

---

[7]Ohne dass Mead dies meines Wissens ausgesprochen hätte, setzt allerdings bereits der allererste kindliche Akt des Sich-Hineinversetzens in eine andere Person voraus, dass das Kind zumindest in rudimentärer Form über die Fähigkeit des Sich-zu-sich-Verhaltens und damit über ein minimales personales Selbst verfügt. Ansonsten könnte es nie von sich aus den ersten Rollentausch bzw. Perspektivwechsel vornehmen. Das personale Selbst scheint daher eine Instanz zu sein, die auf empirischem Wege nur kultivierbar, nicht aber erzeugbar ist. Daher wird es letztlich in einem nicht-empirischen und vorreflexiven Selbstverhältnis gründen müssen. Vgl. Henrich 1967, 13ff.

[8]Der Einfluss Hegels auf Mead ist nicht schwer zu erkennen, auch wenn er in *Mind, Self & Society* namentlich nicht genannt wird. Meads These von der Sozialität des Selbst ist eine Variante von Hegels Lehre, dass der ‚subjektive Geist' seine Erfüllung erst im ‚objektiven Geist' findet. Buchstabiert man aus, was eigentlich im Begriff des Selbstbewusstseins liegt, so erkennt man nach Hegel, dass das „*Ich*, das *Wir,* und *Wir,* das *Ich* ist" (Hegel 1986a, 145).

Ein vollgültiges personales Selbst – ein Selbstbewusstsein im anspruchsvollen Sinne – hat ein einsamer Robinson nur dank seiner Fähigkeit zum (stummen oder lauten) Selbstgespräch; dieses wiederum basiert auf den internalisierten Stimmen der abwesenden anderen (vgl. Mead 2015, 138; 141 f.).[9]

Auf jeden Fall kommen wir nicht mit einem voll ausgebildeten personalen Selbst auf die Welt. Stattdessen erlangen wir es erst im Laufe unserer Kindheit. Der Erwerb eines voll entwickelten personalen Selbst ist aber nicht nur ein Nebenprodukt des Erwachsenwerdens, sondern – dafür spricht einiges – das zentrale Telos der Kindheit. Wer nämlich ein solches Selbst ausgebildet hat – wer also dauerhaft in der Lage ist, sich zu sich selbst zu verhalten, indem er soziale Rollen übernimmt –, der ist gerade kein Kind mehr, sondern erwachsen. Aus dem Kind ist dann eine Person geworden, die ihr Leben selbstbestimmt und selbstverantwortlich innerhalb der Gesellschaft führen kann.

Neben der Sprache hebt Mead das Spiel als zentralen Faktor hervor, der das Kind zu einer selbstbewussten Person heranreifen lässt. Er unterscheidet dabei zwei Arten des Spiels: das ‚play' und das ‚game'. Diese beiden bestimmen jeweils eine der beiden Phase der Genese des personalen Selbst.

Zunächst gibt es das Spiel im Sinne des *play* – das freie Rollenspiel. Dabei bringt das Kind sich selbst dazu, so zu sprechen und zu handeln wie ein anderer. Es spielt dann etwa Mutter, Lehrer oder Polizist und lernt dabei, sich selbst aus der Perspektive dieses anderen zu sehen (Mead 2015, 150). Das Kind simuliert in sich diejenige sozialen Rollen, die es zum Gegenstand haben, und macht sich somit selbst zum Gegenstand; es entwickelt ein Selbstbewusstsein im eigentlichen Sinne: „It is evident that out of just such conduct as this, out of addressing one's self and responding with the appropriate response of another, ‚self-consciousness' arises." (Mead 2015, 365 f.) Dieselbe Funktion wie das freie Rollenspiel haben nach Mead auch die imaginären Freunde kleiner Kinder (Mead 2015, 370). Auch sie sind ein Mittel, die Reaktionen der anderen Mitglieder der sozialen Gruppe innerhalb des eigenen Geistes zu simulieren und damit zu lernen, sich selbst aus der Perspektive der anderen zu betrachten.

Auf die erste, frühkindliche Phase des *play* folgt die Periode der *games*. In dieser geht es um organisierte, mit festen Regeln versehene Spiele, die ein Kind

---

[9] Das Selbst als wesentlich soziale Entität ist offenkundig so vielfältig wie die sozialen Beziehungen, die es eingeht. Die Einheit des Selbst hängt davon ab, wie es dem Subjekt gelingt, seine verschiedenen sozialen Rollen zu einem stimmigen Ganzen zusammenzufügen. Das wiederum hängt selbstredend davon ab, in welchem Maße die Gesellschaft es dem Individuum erlaubt, seine verschiedenen Rollen auf widerspruchs- bzw. konfliktfreie Art und Weise auszuüben.

zusammen mit anderen spielt.[10] Im Rahmen von *games* kann das Kind nicht wie im freien Rollenspiel nach subjektivem Belieben seine Rolle und damit sein Spielverhalten ändern. Es muss vielmehr in der Lage und willig sein, a) eine klar umrissene Rolle während des Spiels zu übernehmen und b) sich situativ in die Rollen aller anderen Mitspieler hineinzuversetzen bzw. deren Rollenerfordernisse zumindest latent innerlich präsent zu halten (Mead 2015, 151). Das gilt offenbar für alle *games,* fürs Fangen ebenso wie für Fußball und Vier gewinnt. Ein *game* erfordert daher anders als das *play,* dass der Spieler die verschiedenen Rollen des Spiels innerlich organisiert. Das heißt, das Kind muss die unterschiedlichen Rollen, die durch die Spielregeln bestimmt sind, in seinem Inneren zu einem kohärenten Ganzen zusammenfügen, um selbst am Spiel teilnehmen zu können.

Die Fähigkeit des Kindes, *games* zu spielen, kennzeichnet den Übergang vom bloß rudimentären zum voll entwickelten Selbst. In der Phase des *play* ist das Selbst des Kindes so fluktuierend und partiell, wie die Rollen, die es – der eigenen Willkür folgend – spielerisch erprobt. Die Phase der *games* ist hingegen die Zeit, in der das Kind lernt, eine stabile Rolle innerhalb eines organisierten Ganzen zu übernehmen:

> The game represents the passage in the life of the child from taking the rôle of others in play to the organized part that is essential to self-consciousness in the full sense of the term. (Mead 2015, 152)

Das soziale Ganze, in das ein Individuum eingelassen ist, nennt Mead auch „the generalized other" (Mead 2015, 154). Dieses verallgemeinerte Andere ist aber kein statisches Etwas, sondern ein organisierter Prozess, eine soziale Aktivität („an organized process or social acitivity", Mead 2015, 154). Für das Selbstbewusstsein im Vollsinne ist entscheidend, dass das Individuum die übergreifende soziale Aktivität selbst verinnerlicht, sich in seinen wechselnden Rollen selbst zum Repräsentanten des sozialen Gesamtprozesses macht:

> [O]nly in so far as he takes the attitudes of the organized social group to which he belongs toward the organized, co-operative social activity or set of such activities in which that group as such is engaged, does he develop a complete self or possess the sort of complete self he has developed (Mead 2015, 155).

Selbstbewusstsein geht also Hand in Hand mit der Fähigkeit, die spezifische Einstellung sozialer Rollen im Lichte ihrer Funktion für das soziale Ganze zu übernehmen. Just diese Fähigkeit erlernt, erprobt und festigt das Kind im Rahmen von *games.*

---

[10]Die Übersetzung von ‚game' mit ‚Wettkampf' in der deutschen Edition führt in die Irre. Denn beim Wettkampf steht gerade das Agonale im Fokus, was bei Meads Theorie der Genese des Selbstbewusstseins keine ausdrückliche Rolle spielt. Damit soll natürlich nicht bestritten werden, dass auch das Agonale wichtige pädagogische Funktionen hat, wie etwa die, die eigenen Kräfte und Fähigkeiten zu erproben und einzuschätzen zu lernen, oder auch die, sich auf Basis seiner Leistungen an einer bestimmten Stelle der sozialen Hierarchie einzufügen bzw. deren Neuordnung zu fordern.

3 Zur fundamentalpädagogischen Funktion von Computerspielen

‚Killerspiele', ‚Mordsimulatoren', ‚Gewalttrainer' – derartige Kategorisierungen beherrschten lange Zeit den öffentlichen Diskurs um Computerspiele. Befeuert wurde dieser Diskurs neben Politikern auch durch Wissenschaftler, die einen kausalen Zusammenhang zwischen virtueller und realer Gewalt als gesichert darstellten (Spitzer 2005, 207–243). Die Faktenlage ist allerdings nicht so eindeutig, wie die Gegner von Computerspielen vorgeben. Während manche Studien einen Einfluss gewalthaltiger Computerspiele auf Aggression gefunden haben wollen, meinen mindestens ebenso viele Studien nachgewiesen zu haben, dass kein solcher Effekt besteht. Schließlich gibt es sogar Studien, die einen aggressionsreduzierenden Effekt von gewalthaltigen Computerspielen behaupten (Ferguson 2010, 72 f.). Hinzu kommt, dass von Computerspielegegnern bis heute Studien zitiert werden, deren Ergebnisse auf nachweislichen Fehlinterpretationen ihrer Daten beruhen.[11] Betrachtet man allein Meta-Analysen, dann verschiebt sich die Lage sogar noch weiter zuungunsten der Kritiker von Computerspielen. Denn die Spannbreite der Meta-Analysen reicht von solchen, die nur leichte aggressionserhöhenden Effekte von gewalthaltigen Computerspielen finden, zu solchen, die gar keine derartigen Effekte nachweisen können (Ferguson 2010, 74).

Grundsätzlich krankt die psychologische Forschung zu den Auswirkungen von Computerspielen an zu vielen methodisch schwachen Studien (vgl. Ferguson 2010 und 2015). Unabhängig davon scheint die meiste Forschung grundsätzlich nicht in der Lage zu sein, die von der Öffentlichkeit gestellten Fragen nach den möglichen negativen Auswirkungen von Computerspielen zu beantworten. Die meisten Studien fokussieren sich nämlich auf die Frage, ob Spiele im Allgemeinen bzw. gewalthaltige Spiele im Besonderen aggressionsfördernd sind, wobei Aggression lediglich über bestimmte, oft nicht einmal standardisierte Stellvertreter gemessen wird. Zu solchen Stellvertretern zählt etwa die Bereitschaft eines Spielers, seinen Gegner im Fall einer Niederlage einer Lärmattacke („noise blast") auszusetzen (Kutner und Olson 2008, 74). Derartige Messungen von ‚Aggression' ergeben aber – wie Ferguson (2015, 647) betont – klarerweise keine belastbaren Größen, aus denen etwas zu den Fragen abzuleiten wäre, die die Öffentlichkeit eigentlich interessieren, nämlich ob ein bestimmter Computerspielekonsum zu einem gesellschaftlich relevanten Maß an Aggression, zu Verbrechen oder psychischen Problemen führen kann.

Ein weiteres methodisches Grundproblem bestand bisher darin, dass sehr viele Studien ihre Probanden allein oder hauptsächlich unter Collegestudenten rekrutieren, womit sich die gesellschaftlich vielleicht drängendste Frage nach der Schädlichkeit von Computerspielen für Kinder und Jugendliche nur schlecht oder

---

[11]So etwa die Studien von Anderson und Dill (2000) sowie von Gentile et al. (2004), die von Spitzer (2005, 220–223) an zentraler Stelle seiner Argumentation zitiert werden. Zur Kritik an diesen Studien siehe Ferguson 2010, 73.

gar nicht beantworten lässt. Anders als man nämlich vielleicht erwarten würde, zeigen Studien zur aggressionssteigernden Wirkung von gewalthaltigen Computerspielen, die allein mit Collegestudenten durchgeführt wurden, eine höhere Effektstärke als Studien mit Kindern. Eine mögliche Erklärung dafür liegt darin, dass Studenten in besonderem Maße zu Verhaltensweisen im Experiment neigen, die die vermeintlichen Erwartungen des Experimentators erfüllen (Ferguson 2015, 650).

Beschränkt man sich auf die Forschung, die sich ausschließlich mit Kindern und Jugendlichen unter 18 Jahren beschäftigt, so ergibt sich ein Bild, das kaum einen Gamer, der mit Computerspielen aufgewachsen ist, überraschen dürfte. So kommt Ferguson (2015) in einer groß angelegten und methodologisch vorbildlichen Meta-Analyse zu dem Ergebnis, dass die Effektstärken des Computerspielens in Bezug auf aggressives Verhalten, soziales Verhalten, schulische Leistungen, Depressionen und Aufmerksamkeitsdefizitprobleme minimal sind. Betrachtet man zudem nur solche Studien, die bestimmte methodische Qualitätskriterien erfüllen, so zeigt sich, dass die Effektstärken noch geringer ausfallen, als es bei den weniger strengen Studien ohnehin schon der Fall ist (Ferguson 2015, 655 f.). Überraschend ist, dass sich die Effektstärken bei Spielen, die als gewalthaltig kategorisiert wurden, nur minimal von jenen unterscheiden, die bei Spielen im Allgemeinen festgestellt wurden (Ferguson 2015, 652). Ferguson resümiert seine Meta-Untersuchung wie folgt:

> The overall results of the meta-analysis indicate that video games, whether violent or nonviolent, have minimal deleterious influence on children's well-being. This is particularly true in studies in which other variables were controlled for and in which well-standardized and validated outcome measures were used. (Ferguson 2015, 655)

Damit übereinstimmend sind auch die Ergebnisse einer der seriösesten aktuellen Studien zur sogenannten psychosozialen Anpassung von Kindern im Alter zwischen 10 und 15 Jahren. Die Autoren der Studie kommen zu dem Ergebnis, dass Kinder, die zwischen 1 und 3 h pro Tag Computerspiele spielen, hinsichtlich Lebenszufriedenheit, sozialverträglichem Verhalten, psychischen Problemen und Verhaltensauffälligkeiten überhaupt nicht von ihren Altersgenossen abweichen, die gar keine Computerspiele spielen. Varianzen zeigten sich lediglich bei Kindern, die verhältnismäßig wenig (weniger als 1 h/Tag) oder verhältnismäßig viel (mehr als 3 h/Tag) spielten. In ersterem Fall waren die Indikatoren für die psychosoziale Anpassung im Vergleich mit Nicht-Spielern erhöht, in letzterem Fall verringert (Przybylski 2014, e720).

Die unvoreingenommene Auseinandersetzung mit der empirischen Forschung zeigt also deutlich, dass alarmistische Pauschalurteile wie der Satz „Gewalt im Videospiel führt zu mehr Gewalt in der realen Welt" (Spitzer 2005 241) insbesondere im Hinblick auf Kinder und Jugendliche ad acta gelegt gehören. Damit soll selbstverständlich nicht gesagt werden, dass es eine gute Idee ist, junge Kinder Computerspielen auszusetzen, die Brutalität, Verbrechen oder Sex zum Inhalt haben. Dass bestimmte Medieninhalte nicht für Kinder geeignet sind, etwa weil sie beängstigend oder verstörend sein können, ist eine Selbstverständlichkeit, für die es eigentlich keine empirischen Studien, sondern nur den gesunden Menschenverstand braucht.

Der gründliche Blick auf die Forschung legt außerdem nahe, dass es ein Fehler ist, sich in der ethischen Auseinandersetzung mit Computerspielen auf die Frage zu versteifen, ob bzw. welchen schädlichen Einfluss sie auf das Leben von Kindern und Jugendlichen haben. Denn wer den Blick derart verengt, der bleibt blind für die aus ethisch-pädagogischer Sicht viel interessanteren und ergiebigeren Fragen. Wenn Computerspiele nicht einfach nur verrohendes Teufelszeug sind, dann ist auch die Frage erlaubt, ob und wie sie *als Spiele* bei Kindern zur Herausbildung des personalen Selbst beitragen.

Sherry Turkle, die Pionierin der geistes- bzw. kulturwissenschaftlichen Erforschung der Computerkultur, hat bereits Anfang der 80er Jahre des letzten Jahrhunderts herausgearbeitet, welche Funktion Computerspiele bei der Genese des Selbst spielen können. Im Gegensatz zu einem Großteil der aktuellen empirischen Studien beschreibt Turkle in ihrer Feldforschung die kindlichen und jugendlichen Spieler nicht nur als passive Bildschirmrezipienten, deren Charakter von den (gewalthaltigen) Spielewelten geformt wird. Stattdessen sind es die Kinder und Jugendlichen selbst, die von sich aus – also selbstbestimmt – ganz bestimmte Spiele mit ganz bestimmten Inhalten auf eine ganz bestimmte Art und Weise spielen (Turkle 1984, 75–111).[12]

Diese Überlegungen legen nahe, dass in Bezug auf Kinder und Computerspiele meist die falschen Fragen gestellt werden. Die Frage, die wir stellen sollten, lautet nicht ‚Was tun Computerspiele mit Kindern?', sondern vielmehr ‚Was tun Kinder mit Computerspielen?' oder genauer: ‚Was tun Kinder mit sich selbst, indem sie Computerspiele spielen?'[13] Das ist auch die Perspektive, die wir wie selbstverständlich auf Spiele im klassischen Sinne einnehmen. Niemand zwingt das Kind Feuerwehrmann oder Arzt zu spielen, sondern das Kind will dies von sich aus.[14] Beim Spielen im Sinne des *play* handelt es sich, wenn wir Meads Überlegungen folgen, sogar um Selbstbestimmung in einem doppelten Sinne: Erstens will das Kind von sich aus spielen, und zweitens erzeugt es durch das Spiel ein zunehmend komplexes personales Selbst. Aber auch bei *games* käme man nicht auf den

---

[12]Eine Einsicht, die erfreulicherweise in neuer Form wiederkehrt, z. B. in der ‚self-determination theory', die ebenfalls Spieler in erster Linie nicht als von Medien geformte Rezipienten, sondern als in ihrem Spielverhalten selbstbestimmte Akteure konzipiert (Przybylski et al. 2012). Für weitere Ansätze in dieser Richtung vgl. Ferguson 2015, 656 f.

[13]Dass Kinder etwas mit sich selbst tun, indem sie spielen, heißt natürlich nicht, dass sie das, was sie hier in Bezug auf ihr personales Selbst bewirken, in bewusster Absicht verfolgen. Vielmehr spielen sie in der Regel nur um des Spielens willen, tragen dadurch aber unbewusst zu ihrer eigenen Ich-Entwicklung bei.

[14]Damit soll nicht ausgeschlossen werden, dass das Spielen bestimmter Spiele auch zu einer Art Zwang oder Sucht degenerieren kann. Dann aber handelt es sich nicht mehr um Spiele im eigentlich Sinne. Zum für Spiele konstitutiven Moment der Freiwilligkeit vgl. etwa die Spieldefinition von Roger Caillois (2017, 30).

Gedanken, dass das Kind hier bestimmte Inhalte nur aufgedrückt bekommt. Vielmehr spielt das Kind von sich aus Fußball, Mühle oder Uno.

Auch wenn wir sowohl klassische Spiele als auch Computerspiele als Mittel kindlicher Selbstformung betrachten dürfen, so gibt es doch Unterschiede zwischen dem traditionellen *play* und *game* einerseits und Computerspielen andererseits.

Schon Turkle hat bemerkt, dass Computerspiele nicht das freie kindliche Rollenspiel ersetzen können (Turkle 1984, 99). Daran hat sich auch mit den riesigen Open-World-Spielen der letzten Jahre nichts geändert – also mit Spielen wie *Minecraft* deren Welten man auch ohne vom Spiel vorgegebene Ziele durchstreifen und erkunden kann. Denn das freie Spielen – das Spielen im Sandbox-Modus – ist immer noch durch das spezifische Setting sowie die besonderen Spielmechaniken des jeweiligen Computerspiels begrenzt. Im freien kindlichen Spiel hingegen gibt es keine von einem Rechner, ja überhaupt keine von einer äußeren Instanz aufrechterhaltenen Regeln. Die einzigen Grenzen, die das freie Rollenspiel hat, sind diejenigen, die das Kind sich in seinem freien Spielfluss selbst gibt: Gerade eben war es noch der eigene Papa auf dem Weg zur Arbeit, nun bereitet es als Koch das Mittagessen zu und in wenigen Augenblicken wird es als Spiderman Spinnennetze aus seinen Handgelenken schießen.

Computerspiele sind also keine freien Rollenspiele im Sinne des kindlichen *play*. Aufgrund der festen Regeln handelt es sich bei ihnen offenbar immer um *games*. Allerdings stellen viele Computerspiele eine besondere Form von *games* dar, insofern sie ein beachtliches Maß an freiem Spiel, an *play*-artigem Spiel, integrieren – auch wenn dieses aus den oben genannten Gründen nicht die Freiheit und Flexibilität des klassischen kindlichen Rollenspiels erreichen kann.[15]

Die Besonderheit von vielen (wenn auch sicherlich nicht allen) Computerspielen scheint näherhin darin zu liegen, dass sie die imaginativen Welten, wie sie Kinder im freien Spiel für sich erschaffen, zu einer objektiv erfahrbaren Realität werden lassen. Mit der vom Computer simulierten Realität kann der Spieler dann wirklich interagieren. Dazu muss das, was sonst nur von der freien Imagination des Kindes beherrscht wird, festen Regeln unterworfen werden, die wiederum von der unbestechlichen Instanz des Computers aufrechterhalten werden. Daher rührt auch der von Turkle eindrücklich eingefangene doppelte Blick des Kindes auf den Computer: Er ist einerseits „Wunschmaschine [...], die alles ermöglicht, und andererseits [...] Regelmaschine, die alles, was verrückt ist, bis ins letzte kontrollierbar macht" (Turkle 1984, 86).

---

[15] Marc Fabian Buck und James McGuirk (2019) haben in Hinblick auf den Einsatz von *Augmented Reality* (AR) im Unterricht argumentiert, dass diese Technologie eine Freiheit der Wahrnehmung suggeriert, die sie gar nicht gewährleisten kann. In Wahrheit modifiziert AR nämlich die Wahrnehmung durch die von ihr augmentierten Elementen immer nur so, wie es in ihrem Quellcode festgeschrieben ist. Die Begrenzung des spielerischen Möglichkeitsraumes durch den Quellcode gilt selbstverständlich auch für alle Computerspiele.

Diese doppelte Beschaffenheit des Computers findet sich auch bei Computerspielen wieder: Sie bieten einerseits imaginative Spielwelten, wie sie zuvor nur in der Phantasie des Kindes anzutreffen waren; andererseits funktioniert die Interaktion mit dieser Welt nach festen Regeln und Regelmäßigkeiten, wie sie für klassische *games* charakteristisch sind. Gerade bei Computerspielen aus dem Bereich des Rollenspielgenres und bei Spielen mit einer offenen, d. h. frei erkundbaren Spielwelt (manchmal fällt beides natürlich auch zusammen) kommen diese beiden Charakteristika des Computerspiels – das Imaginative und das Regelbasierte – auf für uns interessante Weise zusammen. Denn in solchen Spielen begibt sich der Spieler – wie das Kind im freien Rollenspiel – in die Rolle eines anderen, und erlernt so eine neue Perspektive, aus der er sich selbst betrachten kann. Der Spieler tut dies aber zugleich auf Basis der komplexen Regeln und Gesetzmäßigkeiten der vom Computerspiel simulierten Welt und ihrer Figuren. Bei Multiplayer-Spielen treten zudem noch die Rollen der anderen menschlichen Mitspieler ins Erfahrungsfeld des Spielers. Er ist gezwungen, seine Rolle in Ansehung dieses komplex organisierten Spielganzen, in das seine Spielfigur eingebettet ist, auszuüben.

Dass Kinder und vor allem Jugendliche Computerspiele spielen, ist mit Mead betrachtet daher ein kaum verwunderlicher Umstand. Sind Computerspiele doch mindestens ebenso gut wie klassische *games* dazu geeignet, das kindliche und jugendliche Selbst herauszubilden und zu formen. Computerspiele scheinen klassischen *games* hinsichtlich dieser Funktion sogar ein Stück weit überlegen, insofern sie nämlich auch Aspekte des freien kindlichen Rollenspiels beinhalten können.[16]

Auch die empirische psychologische Forschung hat in Übereinstimmung mit diesen Überlegungen begonnen, das Computerspielen als eine Praktik zu untersuchen, in der Spieler auf eine besondere Weise in ein Verhältnis zu ihrem Selbst treten. So scheint die Attraktivität von Computerspielen nicht zuletzt daher zu rühren, dass Spieler in ihnen ihr ‚ideales Selbst', d. h. dasjenige Selbst, das sie gerne wären, erfahren können (Przybylski, Andrew K. et al. 2012).[17] Ein besonderer Reiz scheint aber – zumindest für Jugendliche – auch vom entgegengesetzten Fall auszugehen. Nicht wenige Computerspiele bieten auch die Möglichkeit, Selbstbilder zu erforschen, die in der Wirklichkeit nicht einnehmbar oder (moralisch) verboten sind. Auf Basis von Meads Theorie der Genese des Selbst wäre es durchaus positiv zu bewerten, wenn Jugendliche im Spiel auch die Rollen von Verbrechern und Bösewichten übernehmen: Nur wer sich in die Rolle dessen versetzen kann, der außerhalb des Guten und der gesellschaftlich akzeptierten Normen steht, kann sich als jemand begreifen, der selbst zu derartigen Grenzüberschreitungen in der Lage wäre. Wer aber nicht weiß – was leider wohl auch auf

---

[16] Außerhalb der Welt der Computerspiele scheint alleine noch Pen&Paper-Rollenspielen diese besondere Verbindung von freier Imagination und festen Regeln zu eigen zu sein.
[17] Vgl. aber auch schon die Ausführungen in Turkle 1984, 106–110.

manche Erwachsene zutreffen dürfte –, dass er die Fähigkeit zum Verbrechen und zum Bösen besitzt, der hat ganz offenkundig ein verarmtes Bild seiner selbst, oder anders: der hat noch nicht die Vollform des personalen Selbst erreicht.[18] Es ist aus dieser Sicht bedauerlich, dass es kaum Spiele gibt, in denen man auch ‚böse' sein muss (wie etwa im Antikriegsshooter *Spec Ops: The Line*) bzw. böse sein kann (wie in den *Fallout*-Spielen), die aber anders als die genannten Titel auf einen hohen Gewaltgrad verzichten, so dass sie auch an Jugendliche abgegeben werden dürften.

Zusammenfassend lässt sich festhalten, dass auch das Spielen von Computerspielen die fundamentalpädagogische Funktion von Spielen im Allgemeinen erfüllen kann, die darin liegt, sich in die Rolle eines anderen hineinzuversetzen und sie im Hinblick auf ein komplexes Geflecht von Regeln und weiteren Rollen auszufüllen.[19] Das spielende Kind schult sich darin, ein anderer zu sein – und nur als ein anderer kann es sich selbst zum Gegenstand machen und dadurch ein vollgültiges personales Selbst-bewusstsein entwickeln.

4   Abschließende medienpädagogische Bemerkung

Die Betonung des positiven pädagogischen Potentials von Computerspielen und die weiter oben geforderte Abkehr von der Debatte, ob Computerspiele unsere Kinder zu schlechten Menschen werden lassen, dürfen aber nicht als ethischer oder pädagogischer Freifahrtschein missverstanden werden. Computerspiele sind absichtlich hergestellte Zeichengebilde, und damit in einem landläufigen Sinne durchaus als Kunst zu bezeichnen (ob es sich um gute oder schlechte Kunst handelt, sei dahingestellt). Als derartige Zeichenartefakte stellen Computerspiele bestimmte fiktive Inhalte dar. Darüber hinaus haben sie – ebenso wie Film, Theater, Literatur, Malerei etc. – das Potential, auch bestimmte Werteinstellungen oder Überzeugungen über die wirkliche Welt auszudrücken. Das klarste Beispiel für dieses Potential sind Werke mit eindeutig propagandistischer Intention. Man denke etwa an Veit Harlans *Jud Süß* von 1940. Es sind aber selbstverständlich auch deutlich subtilere Fälle möglich, bis hin zu solchen, bei denen es fraglich ist, ob es neben der künstlerischen Darstellung überhaupt eine nicht-künstlerische (politische oder moralische) Aussage gibt. All das gilt auch für Computerspiele.

---

[18] Die Aufgabe, an einem stabilen und voll entwickelten Selbst zu arbeiten, ist selbstverständlich nicht mit der Vollendung des siebzehnten Lebensjahres beendet, und sie ist auch grundsätzlich nichts, was nur Kinder und Jugendliche betrifft. Computerspiele zu spielen kann im Leben von Erwachsenen z. B. von existenziell-explorativem Wert sein, d. h. es kann erwachsenen Personen dazu dienen, alternative existenzielle Entwürfe zu erforschen (vgl. Ostritsch 2019).

[19] Obwohl der Fokus hier allein auf der spielerischen Genese des personalen Selbst liegt, soll natürlich nicht bestritten werden, dass Spiele im Allgemeinen und Computerspiele im Besonderen auch in anderer Hinsicht wertvoll sein können. Spiele jeder Art sind z. B. intrinsisch wertvoll, insofern sie dem Spieler Lust bringen oder ihn in einen glückverheißenden Flow-Zustand versetzen (vgl. Turkle 1984, 100; Csikszentmihalyi 2008).

Ihre moralische Fragwürdigkeit ist daher nicht auf der Ebene des dargestellten fiktiven Inhalts zu suchen, sondern auf der über das Fiktive hinausgehenden Ebene des Ausdrucks (vgl. Ostritsch 2017; Ostritsch 2018).

Pädagogen, und dazu zählen an erster Stelle natürlich Eltern, kommen daher nicht darum herum, sich damit zu beschäftigen, welche Computerspiele ihre Kinder spielen dürfen. Es ist aber nicht damit getan, die für das Kind passenden Spiele auszuwählen. Vielmehr geht es auch darum, dass Eltern ihren Kindern den richtigen Umgang mit Spielen vermitteln, etwa indem sie gemeinsam spielen und das Erlebte gegebenenfalls diskutieren und reflektieren. Nicht zuletzt besteht die pädagogische Aufgabe der Erzieher darin, Kinder über die doppelte Beschaffenheit von Computerspielen aufzuklären, nämlich dass sie einerseits fiktive Inhalte darstellen, andererseits aber auch Ausdruck wirklichkeitsbezogener Einstellungen sein können. Insofern Letzteres der Fall ist, kann es durchaus zu den Pflichten des Erziehers gehören, seinem Kind das Spielen bestimmter Spiele zu untersagen. Dies ist insbesondere bei all jenen Spielen der Fall, die sich über ihre Ausdrucksebene gegen die sittlichen Grundsätze eines guten Gemeinwesens richten. Die medienpädagogische Aufgabe der Eltern kann sich nicht darauf beschränken, die Kinder zur eigenständigen ethischen Reflexion zu befähigen.[20] Eine solche Reflexionsfähigkeit ist durchaus wünschenswert und ein hehres pädagogisches Ziel, aber sie braucht ein festes und gesellschaftlich geteiltes Fundament sittlicher Überzeugungen. Ansonsten bleibt sie – wie man von der Kritik Hegels am kantianischen Moralformalismus lernen kann (vgl. Ostritsch 2014, 199–202) – Reflexion im luftleeren Raum.

Literatur

Anderson, Craig, und Karen Dill. 2000. Video games and aggressive thoughts, feelings and behavior in the laboratory and in life. *Journal of Personality and Social Psychology* 78(4): 772–790.
Aristoteles. 1985. *Nikomachische Ethik*. Hamburg: Meiner.
Aristoteles. 1995. *Politik*. Hamburg: Meiner.
Buck, Marc Fabian, und James McGuirk. 2019. Leibliche (Lern-)Erfahrung qua Augmented Reality. In *Leib – Leiblichkeit – Embodiment*, Hrsg. M. Brinkmann et al., 405–423. Wiesbaden: Springer VS.
Caillois, Roger. 2017. *Die Spiele und die Menschen. Maske und Rausch*. Berlin: Matthes & Seitz.
Csikszentmihalyi, Mihaly. 2008. *Flow. The Psychology of Optimal Experience*. New York: Harper Perennial.
Ferguson, Christopher J. 2010. Blazing Angels or Resident Evil? Can Violent Video Games Be a Force for Good? *Review of General Psychology* 14(2): 68–81.

---

[20]Eine bloß reflektierende Funktion der Medienpädagogik scheint etwa Maisenhölder (2019, 165) vorzuschweben: „Statt also Wertungen zu vermitteln, sollten Kindern und Jugendliche dazu befähigt werden, selbst Wertungen vorzunehmen und hierbei ihre Wertungskriterien wieder selbst zu reflektieren und begründen zu können, so wie es die Medienethik auf wissenschaftlicher Ebene leistet.".

Ferguson, Christopher J. 2015. Do Angry Birds Make for Angry Children? A Meta-Analysis of Video Game Influences on Children's and Adolescents' Aggression, Mental Health, Prosocial Behavior, and Academic Performance. *Perspectives on Psychological Science* 10(5): 646–666.

Gentile, Douglas et al. 2004. The effects of violent video game habits on adolescent hostility, aggressive behaviors and school performance. *Journal of Adolescence* 27(1): 5–22.

Hegel, Georg Wilhelm Friedrich. 1986a. *Phänomenologie des Geistes*. Theorie-Werkausgabe. Bd. 3, Hrsg. Eva Moldenhauer und Karl Markus Michel. Frankfurt a. M.: Suhrkamp.

Hegel, Georg Wilhelm Friedrich. 1986b. *Grundlinien der Philosophie des Rechts*. Theorie-Werkausgabe. Bd. 7, Hrsg. Eva Moldenhauer und Karl Markus Michel. Frankfurt a. M.: Suhrkamp.

Henrich, Dieter. 1967. *Fichtes ursprüngliche Einsicht*. Frankfurt a. M.: Klostermann.

Huizinga, Johan. 2015. *Homo Ludens. Vom Ursprung der Kultur im Spiel*. 24. Aufl. Reinbek bei Hamburg: Rowohlt.

Kant, Immanuel. 1998. *Über Pädagogik*. In *Werke*. Bd. VI, Hrsg. Wilhelm Weischedel. Darmstadt: WBG.

Kohlberg, Lawrence. 1996. *Die Psychologie der Moralentwicklung*. Frankfurt a. M.: Suhrkamp.

Kutner, Lawrence, und Cheryl Olson. 2008. *Grand theft childhood: The surprising truth about violent video games and what parents can do*. New York, NY: Simon & Schuster.

Maisenhölder, Patrick. 2019. Die medienethische Perspektive auf digitale Spiele in den Lebenswelten Heranwachsender. In *Aufwachsen mit Medien*, Hrsg. Ingrid Stampf et al., 157–169. Baden-Baden: Nomos.

Mead, George Herbert. 1980. *Geist, Identität und Gesellschaft*. 4. Aufl. Frankfurt a. M.: Suhrkamp.

Mead, George Herbert. 2015. *Mind, Self & Society: the definitive edition*. Chicago: The University of Chicago Press.

Ostritsch, Sebastian. 2014. *Hegels Rechtsphilosophie als Metaethik*. Münster: mentis.

Ostritsch, Sebastian. 2017. The Amoralist Challenge to Gaming and the Gamer's Moral Obligation. *Ethics and Information Technology* 19(2): 117–128.

Ostritsch, Sebastian. 2018. Ethik. In *Philosophie des Computerspiels*, Hrsg. Daniel Feige et al., 77–96. Stuttgart: Metzler.

Ostritsch, Sebastian, und Jakob Steinbrenner. 2018. Ontologie. In *Philosophie des Computerspiels*, Hrsg. Daniel Feige, 55–74. Stuttgart: Metzler.

Ostritsch, Sebastian. 2019. Computerspiele und Privatheit. In *Privatsphäre 4.0: Eine Neuverortung des Privaten im Zeitalter der Digitalisierung*, Hrsg. Hauke Behrendt et al., 231–244. Stuttgart: Metzler.

Przybylski, Andrew K. et al. 2012. The Ideal Self at Play: The Appeal of Video Games That Let You Be All You Can Be. *Psychological Science* 23(1): 69–76.

Przybylski, Andrew K. 2014. Electronic gaming and psychosocial adjustment. *Pediatrics* 134: e716–e722.

Rousseau, Jean-Jacques. 1998. *Emile oder Über die Erziehung*. Stuttgart: Reclam.

Schickhardt, Christoph. 2016. *Kinderethik*. 2., korr. und erg. Aufl. Münster: mentis.

Schiller, Friedrich. 2000. *Über die ästhetische Erziehung des Menschen in einer Reihe von Briefen*. Stuttgart: Reclam.

Spitzer, Manfred. 2005. *Vorsicht Bildschirm*. Stuttgart: Ernst Klett Verlag.

Turkle, Sherry. 1984. *Die Wunschmaschine. Vom Entstehen der Computerkultur*. Reinbek bei Hamburg: Rowohlt.

Zwischen Vermittlung und Versagung

Überlegungen zum Technologiedefizit in Zeiten der Digitalisierung

Marc Fabian Buck und Thomas Koinzer

Abstract

In diesem Beitrag wird erörtert, welche Anforderungen vor dem Hintergrund der Digitalisierung an öffentliche Erziehung und Unterricht herangetragen werden und inwiefern diese Bezug nehmen auf die von Niklas Luhmann ersonnene Figur des Technologiedefizits der Erziehung. Drei distinkte Positionen für Schule und pädagogische Praxis werden genannt: 1) die insinuierte Überwindung des Technologiedefizits, 2) seine Berücksichtigung und fortwährende Bearbeitung seiner Technologieersatztechnologien und 3) die Wiederkehr des Technologieverdikts. Diese drei Grundpositionen werden mit Blick auf ihre ethisch-normativen Folgen für Institutionen der Erziehung und Bildung sowie für die darin tätigen Fachkräfte und ihre Praxis variiert.

Keywords

Technologiedefizit · Technologieverdikt · Luhmann · Digitalisierung · Digitale Schule

---

M. F. Buck (✉)
Fakultät für Erziehungswissenschaft, Universität Hamburg, Hamburg, Deutschland
E-Mail: marc.fabian.buck@uni-hamburg.de

T. Koinzer
Institut für Erziehungswissenschaften, Humboldt-Universität zu Berlin, Berlin, Deutschland
E-Mail: thomas.koinzer@hu-berlin.de

1 Einleitung

Ohne Zweifel verändert die voranschreitende Technisierung und Digitalisierung unserer Gesellschaft die Bedingungen, unter denen Pädagogik im weitesten Sinne sich vollzieht.[1] Im Lichte voranschreitender Technisierung sind vermehrt Ansprüche wahrzunehmen, wie die Pädagogik im Allgemeinen mit ihr umzugehen habe. In der Erziehungswissenschaft ist die Figur des *Technologiedefizits* weit verbreitet (das bezeugen Blicke in die gängigen Fachlexika), wenngleich sich eine systemtheoretisch orientierte Erziehungswissenschaft und Kindheitsforschung nicht zu einer zentralen Theorietradition hat entwickeln können.[2] Dennoch: der ursprüngliche ZfPäd-Beitrag von Niklas Luhmann und Karl Eberhard Schorr (1982) ist zum Bezugspunkt handlungs- wie erkenntnistheoretischer Reflexionen avanciert. Mitunter werden die dort eingebrachten systemtheoretischen Reflexionen zum Erziehungssystem gar zu den Schlüssel- (vgl. Prange 2009, 250–263) bzw. Hauptwerken (vgl. Böhm et al. 2009 266–271) unserer Disziplin gezählt. Insofern sind sie durchaus kanonischer Teil disziplinärer Historie und Theoriebildung und zugleich willkommene und wiederkehrende Bezugnahmen verschiedener Anlässe (vgl. Hollstein 2011).

Hier soll ausdrücklich *nicht* nachgezeichnet werden, wie es Luhmann mit soziologischem Blick von außen gelang, die Erziehungswissenschaft erst in Verlegenheit und dann in produktive Diskussion zu bringen (vgl. König 2001). Auch die derzeitige Rezeption dieser Debatte und Situation einer systemischen bzw. systemtheoretisch inspirierten und irritierten Erziehungswissenschaft (Lenzen 2004) können und sollen hier nicht erörtert werden. Uns interessieren vielmehr die Perspektiven auf Ansprüche an institutionalisierte bzw. öffentliche Erziehung, die sich dank Luhmanns Systemtheorie präzise auf den Begriff bringen lassen. Oder in Anlehnung an Schleiermacher: was will denn eigentlich die Gesellschaft mit der Schule und wie verändern sich diese Ansprüche in Zeiten der Digitalisierung?

Dieser Blick setzt zweierlei voraus: zum ersten, dass es eine gewisse Trennung gibt zwischen dem Geschehen in Institutionen der Bildung und Erziehung und anderen Teilen der Gesellschaft und zum zweiten, dass es ein Unterscheidungsmerkmal gibt, mit dem sich Pädagogik (ob in Handlung oder Struktur gefasst) von bspw. der Ökonomie unterscheiden lässt. Für beide Annahmen sprechen plausible Argumente, etwa die räumliche Trennung der Schule vom ‚Rest der Gesellschaft' oder die rechtliche Sonderstellung von öffentlicher Erziehung nicht nur im Art. 7 des Grundgesetzes, sondern auch in den Schulgesetzen der Länder. Das heißt nicht, dass im Folgenden systemtheoretisch argumentiert wird, sondern vielmehr,

---

[1]Dieser Beitrag entstand unter Einbezug zahlreicher Hinweise und Anmerkungen von Anna Moldenhauer (Humboldt-Universität zu Berlin), der wir an dieser Stelle ausdrücklich danken.

[2]Die Gründe dafür sind vermutlich vielschichtig und können hier nicht erschöpfend erörtert werden. Als möglicher Grund mag die zunächst herausfordernde sprachliche Besonderheit der Beobachtung und Beschreibung von Gesellschaft als System bestehen. Vgl. Anleitungen, die Titel tragen wie *Luhmann leicht gemacht* (Berghaus 2012).

dass die von ihr gestellten Rückfragen an die Pädagogik nach über 40 Jahren unter veränderten Bedingungen der Digitalisierung aktualisiert werden. Diese Perspektive scheint uns eine neue zu sein, da bisherige Publikationen zu einer ‚Digitalen Ethik' der Schule (exemplarisch Grimm et al. 2019) ausschließlich handlungspraktische Reflexionen umfassen und die ethisch-normativen Veränderungen auf der Systemperspektive dabei in den Hintergrund geraten.

Hieran möchten wir anknüpfen und dafür zunächst die angedeuteten Potentiale der Luhmann'schen Perspektive skizzieren (2), um anschließend exemplarisch Veränderungen in den Ansprüchen von außen an die Pädagogik zu präsentieren (3). Unseres Erachtens sind drei hauptsächliche Positionen im heutigen Umgang mit dem Technologiedefizit erkennbar, die wir dort in ihren ethischen Konsequenzen darlegen. Abschließend (4) formulieren wir eine Forschungsperspektive, die den veränderten Anforderungen an Unterricht und Schule Rechnung trägt, ohne in pädagogische Ohn- oder Allmacht zu verfallen.

2 Das Technologiedefizit der Erziehung als Teil pädagogischer Identität

Nach Niklas Luhmann (1984) differenziert sich Gesellschaft in verschiedene Subsysteme (Wirtschaft, Wissenschaft, Recht, Realität, Kunst, Medien, Politik, Religion, Erziehung), die sich qua Kommunikationsakten konstituieren, verschiedene Aufgaben erfüllen, sich ständig selbst reproduzieren und diese Autopoiesis mittels binärer Codes zur Gesamtgesellschaft sichern. So unterscheidet etwa das Rechtssystem nach Recht/Unrecht und die Politik nach Macht/keine Macht. Diese Codes stellen das jeweilige Proprium der Kommunikation ihrer Subsysteme dar. Im Fall des Erziehungssystems (Luhmann 2002) liegt die Aufgabe erzieherischer Kommunikation bzw. Interaktion darin, Wissen und Können zu vermitteln (vgl. Luhmann 2007, 46 f.). Ihre zentrale Unterscheidung erfolgt anhand des Codes besser/schlechter und später zusätzlich mit vermittelbar/nicht-vermittelbar (vgl. Kade 1997; 2004) und setzt somit ein Substanzverständnis von Wissen und die Vermittelbarkeit dessen im materialen Sinne voraus.[3]

Mit Hilfe des Intentionsbegriffs wird Kommunikation von Sozialisation differenziert. Seine handlungspraktische Entsprechung findet er in Organisation

---

[3] Jochen Kade weist darauf hin, dass gleichwohl Differenzen zwischen frühen und späten Reflexionen Luhmanns zur Erziehung und zum Erziehungssystem festzustellen sind, so etwa mit Bezug auf das Medium der Erziehung (zunächst das Kind, später der Lebenslauf) sowie auf Organisationen und Orte der Erziehung (zunächst mit starkem Fokus auf Schule, später dann ausgeweitet). Ende der 1990er folgt Tenorths Kritik an der Rezeption Luhmanns innerhalb der Erziehungswissenschaft. Im Kern stehen das Problem der Reduktion des Technologiebegriffs auf ein spezifisches Verständnis von Technik und Technologie, das einer deterministischen Kausalität folgt, allgemeine Handlungstheorie ignoriert und so dem pädagogischen Problem der fehlenden Technisierung ihrer Handlungen einen Status zuweist, den die Praxis der Pädagogik bei genauerer Beschau nicht für sich allein beanspruchen kann (vgl. Tenorth 1999, 256 f.).

und Profession, also in den Randbedingungen pädagogischer Praxis (vgl. Luhmann 2002). Obgleich das Handeln für Luhmanns Perspektive einen untergeordneten Status hat bzw. nur als Operation der Kommunikation existiert, sind diese der Ort, an dem *Technologieersatztechnologien,* mithin und allgemein: Didaktik zum Einsatz kommen (vgl. Kade 2004).

Selbstredend sind Luhmanns Perspektive wie auch ihre Rezeption und Verwendung nicht ohne Kritik geblieben, sowohl in der Soziologie wie auch in der Erziehungswissenschaft. Heinz-Elmar Tenorths Kritik richtet sich beispielsweise an die Vermengung analytischer und normativer Ebenen in der Verwendung der Figur: „Der Konsens über das ‚Technologiedefizit' ist daher auch deshalb problematisch, weil er zu ‚pädagogisch-traditional' argumentiert, normativ vielleicht brauchbar, aber analytisch unpräzise". (Tenorth 1999, 257). Demgegenüber fand die strategische Verwehrung von Technologie ihre Aktualisierung auch in Teilen der Geisteswissenschaftlichen Pädagogik, die mittels des Technologieverdikts „moralisch abwehr[t], was sie technisch nicht einzulösen vermag" (Tenorth 1999, 252) und sich rückbezieht auf die Nohl'sche Formel des *pädagogischen Bezugs* als ethischem Imperativ. Die Synthese dieser beiden Positionen liegt dann für Tenorth zunächst im Gebot der Differenzierung und Präzisierung der in Anschlag gebrachten Perspektive auf das Erziehungssystem und später (2006) gar im Verzicht auf den Gebrauch dieser Metaphorik.

Im Folgenden möchten wir am Beispiel der Digitalisierung erörtern, wie sich dank der Figur des Technologiedefizits jedoch der Blick auf ‚das Erziehungssystem' variieren lässt. Obgleich der folgende Abschnitt mit „diskursiven Verschiebungen" betitelt ist, gehen wir nicht diskursanalytisch vor, sondern beschränken uns auf eine spekulative Umschau unter besonderer Berücksichtigung der ethisch-normativen Konsequenzen für das Erziehungssystem. Als Ausgangspunkt dienen uns dabei offensichtliche Ansprüche an dieses in Form von bildungspolitischen Papieren auf verschiedenen Ebenen.

3   Diskursive Verschiebungen und veränderte Ansprüche

Bei der Lektüre bildungspolitischer Dokumente im Kontext von Digitalisierung[4] fallen diverse Dinge auf, insbesondere weil sie mindestens abweichen von einem bisherigen Konsens. Diese sind 1) Die Forderung nach „eine[r] größere[n] Rolle

---

[4]Wir beziehen uns hier explizit auf drei bzw. vier zentrale bildungspolitische Dokumente, die primär deutsche Schulsysteme betreffen. Diese sind 1) die „Digitale Agenda 2014–2017" der Bundesregierung (Bundesregierung 2014) und der zugehörige Legislaturbericht (Bundesregierung 2017), 2) das Strategiepapier „Bildungsoffensive für die digitale Wissensgesellschaft" des Bundesministeriums für Bildung und Forschung (BMBF 2016) sowie 3) die Strategie der Kultusministerkonferenz „Bildung in der digitalen Welt" (KMK 2017).

von privaten Anbietern bei Ausstattung, Betrieb und Lehrmaterialien" (BMBF 2016, 6) sowie der stärkere Einbezug „privater Dienstleister" (BMBF 2016, 11) und „passender Geschäftsmodelle" (BMBF 2016, 15),[5] 2) die projektartige und punktuelle Bearbeitung und Förderung der Transformation (Bundesregierung 2017, 26 ff.; 2017, 31 ff. und 90 ff.) und schließlich 3) gewisse *Wirksamkeitserwartungen* digitalisierter Schule.[6] Wir möchten uns explizit auf den letzten Punkt beschränken und der Frage nachgehen, was nun Schule und Unterricht unter veränderten Bedingungen, die im Zuge von Digitalisierung eingetroffen oder zu erwarten sind, leisten *sollen*. Der Zielkorridor und die Aufgabe werden definiert als „Vorbereitung auf die Arbeitswelt" und „gesellschaftliche Teilhabe", die wie selbstverständlich auf eine nicht weiter definierte „Digitalen Bildung" zurückgehen (Bundesregierung 2017, 7; vgl. KMK 2017, 10) und die deren Realisierung sicherstellen soll. Die KMK bestärkt in ihrem Strategiepapier diese Wirksamkeitsvorstellung und spricht von „einer Neuausrichtung der bisherigen Unterrichtskonzepte, um die Potentiale digitaler Lernumgebungen wirksam werden zu lassen" (KMK 2017, 13).

Bemerkenswert ist, dass in den bildungspolitischen Ansprüchen lehrende und lernende Subjekte verlorengehen, da sich in der Vorstellung der KMK mitgängig im Medium selbst und durch „eine pädagogische Begleitung der Kinder und Jugendlichen [...] frühzeitig Kompetenzen entwickeln [können], die eine kritische Reflexion in Bezug auf den Umgang mit Medien und über die digitale Welt ermöglichen" (KMK 2017, 11).[7] Hier deutet sich eine Fortschreibung der Formalisierung von Schule und Schulsystem an, die in der Digitalisierung einen Katalysator finden. Zentral ist für uns jedoch die Frage, ob in den so explizit formulierten Anforderungen an Schule bzw. „das Erziehungssystem" eine Berücksichtigung des Technologiedefizits als pädagogischer Konstituent oder ein Rückfall in den prä-Luhmann'schen Diskurs erfolgt. Wir behaupten drei grundlegende Positionen identifiziert zu haben, die im Folgenden exemplarisch ausgeführt werden.

---

[5] Auch die fortschreitende Ökonomisierung von Schule qua Digitalisierung/Monitoring kann an dieser Stelle leider nicht tiefer diskutiert werden. Vgl. dazu einschlägige rezente Publikationen von Bormann et al. (2018), Kunert et al. (2018), Münch (2018) sowie Höhne (2018).

[6] Wir differenzieren in diesem Beitrag nicht nach verschiedenen Formen von Kausalitäten (exemplarisch Benner 2018), da sie für die Erörterung der Anforderungsperspektive zunächst irrelevant sind. Aufschlussreich ist ebenfalls, was in den politischen Agenden nicht genannt wird. Innerhalb eines der anderen sechs Hauptfelder, *Europäische und internationale Dimension der Digitalisierung*, erfolgt keine Nennung bildungspolitischer Vorhaben. Auch scheint keine Implementation einer Reflexions- bzw. Evaluationsinstanz bildungspolitischer Maßnahmen und -gaben vorgesehen, stattdessen geht es darum, in der Bevölkerung „Akzeptanz und Vertrauen in einer digitalisierten Welt zu stärken" (Bundesregierung 2015, 28).

[7] Zur weiteren Diskussion der veränderten Policies im Zuge von Digitalisierung vgl. Hartong (2018).

3.1 Variante 1: Überwindung des Technologiedefizits durch Technik

Die erste Position besteht in der insinuierten Überwindung des Technologiedefizits durch Technik bzw. *Techniken der Digitalisierung*. Damit gemeint sind im Allgemeinen Figurationen aus Hard- und Software, die ihre Nutzerinnen und Nutzer so durch ihr Programm führt, dass an dessen Ende nur die Beherrschung eines domänenspezifischen, reduzierten, ent-kontextualisierten Wissens stehen kann.[8]

Sie besagt, dass ein bestimmtes (Lern-)Ergebnis nun unter Zuhilfenahme technischer Unterstützung ursächlich *hergestellt* werden kann. Die Technologieersatztechnologie Didaktik würde somit obsolet und in der Folge auch eine dezidiert pädagogische Praxis. Innerhalb des Erziehungssystems nimmt folglich die Kommunikation des Erziehungssystems radikal neue Formen an. Das heißt in der Konsequenz, dass der binäre Code der Vermittelbarkeit als Abgrenzung gegenüber anderen Subsystemen der Gesellschaft kontingente Form pädagogischer Praxis als Ganzes wegfällt, da ihre Frage nur noch eine der richtigen Programmierung ist. In der konsequenten Fortführung tritt an die Stelle pädagogischen Handelns nunmehr die Programmierung nicht nur von Programmen, sondern auch von Individuen bzw. „psychischen Systemen" (Luhmann 1985). Im Anschluss an vorige Versuche der Automatisierung von Unterricht (vgl. Kabaum und Anders 2020) liegt demnach ein behavioristisches Lernverständnis vor, das für Schule als Einübungsort des Sozialen (vgl. Künkler 2011) so wenig Berücksichtigung findet wie für Versagungen sowie leiblich bedingte und entzogene Momente des Lernens (vgl. Meyer-Drawe 2012).

Auch die ethischen Konsequenzen auf systemischer Ebene sind tiefgreifend. Normen und Normative der Erziehung ergeben sich nicht mehr aus einer allgemeinen Idee der Bildung oder eines rechtlich codierten Bildungsauftrags, sondern sind summative Akkumulation von immer feiner definierten Kompetenzen, in denen Messbarkeit und Trainierbarkeit zusammenfallen (vgl. Gelhard 2018). Durch die damit verbundene Fragmentierung des Wissens und den Wegfall eines ethischen Regulativs, ergeben sich Vorstellungen von *guter,* richtiger und gelingender Lernprozesse ausschließlich aus der Art und Weise der Programmierung – gutes Lernen ist somit Produkt einer guten Programmierung. Ein *gutes Lehren* im Sinne der Didaktik fällt demnach ohnehin weg, aus dem didaktischen Dreieck wird eine nicht didaktische, sondern technische Linie, an deren Enden Lernende und Lerngegenstand stehen. Als Beispiel für eine solche Substitution mag eine radikale Form der *Gamification* von Unterricht gelten (Buck 2017).

---

[8]Eine grundlagentheoretische Diskussion darüber, wie sich Technik, Freiheit und Bildung zueinander verhalten kann an dieser Stelle nicht erfolgen. Vier exemplarische Verhältnisbestimmungen bei Fink, Heidegger, Schelsky und Litt nimmt Minna Lumila in ihrer Dissertation (2020) vor.

Das bedeutet auch: der Einspruch gegenüber dem „Komputablen" (Jörissen 2020) bzw. programmierten Einheiten des Lernens wird schwer bis unmöglich, ein kritisches Moment von Bildung fällt weg, Schule als der Intellektualisierung (Langeveld 1968, 105) und demokratischer Sozialisation (Koinzer 2011; Zinnecker 1975) verliert weitgehend seine Legitimation, da Lernen sowohl erzieherische als auch bildende Prozesse ersetzt und räumlich vollständig von Institutionen der Pädagogik entkoppelt werden kann.

Neben der Bildungspolitik sind es auch neue Akteure bzw. Stakeholder, die ihr Interesse an der digitalen Transformation von Schule anmelden. Dazu gehören vornehmlich große Unternehmen wie Google und Microsoft, die ihre Produkte bzw. Lizenzen so vermarkten, als hätte das Technologiedefizit niemals existiert. So verspricht Microsoft unter der Überschrift „Grenzenlose Lernchancen eröffnen", dass sich „[Lehrkräfte mit] günstiger und leicht verwaltbarer Technologie, die den Unterricht transformiert, […] auf die Bereitstellung personalisierter Lernerfahrungen zur Verbesserung der Lernergebnisse konzentrieren [können]" und es „Schülern [ermöglicht], ihre Lernentwicklung zu steuern und sozial-emotionale Kompetenzen zu entwickeln" (Microsoft 2020). Den Unterricht zukunftsorientiert zu gestalten bedeutet für den Mitbewerber Google, dass „[m]it den integrierten Bedienungshilfen […] jeder Schüler sein volles Potential entfalten [kann]" (Google 2020). Vorbehalte bezüglich der Mach- und Wirksamkeit bestehen offenbar nicht. Etwas subtiler funktioniert die Transformation der Institution Schule über den Umweg der Zertifizierung.[9]

3.2 Variante 2: Fortwährende Bearbeitung der Technologiersatztechnologien

Während die erste Variante vornehmlich Forderungen aus der Politik und der Wirtschaft zusammenfasst, rekrutiert sich die zweite aus der Praxis selbst, formiert sich jedoch in intra- und inter-institutionellen Verbünden neu. Sie bildet demnach zugleich eine Innen- wie Außenperspektive ab. Beispiele für diese Orte der Re-Formierung sind das sogenannte *Twitterlehrerzimmer* (Kabaum und Buck 2021), praxisinstruktive Zeitschriften (vgl. Moldenhauer et al. 2020), Agenturen für Digitale Bildung und ähnliche Vereine, Verbünde etc. Neben sozialen Medien wie Twitter sind es Zusammenkünfte interessierter Lehrerinnen und Lehrer auf verschiedenen Fort- und Weiterbildungsveranstaltungen, die eint, eine der Digitalisierung zugewandte Haltung zu besitzen. Inzwischen sind erste

---

[9]Der Branchenverband Bitkom beispielsweise zertifiziert Bildungseinrichtungen als „Smart Schools", sofern sie bestimmte Bedingungen erfüllen. Unter der Kategorie „Pädagogisches Konzept/Inhalte" werden ein „[s]chulindividuelles Medienkonzept, [i]nnovative Lernmethoden, [i]ndividuelles Lernen, [k]ollaborative Lernformen, [i]nteraktive Lernumgebungen" sowie „[d]igitale Lerninhalte" (Bitkom 2020) gelistet.

handlungs(an)leitende Publikationen in diesem Umkreis entstanden (Heusinger 2020; Knoblauch 2020; Krommer et al. 2020).

Bemerkenswert an dieser Variante des Umgangs mit dem Technologiedefizit sind einerseits emphatische, lösungsorientierte, reduzierte und unverzügliche Kommunikationsmuster – wobei Twitter hier Ursache und passender Ort zugleich ist – sowie die größtenteils auf Praxis selbst rekurrierende Begründung des *richtigen* Umgangs mit Digitalisierung. Der Kommunikationsplattform angemessen werden bestimmte Schlagworte (Hashtags) verwandt, die sowohl diese Gruppe als zusammengehörig ausweist als auch ihre Gegenstände bestimmt. Diese sind vornehmlich #Twitterlehrerzimmer bzw. #Twlz, #zeitgemäßeBildung, #DigitaleBildung und ähnliche. Sie deuten auf Versuche hin, Technologieersatztechnologien ‚zeitgemäß' neu zu bestimmen und dabei weder in die Varianten 1 noch 3 zu ‚kippen'. Die Absicht liegt in der Interpretation der Autoren in der Integration des Technologiedefizits statt in der Ignoranz dessen mit dem Ziel seiner Minimierung. Der Profession der meisten Zugehörigen entsprechend liegt eine Best-Practice-Perspektive an, die aktuellen Handlungsdruck aufgreift und in einer Werkzeug-Metaphorik zu bearbeiten sucht.

In unserer Deutung handelt es sich um eine Re-Iteration praktischer Medienpädagogik, die sich allerdings häufig mit affirmativem Einschlag vollzieht, auch gegenüber den Einlassungen und Vorstößen der Wirtschaft. Dabei ist das sog. Twitterlehrerzimmer selbstverständlich kein monolithischer Block, formiert aber immer wieder herrschende Meinungen. Auch fällt auf, dass dort selten eine Diskussion der veränderten Anforderungen an den Lehrberuf erfolgt, sondern ein Austausch von Handlungsempfehlungen, die auf Gelingen ausgerichtet sind, dominiert. Dieser Spagat zwischen einem „Solutionismus" (Jörissen 2020) und einer diskursiven Aushandlung lässt sich systemtheoretisch als Veränderung der Kommunikation zur Erhaltung des Systems fassen.

Der Code der Vermittelbarkeit bezieht sich demnach nicht mehr ausschließlich oder vordergründig auf Gegenstände, Stoffe, Inhalte, sondern zugleich und immer mehr auf ein oder mehrere Medien, mit denen die Vermittlung erfolgen soll. Dies zieht einen ständigen Kategorienwechsel nach sich, bei dem Form und Inhalt unterrichtlicher Bemühungen zu verwechseln drohen. Referenzen auf Medientheorien oder die langen Debatten um Medienkompetenz bzw. Medienbildung (exemplarisch Spanhel 2015) variieren in Häufig- und Genauigkeit.

Eine solche Ausdeutung des Technologiedefizits aus einer primär praktischen Perspektive unter Auslassung eines wissenschaftlichen Bezugspunktes und Negierung des Gegenstandes zugunsten des Mediums führt zwangsläufig zu einer Unbestimmtheit des Lehrberufs und dem weitgehenden Verlust seines professionellen Ethos. Organisation und Profession erwachsen nicht mehr aus dem autopoietischen System der Lehrkräftebildung, sondern, einer Graswurzelbewegung gleich, von unten heraus. Allerdings scheint auch hier ein Primat der Machbarkeit vorausgesetzt, das sich jedoch nicht aus politischen Zielen ergibt, sondern aus den Möglichkeiten bestimmter technischer Hilfsmittel – losgelöst vom Unterrichtsziel selbst.

Aus theoriebildender Perspektive scheint hier eine Neubestimmung des Verhältnisses der drei Phasen der Lehrkräftebildung zueinander nötig; zugleich eine intensivere wissenschaftliche Erforschung nicht nur des Diskurses (vgl. Mollenhauer et al. 2020), sondern auch der Praxis des Unterrichtens mit Technik, aber *im* Technologiedefizit; didaktisiert und theoriegeleitet wie auch theoriebildend. Bisher als Nebenschauplätze verhandelte Dimensionen von Schule (rechtliche Bedingungen, ökonomische Einflüsse) scheinen in dem Zusammenhang wichtiger zu werden.

3.3 Variante 3: Wiederkehr des Technologieverdikts

Es ist eine dritte Position auszumachen, die sich dadurch auszeichnet, die bereits skizzierte Haltung von Teilen der Geisteswissenschaftlichen Pädagogik zu iterieren, in dem sie versucht technische Hilfsmittel aus der Schule und dem Unterricht auszuschließen. Sie zeichnet sich durch eine Gleichsetzung und Verdammung von Technik wie auch Technologie aus. Die Proponenten dieser (para-)pädagogischen Position kommen ebenfalls aus praktischen Zusammenhängen meist reformpädagogischer Provenienz. Differenzen gibt es im zeitlichen Bezug: während in der zweiten Deutungsvariante ein *zeitgemäßer* ethischer Maßstab vorausgesetzt wird, gibt es in dieser Variante nur das Unzeitgemäße bzw. Überzeitliche. Technologie und Technik, somit auch ein Unterricht, der über einen Begriff der Didaktik verfügt, sind ihr zufolge zu vermeiden, weil sie einer natürlichen, gesunden oder anders ausgewiesenen Entwicklung des Menschen im Wege stehen.[10]

Im Unterricht soll demnach nichts geschehen, was nicht schon vorher von den sich besserverstehend gebärdenden Pädagogen antizipiert worden wäre – eine Figuration, wie wir sie bei Rousseaus Émile genauso finden wie in der vorbereiteten Umgebung Montessoris (2014, 39 ff.) oder dem Lehrerhandeln „hinter den Kulissen" in der Waldorfpädagogik, schon um die „geliebte Autorität" (Steiner 1979, 156) und damit die eigenen Machtposition sowie Legitimation der sich als frei gebärenden Reformpädagogik nicht zu gefährden (vgl. Grabau 2014). Um jegliche Unsicherheitsfaktoren ausschließen zu können – oder weil Technik gar ideologisch verbrämt ist (vgl. Steiner 2000, 306 ff.) – wird hier auf die *Natur* oder andere Lehrmeister verwiesen, die ohne das Zutun von Lehrkräften wirken. Eine solche Pädagogik neigt zwangsläufig zu einer Romantisierung der *Beziehung* zwischen Lehrkraft und Adressat, die wiederum Voraussetzung ist für die sich dann passiv vollziehende Entwicklung dessen.

Auch aktuell finden sich solche Beispiele einer (vermutlich nicht immer destruktiv *gemeinten*) Verschleierung von pädagogischem Handeln inhärenter Technik, Autorität (vgl. kritisch Schäfer und Thompson 2009; Reichenbach 2020) sowie Macht und Herrschaft mittels Wolkenformeln wie ‚Verantwortung'

---

[10]Vgl. zum Entwicklungsbegriff in der Pädagogik vgl. Buck 2016 sowie Nardo 2018.

(kritisch: Kuhlmann und Ricken 2019). Dazu gehören *offener Unterricht* und *offene Lehrpläne, Entschulung* bzw. *De-Schooling, selbstorganisiertes Lernen,* das selbstverständlich offen, aktiv und gemeinschaftlich stattfindet sowie mannigfaltige weitere „Überredungsbegriffe" der Kategorie „pädagogischer Kitsch" (Reichenbach 2003).

Diese dritte Variante stellt analytisch eine Wiederholung dessen dar, was Tenorth als kategoriale Verschiebung von Empirie und Normativität deutet: es kann nicht sein, was nicht sein darf. Vergleiche zu Ludditen und Maschinenstürmern drängen sich ob einer solchen Verweigerungshaltung. Schultheoretisch kommen normative Fragen danach hinzu, bspw. wie eine Abschirmung von Schülerinnen und Schülern von technisch-gesellschaftlichen Entwicklungen pädagogisch legitimiert werden kann. Eine Norm, die Auskunft über den *richtigen* Einsatz technischer Hilfsmittel gibt, wird im Gegensatz zur zweiten Variante nicht ausgehandelt, sondern von vornherein als nicht existent ausgewiesen. Stattdessen: das Richtige ist das Nichtige. Erziehung als pädagogische Kommunikation (Kade 2004) wird folglich negiert, an ihre Stelle tritt eine „Räumfunktion" für vermeintlich natürliche Entwicklung (vgl. Buck 2016, 80 ff.), die sich idealiter ohne erzieherische und/oder technische Irritation vollzieht.

4 Konsequenzen für pädagogische Praxis und ihre Reflexion

In der Zusammenschau (vgl. Tab. 1) zeigt sich, dass sowohl Variante 1 in der Ablehnung empirischer Erkenntnisse über die Kontingenz pädagogischen Handelns wie auch die Variante 3 in der Ablehnung jeglicher Technologie und Technik pädagogisch nicht brauchbar sind.

Beide Extreme lehnen aus unterschiedlichen Positionen die Besonderheit pädagogischer Praxis als eine kontingente ab. Während die insinuierte Überwindung des Technologiedefizits von einer technischen Herstellbarkeit von Wissen ausgeht (und Dimensionen der Bildung und des Sozialen verschwinden), lehnt das Technologieverdikt aus ideologischen Gründen den Einsatz von Technik (auch als didaktisches Mittel) ab. Beide operieren demnach mit unverhandelbaren und empirisch nicht irritierbaren Normen. Folglich ist Variante 2 die einzige, die eine Diskussion über ethische Bedingungen des Unterrichtens, des Lehrens etc. zulässt und der Pädagogik als Praxis und Disziplin eine Mitsprache in der Beobachtung, Beschreibung und Normierung digitalisierter Transformationen zulässt.

Zugleich lässt sich beobachten, dass diese bisher stattfindenden Diskussionen um den Einsatz digitaler Mittel stark situativ-solutionistisch und kaum theoretisch geleitet sind. Ein stärkerer Einbezug der Kenntnisse der Medienpädagogik der vergangenen Jahrzehnte mag hier Orientierung stiften, wobei selbstredend die Reduktion der Digitalisierung auf ihre Medialität die tiefgreifenden Effekte digitaler Transformationen nicht hinreichend zu fassen vermag.

Dennoch: Die stetige Aushandlung und Praxisorientierung scheinen die einzigen Möglichkeiten zu sein, gemeinsame Bezugspunkte, theoretisch begründbare

Tab. 1 Zusammenschau der Varianten des Umgangs mit dem Technologiedefizit

	Variante 1 Überwindung des Technologiedefizits	**Variante 2** Aushandlung und Praxisorientierung	**Variante 3** Iteration des Technologieverdikts
Verhältnis Technik-Technologie	Ablösung von Technologie/Didaktik durch Technik	Integration von Technik als Technologie	Gleichsetzung
Normen gelingender Pädagogik	Akkumulation singulärer Lerneinheiten, unsystematisch, an Einzelkompetenzen ausgerichtet	Unbestimmt, schwebend, in Aushandlung, bisher tendenziell situativ (Best Practice)	Vorgängig: Ablehnung von Technik/Technologie
Begründung	Ideologisch/teleologisch	Empirisch-theoretisch	Ideologisch/entelechisch
Folgen für das Erziehungssystem	Außensteuerung bzw. Auflösung; Verlust bildender/sozialisatorischer/politisierender Momente	Aufrechterhaltung, Impulse „von unten", unplanmäßig, offen	Austausch von Erziehung/Didaktik durch Begleitung bzw. Entwicklung
Pädagogische Praxis und Theorie	Wird irrelevant	Beobachtet, beschreibt, normiert	Ist vorgängig irrelevant

Normen guter Schule und guten Unterrichts neu zu bestimmen und im poietischen Modus zu theoretisieren. Währenddessen steigt der Komplexitätsgrad des Verhältnisses von Technik und Technologie bzw. Ersatztechnologie stetig; die Chancen, diese Veränderungen umfassend zu überblicken sinken. Angehende wie arrivierte Lehrkräfte müssen sich nach wie vor auf eine bestimmte Linie verlassen können, die ethische Maßstäbe für das Lehrerhandeln und die Institution Schule vermittelt. Die Abstraktion dieser Werte, darin liegt die Pflicht und das Potential einer Allgemeinen Theorie des Digitalen in der (Schul-)Pädagogik, die bisher als Desiderat gilt. Sie kann sich nicht auf die Ansammlung von Einzelempirien berufen, sondern hat auch ihre Aufgabe in der Normierung guten Unterrichts. Dies gilt gleichermaßen in der Forschung wie auch in der Aus- und Fortbildung derer, die ‚das Pädagogische' zu ihrem Beruf erheben.

Literatur

Benner, Dietrich. 2018. Über drei Arten von Kausalität in Erziehungs- und Bildungsprozessen und ihre Bedeutung für Didaktik, Unterrichtsforschung und empirische Bildungsforschung. In *Zeitschrift für Pädagogik* 64(1): 107–120.

Berghaus, Margot. 2012/2003. *Luhmann leicht gemacht. Eine Einführung in die Systemtheorie.* 3. Aufl. Köln/Stuttgart: UTB/Böhlau.

Bitkom. 2020. *Was ist eine Smart School?* https://web.archive.org/web/20200226192618/, https://www.bitkom.org/-Smart-School/Smart-School (Abbild der Webseite vom 26.02.2020).

Böhm, Winfried, Birgitta Fuchs, und Sabine Seichter, Hrsg. 2009. *Hauptwerke der Pädagogik.* Paderborn: Schöningh.

Bormann, Inka, Sigrid Kamp-Hartong, und Thomas Höhne, Hrsg. 2018. *Bildung unter Beobachtung. Kritische Perspektiven auf Bildungsberichterstattung.* Weinheim: Beltz.

Bundesministerium für Bildung und Forschung [BMBF]. 2016. *Bildungsoffensive für die digitale Wissensgesellschaft. Strategie des Bundesministeriums für Bildung und Forschung.* https://web.archive.org/web/20161012171505/, https://www.bmbf.de/files/Bildungsoffensive_fuer_die_digitale_Wissensgesellschaft.pdf (Abbild der Webseite vom 12.10.2016).

Bundesregierung. 2014. *Digitale Agenda 2014 – 2017.* Hrsg. vom BMWi, BMI und BMVI. https://web.archive.org/web/20150910081552/, https://www.digitale-agenda.de/Content/DE/_Anlagen/2014/08/2014-08-20-digitale-agenda.pdf?__blob=publicationFile&v=6 (Abbild der Webseite vom 10.09.2015).

Bundesregierung. 2017. *Legislaturbericht Digitale Agenda 2014–2017.* Hrsg. vom BMI, BMWi und BMVI. https://web.archive.org/web/20170709093935/, http://www.bmwi.de/Redaktion/DE/Publikationen/Digitale-Welt/digitale-agenda-legislaturbericht.pdf?__blob=publicationFile&v=16 (Abbild der Webseite vom 09.07.2017).

Buck, Marc Fabian. 2016. *Vorsicht Stufe! Zur Kritik von Entwicklungsmodellen des Menschen in der Pädagogik.* Berlin: Humboldt-Universität zu Berlin. https://doi.org/10.18452/17436.

Buck, Marc Fabian. 2017. Gamification von Unterricht als Destruktion von Schule und Lehrberuf. In: *Vierteljahrsschrift für wissenschaftliche Pädagogik* 93(2): 268–282. https://doi.org/10.1163/25890581-093-02-90000005.

Gelhard, Andreas. 2018/2011. *Kritik der Kompetenz.* 3. Aufl. Zürich: Diaphanes.

Google. 2020. *Google for Education.* https://web.archive.org/save/, https://edu.google.com/intl/de_de/why-google/k-12-solutions/?modal_active=none (Abbild der Seite vom 26.02.2020).

Grabau, Christian. 2014. Machtspiele. Vom Zauber reformpädagogischer Rhetorik. In Vierteljahrsschrift für wissenschaftliche Pädagogik 90, H. 4. S. 516–531. https://doi.org/10.1163/25890581-090-04-90000003.

Grimm, Petra, Tobias O. Keber und Oliver Zöllner. 2019. *Digitale Ethik. Leben in vernetzten Welten*. Kompaktwissen XL. Stuttgart: Reclam.

Hartong, Sigrid. 2018. Towards a topological re-assemblage of education policy? Observing the implementation of performance data infrastructures and ‚centers of calculation' in Germany". In: *Globalisation, Societies and Education* 16(1): 134–150. https://www.tandfonline.com/doi/abs/10.1080/14767724.2017.1390665.

Heusinger, Monika. 2020. *Lernprozesse digital unterstützen. Ein Methodenbuch für den Unterricht*. Weinheim: Beltz.

Hollstein, Oliver. 2011. Das Technologieproblem der Erziehung revisited. Überlegungen zur Wiederaufnahme eines vieldiskutierten Themas. In *Öffentliche Erziehung revisited. Erziehung, Politik und Gesellschaft im Diskurs*, Hrsg. Sigrid Karin Amos, Wolfgang Meseth und Matthias Proske, 53–74. Wiesbaden: Springer VS. https://doi.org/10.1007/978-3-531-92615-5_3.

Höhne, Thomas. 2018. Ökonomisierung der Produktion von Schulbüchern, Bildungsmedien und Vermittlungswissen. In *Sozioökonomische Bildung und Wissenschaft*, Hrsg. Tim Engartner, Christian Fridrich, Silke Graupe, Reinhold Hedtke und Georg Tafner, 143–162. Wiesbaden: Springer VS. https://doi.org/10.1007/978-3-658-21218-6_6.

Jörissen, Benjamin. 2020. Ästhetische Bildung im Regime des Komputablen. In *Zeitschrift für Pädagogik* 66(3), S. 341–356.

Kabaum, Marcel, und Petra Anders. 2020. Warum die Digitalisierung an der Schule vorbeigeht. Begründungen für den Einsatz von Technik im Unterricht in historischer Perspektive. In *Zeitschrift für Pädagogik* 66(3), S. 309–323.

Kabaum, Marcel, und Buck, Marc Fabian. 2021. Das #Twitterlehrerzimmer als Disruptor der dritten Phase der Lehrerbildung und Digitalisierungs-Avantgarde? In Vorbereitung.

Kade, Jochen. 1997. Vermittelbar/nicht-vermittelbar: Vermitteln: Aneignen. Im Prozeß der Systembildung des Pädagogischen. In *Bildung und Weiterbildung im Erziehungssystem*, Hrsg. Dieter Lenzen und Niklas Luhmann, 30–70. Frankfurt a. M.: Suhrkamp.

Kade, Jochen. 2004. Erziehung als pädagogische Kommunikation. In *Irritationen des Erziehungssystems. Pädagogische Resonanzen auf Niklas Luhmann*, Hrsg. Dieter Lenzen, 199–232. Frankfurt a. M.: Suhrkamp.

KMK. 2017/2016. Bildung in der digitalen Welt. Strategie der Kultusministerkonferenz. https://www.kmk.org/fileadmin/Dateien/pdf/PresseUndAktuelles/2018/Digitalstrategie_2017_mit_Weiterbildung.pdf.

Knoblauch, Verena. 2020. *Tablets in der Grundschule. Konzepte und Beispiele für digitales Lernen (1. bis 6. Klasse)*. Hamburg: AOL-Verlag.

Koinzer, Thomas. 2011. *Auf der Suche nach der demokratischen Schule, Amerikafahrer, Kulturtransfer und Schulreform in der Bildungsreformära der Bundesrepublik Deutschland*. Bad Heilbrunn: Klinkhardt.

Krommer, Axel, Martin Lindner, Dejan Mihalhović, Jöran Muuß-Merholz, und Philippe Wampfler. 2020. *Routenplaner #Digitale Bildung. Auf dem Weg zum zeitgemäßen Lernen. Eine Orientierungshilfe im Digitalen Wandel*. Hamburg: ZLL21.

König, Eckard. 2001. Systemtheorie als Grundlagentheorie der Erziehungswissenschaft? In *Erziehungswissenschaft: Wissenschaftstheorie und Wissenschaftspolitik*, Hrsg. Edwin Keiner und Guido Pollack, 73–86. Beiträge zur Theorie und Geschichte der Erziehungswissenschaft. Bd. 24. Weinheim: Beltz.

Kuhlmann, Nele und Ricken, Norbert. 2019. Verantwortung und Kindheit. In *Handbuch Philosophie der Kindheit*. Hrsg. Johannes Drerup und Gottfried Schweiger, 236–243. Stuttgart: J.B. Metzler.

Kunert, Simon, Manuel Rühle, Armin Bernard, Harald Bierbaum, Eva Borst und Lukas Eble, Hrsg. 2018. *Bildungsindustrie*. Baltmannsweiler: Schneider Hohengehren.

Künkler, Tobias. 2011. *Lernen in Beziehung. Zum Verhältnis von Subjektivität und Rationalität in Lernprozessen*. Bielefeld: transcript.

Langeveld, Martinus Jan. 1968/1960. *Schule als Weg des Kindes. Versuch einer Anthropologie der Schule*. 4. Aufl. Braunschweig: Westermann.

Lenzen, Dieter, Hrsg. 2004. *Irritationen des Erziehungssystems. Pädagogische Resonanzen auf Niklas Luhmann*. Frankfurt a. M.: Suhrkamp.
Luhmann, Niklas. 1984. *Soziale Systeme. Grundriß einer allgemeinen Theorie*. Frankfurt/Main: Suhrkamp.
Luhmann, Niklas. 1985. Die Autopoiesis des Bewußtseins. In *Soziale Welt* 36(4), 402–446.
Luhmann, Niklas. 2007/2004. *Schriften zur Pädagogik*. Hrsg. Dieter Lenzen. 3. Aufl. Frankfurt a. M.: Suhrkamp.
Luhmann, Niklas. 2002. *Das Erziehungssystem der Gesellschaft*. Frankfurt a. M.: Suhrkamp.
Luhmann, Niklas und Karl Eberhard Schorr. 1982/1979. Das Technologiedefizit der Erziehung und die Pädagogik. In: *Zwischen Technologie und Selbstreferenz. Fragen an die Pädagogik*, Hrsg. von dens, 11–39. Frankfurt a. M.: Suhrkamp.
Lumila, Minna. 2020. *Auf dem Weg zur Technischen Bildung: eine Genealogie der Relation zwischen Technik und Bildung in vier Modellen* [Arbeitstitel]. Diss. phil., Humboldt-Universität zu Berlin.
Meyer-Drawe, Käte. 2012. Zur Erfahrung des Lernens. Eine phänomenologische Skizze. In *In statu nascendi. Geborensein und intergenerative Dimension des menschlichen Miteinanderseins*, Hrsg. Tatiana Shchyttsova, 187–204. Nordhausen: Traugott Bautz.
Microsoft. 2020. *Microsoft Bildung*. https://web.archive.org/web/20200226191343/, https://www.microsoft.com/de-de/education (Abbild der Webseite vom 26.02.2020).
Moldenhauer, Anna, Marc Fabian Buck und Thomas Koinzer. 2020. Über „Digital Natives", die selbst aktiv werden und Lehrpersonen, die keine Angst vor Tablets haben. Eine Diskursanalyse zum Schreiben über das Lehren und Lernen mit digitalen Medien in praxisinstruktiven Zeitschriften für die Grundschule. In *Zeitschrift für Grundschulpädagogik* 13, 31–45. https://doi.org/10.1007/s42278-019-00069-0.
Montessori, Maria. 2014/1965. *Grundlagen meiner Pädagogik*. 12. Aufl. Wiebelsheim: Quelle & Meyer.
Münch, Richard. 2018. *Der bildungsindustrielle Komplex. Schule und Unterricht im Wettbewerbsstaat*. Weinheim/Basel: Beltz Juventa.
Nardo, Aline. 2018. The evolutionary foundations of John Dewey's concept of growth and its meaning for his educational theory. In: *Zeitschrift für Pädagogik* 64(6): 852–870.
Prange, Klaus. 2009. *Schlüsselwerke der Pädagogik. Bd. 2: Von Fröbel bis Luhmann*. Grundriss der Pädagogik/Erziehungswissenschaft. Bd. 26. Stuttgart: Kohlhammer.
Reichenbach, Roland. 2003. Pädagogischer Kitsch. In Zeitschrift für Pädagogik 49, H. 6. S. 775–789.
Reichenbach, Roland. 2020/2011. *Pädagogische Autorität. Macht und Vertrauen in der Erziehung*. 2. Aufl. Stuttgart: Kohlhammer.
Schäfer, Alfred, und Christiane Thompson, Hrsg. 2009. *Autorität*. Paderborn: Schöningh.
Spanhel, Dieter. 2015/2011. Medienbildung als Grundbegriff der Medienpädagogik. Begriffliche Grundlagen für eine Theorie der Medienpädagogik. In *MedienPädagogik* 20: 95–120. https://doi.org/10.21240/mpaed/20/2011.09.15.X.
Steiner, Rudolf. 1979. *Anthroposophische Menschenkunde und Pädagogik*. Gesamtausgabe. Bd. 304a. Dornach: Rudolf-Steiner-Verlag.
Steiner, Rudolf. 2000. *Initiations-Erkenntnis. Die geistige und physische Welt- und Menschheitsentwickelung in der Vergangenheit, Gegenwart und Zukunft, vom Gesichtspunkt der Anthroposophie*. GA. Bd. 227. 4. Aufl. Dornach: Rudolf-Steiner-Verlag.
Tenorth, Heinz-Elmar. 1999. Technologiedefizit in der Pädagogik? Zur Kritik eines Mißverständnisses. In *Zur Sache der Pädagogik. Untersuchungen zum Gegenstand der allgemeinen Erziehungswissenschaft*, Hrsg. Thomas Fuhr, und Klaudia Schultheis, 252–266. Bad Heilbrunn: Klinkhardt.
Tenorth, Heinz-Elmar. 2006. Professionalität im Lehrerberuf. Ratlosigkeit der Theorie, gelingende Praxis. In *Zeitschrift für Erziehungswissenschaft* 9(4): 580–597.
Zinnecker, Jürgen. 1975. *Der heimliche Lehrplan. Untersuchungen zum Schulunterricht*. Weinheim/Basel: Beltz.

Grenzen des Einsatzes von Künstlicher Intelligenz

Im Philosophieunterricht, aus philosophischer und bildungsphilosophischer Sicht

Thomas Sukopp

Abstract

Der Beitrag untersucht zunächst einige Voraussetzungen für einen gelingenden Dialog von Bildungsphilosophie, Bildungs- und Erziehungswissenschaft sowie Philosophiedidaktik. Insbesondere wird dafür argumentiert, Normativitätsfragen nicht auszuklammern bzw. für obsolet zu halten. Außerdem zeigt eine Reflexion auf einen wie auch immer gearteten Bildungsbegriff, dass Bildung per se nicht normativ positiv aufgeladen sein muss (Abschn. 1). Definitionen von schwacher KI als auch von starker KI sind zwar notorisch umstritten. Wir argumentieren dafür, dass mit Blick auf die Fragestellung, ob und inwieweit schwache und starke KI im Philosophieunterricht genutzt werden können, bereits die Definitionen von KI philosophisch zu reflektieren sind, dass aber bereits schwache KI vielfältige Anwendungsfelder im Unterricht bietet. Gleichzeitig betone ich, dass schwache KI (derzeit) einige für Erziehungs- und Bildungsprozesse unverzichtbare Eigenschaften und Merkmale menschlichen Denkens, Verhaltens und Handelns nicht aufweist (Abschn. 2 und Abschn. 4). Um zu zeigen, welche grundsätzlichen Grenzen dem Einsatz von KI im Philosophieunterricht (und in anderen Fächern) gesetzt sind, muss ein Erziehungs- und Bildungsbegriff mit eng damit zusammenhängenden Erziehungs- und Bildungszielen skizziert werden. Zunächst werden Zusammenhänge von KI und Digitalisierung dargestellt, d. h. sowohl Gemeinsamkeiten identifiziert als auch nötige fundamentale Unterscheidungen getroffen. Das ist sowohl mit Blick auf eine trennscharfe Argumentation der Reichweite von KI-Systemen nötig als auch mit Blick darauf, dass ein starker

T. Sukopp (✉)
Philosophisches Seminar/Philosophiedidaktik, Universität Siegen, Siegen, Deutschland
E-Mail: sukopp@philosophie.uni-siegen.de

Bildungsbegriff durch eine mindestens in bildungspolitischen Zusammenhängen gepflegte Digitalisierungseuphorie aufgeweicht werden kann. Erziehungs- und Bildungsziele werden in anthropologisch zu fundierenden Konzepten von Erziehung und Bildung insofern als vorrangig angesehen, als sie nicht auf instrumentell-pragmatisch-technologische Parameter reduzierbar sind (etwa auf Kompetenzen, skills oder Output-Orientierung). Bildung und Erziehung meint etwas, das wir einerseits im Kern durch Rekurs auf Klassiker/innen der Bildungsphilosophie finden können, das aber andererseits für heutige Ansprüche in einer pluralistisch-demokratischen Gesellschaft für die Rahmenbedingungen des 21. Jahrhundert transformiert und neu reflektiert werden sollte. Erziehung und Bildung sind eng verknüpft mit umfassender Selbstformung in einer posthumboldtischen Lesart und damit verbundenen Erziehungs- und Bildungszielen (Abschn. 3).

Schließlich entwickeln wir im 4. Abschnitt ein Argument für die Unverzichtbarkeit von menschlichen Lehrpersonen. Dadurch ist impliziert, welche Eigenschaften und Fähigkeiten starke KI aufweisen müsste, um anspruchsvolle Erziehungsaufgaben übernehmen zu können, nämlich Selbstbewusstsein, das Erkennen und der Umgang mit Bedeutsamkeit und Autonomie. Eine philosophische Reflexion auf diese typisch menschlichen Fähigkeiten und Eigenschaftscluster zeigt damit meines Erachtens fundamentale Unterschiede zwischen starker KI und menschlichem Denken, Fühlen und Handeln.

Keywords

Schwache und starke KI · KI-Nutzung im Philosophieunterricht · Digitalisierung und KI · Bildungsphilosophie · Erziehungs- und Bildungsziele · Autonomie · Selbstbewusstsein · Bedeutsamkeit

Über die Grenzen und Chancen, die der Einsatz von Künstlicher Intelligenz (kurz KI) im Unterricht – hier speziell im Philosophieunterricht – mit sich bringt, wird hitzig und kontrovers diskutiert. Offenbar können wir hierzu eine Vielzahl von kontroversen Fragen stellen, die in vielen durchaus unübersichtlichen Diskursen beantwortet werden. Deshalb möchte ich zunächst meinen Betrag in einem größeren Zusammenhang verorten, da längst nicht immer klar ist, welche Disziplinen mit welchen innerdisziplinären Theoriebildungen und diskursiven Logiken welche Fragen behandeln (Abschn. 1). Insbesondere werde ich skizzieren, mit welchem Bildungs- und Erziehungsbegriff ich arbeiten möchte, wobei klar sein muss, dass allein schon wegen der Platzbeschränkung einige meiner Ausführungen eher kursorisch bleiben müssen. Da es um Grenzen des Einsatzes von KI im Philosophieunterricht gehen wird, werde ich anschließend darstellen, was ich mit KI meine. Teilweise ist diese Begriffsarbeit nicht allein durch Verweis auf Begriffsverwendungen in den Computerwissenschaften, der

Informatik, der Neuroinformatik sowie im Feld der „Artificial Intelligence in Education" (kurz AIED)[1] getan, sondern sie ist bereits innerhalb einer philosophischen oder allgemein geisteswissenschaftlichen Theoriebildung eingebettet. Deshalb ist der 2. Abschnitt der Begriffsbestimmung für die Zwecke meiner Argumentation gewidmet. Da KI oft im Zusammenhang mit Digitalisierung genannt wird, beides aber sowohl tatsächlich eng zusammengehören kann als auch begrifflich und konzeptionell-theoretisch zu trennen ist, skizziere ich auch hier mögliche Verhältnisbestimmungen von KI und Digitalisierung (Abschn. 3.1). Mit Blick auf das Thema des vorliegenden Bandes wird meines Erachtens bisher zu wenig der Einsatz von KI im Zusammenhang mit Bildungszielen thematisiert, die wiederum mit Grundbedingungen kindlichen Gedeihens zusammenhängen. Es ist schließlich in einer anspruchsvollen Lesart so, dass Philosophieunterricht in einer empirisch nur teilweise messbaren, teilweise aber unverfügbaren Weise zur Persönlichkeitsbildung beiträgt bzw. beitragen sollte, die nicht reduzierbar auf Kompetenzen, sogenannte Bildungsstandards u. ä. ist, sondern zur individuellen „Menschwerdung" der Schüler/innen beitragen soll (Abschn. 3.2). Schließlich entwickele ich ein Argument, das aus philosophischer Sicht grundsätzliche Grenzen der Nutzung von KI-Systemen im Philosophieunterricht in den Blick nimmt (Abschn. 4). Abschließend ziehe ich ein Fazit und wage einen kurzen Ausblick (Abschn. 5).

1 „Nun sag', wie hältst Du's mit der Bildung?" Anmerkungen zur Verortung von Bildungsphilosophie und Bildung in unübersichtlichen Zeiten

Wenn man die Aktualität eines Themas am Aufwand misst, der auf die Verbreitung von Slogans und bildungspolitischen Parolen verwendet wird, dann verweisen Schlagworte wie „Digitalisierung" (siehe „Aus Politik und Zeitgeschichte" 2019; Deutsches Komitee für UNICEF e. V. 2017), „Digitalpakt Schule" (Scheller 2019; Brüggen 2019) und „KI" sicher auf viele aktuelle Debatten. Auch wenn es offenkundig um verschiedene Themenkomplexe geht, ist ebenso vermeintlich klar wie es oft de facto unklar bleibt, welche bildungspolitischen, bildungsphilosophischen,

---

[1]Einen Überblick über aktuelle Anwendungen von KI und zukünftige „Embedded AI" im Klassenraum geben etwa Roll und Wylie 2016 im für die AIED einschlägigen *International Journal of Artificial Intelligence in Education*. Zu utopischen und dystopischen Zukunftsszenarien von KI im Erziehungswesen siehe Pinkwart 2016. Auf sechs Trends des Einsatzes und Status von KI im Klassenraum macht Dillenbourg (Dillenbourg 2016) aufmerksam. Darunter falle die Tendenz, dass die Rolle der Lehrperson durch den Einsatz von KI gestärkt werden könne: „My claim is not that the role of the teacher matters (most scholars would agree with this claim), but that the design of learning technologies needs to take, more than before, teachers' practical constraints into consideration. Initially, AIED was about modelling how people learn, modelling the contents to be learned and modelling how the tutoring could be facilitated, the famous 'trilogy'." (Dillenbourg 2016, 557).

erziehungswissenschaftlichen, pädagogischen, philosophischen und gesellschaftswissenschaftlichen, aber auch politischen Ansprüche und Thesen genau vertreten werden. Dieser einleitende Abschnitt verfolgt zum einen das Ziel, eine grundlegende Verortung des Betrags wenigstens zu skizzieren und andererseits drei grundlegende Klärungen vorzunehmen.

Wie noch genauer darzulegen ist, bewegt sich mein Beitrag an Schnittstellen zwischen Philosophiedidaktik, Bildungsphilosophie, Philosophie (hier insbesondere Ethik und Anthropologie) und Erziehungswissenschaften. Dass disziplinenübergreifender Dialog notorisch schwierig ist, wenngleich er gleichzeitig höchst sinnvoll sein kann, wird als selbstverständlich vorausgesetzt.

Grundsätzlich sollte keine der oben genannten Disziplinen eine Art Alleinvertretungs- oder Alleinerklärungsanspruch erheben, wenn es um Erziehung und Bildung geht und genau darum muss es schließlich inhaltlich gehen, trotz aller vermeintlichen oder tatsächlichen Unzulänglichkeiten oder Unverfügbarkeiten (etwa Drerup 2018, 28 f.). Das für meinen Beitrag zentrale, philosophisch zu bestimmende Konzept von Erziehung und Bildung, ermöglicht es, mit möglichst vielen an der theoretischen Ausarbeitung und praktischen Implementierung von Bildungskonzepten und -prozessen beteiligten Forscher/innen ins Gespräch zu kommen. Was sind sowohl in der Bildungsphilosophie als auch in den Erziehungswissenschaften und damit auch in der Philosophiedidaktik die relevanten Themen, wenn es um die Anleitung, Steuerung und Reflexion von Lern-, Erziehungs- und Bildungsprozessen geht? „Erziehung und Bildung sind die Themen!" (Drerup 2018, 27). Die von Drerup formulierten drei Thesen[2] könnten in der Tat dazu beitragen, dass Bildungsforschung, ob empirisch, sozialwissenschaftlich, erziehungswissenschaftlich oder philosophisch verstanden, das tut, was namensgebend ist, nämlich über Bildung zu forschen und zwar losgelöst von vermeintlich sicheren Wahrheiten, die sich bei näherer Betrachtung als haltlos entpuppen: Dazu zählt etwa eine Aversion gegen empirische Bildungsforschung ebenso wie der Verweis auf prinzipielle Nichtsteuerbarkeit von Bildungsprozessen oder die These, Bildung sei per se als gut zu bewerten. Mein Erziehungs- und Bildungsbegriff wird im 3. Abschnitt weiter erläutert, deshalb sei hier nur kurz zur weiteren Kontextualisierung meines Beitrags etwas zur Basis gemeinsamer Forschungsbemühungen der o. g. Disziplinen gesagt:

---

[2]Ich kann darauf hier aus Platzgründen nicht näher eingehen, fasse aber wie folgt zusammen: 1) Erziehung und Bildung müssen in ihrem Zusammenhang rekonstruiert werden, wenn denn Erziehungs- und Bildungsphilosophie einen spezifischen Beitrag leisten soll (Drerup 2018, 28). 2) Auch, oder etwas paradox formuliert, gerade *weil* Bildung nicht auf ein Ziel hin festzulegen ist, so muss sich die unverzichtbare normativ-evaluative Basis eines Bildungsbegriffs mit Blick auf eine Legitimation von Bildung in demokratischen Gesellschaften kriteriengeleitet bewerten lassen (Drerup 2018, 30). 3) Es scheint plausibel, dass sich „theoriegeleitete empirische Forschung" und „philosophisch aufgeklärte Bewertung" (Drerup 2018, 32) nicht ausschließen, sondern ergänzen können und ergänzen sollten. Dazu muss man gar nicht dezidiert auf Spezifika der Erziehungs- und Bildungswissenschaften eingehen. Das Wechselspiel aus empirischer Forschung und normativer Bewertung hat sich als Kriterium der Wissenschaftstheorie, insbesondere mit Blick auf Methodologie und Heuristik, vielfach bewährt. Ketzerisch könnte man fragen, ob denn Erziehungs- und Bildungswissenschaft dann als wissenschaftlich gelten möchten.

A) Ohne Frage stellen sich diverse Normativitätsprobleme in der Bildungsphilosophie, der Bildungsforschung, in den Erziehungswissenschaften und der Philosophiedidaktik. Es lohnt immer ein Blick auf die konsistente Fremd- und Eigenbewertung der jeweils vorherrschenden und eben nicht immer gut begründeten normativen Annahmen (Drerup 2019, 68 ff.). Unabhängig davon etwa, ob man einen Essenzialismus für obsolet, für sakrosankt oder für diskussionswürdig hält, muss man normative Annahmen begründen oder argumentativ verwerfen, ohne etwa im Duktus moralischer Überlegenheit denjenigen, die differenziert ethisch argumentieren, „Diskriminierung", „Paternalismus" oder „Essenzialismus" vorzuwerfen. Ähnliches gilt auch für viele biologisch-naturalistische Annahmen (z. B. mit Blick auf Intelligenz und Begabung von Kindern), die zwar strittig sein mögen, aber dennoch meines Erachtens vielfach diskussionswürdig sind.

B) Die oben genannten Disziplinen können sich teilweise – was bei interdisziplinärer Zusammenarbeit allerdings auch wenig verwundern – oft nicht auf einen Forschungsgegenstand einigen. Dass es in diesen Disziplinen um Bildung gehen könnte, kann zwar leicht behauptet werden, ist allerdings hochumstritten, denn ein tragfähiger disziplinenübergreifend anerkannter Bildungsbegriff existiert offensichtlich nicht. Er kann im Rahmen dieses Beitrags auch nicht ansatzweise skizziert werden, böte aber einen gemeinsamen Forschungsgegenstand. Einige Bedingungen, die ein Bildungsbegriff erfüllen müsste, wären etwa: 1) Bildung hat einen deskriptiv-normativen Doppelcharakter; 2) Bildung kommt in den genannten Disziplinen zuweilen nicht ohne ethisch-anthropologische Überlegungen aus; 3) Bildung ist teilweise empirisch erforschbar und muss philosophisch-erziehungswissenschaftlich reflektiert werden. Bildung ist methodologisch pluralistisch, aber deshalb eben noch nicht methodisch beliebig offen erforschbar. Das heißt etwa, dass deskriptiv-normative Forschungsansätze nicht per se methodologisch fragwürdig sind, aber selbstverständlich Fakten und Normen weder unhintergehbar noch unreflektiert in Theoriebildungen eingespeist werden sollten.

Ich komme zu den eingangs erwähnten drei grundlegenden Klärungen, die selbstverständlich allesamt umstritten sind. Für ein Verständnis meiner Argumentation ist es allerdings unverzichtbar, auf folgendes hinzuweisen:

1. Aus Deskriptivem folgen keine Normen, aus dem bloßen *Status quo* folgt nicht, wie ein idealer Zustand auszusehen hat. Es folgt etwa *nicht*, dass es *pädagogisch* oder *didaktisch* sinnvoll ist, digitale Medien zu nutzen, nur weil es ohnehin alle Schülerinnen und Schüler tun (Näheres dazu siehe Abschn. 3). Freilich folgt daraus nicht, dass man ohne weiteres technologische Entwicklungen durch bloßes Ignorieren aufhalten kann. Das Teilen der Fotos der eigenen Kinder im Internet kann selbstverständlich nicht allein durch eine nicht weiter hinterfragte Praxis gerechtfertigt werden oder dadurch, dass das Nichtteilen zu sozialem Ausschluss führen würde. In den einschlägigen Debatten über medienpädagogische, erziehungswissenschaftliche oder bildungsphilosophische Fragen, wird dieses scheinbar einfache Prinzip aber oft nicht beherzigt.

2. Weder ist Bildung per se gut noch muss man auf anspruchsvolle Erziehungskonzepte verzichten, nur weil Anstrengungen von Erzieher/innen regelmäßig grandios scheitern. Gerade weil die Rahmenbedingungen, unter denen die vielfältigen Erziehungsaufgaben geleistet werden, (leider) dem kontingenten politischen Mehrheitswillen unterliegen, sollten erziehungswissenschaftliche, bildungsphilosophische und weitere Konzepte sich bewusst irgendeiner Art von bildungspolitischer Vereinnahmung entziehen. So kann man etwa wissenschaftlich nicht per Akklamation für Kompetenzorientierung votieren. Wenn man es dennoch tut, verlässt man den Boden kritischer Wissenschaftlichkeit (siehe etwa Liessmann 2014, 45 ff.; Hensinger 2018; Tuomi 2018, 17 f.)
3. Klarerweise können bildungswissenschaftliche und bildungsphilosophische Debatten eine stärkere Entideologisierung vertragen bei dem gleichzeitigen Bewusstsein, dass selbstverständlich Menschen- und Weltbilder transportiert oder implizit vertreten, anerkannt etc. werden (s. Abschn. 3.1), wenn es um Fragen nach dem Einsatz von KI im Klassenraum geht (etwa Hensinger 2018; Muuß-Meerholz 2019; Davidson 2017a und 2017b). Wer beispielsweise einer technophilen Haltung zuneigt, der gemäß alle möglichen Verheißungen für die global vernetzten und dadurch schneller und besser lernenden Schüler/innen längst Realität sind, der braucht sich nicht zu wundern, wenn er auf die teilweise rattenfängerischen Parolen globaler Konzerne hereinfällt.[3] Ein Beispiel für eine solche Parole bietet der unverhohlen geäußerte Wunsch von Larry Page, einem der beiden Gründer von Google, in einem rechtsfreien Raum umfangreiche Big-Data-Anwendungen fernab von hemmenden Institutionen umzusetzen (siehe dazu Staab 2016, Fn 76 und 77).

Da es wesentlich um den Einsatz von KI im Philosophieunterricht geht, werfen wir zunächst ein Blick darauf, was KI begrifflich-konzeptionell bedeuten kann.

2 Was ist Künstliche Intelligenz und was kann sie grundsätzlich im Philosophieunterricht leisten?

Bevor wir den zweiten Teil dieser Frage beantworten können, sollten wir uns klar machen, worüber wir sprechen, also was KI ist[4] (Tuomi 2018, 7–12). Dabei ist mindestens zwischen schwacher und starker KI[5] zu unterscheiden. Ob wir einem System *schwache* KI zuschreiben, wird oft anhand des Turing-Tests entschieden:

---

[3]Zur umfänglichen Darstellung und Kritik überzogener Technophilie in Erziehung und Bildung siehe insbesondere Anderson 2018. Dass Schüler/innen etwa durch den Einsatz von iPads allein „klug werden" (feuilletonistisch Joffe 2019), kann man mit Verweis auf entsprechende Studien durchaus bestreiten.
[4]Die Argumentation folgt weitgehend Sukopp 2018, 97–104; siehe dort für ausführlichere Erläuterungen des hier Dargelegten.
[5]Für weiterführende Informationen siehe insbesondere Russell und Norvig 2016, 1–33 und Patterson 2010, 549 ff.

TT [Turing Test; TS] [...] and various other tests, [...] it can be safely said that we are dealing with weak AI. Put differently, *weak* AI aims at building machines that *act* intelligently, without taking a position on whether or not the machines actually *are* intelligent (Arkoudas und Bringsjord 2014, 35; Hervorhebungen im Original; TS).

Vereinfacht gesagt, besteht ein System den Turing-Test dann, wenn der Experimentator, der das System testet, nicht unterscheiden kann, ob ein KI-System auf bestimmte Fragen antwortet oder etwa ein Mensch.

Starke KI zielt darauf, Maschinen mit Bewusstsein und zwar im vollen und wortwörtlichen Sinn, zu kreieren (Arkoudas und Bringsjord 2014, 35).[6]

Dadurch wird bereits klar, dass philosophische Fragen und evtl. ein philosophisches Konzept hier mitgedacht sein müssen oder wenigstens mitbedacht sein sollten, sobald es um Ansprüche geht, die von Designer/innen oder Anwender/innen von KI erhoben werden. Dazu zählen etwa Ansprüche, was KI leistet und was nicht. Im Vorgriff auf den 4. Abschnitt meines Beitrags argumentiere ich dafür, dass so genannte starke KI für Zwecke des Philosophieunterrichts nicht ausreicht, um bestimmte Aufgaben einer Lehrperson zu erfüllen.

Wenn man den Anspruch erhebt, dass starke KI Systeme mit vollumfänglichem und insbesondere menschlichem Bewusstsein sind, dann müssten solche KI-Systeme folgende Charakteristika aufweisen. Es ist sehr strittig, ob bzw. unter welchen Bedingungen wir tatsächlich bereit sein sollten, einer so gearteten superstarken KI alle diese Merkmale zuzuschreiben. Es ist aber vergleichsweise unumstritten, dass die folgenden – stichwortartig genannten – Merkmale eben typisch menschlich sind:[7]

- *Das Konzept einer Ersten-Person-Perspektive*, etwa: „Ich führe jetzt die Aktion X aus." Damit ist ebenfalls verbunden, dass superstarke KI etwa die phänomenalen Qualitäten so erfährt, wie Menschen sie in einer Erste-Person-Perspektive erfahren (Penstein Rosé et al. 2018; Garcia 2002).
- *Personale Zuschreibungsweisen*, also die Art und Weise wie es ist, eine Person zu sein; Gefühle und Emotionen haben; Wahrnehmungen haben; ebenso Zuschreibungen von Modi der Verkörperlichungen (Walker und Ogan 2016, 718 f.; Sharkey und Ziemke 2001; Arkoudas und Bringsjord 2014, 57).

---

[6]Selbstverständlich ist es allein schon wegen des interdisziplinären Gegenstandes der Künstlichen Intelligenz alles andere als leicht, KI zu definieren (siehe Luckin et al. 2016). Relativ unumstritten ist, dass starke KI das leisten muss, was man typischerweise als menschliche Leistungen betrachtet, die eben Intelligenz erfordern. Dass man dabei schnell zu anthropologisch-philosophischen Fragestellungen gelangt, versteht sich von selbst. Manche Autor/innen vertreten etwa die Ansicht, dass starke KI uns helfen wird, zu verstehen, dass mentale Zustände nichts als Zustände, Ereignisse und Prozesse unseres Gehirns *sind* (Bakhurst 2008).

[7]Damit ist kein sonderlich starker anthropologischer Anspruch verbunden. Gemeint ist, dass viele zustimmen, dass die genannten Fähigkeiten/Merkmale/Dispositionen etc. entweder ausschließlich Menschen zuzuschreiben sind oder dass es sich wenigstens im besonderen Maße um Kennzeichnungen von Menschen handelt.

- *Die Fähigkeit, intentional handeln zu können und zu verstehen, was intentionales Handeln ist* (etwa: „Ich als Initiator der Handlung X führe jetzt X aus und zwar so, wie sie ich gemäß meines Intentionalitätskonzepts als absichtlich Handelnder X geplant habe"; Siewert 2017; Sharkey und Ziemke 2001, 252).[8]
- *Selbst-Bewusstsein*: Ein selbstbewusstes Subjekt ist sich bewusst, dass es in einer Weise in der Welt als selbstbewusstes Subjekt *ist und handelt*. Ein Beispiel: „Ich sehe mich als handelndes/denkendes Wesen, das weiß, dass es X ausführt. Ich weiß, dass *ich* es bin, der X ausführt und ich weiß, dass ein anderes Subjekt weiß, dass ich weiß, dass ich X ausführe etc." (Smith 2017).

Ich verzichte aus Platzgründen auf eine Positionierung zu folgender Problematik: Es ist fraglich, ob tatsächlich starke KI diese Merkmale erfüllen kann bzw. aktuell bereits erfüllt in dem Sinn, dass es tatsächlich keine Unterschiede zwischen Menschen und KI gibt. Man kann es jedenfalls stark bezweifeln (siehe auch Abschn. 4). Mit Blick auf die Bildungs- und Erziehungsaufgaben möchte ich im Vorgriff auf den Abschn. 3 wenigstens andeuten, dass der Erfolg von Erziehung und gelingender Bildung u. a. davon abhängen können, ob eine Interaktion zweier intentional handelnder Subjekte vorliegt oder ob es sich um eine Interaktion zwischen einem Subjekt (Schüler/in) und einer Software handelt (Walker und Ogan 2016).

Wozu kann KI im Schulunterricht eingesetzt werden? (Jahn et al. 2019; Pedró et al. 2019; Holmes et al. 2019).[9] KI als *Thema* im Philosophieunterricht gewinnt zunehmend an Bedeutung.[10] Der *Einsatz* von schwacher KI im Philosophieunterricht in Deutschland ist im Vergleich zu Ländern wie den USA und China[11] allerdings überschaubar. Ich beziehe mich teilweise, aber nicht ausschließlich, auf den Philosophieunterricht und nenne einige Einsatzgebiete:

a) KI kann, so eine Annahme, eine bessere und adressatenspezifische, personalisierte Kommunikation zwischen Lehrperson und Schüler/innen untereinander fördern (Pedró et al. 2019, 12). Dazu ein Zitat, das sehr euphorisch-technophil ist:

> Students and teachers will be able to communicate instantly with one another as well as to connect with other forms of AI around the world. Students instantly paired with peers, helping each student to expand their own personal learning networks, with personalized and more authentic connections that will meet the students' interests and needs at any given moment (Dene Poth 2018).

---

[8]Ob etwa lebensweltliche Erfahrungen, die Menschen haben können, in KI-Systemen abgebildet werden können, ist eher umstritten (van Manen 2016, 18).

[9]Die Argumentation folgt hier im Wesentlichen Sukopp 2018, 104 f.

[10]Siehe etwa DigiBitS – Digitale Bildung trifft Schule, https://www.digibits.de/, ein Aktionsbündnis, das unter anderem Unterrichtsmaterial online zur Verfügung stellt.

[11]Dass in China KI-Systeme zur Gesichtserkennung eingesetzt werden, die in der Lage ist, die Aufmerksamkeit der Schüler/innen zu überwachen und sieben verschiedene Emotionen zu erkennen vermag, führt zur Frage, ob diese Form der Überwachung ethisch akzeptierbar ist (Holmes et al. 2019, 141).

Auch wenn man weniger euphorisch ist, so könnte KI[12] dazu dienen, individuell zugeschnittene Informationen angepasst an den jeweiligen Lernstand der Schüler/innen zu verteilen. Mit Blick auf den Philosophieunterricht kann KI etwa vereinfachte Texte zur Bearbeitung im Sinne einer schülergerechten Binnendifferenzierung mit verschiedenen Anspruchsniveaus zur Verfügung stellen.[13]

b) Simulationen, insbesondere bildliche Darstellungen, können besser von KI-Systemen als von realen Lehrer/innen geleistet werden (etwa dreidimensionale Darstellungen der Platonischen Höhle; Dene Poth 2018; Faggella 2017). Außerdem können z. B. Folgen von Gedankenexperimenten oder ähnlichen Unterrichtsszenarien simuliert werden, wenn z. B. begrenzte Ressourcen nach verschiedenen Verteilungsschlüsseln verteilt werden.

c) KI-Systeme können verschiedene Ziele/Kompetenzen der verschiedenen Curricula objektiv miteinander vergleichen und dabei helfen, Lernziele der Curricula und andere Parameter, die man für wichtig hält, zu implementieren. KI kann dabei helfen, die Struktur von modular aufgebauten Lehreinheiten zu klären und zu verbessern (Koedinger et al. 1997). Sofern Wissensprogression standardisierbar ist, könnte sie etwa sukzessiv, beispielsweise mit Blick auf zunehmendes Wissen über ethische Grundpositionen – und deren jeweiligen Folgen für ethisch relevante Handlungen – nach vorgegebenen Stufen, die in der Sekundarstufe 1 von der 5. bis zur 10. Jahrgangsstufe erreicht werden sollten, dargestellt werden.

d) „Teachertool" (Hilwerling 2020) und andere Software kann Lehrer/innen dabei unterstützen, fairer zu benoten (Pedró et al. 2019, 13). Sie kann mehr Informationen schneller verarbeiten, die zur Notengebung relevant sind.[14] Sie kann Schüler/innen eine individuelle Rückmeldung geben, an welchen Baustellen zu arbeiten ist (Sidorkin 2011, 523; Dene Poth 2018).

e) Der Einsatz intelligenter Tutor/innen-Systeme (ITS) ist zwar umstritten, aber KI kann durchaus zur Abfrage von Wissen und Kenntnissen angewendet

---

[12]Dass im Bereich der AIED etwa zur Unterstützung von Lehrer/innen vermehrt Roboter eingesetzt werden, macht Timms (Timms 2016) plausibel. Gegen einen uneingeschränkten Einsatz von Robotern im Klassenraum argumentiert Sharkey (Sharkey 2016, 295): „The use of fully fledged robot teachers (the extreme of Scenario 1) is surely something that should not be encouraged, or seen as a goal worth striving for. There seems no good reason to expect that robot teachers would offer extra educational benefits over a human teacher." Aus einer eher technologisch-ingenieurswissenschaftlichen Sichtweise argumentieren viele der Beiträge in Oliveira et al. 2017 und Leite et al. 2013 für den Einsatz von Robotern im Erziehungswesen.

[13]Ich spreche hier nicht über die vielfältigen Implementierungsprobleme, z. B. schlechte Ausstattung der Schulen oder langsames Internet oder auch die Unwilligkeit von Teilen der Lehrerschaft, sich entsprechend schulen zu lassen. Dass das Lesen philosophischer Texte im Philosophieunterricht zentral ist, kann in der Philosophiedidaktik zwar nicht als unumstritten gelten, es kann aber gut begründet werden (etwa Pfister 2014, 51–56).

[14]Gegen die Sichtweise, dass Datafizierung eine Art magische Kugel in der Pädagogik ist, siehe Lundie (Lundie 2016).

werden, die standardisierbar sind (Holmes et al. 2019). Dazu zählen im Philosophieunterricht etwa elementare Kenntnisse einfacher philosophiegeschichtlicher Zusammenhänge, z. B. grundlegende Kenntnisse über Empirismus und Rationalismus in der Erkenntnistheorie oder über Tugendethik, Pflichtethik und Konsequentialismus in der Ethik.

Es ist eine Sache, KI begrifflich einzugrenzen und Anwendungsmöglichkeiten zu nennen, eine andere, KI in den größeren Zusammenhang bildungsphilosophischer Fragen zu stellen, etwa der, ob KI dazu beiträgt, verschiedene Erziehungsziele zu erreichen. Dazu dient der folgende Abschnitt.

3 Digitalisierung, Bildungsphilosophie, Bildungsziele und Künstliche Intelligenz: Zusammenhänge und Unterscheidungen

Da KI zwar mit Digitalisierung zusammenhängt, also etwa Digitalisierung eine Voraussetzung für die Konstruktion und Implementierung von KI ist, gleichzeitig KI und Digitalisierung jedoch in mehrfacher Hinsicht zu unterscheiden sind, lohnt ein Blick auf einige fundamentale Zusammenhänge und Unterscheidungen (Abschn. 3.1). Das Argument, das ich in Abschn. 4 entwickle, basiert auf bildungsphilosophischen Überlegungen, die dafür sprechen, anspruchsvolle Bildungsziele zu formulieren, die – so mein Argument – auch durch den Einsatz von starker KI nicht erreicht werden können. Um das Argument vorzubereiten, argumentiere ich in Abschn. 3.2 für relativ anspruchsvolle Erziehungs- und Bildungsziele.

3.1 Digitalisierung und Künstliche Intelligenz

Digitalisierung ist zunächst eine Chiffre oder ein Topos für sehr Verschiedenartiges, etwa für Computertechnologien, Big Data, digitale Medien, soziale Netzwerke, eine global digitalisierte Welt etc. All das, so wird behauptet, ist entweder wichtig, zentral, revolutioniert unsere Art miteinander zu leben, zu kommunizieren oder gar zu denken (Tuomi 2018; Deutsches Institut für UNICEF e. V. 2017; Gapski 2019). Gemeint sind zunächst computerbasierte Technologien, die mit Blick auf meinen Beitrag im Schulunterricht im Besonderen und für Bildungszwecke im Allgemeinen oft als zunehmend unverzichtbar angesehen werden.[15]

---

[15]Was genau mit Digitalisierung gemeint ist, kann hier nicht näher ausgeführt werden. Mindestens sind die folgenden Verwendungsweisen mehr oder weniger gebräuchlich: a) Analoges wird digitalisiert, also etwa in Computersprache übersetzt, ein Buch im WWW zur Verfügung gestellt, ein reales analoges Bild wird in digitaler Form gespeichert etc.; b) Digitalisierung meint Technisierung von (fast) allen Lebensbereichen durch entsprechende

Ich möchte auf drei grundlegende Zusammenhänge von Digitalisierung und KI in Form dreier Thesen aufmerksam machen, die für mein Thema besonders wichtig zu sein scheinen und die zur Einordnung bzw. Bewertung der Relevanz bzw. der Vor- und Nachteile der Nutzung von KI im Schulunterricht wichtig sind. Die nachfolgend zu skizzierenden Zusammenhänge sollen gleichzeitig der Abgrenzung der beiden Konzepte Digitalisierung und KI dienen.

Wenn man Digitalisierung als Folge und Ausdruck technologischer Entwicklungen auffasst, dann kann man leicht sehen, dass zwar KI Digitalisierung voraussetzt,[16] aber nicht jedes technische Gerät, das digital arbeitet, auch als KI-System zu betrachten ist. Das führt zur *ersten* These: Digitalisierung als Ausdruck universeller Digitalisierungsprozesse wird oft so dargestellt, als würden wir keine Gestalter sein, sondern als würde Digitalisierung mit uns geschehen, was aber höchst fragwürdig ist (Macgilchrist 2019, 18). Die Terminologie, insbesondere in medien- und bildungspolitischen Zusammenhängen, die teilweise in die Pädagogik migriert, legt nahe, dass Digitalisierung tatsächlich nicht von uns gestaltet wird, sondern sozusagen ‚über uns kommt'. Ein Beispiel: Wenn davon die Rede ist, dass alle Bereiche des Alltags digitalisiert werden und dass ‚Bildungsoffensiven' nur gelingen können, wenn man durch Digitalisierung wettbewerbs- und damit zukunftsfähig bleibt, dann könnte man Digitalisierungsprozesse wie unabwendbare naturgesetzliche Prozesse auffassen. Es gibt sicher auch diejenigen, die die aktive Gestaltung von Digitalisierung bildungsphilosophisch, didaktisch und in anderen Disziplinen verteidigen, nur wird eine bestimmte Form der Digitalisierung in schulischen Zusammenhängen eindeutig propagiert oder gesetzt, durch die ein Individuum Kompetenzen im Umgang mit einer unaufhaltsamen bzw. unverzichtbaren Digitalisierung erwerben sollte (Scheller 2019; Macgilchrist 2019). Von den im „Digitalpakt Schule" genannten 61 Kompetenzen sind 41 als Kompetenzen im Umgang mit digitaler Technik zu verstehen, so dass von einem „Primat des Pädagogischen" (Macgilchrist 2019, 19) schwerlich die Rede sein kann. Letztlich stammen diese Kompetenzen aus dem Kompetenzrahmen „für den Arbeitsmarkt der Informations- und Kommunikationstechnologie" (Macgilchrist 2019, 20). Im Zusammenhang mit der Digitalität des

---

technische Geräte in einem weiten Sinn (auch informationsgenerierende Systeme zählen zur Digitalisierung in diesem Sinn). c) Digitalisierung meint auch etwas wie eine Lebensform, eine technische Vision, eine Transformation der Gesellschaft insgesamt etc. Dass Digitalisierung in der Philosophie stärker reflektiert werden sollte, kann man mit einem Ansatz der Reflexion auf ‚Digital Pedagogy' plausibel machen (Lewin und Lundie 2016). Dort geht es u. a. um eine Reflexion der These, ob Digitalisierung von Technologien so gestaltet wird, dass sie vor allem als Werkzeug zu verstehen ist, das zunächst ethisch neutral bzw. indifferent ist.

[16] „Digitalisierung ist nur die Grundlage der KI – vergleichbar etwa mit dem Ackerbau als Grundlage der modernen Zivilisation. Leistungsfähige Computer und schnelle Netzwerke sind technische Voraussetzungen für KI." (Interview mit Jürgen Schmidhuber, siehe Arnold und Wangemann 2018, 58). Ein weiterer wichtiger Zusammenhang zwischen KI und Digitalisierung ist, dass technischer Fortschritt – hier wertfrei verstanden als Weiterentwicklung – in beiden Domänen Hand in Hand gehen können.

Alltags von Schüler/innen ist nun überraschend, dass von KI-Systemen mit Blick auf die Gestaltung des Digitalen im *sozialen* Raum kaum mehr die Rede ist. Allerdings wird in den bildungspolitischen Strategien zur Implementierung des Digitalpakts eher vom Individuum als Bezugsgröße mit Blick auf Kompetenzerwerb ausgegangen, wohingegen die „Einbettung in soziale, ökonomische, politische und technische Strukturen" eher vernachlässigt wird (Macgilchrist 2019, 20).

Die *zweite* These ist, dass Digitalisierung und KI mehrfach normativ aufgeladene Konzepte sind. Das klingt zunächst trivial, meint aber, dass Normativität offengelegt und entsprechende normative Ansprüche philosophisch legitimiert werden sollten. Man kann hier zwischen einer den Konzepten vermeintlich(!) inhärenten Normativität und einer deutlich durch Zuschreibungen von außen konstruierten Normativität unterscheiden, die man – mehr oder weniger gut begründet – der Digitalisierung und KI zuschreibt (a). Die Normativität wiederum bringt Konzepte von KI und Digitalisierung in ein spannungsreiches Verhältnis zu bildungsphilosophischen Auffassungen (b).

Zu (a) Mit der These ist direkt verbunden, dass Normativität in den Konzepten von Digitalisierung und KI selbst verankert ist. Das ist zwar höchst umstritten, aber der deskriptiv-normative Doppelcharakter beider Konzepte erfordert dann eine Trennung des (vermeintlich) Faktischen vom Normativen. Digitalisierung ist dann inhärent normativ, wenn Normatives essentiell für die Begriffsbestimmung ist (Jahn et al. 2019, 3): In der Beschreibung der Leistungsmerkmale von schwacher und starker KI können werthafte Zuschreibungen mit eingeschlossen werden, etwa dass KI den Alltag – durch den umfassenden Einsatz von KI als Lernbegleiter – nicht nur effizienter gestaltet, sondern zur Individualisierung und Flexibilisierung des Lernens wesentlich beiträgt (Jahn et al. 2019, 5 f.). Eine deutlicher von außen zugeschriebene normative Auflade erfährt Digitalisierung z. B. dadurch, dass man zunächst von der Tatsache ausgeht, dass unser Leben als zunehmend von Digitalisierungsprozessen bestimmt und gesteuert gelten kann. Darauf aufbauend wird dann suggeriert, dass der Einsatz von Computern, Smartphones, virtuellen Lernumgebungen, Robotern als Lernbegleiter etc. auch pädagogisch oder didaktisch sinnvoll ist (Leite et al. 2013; Sharkey 2016), bzw., dass eine Praxis, die besteht, auch fortgesetzt werden muss, nur weil das bildungspolitisch oder ökonomisch gefordert wird (Scheller 2019, 13 f.; Williamson 2016, 123–141).[17] Nun wird in einigen Debatten, die den Einsatz von digitalen Medien in Schulen thematisieren, sozusagen die positive (bzw. negative) normative Aufladung von Digitalisierung als selbstverständlich vorausgesetzt und es wird

---

[17]Bevor man die Frage nach Sinn und Nutzen stellt, sollte man meines Erachtens stärker reflektieren, was es bedeutet, dass philosophische und auch bildungstheoretische, bildungsphilosophische, didaktische u. a. Überlegungen tendenziell zu spät kommen. Sind Praktiken erst einmal mehr oder weniger gut etabliert, dann kann man dagegen bekanntlich nur schwer grundlegende Kritik üben.

mehr oder weniger unverhohlen Deskriptives und Normatives miteinander vermischt.[18]

Zu (b) Eine der unauflösbaren Spannungen zwischen den bildungspolitischen Zielen und bildungsphilosophischen Zielen zeigt sich etwa, wenn man aus dem Bildungssystem ein Ausbildungssystem macht: „One of the key roles of modern educational system is that it creates competences that allow people to participate in the economic sphere of life." (Tuomi 2018, 17) Es ist zweifellos wichtig, dass Schüler/innen letztlich auf ihre spätere Berufsausbildung vorbereitet werden, aber Erziehung und Bildung erschöpfen sich bei weitem nicht darin, wie ich in 3.2 näher erläutern werde. Ähnlich kann man die Rhetorik der „AI-empowered society" und des „AI use relates to educational performance" (Pedró et al. 2019, 31) als Verschleierungsstrategie verstehen, denn hier wird gar nicht mehr gefragt, ob es signifikante Steigerungen der Lernergebnisse durch den Einsatz von KI im Unterricht überhaupt gibt. Das kann man jedenfalls – einer großen Vergleichsstudie folgend – bestreiten (Escueta et al. 2017). Darüber hinaus ist es schlicht unzulässig, weil defizitär argumentiert, wenn nach einer durchaus zutreffenden Analyse ethischer Probleme, die mit KI-Anwendungen einhergehen, behauptet wird, dass der Verzicht auf KI *per se* die Situation zum Schlechteren wenden würde (Pedró et al. 2019, 33). Hierin zeigt sich eine deklarierte Alternativlosigkeit ausgehend von einer dezidiert bildungs*politischen* Argumentation, für die genuin pädagogische oder bildungsphilosophische Argumente bestenfalls instrumentellen Nutzen haben. Die hier skizzierten bestehenden Spannungen zwischen bildungspolitischen Zielen und bildungsphilosophischen Zielen verweisen auf eine welt- und menschenbildkonstituierende Rolle von Digitalisierung und KI, die teilweise kulturkämpferische Züge annimmt (populär-feuilletonistisch Gonsch 2016; technophil-pathetisch Luckin et al. 2016, 9; dystopisch Hensinger 2017 und 2018).

Wichtiger als die Tatsache, dass durch und mit Digitalisierung und KI Menschen- und Weltbilder konstituiert, verbreitet und transformiert werden – so die *dritte* These – ist die Diagnose, dass die damit verbundenen Ansprüche, gerade weil sie von den Voraussetzungen des jeweiligen Menschen- und Weltbildes ausgehen, begründungspflichtig sind. Dieser Begründungspflicht wird aber oft nicht entsprochen (etwa Deutsches Komitee für UNICEF e. V. 2017, 11; Hensinger 2017 und 2018; Liessmann 2014). Ich möchte hier lediglich ein Beispiel etwas genauer

---

[18] Dass Fakten und Normen nicht streng zu trennen sind, mag der Fall sein. Es ist aber fragwürdig, wenn man mit Blick auf Digitalisierung so tut, als sei die Förderung digitaler Kompetenzen per se *gut* oder unabwendbar, weil man sonst bestimmte Trends verschlafe (Meyer-Guckel 2018, 82 f.). Es ist eben gerade fraglich, ob die „digitale Revolution" einer Revolution der Lehre bedarf, ob also die bestehenden Ansätze in der Didaktik grundlegend zu überarbeiten seien: „Aber die bestehenden Ansätze müssen neu fokussiert werden – es geht darum, die Kompetenzentwicklung, die Studierende im 21. Jahrhundert brauchen, in den Mittelpunkt der Hochschulbildung zu rücken."

betrachten: Hensinger (Hensinger 2018, 31 ff.)[19] kritisiert aus pädagogischer bzw. medienpädagogischer Sicht (siehe dazu auch Aufenanger 2014) den teilweise naiven Fortschrittsglauben, der mit dem Einsatz von KI insgesamt verbunden ist. Selbst wenn es zutreffen sollte, dass die im Diskurs üblichen dystopischen Schlagwörter wie Dataismus, Silicon-Valley-Digitalisten, Transhumanismus etc. etwas Konstruktives beitragen können, etwa zur Frage, unter welchen Bedingungen der Einsatz von KI im Schulunterricht sinnvoll ist, so wird dort zunächst nur ein düsteres Bild entworfen. Wenn, so Hensinger, „Digitale Bildung" (Hensinger 2018, 32) *gesagt* würde, dann sei damit eigentlich *gemeint*, dass man eine „digitale Totalkontrolle" akzeptieren müsse. Der Zuschnitt auf individuelle Lerngeschwindigkeiten sei nur die notdürftige Tarnung für totale Überwachung der Schüler/innen, die auch gleich von global agierenden Konzernen die passenden Angebote erhalten. Mit Lankau (Hensinger 2018, 33) bestehe durch die zunehmende Digitalisierung die „Gefahr eines Sozial-Autismus" (Hensinger 2018, 33). Klar ist in der Argumentation zunächst nur eine starke normative Wertung ohne eine ausführliche Begründung, ob etwa die Schüler/innen tatsächlich einer digitalen Totalkontrolle ausgesetzt sind und wie man pädagogisch sinnvoll z. B. Kriterien entwickeln kann, die einen Umgang, etwa mit digitalen Medien oder mit KI regeln. Wenn man zustimmt, dass sich mehr oder weniger unverhohlen Menschen- und Weltbildfunktion hinter Argumentationen der eben skizzierten Art zeigen, dann scheint es mindestens plausibel, dass ohne eine Reflexion auf Menschen- und Weltbildfunktionen sich kaum tragfähige Bildungs- und Erziehungsziele formulieren lassen. Die nachfolgend zu benennenden Bildungsziele sind daher selbstverständlich ebenfalls in den größeren Zusammenhang eines Menschen- und Weltbildes eingebettet, der hier aus Platzgründen nicht dargestellt werden kann.

3.2 Bildungsziele und Künstliche Intelligenz im Philosophieunterricht

Um ein naheliegendes Missverständnis auszuräumen:[20] Ich plädiere nicht dafür, dass Bildungsziele primär und unverrückbar in einem starken Sinne sind. Allerdings lassen sich je nach eher instrumentellen oder teleologischen Lesarten von Bildung erstens deutlich verschiedene Bildungsziele erkennen (Dörpinghaus

---

[19]Spitzer (Spitzer 2012, 18) kritisiert aus neurologisch-kognitionswissenschaftlicher Perspektive stark einen bestimmten Status quo der Nutzung digitaler Medien durch Kinder und Jugendliche. Er diagnostiziert teilweise dramatische Auswirkungen auf die kognitiven Leistungen von Kindern und spricht von einem neuen Krankheitsbild, der digitalen Demenz, die sich darin äußere, dass durch permanenten Gebrauch bestimmter digitaler Medien sich etwa die Aufmerksamkeitsspanne massiv verringere und die Motivation und Einsicht in die Notwendigkeit selbst zu denken, rapide schwinde. Selbst wenn Spitzers Diagnose zutreffen sollte, wird hier doch zunächst ‚nur' eher eine Dystopie entworfen.
[20]Die Argumentation in diesem Abschnitt folgt teilweise Sukopp 2018, 106–108.

et al. 2013, 116–126; Hastedt 2012, 7–28). Zweitens kann dafür argumentiert werden, dass auch wenn es klarerweise widerstreitende und miteinander unvereinbare Positionen in der Bildungstheorie gibt, im Ringen um ein anspruchsvolles, anthropologisch fundiertes Bildungskonzept Bildung als ein vorgeordnetes Konzept aufgefasst werden kann (Dörpinghaus et al. 2013, 67–80): So kann man dafür argumentieren, dass Ziele pädagogischen Handelns den Praktiken im Umgang mit Digitalisierung derart vorgeordnet sein sollten, dass die Ziele prioritär formuliert werden und dass Technik – die soweit sinnvoll selbstverständlich genutzt werden soll – uns nicht dominiert (Macgilchrist 2019, 23) oder gar entrechtet (Hensinger 2018). Dass es andererseits Tendenzen gibt, Bildungsziele aufzuweichen oder nachrangig zu behandeln bzw. nur noch als rhetorische Floskel für etwas zunächst ganz Anderes zu gebrauchen, scheint klar zu sein (Hensinger 2018; Liessmann 2014):

Ein Primat von Bildungszielen losgelöst von jeglichen Inhalten, Methoden oder weiteren Faktoren, die bei der Konzeption und Implementierung dessen, was Bildung heißen soll, wichtig sind, ist schwerlich aufrecht zu erhalten. Allerdings könnte es aus bildungsphilosophischer Sicht geradezu als fahrlässig erscheinen, wenn man Bildungsziele allzu leicht aufgibt, etwa weil der Einsatz von KI in Unterrichtsituationen sie unterminiert oder in Frage stellt (Tuomi 2018, 17 f.). So wird beispielsweise behauptet, man müsse digitale Kompetenzen so lernen wie lesen, schreiben und rechnen (Deutsches Komitee für UNICEF e. V. 2017, 11). Wenn aber gerade das Erlernen dieser basalen Kulturtechniken (Martens) durch die spezifischen Umstände der Mediennutzung verändert oder gar behindert wird, z. B. dadurch, dass längere Texte durch den Einsatz und die Nutzung von digitalen Medien nicht mehr zusammenhängend und konzentriert gelesen werden können, dann scheint es so, als gäbe es mindestens eine Spannung zwischen dem Erlernen „digitaler Kompetenzen" (Deutsches Komitee für UNICEF e. V. 2017, 11) und dem Erlernen basaler Fähigkeiten und Fertigkeiten. Nun ist es geradezu ein Merkmal klassischer Bildungsphilosophie, dass sie mehr oder weniger verengte Bildungsbegriffe kritisiert (Lessing und Steenblock 2010, 140 ff.).[21]

Ich möchte im Folgenden kurz einen Erziehungs- und Bildungsbegriff skizzieren, der meinen Überlegungen zugrunde liegt und dann auf Erziehungs- und Bildungsziele eingehen.

Erziehung[22] ist A) mehr als ein hochkomplexer Prozess, in dem es schließlich wesentlich um Lehren und Lernen geht. Darauf kann Erziehung jedenfalls nicht reduziert werden (Vanderstraten und Biesta 2006). B) Erziehung ist nicht allein

---

[21] Auch wenn hier Nietzsche genannt wird, der wegen vielfältiger Kritik seines Elitarismus kein geeigneter Kandidat für einen vertretbaren Bildungsbegriff zu sein scheint, so ist er doch ein mustergültiger Vertreter bestimmter Zurichtungen und Engführungen des Bildungsbegriffs ähnlich wie Schiller, Wilhelm von Humboldt bzw. Comenius (im 17. Jahrhundert).

[22] Dass Erziehung – ebenfalls wesentlich – davon abhängt, inwieweit Prozesse der Selbstformung der Schüler/innen gelingen, verweist auf eine starke Spannung zwischen Förderung bzw. Anerkennung von Autonomie der Schüler/innen und gelegentlich nötiger Paternalisierung bzw. Fremdbestimmung durch die Lehrperson.

Training, nicht allein der Erwerb von ‚Skills', nicht allein die Steigerung von Performanz im Sinne eines aktualen Könnens oder welche Output-Orientierung man auch immer vorschlägt (Biesta 2012, 35 ff.). Erziehung ist selbstverständlich innerhalb vielfältiger Lehr-Lernprozesse situiert, etwa in der folgenden Weise: ‚Eine Lehrperson A unterrichtet Schüler/in B derart, dass B ein mathematisches Problem besser oder überhaupt erst lösen kann, seinen oder ihren Wortschatz erweitert oder seine oder ihre Fähigkeit zu lesen verbessert.' C) Erziehungsergebnisse sind teilweise, aber eben nicht vollständig, empirisch überprüfbar.[23] Ich betone das hier lediglich zu dem Zweck, dass weder eine strikte Unverfügbarkeitsthese noch eine beliebig forcierte Empirisierung von Erziehung angemessen zu sein scheint.[24]

Was ist also Erziehung bzw. was sollte Erziehung sein? Eine brauchbare Arbeitsdefinition scheint zu sein: „Unter Erziehung versteht man die pädagogische Einflussnahme auf die Entwicklung und das Verhalten Heranwachsender. Dabei beinhaltet der Begriff sowohl den Prozess als auch das Resultat dieser Einflussnahme." (Brezinka 1990, 95).

Die folgenden Bemerkungen sind klar gegen bestimmte Tendenzen in Curricula bzw. gegen einige Lesarten kompetenzorientierten Unterrichts gerichtet.[25] *Erstens* ist die Rolle der Lehrperson nicht die eines „Facilitators", eines „Lernbegleiters" (siehe dazu Biesta 2012, 36). Der entscheidende Punkt mit Blick darauf, was Lernen der Schüler/innen ausmacht, ist, dass a) *etwas* gelernt wird, b) dass *zu einem Zweck*[26] gelernt wird im Sinne einer mehr oder weniger sinnvollen Einbettung des Gelernten in einen bestehendes Netzwerk des Gelernten

---

[23]Ohne Frage sind viele Aspekte von Erziehung grundsätzlich einer empirischen Untersuchung zugänglich. Doch das, was man in Fortführung des Platonischen Konzepts unter ‚Padeia' verstehen kann (Kato 2014), entzieht sich teilweise einem empirischen Zugang. Ähnliches gilt für ‚Bildung', wenn Bildung als „the inner development of the individual, a process of fulfillment through education and knowledge, in effect a secular search for perfection, representing progress and refinement both in knowledge and moral terms, an amalgam of wisdom and self-realization" (Reichenbach 2014, 86, der sich auf Watson 2010, 53 f., bezieht) verstanden wird.

[24]Siehe viele der Klassiker/innen der Bildungsphilosophie (Ladenthin 2007); als locus classicus siehe Mason (Mason 1954) sowie phänomenologische und pragmatistische Entwürfe innerhalb der Bildungsphilosophie.

[25]So betont Liessmann (Liessmann 2014, 45 ff.) zu Recht die Relevanz der Unterscheidung von Fähigkeiten und Kenntnissen, d. h. Wissen. Auch wenn man seinem Generalangriff auf Kompetenzorientierung nicht zustimmt, kann man dem Argument, dass manche Lesart von Kompetenzorientierung folgende Schwächen hat, etwas abgewinnen: a) Nur das, was als Problem formuliert werden kann, ist Gegenstand im Unterricht; b) Wissen wird allzu leicht als ‚totes Wissen' abqualifiziert; c) Es genügt, allgemeine Fähigkeiten erworben zu haben, um sich flexibel die Informationen mit geeigneten Methoden zu beschaffen, die man eben braucht. d) Eine inhaltliche und formale Bestimmung von Bildung jenseits von Kompetenzen erweist sich als obsolet.

[26]Damit ist nicht gesagt, dass Zwecke im Philosophieunterricht immer genau und eindeutig bestimmt werden müssen, denn auch in dieser Hinsicht ist der Philosophieunterricht meines Erachtens mehrdeutig.

und dass c) Schüler/innen *von jemandem* lernen.²⁷ Auffassungen, die stark betonen, dass Schüler/innen voneinander lernen und dadurch Sozialkompetenzen erwerben – was zweifellos der Fall ist – verkennen, dass Lehrer/innen *tatsächlich Lehr*personen sind. *Zweitens* sollten auf einer Implementierungsebene selbstverständlich Lehrer/innen entscheiden, was in jeweiligen konkreten Lehr/Lernsituationen „vor Ort" ein wünschbares Erziehungsziel ist und was nicht (vgl. Biesta 2012, 40) und das durchaus jenseits irgendwelcher Lehrpläne als *alleinige* Grundlage. Ob man Ziele von Erziehung und/oder von Bildung überhaupt kontextunabhängig, insbesondere situationsunabhängig formulieren kann, wird kontrovers diskutiert (Hand 2014, 31).²⁸ Ich gehe davon aus, dass es übergeordnete Erziehungs- und Bildungsziele gibt, die zwar nicht kontextunabhängig sind, aber in pluralistischen, liberal-demokratischen²⁹ Gemeinwesen zunächst fächerübergreifend relevant sind. Ich werde im 4. Abschnitt dafür argumentieren, dass man eben einige dieser Ziele nicht mittels KI-Einsatz erreichen kann. Zu den Erziehungszielen zählen etwa die Entwicklung und Förderung von Urteilskraft (theoretisch-abstrakt, praktisch-handlungsorientiert und künstlerisch-ästhetisch), die Entwicklung und Förderung der Fähigkeit zu Autonomie im Anschluss an Kant (im Sinne einer Selbstgesetzgebung; Kraft und Schönecker 1999), die Entwicklung und Förderung der Fähigkeit zu selbstständigem Denken und Handeln, zu kritischem Denken und von Selbstbewusstsein; Entwicklung und Förderung von Resilienz gegen Indoktrination und gegen weitere eindeutig destruktiv-negative Einflüsse auf das jeweilige Individuum uvm.

Für die Zwecke meiner Argumentation lassen sich daraus entsprechende Bildungsziele ableiten, die hier nicht im Einzelnen genannt werden müssen. Dass mit der Formulierung entsprechender Bildungsziele Selbstzwecksetzung und Selbstzweckhaftigkeit verbunden ist, folgt bereits daraus, dass eben ein wohlbegründetes – d. h. ins rechte Verhältnis zum Selbstbewusstsein anderer – gesetztes Selbstbewusstsein der einzelnen Schüler/innen mehr als einen

---

²⁷„The quickest way to express what is at stake here is to say that the point of education is never that children or students learn, but that they learn *something,* that they learn this for particular *purposes,* and that they learn this from *someone*. The problem with the language of learning and with the wider ‚learnification' [...] of educational discourse is that it makes it far more difficult, if not impossible, to ask the crucial educational questions about *content, purpose* and *relationships*. Yet it is in relation to these dimensions, so I wish to suggest, that teaching matters and that teachers should teach and should be allowed to teach." (Biesta 2012, 36).

²⁸Hand nennt als paradigmatischen Autor Dewey, der bestreitet, man könne unabhängig von konkreten Unterrichts- und Lehr-Lernsituationen Erziehungsziele festlegen.

²⁹Dass es keinen Konsens darüber gibt, was Erziehungsziele genau sind, spielt für meine Argumentation keine große Rolle, weil ich für die Zwecke der Nennung von Erziehungszielen die Charakterisierung von Brezinka als brauchbare Arbeitsdefinition ansehe: „Unter einem Erziehungsziel wird eine Norm verstanden, die eine für Educanden als Ideal gesetzte psychische Disposition (oder ein Dispositionsgefüge) beschreibt und vom Erzieher fordert, er solle so handeln, dass der Educand befähigt wird, dieses Ideal so weit wie möglich zu verwirklichen." (Brezinka 1972, 550).

instrumentell-pragmatischen Wert hat, sondern für ein gelingendes Leben (etwa Nussbaum 2000; Egan et al. 2014) eine wesentliche Rolle spielt.

Von einer bildungsphilosophischen Perspektive[30] kann das fragile Wechselspiel von Lernenden und Lehrenden als dialektischer Prozess verstanden werden, der berücksichtigt, dass jede Lernsituation zunächst einmal einzigartig ist. Trotz notwendiger Formulierung von Lernzielen bzw. standardisierten Lernprogressionen (etwa in Form von Kompetenzzuwachs) können die beteiligten Personen hinsichtlich ihres Verhaltens eben nicht standardisiert werden, allein schon deshalb nicht, weil ihr Verhalten zu komplex ist. Darüber hinaus spielen trotz sorgfältiger Planung eines Unterrichts Faktoren wie pädagogische Intuition, Spontanität, Improvisationskunst, Humor, Charisma, Rhetorik etc. eine wichtige Rolle, gerade in schwierigen unvorhersehbaren Situationen (etwa Unterrichtsstörungen seitens der Schüler/innen) eine nicht zu unterschätzende Rolle.

Der hier skizzierte Erziehungs- und Bildungsbegriff ist vielfach an aktuelle Debatten und erziehungs- und bildungsphilosophische Theoriebildungen anschlussfähig. Er ist meines Erachtens nötig, um genauer beurteilen zu können, welche grundsätzlichen Grenzen es für KI-Anwendungen im Unterricht gibt.

4 Was KI nicht leisten kann: Ein philosophisches Argument für einen reflektierten Umgang mit KI im Philosophieunterricht

Einige Voraussetzungen meines Arguments seien zu Beginn dieses Abschnitts genannt[31]:

A) Worum es im Philosophieunterricht aus einer philosophiedidaktischen Sicht gehen sollte, ist selbstredend hochumstritten. Für die Zwecke meiner Argumentation kann aber auf einen Minimalkonsens verwiesen werden, der methodisch-inhaltlich so zu formulieren ist: Zentrale Methoden des Philosophieunterrichts sind neben dem philosophischen Lesen, Schreiben und Diskutieren (Pfister 2014) solche Methoden, die das eigenständige Denken der Schüler/innen unterstützen, d. h. es wird weniger Philosophie als das Philosophieren gelehrt. Dazu – und das ist nun wieder strittig – ist in einem dialektisch zu verstehenden Wechselspiel der Nachvollzug von Argumenten und eine Vorbildfunktion der Lehrperson, die Denkprozesse anregt und die

---

[30]Dass in einem Standardwerk zur Bildungsphilosophie (Siegel 2009) die Unterscheidung von Erziehung und Bildung vernachlässigt wird, ist nicht nur der Tatsache geschuldet, dass in der angelsächsischen Literatur ‚Education' tendenziell eher Erziehung als Bildung bedeutet, sondern auch, dass scheinbar Vieles, was mit Bildung gemeint sein könnte, in der englischsprachigen Literatur eher randständig behandelt wird (etwa Bildung als ‚Upbringing', Persönlichkeitsformung, Diskussion der Anschlussfähigkeit posthumboldtischer Konzepte etc.).
[31]Das Argument in diesem Abschnitt folgt teilweise Sukopp 2018, 108−113.

Urteilsbildung und das philosophische Verstehen der Schüler/innen begleitet und kritisch reflektiert, unverzichtbar.

B) Obwohl es ethisch fragwürdig ist, ob etwa Roboter die Aufgaben von menschlichen Lehrer/innen übernehmen sollten (siehe etwa Serholt et al. 2017), nehme ich um des Argumentes willen an, dass ethische Probleme im Zusammenhang mit dem Einsatz von Robotern in Klassenräumen gelöst werden könnten bzw. dass sie nicht so stark gegen den Einsatz von Robotern sprechen, dass dieser schlichtweg verboten werden sollte.

C) Es gibt einen deutlichen Unterschied zwischen KI-Systemen, die eine menschliche Fähigkeit wie etwa Empathie, aber auch Lehrer/innen-Autorität, Zugewandtheit und Akzeptanz von Offenheit *simulieren* und echter Empathie. Von einem phänomenologischen Standpunkt aus spüren Schüler/innen oft diese Unterschiede und sie erleben sie. Selbstverständlich soll das nicht heißen, dass simulierte Empathie keine positiven Effekte im Unterricht haben kann. Ich plädiere lediglich dafür, dass Menschen die Evidenz echter Empathie gegenüber simulierter Empathie wahrnehmen, erspüren und erfühlen können als besondere phänomenale Qualität.

D) Einige Dimensionen menschlicher Handlungen können nur von Lehrer/innen, die eben Menschen sind, wahrgenommen werden.[32] Bis auf weiteres sind mit Blick auf Kreativität, Emotionalität, Empathie und andere typisch menschliche Eigenschaften, Fähigkeiten und Dispositionen Lehrpersonen KI-Systemen überlegen (Kunze und Sloman 2019, 442). Das lässt sich argumentativ untermauern mit einem Verweis auf eine oft unklare Charakterisierung von KI-Systemen, die zwar kognitive und kulturelle Leistungen vollbringen sollen (Tuomi 2018, 9), ohne dass jedoch benannt wird, was mit „cultural change at the level of activities" (Tuomi 2018, 11) gemeint ist.[33]

Um einen naheliegenden Petitio-Einwand zu entkräften, werde ich skizzieren, warum ich insbesondere C) für eine plausible Annahme halte. Ein Beispiel soll den in C) benannten Unterschied illustrieren: Mindestens von einem phänomenologischen Standpunkt aus gibt es sowohl auf Seiten der Lehrperson als auch auf der Seite der Schüler/innen einen Unterschied, ob eine Person, die mit ‚pädagogischem Eros' handelt, unterrichtet oder ein Roboter bzw. ein anderes KI-System (teilweise dagegen siehe Tanaka et al. 2007). Es ist wichtig, dass Schüler/innen eine Lehrperson erleben, die kenntnisreich und begeistert unterrichtet.

---

[32] Wie Heslep (Heslep 2009) argumentiere ich dafür, dass nicht bereits aus logischen Gründen eine gebildete Person eine menschliche Person sein muss. Freilich bezweifle ich, dass wir KI-Systemen tatsächlich Personenstatus zusprechen können.

[33] „Many of these tasks [die von Robotern ausgeführt werden können; TS], however, also require long periods of cultural and social accommodation. It may, therefore, be possible, for example, to use AI to *simulate* [Hervorhebung TS] a concert pianist playing Bach's Goldberg variations, and generate music that sounds similar. Meaningful interpretation of Goldberg variations, however, requires extensive knowledge about *cultural history* [Hervorhebung TS], reflection of the relation of Bach to other composers, knowledge about subsequent interpretations, as well as years of training." (Tuomi 2018, 22).

Man kann aber auch auf elementare Erkenntnisse einer Bildungsphilosophie, so wie sie bereits im 18. Jahrhundert formuliert wurden, rekurrieren.[34] Jenseits irgendwelcher Kontroll- und Steuerungsfunktionen, die im schulischen Unterricht auch eine Rolle spielen, geht es in Bildungsprozessen wesentlich darum, dass Schüler/innen als Subjekte sui generis zu verstehen sind und auch so behandelt werden sollten. Man kann hier zusätzlich Kants Einsicht anführen, dass Kultivierung von Menschen Folgendes bedeuten kann: „Diese ist der Besitz eines Vermögens, welches zu allen beliebigen Zwecken zureichend ist" (Rink 1803, 20). Um Anerkennungsverhältnisse innerhalb einer Gesellschaft zu generieren, bedarf es zunächst des Verständnisses seitens des einzelnen Subjekts: Es muss das Wechselspiel von nach Maximen begrenzter Freiheit (hier: Zwang) als Bedingung der Möglichkeit von Freiheit erkennen:

> Wie kultivire ich die Freyheit bei dem Zwange? Ich soll meinen Zögling gewöhnen, einen Zwang seiner Freyheit zu dulden, und soll ihn selbst zugleich anführen, seine Freyheit gut zu gebrauchen. Ohne dies ist alles bloßer Mechanism, und der, der Erziehung Entlassene, weiß sich seiner Freyheit nicht zu bedienen. Er muß früh den unvermeidlichen Widerstand der Gesellschaft fühlen, um die Schwierigkeit, sich selbst zu erhalten, zu entbehren, und zu erwerben, *um unabhängig zu seyn* [Hervorhebung TS] kennen lernen (Rink 1803, 27).

Eine grundlegende Bedingung für die Möglichkeit, andere als Subjekte anzuerkennen, ist bei KI-Systemen, soweit ich sehe, nicht gegeben, denn Computer sind keine Subjekte, sehen sich also nicht als Subjekte und können deshalb andere auch nicht als Subjekte wahrnehmen, beurteilen und behandeln.

Um das Argument noch zu stärken, knüpfen wir an Abschn. 3 an. Dazu ist es hilfreich, auf grundlegende Zwecke und Ziele von Bildung (siehe Biesta 2012; Vanderstraeten und Biesta 2006; Brighouse 2009, 35−40) zu rekurrieren.

Eine gebildete Person (Ladenthin 2007, 96) wird wesentlich durch Erziehung gebildet, aber eben nicht nur durch Erziehungsprozesse.

> Der Gebildete setzt die (berechtigten) Ansprüche der Welt, die geltenden und gültigen Zwecke in ein sinnvolles Verhältnis zueinander. Deshalb darf Bildung sich nicht zweckhaften Bestimmungen (wie z. B. den Forderungen der Ökonomie, der Politik oder der Gesellschaft) unterordnen (Ladenthin 2007, 96).

Dieser Gedanke, den Ladenthin in Auseinandersetzung mit Erasmus von Rotterdam formuliert, wird im Folgenden verknüpft werden mit drei fundamentalen Unterschieden von Menschen und KI-Systemen. Als Vorüberlegung soll die Bedeutung des Zitats für den Philosophieunterricht herausgearbeitet werden.

Die gebildete Person kann einen Ausgleich durch Abwägen/Vergleichen/Beurteilen etc. herstellen zwischen den Ansprüchen, die an sie herangetragen

---

[34]Siehe dazu etwa Biesta 2012 und von Humboldt (Lauer 2017).

werden und den Ansprüchen, die sie selbst an sich stellt und sie kann eben zwischen gerechtfertigten und nicht-gerechtfertigten Ansprüchen unterschieden. ‚Ansprüche' sind hier in einem weiten Sinn zu verstehen als vermeintliche oder tatsächliche Pflichten, Befolgung von Regeln, (ethischen) Normen, dem Handeln nach Maximen, Fürwahrhalten eines Sachverhalts, der handlungsrelevant ist etc. Ein Beispiel: Schüler/innen lernen, dass ein rein egoistisches Verhalten von mangelnder Klugheit zeugt, denn es kann klug sein, sich gelegentlich altruistisch zu verhalten bzw. andauerndes und ausschließliches egoistisches Verhalten macht ein gerechtfertigt egoistisches Verhalten unmöglich (im Sinne einer einfachen dialektischen Denkfigur). Auch in einer vorethischen Lebenswelt der Schüler/innen ist klar, dass es mehr oder weniger gerechtfertigte gegenseitige Ansprüche gibt, die man letztlich mit Verweis auf Respekt, Achtung, Würde, eine metaethische Superregel, Maximen etc. rechtfertigt. Die gebildete Person weiß mit gerechtfertigten und übertriebenen Ansprüchen, die an sie von außen und durch sie selbst gestellt werden, umzugehen, sie in ein Überlegungsgleichgewicht zu bringen, rational zu handeln, in Mittel-Zweck-Relationen (Zwecke an sich selbst und Mittel zu Zwecken) zu denken und dabei die Sphäre des Denkens auszuweiten auf andere Menschen und potentiell sich als Teil der Menschheit zu begreifen. Insbesondere werden Mittel/Zwecke als bedeutungsvoll erlebt, rekonstruiert und reflektiert. *Bedeutsamkeit* ist zentral für Ansätze, für die typisch menschliches Gedeihen oder auch das gute Leben zentral ist (vgl. Tuomi 2018, 4).[35]

Für die Aktivität der Schüler/innen sind in Erziehungs- und Bildungsprozessen Fähigkeiten zentral, die damit zu tun haben, was es heißt und wie es sich anfühlt, Wahrnehmungen/Erlebnisse/Deutungen in einer potentiell bedeutungsvollen und idealerweise als sinnvoll gedeuteten Welt zu haben. Meine These ist, dass das Letztgenannte zentral für Persönlichkeitsbildung ist und ein wichtiges Erziehungsziel darstellt. Nun sind KI-Systeme keine geeigneten Kandidaten dafür

1. vollumfänglich (meines Erachtens im engeren Sinn gar nicht) Individuen zu sein. KI-Systeme haben kein Selbstbewusstsein und sie können (sich) nicht so reflektieren, wie es etwa in Descartes' Cogito-Argument vorgeführt wird (Descartes 1997/1637, 55 f.).
2. Erfahrungen von Bedeutsamkeit (der Welt/des Lebens) mit Blick auf gelingende und scheiternde Handlungen und Lebensentwürfe in einer phänomenologisch-existenzphilosophischen Lesart zu haben.
3. Autonomie zu haben (sowohl als Individuen als auch als soziale Wesen in gesellschaftlich-sozial-kulturellen Zusammenhängen).

---

[35]Dass KI-Systeme dieses Niveau von Bedeutsamkeit nicht erreichen, kann man dort nachlesen: „Most importantly, the level of meaningful activity—which in socio-cultural theories of learning underpins advanced forms of human intelligence and learning—remains beyond the current state of the AI art."

Ad 1 Auch Anti-Cartesianer/innen könnten zugestehen, dass das ‚Ich denke und ich weiß, dass ich dadurch in bestimmter Weise bin, nämlich dadurch, dass ich denke' für KI-Systeme nicht zugänglich ist (siehe Abschn. 2). Ein Selbst-Bewusstsein, das sich in dem o. g. Satz ausdrückt, basiert auf einer Kombination komplexer Konzepte von Rationalität, Personalität, Bewusstsein und einem „Concept of Mind" (Smith 2017). Beschränken wir uns auf einen Aspekt von Personalität (was es ist und wie es ist, eine Person zu sein): verkörperte und verkörperlichte Erfahrung eines Selbst (Gallagher und Zahavi 2016). Selbst wenn wir ‚Embodied AI' teilweise körperliche Zustände insofern zuschreiben können, als diese simuliert werden, so haben diese Systeme keinen Zugriff etwa auf die Unterscheidung von ‚Leib' und ‚Körper'.

> The claim is not simply that the perceiver/actor is objectively embodied, but that the body is in some fashion experientially present in the perception or action. Phenomenologists distinguish the pre-reflective body-awareness that accompanies and shapes every spatial experience, from a reflective consciousness of the body. To capture this difference, Husserl introduced a terminological distinction between *Leib* and *Körper,* that is, between the pre-reflectively lived body, i. e., the body as an embodied first-person perspective, and the subsequent thematic experience *of* the body as an object [...] (Gallagher und Zahavi 2016).

KI Systeme haben, wenn wir uns eine naheliegende Lesart des obigen Zitats ansehen, keinen „präreflexiven lebendigen Körper" und es ermangelt ihnen an der Erfahrung eines Körpers, der beides zugleich ist, Träger eines Subjekts und Objekt.

Ad 2 Menschen machen Erfahrungen der Bedeutsamkeit,[36] sie erleben Bedeutsamkeit, haben und teilen Sinn-Erfahrungen auch und gerade vor dem Hintergrund nichtgelingender Handlungen und scheiternder Lösungsansätze. In einer weiten phänomenologisch-existenzphilosophischen Lesart sind solche Sinn- und Bedeutsamkeitserfahrungen zentral für das, was menschliches Leben ausmachen kann. Kommunikationshandlungen scheitern, Kommunikation misslingt, wir verstehen bestimmte Fragen nicht etc. ‚Bedeutsamkeit' meint mit Blick auf fundamentale Grenzen von KI-Systemen darüber hinaus mehr als eine Simulation von emotional-kognitiver Bestätigung oder simulierte Bedeutsamkeit. Menschen schreiben nicht nur einzelnen Handlungen Bedeutsamkeit zu, sondern dem Gesamtkonzept ihres Lebens. Man mag das Lebensentwurf nennen oder schlichtweg Sinnhaftigkeit des Lebens etc. Ein Teil der *conditio humana* scheint

---

[36]KI-Systeme haben (derzeit) keine Gefühle. Wenn KI-Systeme letztlich bestimmten Regeln folgen, und wenn es – wie jüngst Larissa Berger argumentiert hat (Berger 2018, 129 f.) – zutrifft, dass es keine Regeln des Geschmacks hinsichtlich der Beurteilung, welche Objekte oder Eigenschaften von Objekten als schön gelten, gibt (etwa: „Symmetrische Objekte werden als schön beurteilt"), dann können KI-Systeme keine ästhetischen Urteile fällen. Wenn also ästhetische Bildung, die wesentlich zu Bedeutsamkeitserfahrungen von Schüler/innen beitragen kann, in irgendeiner Art und Weise wichtig ist, dann kann KI hier bestenfalls Hilfsdienste leisten.

darin zu bestehen, dass wir solche Sinnerfahrungen tatsächlich machen können. Letztlich tragen die Erfahrungen und das mehr oder weniger explizit vorhandene Wissen um unsere Begrenztheiten, Endlichkeit und Sterblichkeit dazu bei, dass wir verschiedenartige Sinnkonstruktionen vornehmen.

Offenkundig sind KI-Systeme nicht in dieser Weise – wenn überhaupt – in der Lage, diese letztlich anthropologisch-metaphysischen berlegungen anzustellen. Menschen, die erzogen werden und gebildet sind, müssen aber gerade Erfahrungen dieser Art machen. Das ist jedenfalls dann der Fall, wenn Bildung letztlich danach fragt, wie wir leben wollen (und sollen).

Ad 3 Autonomie im Sinne der Selbstinitiierung intentionaler Prozesse eines autonomen Subjekts (vgl. Reich 2009, 477 f.), ist wiederum eine wichtige Erziehungserfahrung bzw. ein wichtiges Erziehungsziel. Hier macht es offenkundig einen großen Unterschied, wer in der Wechselwirkung von Lehrperson und Schüler/innen gelingende und scheiternde Prozesse, erfolgreiche und nicht erfolgreiche Problemlösungen im Zusammenhang mit der Formation eines autonomen Subjekts spiegelt bzw. wie diese gespiegelt werden. Erziehung und insbesondere Bildung hängt entscheidend davon ab, wie Selbstreflexionsprozesse und Selbstvervollkommnungsprozesse angeleitet werden und wiederum in die Wechselwirkung von Lehrperson und Schüler/innen integriert werden. KI-Systeme können bei der Wissensvermittlung und beim Kompetenzerwerb in vielen Dimensionen sehr hilfreich sein. Doch viele Herausforderungen für Lehrpersonen und Erzieher/innen befinden sich jenseits der durch Algorithmen operationalisierbaren Erziehungs- und Bildungsprozesse. Neben den genannten Punkten fehlt KI Systemen die Fähigkeit, Willensakte zu initiieren, es fehlt so etwas wie Spontanität. Mindestens ist freier Wille eine nützliche Illusion; Roboter haben aber keinen freien Willen, schon deshalb nicht, weil sie eben gar keinen Willen haben. Wollte man Entscheidungs- oder Willensfreiheit simulieren, so wäre das Abweichen von regelmäßig nach Vorgaben eines Algorithmus ausgeführten Handlungen gerade keine gute Simulation willensfreier Handlungen, denn es geht in willensfreien Handlungen um mehr als algorithmisierbare Handlungen (etwa Keil 2017).

5 Fazit und Ausblick

Ich möchte einige Ergebnisse abschließend zusammenfassen:

1. Abhängig davon, was man unter starker und schwacher KI versteht, gibt es eine Reihe von Anwendungen von KI-Systemen im Unterricht im Allgemeinen und im Philosophieunterricht im Besonderen. Lehrpersonen können durch starke KI-Systeme (etwa Roboter) unterstützt werden. Die vielfältigen Anwendungen sind insbesondere dort sinnvoll, wo klar ist, dass Aufgaben und Unterstützungen durch algorithmisch arbeitende Systeme geleistet werden können.
2. Ein Zusammenhang von KI und Digitalisierung besteht darin, dass KI zwar Digitalisierung voraussetzt, Digitalisierung aber durchaus Verschiedenartiges

meint und nicht auf Technologie reduziert werden kann. Zur Klärung des Digitalisierungsbegriffs und zur Abgrenzung von Digitalisierung und KI wurden drei Thesen formuliert und begründet: *Erstens:* Digitalisierung als Ausdruck universeller Digitalisierungsprozesse wird von Menschen gestaltet, oft aber so dargestellt, als würde sie mit uns gemacht bzw. quasi-naturgesetzlich, sozusagen unabwendbar geschehen. Das hat u. a. ein Verführungspotential zur Folge derart, dass nämlich Digitalisierung faktisch gesetzt und damit normativ positiv aufgeladen wird. *Zweitens:* Eben diese mehrfache normative Aufladung von Digitalisierung und KI sollte offengelegt werden, was aber bei Weitem nicht immer der Fall ist. Die Zuschreibung von inhärentem Wert trübt etwa den Blick darauf, dass es begründungspflichtig ist, ob Digitalisierung und KI aus pädagogischer und didaktischer Sicht sinnvoll sind oder nicht. *Drittens:* Mit und durch Verwendung der Begriffe Digitalisierung und KI werden Menschen- und Weltbilder konstituiert, verbreitet und transformiert. Mehr als das: Die mit den Menschen- und Weltbildern verbundenen Ansprüche gehen von mehr oder weniger explizit geäußerten Voraussetzungen der jeweiligen Menschen- und Weltbilder aus, und diese Voraussetzungen sind begründungspflichtig.
3. Erziehungs- und Bildungsziele sind in anthropologisch zu fundierenden Konzepten von Erziehung und Bildung insofern vorrangig, als sie nicht auf instrumentell-pragmatisch-technologische Parameter reduzierbar sind (z. B. auf Kompetenzen, Skills oder Output-Orientierung). Bildung und Erziehung meint etwas, das wir einerseits im Kern durch Rekurs auf Klassiker/innen der Bildungsphilosophie finden können, das aber andererseits für heutige Ansprüche in einer pluralistisch-demokratischen Gesellschaft für die Rahmenbedingungen des 21. Jahrhundert transformiert und neu reflektiert werden sollte. Erziehung und Bildung sind eng verknüpft mit umfassender Selbstformung in einer posthumboldtischen Lesart: Erziehungsziele und damit zusammenhängende Bildungsziele sind z. B. Entwicklung und Förderung von Urteilskraft (theoretisch-abstrakt, praktisch-handlungsorientiert und künstlerisch-ästhetisch), Fähigkeit zu Autonomie und zu selbstständigem Denken und Handeln, kritisches Denken, Entwicklung von Selbstbewusstsein, Resilienz gegen Indoktrination und gegen weitere eindeutig destruktiv-negative Einflüsse auf das jeweilige Individuum uvm.
4. Das im 4. Abschnitt entwickelte Argument soll zeigen, inwiefern menschliche Lehrpersonen unverzichtbar sind. Dadurch ist impliziert, welche Eigenschaften und Fähigkeiten starke KI aufweisen müsste, um anspruchsvolle Erziehungsaufgaben übernehmen zu können, nämlich Selbstbewusstsein, das Erkennen von und der Umgang mit Bedeutsamkeit und Autonomie. Eine philosophische Reflexion auf diese typisch menschlichen Fähigkeiten und Eigenschaftscluster zeigt damit meines Erachtens fundamentale Unterschiede zwischen starker KI und menschlichem Denken, Fühlen und Handeln.

Ein kurzer Ausblick soll an einen Punkt anknüpfen, der bislang nur angedeutet wurde. Auch auf die Gefahr hin, dass hier auf einen letztlich teleologisch und essentialistisch gefärbten Bildungsbegriff verwiesen wird, so steht hinter dem hier präsentierten Argumenten die Frage, wie wir leben wollen und sollen, d. h. wie wir die Bedingungen für die Möglichkeit eines – in einer plural gestalteten Welt und Gesellschaft – gelingenden Lebens[37] für die Schüler/innen verstehen und gestalten können. Dass dazu KI-Systeme eingesetzt werden können, wird nicht bestritten. Dass aber – wenn Bildung unter anderem ein Freiheitsentwurf sein soll – leicht der Bock zum Gärtner gemacht werden kann, wenn man KI-Systemen eine zentrale und wesentliche Rolle zuspricht, scheint ebenso klar zu sein.

Literatur

Anderson, Morgan. 2018. *Humanization in the Digital Age: A Critique of Technophilia in Education*. (Doctoral Dissertation in Educational Policy Studies: Georgia State University). https://scholarworks.gsu.edu/cgi/viewcontent.cgi?article=1210&context=eps_diss. Zugegriffen: 26. Juni 2018.

Arkoudas, Konstantine, und Selmer Bringsjord. 2014. Philosophical Foundations. In: *The Cambridge Handbook of Artificial Intelligence*, Hrsg. Keith Frankish, und William M. Ramsey, 34–63. Cambridge, UK: Cambridge University Press.

Arnold, Norbert, und Tobias Wangermann, Hrsg. 2018. Digitalisierung und Künstliche Intelligenz: Orientierungspunkte. Berlin: Konrad-Adenauer-Stiftung. https://www.kas.de/documents/252038/4521287/Taschenbuch+Digitalisierung+und+K%C3%BCnstliche+Intelligenz.pdf/864e3c1d-1273-a2a4-18c4-c5699f19900a.

Aufenanger, Stefan. 2014. Digitale Medien im Leben von Kindern und Herausforderungen für Erziehung und Bildung. *Frühe Kindheit* Juni 2014: 9–18. https://www.erzieherin.de/files/forschung/fK_0614-Art_Aufenanger.pdf. Zugegriffen: 2. November 2019.

Bakhurst, David. 2008. Minds, brains and Education. *Journal of Philosophy of Education* 42(3–4): 415–432.

Berger, Larissa. 2018. Can Artificial Intelligence Know About Beauty? – A Kantian Approach. *Journal of Artificial Humanities* 1(2): 119–143.

Biesta, Gert J. J. 2012. Giving Teaching Back to Education: Responding to the Disappearance of the Teacher. *Phenomenology & Practice*. Bd. 6(2): 35–49.

Brezinka, Wolfgang. [5]1990. *Grundbegriffe der Erziehungswissenschaft*. München: Ernst Reinhardt Verlag.

Brezinka, Wolfgang. 1972. Was sind Erziehungsziele? *Zeitschrift für Pädagogik* 18(4): 497–550.

Brighouse, Harry. 2009. Moral and Political Aims of Education. In *The Oxford Handbook of Philosophy Education*, Hrsg. Harvey Siegel, 35–51. Oxford: Oxford University Press.

Brüggen, Niels. 2019. Bildung der Jugend für den digitalen Wandel. *Aus Politik und Zeitgeschichte. Zeitschrift des Bundeszentrale für Politische Bildung* 69(27–28): 30–35.

Davidson, Cathy N. 2017a. More Or Less Technology In The Classroom? We're Asking The Wrong Question – Neither technophobia or technophilia is the right solution for our students. The real issue is the process of learning. https://www.fastcompany.com/40459966/more-or-less-technology-in-the-classroom-were-asking-the-wrong-question. Zugegriffen: 3. Juni 2019.

Davidson, Cathy N. 2017b. *The New Education: How to Revolutionize the University to Prepare Students for a World In Flux*. New York: basic books.

---

[37]Hier sind eine Reihe von Konzepten neoaristotelischer Art denkbar, wie sie etwa von Martha Nussbaum (etwa Nussbaum 2000) prominent vertreten werden. Für Zwecke von Erziehung und Bildung gehen viele der Beiträge in Egan et al. (Egan et al. 2014) davon aus, dass Konzepte eines ‚human flourishing' im Schulunterricht relevant sind).

Dene Poth, Rachel. 2018. *Artificial Intelligence: Implications for the Future of Education.* http://www.gettingsmart.com/2018/01/artificial-intelligence-implications-for-the-future-of-education/.

Descartes, René. 1637. *Discours de la méthode Pour bien conduire sa raison, et chercher la vérité dans les sciences.* Deutsche Ausgabe: *Discours de la méthode − Von der Methode des richtigen Vernunftgebrauchs und der wissenschaftlichen Forschung.* 1997. Übers. L. Gäbe. Hamburg: Meiner.

Deutsches Komitee für UNICEF e. V., Hrsg. 2017. UNICEF-Bericht zur Situation der Kinder in der Welt 2017. Kinder in der digitalen Welt. Zusammenfassung zentraler Ergebnisse. https://www.unicef.de/informieren/materialien/kinder-in-der-digitalen-welt-zusammenfassung/155352. Zugegriffen: 29. September 2019.

Dillenbourg, Pierre. 2016. The Evolution of Research on Digital Education. *International Journal of Artificial Intelligence Education* 26: 544−560. https://doi.org/10.1007/s40593-016-0106-z.

Dörpinghaus, Andreas, Andreas Poenitsch, und Lothar Wigger. ⁵2013. *Einführung in die Theorie der Bildung.* Darmstadt: Wissenschaftliche Buchgesellschaft.

Drerup, Johannes. 2019. Bildung und das Ethos der Transformation. Anmerkungen zum Verhältnis von Bildungstheorie, Bildungsforschung und Pädagogischer Ethik. *Zeitschrift für Praktische Philosophie* 6(1): 61−90. https//doi.org/https://doi.org/10.22613/zfpp/6.1.3.

Drerup, Johannes. 2018. Bildungsforschung: Beiträge der Erziehungs- und Bildungsphilosophie. *Erziehungswissenschaft* 29(56): 27–34. URN: urn:nbn:de:0111-pedocs-157146.

Egan, Kieran, Annabella Cant, und Gillian Judson, Hrsg. 2014. *Wonder-Full Education: The Centrality of Wonder in Teaching and Learning across the Curriculum.* Oxon, New York: Routledge.

Escueta, Maya, Vincent Quan, Andre J. Nicko, und Philip Oreopoulos. 2017. Education Technology: An Evidence-Based Review (NBER WORKING PAPER SERIES, Working Paper 23744. http://www.nber.org/papers/w23744. Zugegriffen: 8. Oktober 2019.

Faggella, Daniel. 2017. *Examples of Artificial Intelligence in Education* (Last updated on September 1, 2017. https://www.techemergence.com/examples-of-artificial-intelligence-in-education/. Zugegriffen: 15. September 2018.

Gallagher, Shaun, und Dan Zahavi. 2016. Phenomenological Approaches to Self-Consciousness. In *The Stanford Encyclopedia of Philosophy* (Winter 2016 Edition), Edward N. Zalta, Hrsg. https://plato.stanford.edu/archives/win2016/entries/self-consciousness-phenomenological/.

Gapski, Harald. 2019. Mehr als Digitalkompetenz. Bildung und Big Data. *Aus Politik und Zeitgeschichte. Zeitschrift der Bundeszentrale für Politische Bildung.* 69(27−28): 24−29.

Garcia, R. 2002. Artificial Intelligence and Personhood. In *Cutting Edge Bioethics:A Christian Exploration of Technology and Trends.* Hrsg. Kilner, John, Christopher Hook, und Diane Uustal. Grand Rapids: Eerdmans.

Gonsch, Verena. 2016. Standpunkt: Digitale Kindheit − Plädoyer für einen gelasseneren Umgang mit unseren Computerkids. *Gesellschaftsforschung 2.16* https://www.mpifg.de/forschung/forschung/pdf/digitale-kindheit.pdf. Zugegriffen: 1. Dezember 2019.

Hand, Michael. 2014. Entry „Aims, Concept of". In *Encyclopedia of Educational Theory and Philosophy,* Hrsg. Denis Charles Phillips, 30−32. Thousand Oaks, California: Sage.

Hastedt, Heiner, Hrsg. 2012. *Was ist Bildung? Eine Textanthologie.* Stuttgart: Reclam.

Hensinger, Peter. 2018. Die Ideologie der Digitalisierung. Auf dem Weg ins Digi-Tal: Der Hype der digitalen Selbstentmündigung und einige Auswirkungen auf die Psyche. *umwelt • medizin • gesellschaft* 31(2): 31–36.

Hensinger, Peter. 2017. iDisorder. Auswirkungen der Digitalisierung des Erziehungswesens auf die Entwicklung von Kindern und Jugendlichen. *umwelt • medizin • gesellschaft* 30(4): 24–31.

Heslep, Robert D. 2009. Must an Educated Being Be a Human Being? *Studies in Philosophy and Education* 28: 329–349. https://doi.org/10.1007/s11217-009-9131-9.

Hilwerling, Udo. 2020. Teachertool. https://teachertool.de/de/impressum/. Zugegriffen: 16. Juli 2020.
Holmes, Wayne, Maya Bialek, und Charles Fadel. 2019. Ch 6: The social consequences of AI in education. In: *Artificial Intelligence in Education. Promises and Implications for Teaching & Learning*, Hrsg. Holmes, Wayne, Maya Bialek, und Charles Fadel, 136–145. Boston: Center for Curriculum Redesign.
Kraft, Bernd, und Dieter Schönecker, Hrsg. 1999: *Kant, Immanuel: Grundlegung zur Metaphysik der Sitten*. Hamburg: Meiner.
Keil, Geert. [3]2017. *Willensfreiheit*. Berlin/Boston: De Gruyter.
Lauer, Gerhard, Hrsg. 2017. *Von Humboldt, Wilhelm: Schriften zur Bildung*. Stuttgart: Reclam.
Jahn, Sandy, Stefanie Kaste, Anna März, und Romy Stühmeier. 2019. DENKIMPULS DIGITALE BILDUNG: Einsatz von Künstlicher Intelligenz im Schulunterricht. https://initiatived21.de_uploads_2019/05_d21-denkimpuls_schule_ki. Zugegriffen: 10. Dezember 2019.
Janssen, Dale, und Corrie Janssen. no date. *Strong Artificial Intelligence (Strong AI)*. https://www.techopedia.com/definition/31622/strong-artificial-intelligence-strong-ai. Zugegriffen: 10. September 2018.
Joffe, Josef. 2019. Alle Kinder werden klug. Her mit dem iPad! Zeit online, 20. November 2019, http://www.xing-news.com/reader/news/articles/2805178?cce=em5e0cbb4d.%3AtZOsIH2fp3PR4yqy29ldAJ&link_position=digest&newsletter_id=53481&toolbar=true&xng_share_origin=email. Zugegriffen: 21. November 2019.
Kato, Morimichi. 2014. Entry „Paideia". In *Encyclopedia of Educational Theory and Philosophy*. Hrsg. Denis Charles Phillips, 593–594. Thousand Oaks, California: Sage.
Koedinger, Kenneth R., John R Anderson, William H Hadley, und Mary A. Mark. 1997. Intelligent Tutoring Goes To School in the Big City. *International Journal of Artificial Intelligence in Education (IJAIED)* 8: 30–43. https://telearn.archives-ouvertes.fr/file/index/docid/197383/filename/koedinger97.pdf. Zugegriffen: 11. November 2019.
Kunze, Lars, und Aaron Sloman. 2019. A philosophically motivated View on AI and Robotics. Interview with Aaron Sloman, Honorary Professor of Artificial Intelligence and Cognitive Science, University of Birmingham, United Kingdom. *KI – Künstliche Intelligenz* 33:429–445. https://doi.org/10.1007/s13218-019-00621-1. Zugegriffen: 5. Oktober 2019.
Ladenthin, Volker, Hrsg. 2007. *Philosophie der Bildung. Eine Zeitreise von den Vorsokratikern bis zur Postmoderne*. Bonn: DenkMal.
Leite, Iolanda, Carlos Martinho, und Ana Paiva. 2013. Social Robots for Long-Term Interaction: A Survey. *International Journal of Social Robotics* 5: 291–308. https://doi.org/10.1007/s12369-013-0178-y.
Lessing, Hans-Ulrich; Steenblock, Volker, Hrsg. 2010. *"Was den Menschen eigentlich zum Menschen macht ..." Klassische Texte einer Philosophie der Bildung*. Freiburg im Br.: Alber.
Lewin, David, und David Lundie. 2016. Philosophies of Digital Pedagogy. *Studies in Philosophy and Education* 35: 235–240. https://doi.org/10.1007/s11217-016-9514-7.
Liessmann, Konrad Paul. 2014. *Geisterstunde. Praxis der Unbildung. Eine Streitschrift*. Wien: Zsolnay.
Luckin, Rose, Wayne Holmes, Mark Griffiths, und Lorrie B. Forcier. 2016. *Intelligence Unleashed. An argument for AI in Education*. London: Pearson. Retrieved from https://www.pearson.com/content/dam/one-dot-com/one-dot-com/global/Files/about-pearson/innovation/Intelligence-Unleashed-Publication.pdf. Zugegriffen: 27. Oktober 2019.
Lundie, David. 2016. Authority, Autonomy and Automation: The Irreducibility of Pedagogy to Information Transactions. *Studies in Philosophy and Education* 35: 279–291. https://doi.org/10.1007/s11217-016-9517-4.
MacGilchrist, Felicitas. 2019. Digitale Bildungsmedien im Diskurs. *Aus Politik und Zeitgeschichte. Zeitschrift der Bundeszentrale für Politische Bildung* 69(27–28): 18–23.
Van Manen, Max. [2]2016. *Researching Lived Experience. Human Science for an Action Sensitive Pedagogy*. London and New York: Routledge.

Mason, Charlotte M. ³1954. *An Essay Towards A Philosophy of Education: A Liberal Education For All*. London: J.M. Dent & Sons.
Meyer-Guckel, Volker. 2018. In der neuen Wirklichkeit – Hochschulbildung im digitalen Zeitalter. *Magazin der Kultusministerkonferenz*, 81–83. https://www.kmk.org/fileadmin/Dateien/pdf/PresseUndAktuelles/2018/KMK70_Magazin_Web.pdf. Zugegriffen: 10. Dezember 2019.
Muuß-Merholz, Jöran. 2019. Der große Verstärker. Spaltet die Digitalisierung die Bildungswelt? *Aus Politik und Zeitgeschichte. Zeitschrift der Bundeszentrale für Politische Bildung* 69(27–28): 4–10.
Nussbaum, Martha. 2000. *Women and Human Development. The Capabilities Approach.* Cambridge, UK: Cambridge University Press.
Oliveira, Eugénio, João Gama, Zita Vale, und Enrique Lopes Cardoso, Hrsg. 2017. *Progress in artificial Intelligence: 18th EPIA Conference on Artificial Intelligence.* EPIA 2017, Porto, Portugal, September 5–8, 2017, Proceedings. Cham, Switzerland: Springer.
Patterson, Sarah. 2010. Philosophy of Mind. In *The Routledge Companion to Twentieth Century Philosophy*. Hrsg. Dermot Moran, 525–582. London, UK: Routledge.
Penstein Rosé, Carolyn, Roberto Martínez-Maldonado, H. Ulrich Hoppe, Rose Luckin, Manoli Mavrikis, Kaska Porayska-Pomsta, Bruce McLaren, und Benedict du Boulay, Hrsg. 2018. *Artificial Intelligence in Education. Proceedings of the 19th International Conference* (AIED 2018, London, UK, June 27–30, 2018).
Pedró, Francesc, Miguel Subosa, Axel Rivas, und Paula Valverde. 2019. Artificial Intelligence in Education: Challenges and Opportunities for Sustainable Development. Paris: UNESCO UNESCO education Sector, Working Papers on Education policy 7. https://unesdoc.unesco.org/ark:/48223/pf0000366994. 46pages.
Pfister, Jonas. ²2014. *Fachdidaktik Philosophie*. Bern; Stuttgart; Wien: Haupt/UTB.
Pinkwart, Niels. 2016. Another 25 Years of AIED? Challenges and Opportunities for Intelligent Educational Technologies of the Future. *International Journal of Artificial Intelligence Education* 26: 771 – 783. https://doi.org/10.1007/s40593-016-0099-7.
Reich, Rob. 2009. Educational Authority and the Interests of Children. In *The Oxford Handbook of Philosophy of Education*, Hrsg. Harvey Siegel, 469–485. Oxford: Oxford University Press.
Reichenbach, Roland. 2014. Entry „Bildung". In *Encyclopedia of Educational Theory and Philosophy*, Hrsg. Denis Charles Phillips, 86–88. Thousand Oaks, California: Sage.
Rink, Friedrich T., Hrsg. 1803. *Kant, Immanuel: Über Pädagogik*. Königsberg. http://www.deutschestextarchiv.de/book/show/kant_paedagogik_1803.
Roll, Ido und Ruth Wylie. 2016. Evolution and Revolution in Artificial Intelligence in Education. *International Journal of Artificial Intelligence Education.* 26: 582–599. https://doi.org/10.1007/s40593-016-0110-3.
Russell, Stuart J., und Peter Norvig, Hrsg. ³2016. *Artificial Intelligence: A Modern Approach.* Harlow, UK: Pearson.
Scheller, Hendrik. 2019. „Digitalpakt Schule". Föderale Kulturhoheit zulasten der Zukunftsfähigkeit des Bildungswesens? *Aus Politik und Zeitgeschichte. Zeitschrift der Bundeszentrale für Politische Bildung* 69(27–28): 11–17.
Serholt, Sofia, Wolment Barendreg, Asimina Vasalou, Patricia Alves-Oliveira, Aidan Jones, Sofia Petisca, und Ana Paiva. 2017. The case of classroom robots: teachers' deliberations on the ethical tensions. *Artificial Intelligence & Society* 32: 613–631. https://doi.org/10.1007/s00146-016-0667-2.
Sharkey, Amanda J. C. 2016. Should we welcome robot teachers? *Ethics and Information Technology* 18: 283–297. https://doi.org/10.1007/s10676-016-9387-z.
Sharkey, Noel J. und Tom Ziemke. 2001. Mechanistic versus phenomenal embodiment: Can robot embodiment lead to strong AI? *Journal of Cognitive Systems Research* 2: 251–262.
Siewert, Charles. 2017. Consciousness and Intentionality. In *The Stanford Encyclopedia of Philosophy* (Spring 2017 Edition), Hrsg. Edward N. Zalta. https://plato.stanford.edu/archives/spr2017/entries/consciousness-intentionality/.

Sidorkin, Alexander M. 2011. On the Essence of Education. *Studies in Philosophy and Education* 30: 521–527. https://doi.org/10.1007/s11217-011-9258-3.
Smith, Joel. 2017. Self-Consciousnes, In *The Stanford Encyclopedia of Philosophy* (Fall 2017 Edition), Hrsg. Edward N. Zalta. https://plato.stanford.edu/archives/fall2017/entries/self-consciousness/.
Spitzer, Manfred. 2012. *Digitale Demenz. Wie wir uns und unsere Kinder um den Verstand bringen*. München: Droemer.
Staab, Philipp. 2016. *Falsche Versprechen. Wachstum im digitalen Kapitalismus*. Hamburg: Hamburger Edition.
Sukopp, Thomas. 2018. An Argument against the Unlimited Applicability of Artificial Intelligence in Classroom Settings. *Journal of Artificial Intelligence Humanities* 1(2): 93–117.
Tanaka, Fumihide; Aaron Cicourel, und Javier J. Movellan. 2007. Socialization between toddlers and robots at an early childhood education center. *Proceedings of the National Academy of Sciences of the United States of America* 104(46): 17954–17958. http://www.pnas.org_cgi_doi_10.1073_pnas.0707769104.
Timms, Michael J. 2016. Letting Artificial Intelligence in Education Out of the Box: Educational Cobots and Smart Classrooms. *International Journal of Artificial Intelligence in Education* 26: 701–712. https://doi.org/10.1007/s40593-016-0095-y.
Tuomi, Ilkka, 2018 JRC Science for Policy Report. The Impact of Artificial Intelligence on Learning, Teaching, and Education. Hrsg. Cabrera, Marcelino, Riina Vuorikari, und Yves Punie. Luxembourg: Publications of the European Union https://ec.europa.eu/jrc/en/publication/impact-artificial-intelligence-learning-teaching-and-education.
Vanderstraeten, Raf und Gert Biesta, 2006. How is Education possible? Pragmatism, Communication and the social Organisation of Education. *British Journal of Educational Studies* 54(2): 160–174. DOI 10.1111/j.1467-8527.2006.00338.x.
Walker, Erin und Amy Ogan. 2016. We're in this Together: Intentional Design of Social Relationships with AIED Systems. *International Journal of Artificial Intelligence in Education* 26: 713–729. https://doi.org/10.1007/s40593-016-0100-5.
Williamson, Ben. 2016. Digital Education Governance: Data Visualization, Predictive Analytics, and Real-time Policy Instruments. *Journal of Education Policy* 2: 123–141.

Was heißt Menschenbildung im Dispositiv des Digitalen?

Karin Hutflötz

Abstract

Ausgehend von der Skizze bildungspolitischer Weichenstellungen, die unter dem Anspruch und mit den Möglichkeiten der Digitalisierung von Bildung anstehen, diskutiert dieser Beitrag die Frage der pädagogischen Fokussierung und normativen Forderungen im Hinblick auf Menschenbildung im Dispositiv des Digitalen. Weshalb der von Foucault entlehnte Begriff des ‚Dispositivs' die Transformationsdynamik von Bildung und Gesellschaft so gut beschreibt, wird ebenso begründet, wie die These, dass der Einsatz von Technologie in Kindheit Eltern und Pädagog*innen von bisherigen Aufgaben der Disziplinierung oder Wissensvermittlung zunehmend befreit, dafür aber Bildung und Erziehung verstärkt auf ihre intersubjektiv persönlichkeitsbildenden und im Kern politischen Bildungsaufgaben verweist. Im Rekurs auf Adornos Bildungsphilosophie unter der Maßgabe einer Erziehung zur Mündigkeit wird diskutiert, inwiefern eine Übermacht der Technik auch eine Gefahr für Menschenbildung und Demokratieerziehung bedeuten kann. Welche positiven Schwerpunkte pädagogischen Handelns umgekehrt daraus erwachsen, wird abschließend skizziert.

Keywords

Menschenbildung · Dispositiv · Digitalisierung · Bildungsziele · Notengebung · Foucault · Adorno

K. Hutflötz (✉)
Lehrstuhl für Bildungsphilosophie und Systematische Pädagogik, KU Eichstätt-Ingolstadt, Eichstätt, Deutschland
E-Mail: karin.hutfloetz@ku.de

1 Einleitung und Verortung der Frage nach Menschenbildung im Dispositiv des Digitalen

Die Technologisierung in ihrer aktuellen Form des digitalen Wandels von Welt und Wirklichkeit wird fraglos wesentliche Transformationen in Bildung und Erziehung zur Folge haben. Im öffentlichen und fachwissenschaftlichen Diskurs der Frage, was das für Mensch und Bildung in Zukunft bedeute, wird aber – ganz unter dem Diktat des „zweckrationalen Paradigmas" (Hilzensauer und Hutflötz 2019, 50 f.) und eines „verdinglichten Bewusstseins" (Adorno, 1971, 94 f.) – meist nur auf den messbaren Wandel des zu Steuernden und zu Sichernden[1] fokussiert: So wird diskutiert, inwiefern Wissensvermittlung individueller und vielfältiger verfügbar sei, oder in welchem Maß die Anforderungen an Technik und der Umgang mit den medialen Möglichkeiten anspruchsvoller werde, und was das für die (Lehrer-) Bildung und die technische Ausstattung der Schulen bedeute.[2] Im Zuge dessen wird mit bildungspolitischer Dringlichkeit ein *update* der Lehrer und Schüler gefordert hinsichtlich digitalem Wissen und technischem Knowhow. So wird die Problemlage und Fördernotwendigkeit in der Erläuterung zum *DigitalPakt Schule* des BMBF, einem milliardenschweren Projekt zum Ausbau der „digitalen Infrastruktur", das der Bund in Deutschland Mitte 2019 öffentlichkeitswirksam startete, wie folgt formuliert: „Viele nutzen selbstverständlich digitale Angebote, häufig ohne die dahinterstehenden Algorithmen und Geschäftsmodelle zu verstehen, die rechtlichen Rahmenbedingungen zu kennen und die Auswirkungen auf die eigene Person und das Zusammenleben zu hinterfragen."[3] Nimmt man das beim Wort, könnte man meinen, Zielsetzung dieses Investitionsprogramms sei die Vermittlung und Reflexion von „Algorithmen und Geschäftsmodellen", ebenso wie die „rechtlichen Rahmenbedingungen und die Auswirkungen [des digitalen Wandels] auf

---

[1]So verweist Heidegger bereits in seiner Abhandlung „Die Frage nach der Technik" (1953) darauf, dass „Steuerung und Sicherung" die Hauptzüge der modernen Technik und Denkweisen seien, deren Eigendynamik man sich aber nicht einfach individuell entziehen kann, da es einem geschichtlichen Machtdispositiv entspricht, das für uns Heutige Effizienz, Wirkursächlichkeit und Berechenbarkeit zum Zweck der Steuerung und Sicherung von Welt und Wirklichkeit zum Maß aller Dinge macht (Heidegger 2000, 17 f.).

[2]Hellsichtig spricht Adorno in seinem Plädoyer für eine „Erziehung zur Mündigkeit" (1971) davon, dass man „im Zusammenhang mit dem verdinglichten Bewusstsein auch das Verhältnis zur Technik genau betrachten" sollte, denn: „Eine Welt, in der Technik eine solche Schlüsselposition hat wie heute, bringt technologische, auf Technik eingestimmte Menschen hervor", genauer den „manipulativen Charakter" der sich durch „Organisationswut", „Emotionslosigkeit" und einer „Unfähigkeit, unmittelbare menschliche Erfahrungen zu machen", auszeichne, werde aus dem Aktionismus zum verwalteten Subjekt im Dienst der Effizienz „einen Kultus" machen (Adorno 1971, 102 f.).

[3]https://www.bmbf.de/de/wissenswertes-zum-digitalpakt-schule-6496.php und https://www.digitalpaktschule.de, zugegriffen 12.03.2020.

die eigene Person und das Zusammenleben zu hinterfragen". Doch faktisch stellt der *DigitalPakt Schule* grundsätzlich nur Mittel zur technischen Aufrüstung der Schulen mit Whiteboards und Rechnern zur Verfügung. Der Bund finanziert damit zunächst nur die Hardware, der Kauf von Software wird noch diskutiert. Zudem umfasst der *DigitalPakt Schule* keinerlei Personalkosten, sei es zur Investition in IT-Experten/innen, die die neue Ausstattung an den Schulen warten könnten, oder in dringend benötigte Lehrkräfte, geschweige denn in Lehrer(fort)bildung,[4] die dem bildungspolitisch allseits formulierten Anspruch nach „Medienkompetenz" oder „digitaler Kompetenz"[5] von Schüler/innen wie Lehrer/innen Rechnung tragen könnten.[6]

Noch kaum im Blick sind dagegen andere Fragen, die ethisch und philosophisch wie pädagogisch von grundlegender Natur sind und deshalb hier in den Fokus genommen werden sollen: Was kann und soll Menschenbildung heute sein – im Spannungsfeld der digital erweiterten oder auch eingeschränkten[7] Möglichkeitsspielräume von Welt und Wirklichkeit im Modus des Digitalen, und einer damit einhergehenden Entgrenzung wie Überforderung, auf die unsere Zeit mit immer noch mehr Bemühen um „Steuerung und Sicherung" (Heidegger 2000, 17) antwortet? Inwiefern werden Bildung und Erziehung gerade dadurch (wieder oder erst recht?) auf ihre intersubjektiv persönlichkeitsbildenden und im Kern sozialen und politischen Bildungsaufgaben verwiesen? Wie kann dieser Fokus auf Menschenbildung in den Maßen ethischen Handelns und demokratischer Werte in die Lehrerbildung und in schulische Bildungsprozesse heute Eingang finden? Im Folgenden werden aktuelle Positionen der phänomenologischen Anthropologie und Sozialphilosophie in Bezug gesetzt zu mit Einsichten der Psychologie und Neurobiologie, um Anspruch und Wirklichkeit des technologischen Wandels auf Bildungsprozesse bildungsphilosophisch zu diskutieren.

---

[4] All dies ist weiterhin Ländersache, was ethisch und bildungspolitisch problematisch ist, da die sozialen Ungleichgewichte und ungerechte Bildungsmittelverteilung, die regional bedingt sind durch die sehr unterschiedliche Finanzkraft der Bundesländer und Kommunen, sich hiermit auch noch verschärfen dürften. Zum Nachweis der Verschärfung sozialer Ungleichheit im Zuge der sogenannten Digitalen Spaltung („Digital Divide") siehe den Überblicksartikel von Rudolph (2019) zum „Forschungsfeld Digital Divide".

[5] „Digitale Kompetenz ist deshalb von entscheidender Bedeutung: für jeden Einzelnen und jede Einzelne, um digitale Medien selbstbestimmt und verantwortungsvoll nutzen zu können und um gute Chancen auf dem Arbeitsmarkt zu haben; und für die Gesellschaft, um Demokratie und Wohlstand im 21. Jahrhundert zu erhalten." Siehe Kap. 1. https://www.bmbf.de/de/wissenswertes-zum-digitalpakt-schule-6496.php. Zugegriffen 27.12.2019.

[6] Genauso wenig sachliches Interesse zeigt das BMBF für die medienpädagogische Entwicklung von „Medienkompetenz", die – wie viele andere Begriffe auch – einfach vorausgesetzt werden.

[7] Vgl. zu den spezifischen Einschränkung im Modus des Digitalen den Beitrag von McGuirk und Buck (2019) zu „Leibliche[n] (Lern-)Erfahrung qua Augmented Reality", 405 ff.

2 Was bedeutet ‚Dispositiv' des Digitalen im Hinblick auf Bildungsprozesse?

Wie dringlich der hier ethisch angemahnte Wechsel in der Frageperspektive ist, nämlich statt des derzeit multimedial vermittelten Hypes und diskursiv einseitigen Starrens auf die noch nicht sichtbaren Verheißungen oder vermeintlichen Bedrohungen „der Digitalisierung", erneut die Eigenart menschlicher Seinsweisen in den Blick zu nehmen und zu fragen, was es wirklich braucht zur guten Bildung und Entfaltung der Person in einer pluralen Gesellschaft, und wie wir dem in Bildungsprozessen gerecht werden können, gerade aufgrund der Veränderungen und digitalen Umbrüche der Zeit, zeigt sich paradigmatisch an einem aktuellen Beispiel, das Ende 2019 sogar in der Tagesschau Erwähnung fand.

Unter der Schlagzeile „Kinder verbreiten immer öfter Kinderpornos" nannte das Bundeskriminalamt angesichts alarmierender Zahlen dieses neue Massenphänomen der nicht sexuell motivierten, sondern unbedachten, viralen Verbreitung von eindeutig kinderpornographischen Videos und Bildern durch Minderjährige über die sozialen Netze als „ein akutes Problem". Zur Motivation hieß es nur, „Kinder und Jugendliche finden die Inhalte meist lustig, die Dimension erfassen sie nicht", oder sie versenden die Videos „ohne sich ausreichende Gedanken über den kinderpornographischen Charakter zu machen", dafür eigens mit Musik oder Geräuschen unterlegt und „oft verbunden mit lustigen Texten und Emojis, was für die Ermittler auf eine Verharmlosung hindeutet."[8] Erklärt wird das so: „Der Bildschirm schaffe die nötige Distanz, so dass der Inhalt nicht mehr emotional nachvollzogen wird", so das BKA. „Es müsse nun darum gehen, ein Bewusstsein zu schaffen, dass es sich um Straftaten handele" und dafür, was das bedeutet, auch im Hinblick auf die Opfer. Befragt dazu, welche Bildungsmaßnahmen das nun erfordere, plädierte der Missbrauchsbeauftragte der Bundesregierung – befangen im heutigen Dispositiv des Digitalen – für die Einführung eines Pflichtfachs „Medienkompetenz" an Schulen.[9] Doch diese Antwort wurde medial wie bildungspolitisch nicht weiter hinterfragt, auch wenn es gerade an digitaler Medienkompetenz den Kindern auch in dem Fall gerade nicht mangelt,[10] wenn damit nur ein technisch (und nicht ethisch oder sozial) kompetenten Umgang mit den digitalen und sozialen Medien gemeint wird.

Grund dafür scheint eine Blick- und Diskursverengung auf den Gegenstandsbereich des ‚Digitalen' und der Glaube an eine prinzipiell technische Lösung für alles zu sein. Foucault prägte in den 70er Jahren des vorigen Jahrhunderts den Begriff „Dispositiv", um dem Phänomen diskursiver Machtverschiebungen

---

[8]https://www.tagesschau.de/inland/bka-kinderporno-schulen-101.html. Zugegriffen: 28.12.2019.
[9]Vgl. das Statement zur Forderung einer Einführung des Schulfachs „Medienkompetenz" in selbiger Sendung unter https://www.tagesschau.de/inland/bka-kinderporno-schulen-101.html. Zugegriffen: 28.12.2019.
[10]Einführung eines Pflichtfachs „Medienkompetenz" an Schulen.

und Themensetzungen einer Zeit, deren impersonalen Charakter und je eigener Ordnungs-Dynamik einen Namen zu geben.[11]

Entscheidend sei nicht, meinte er, welche Elemente das Dispositiv ausmachen, sondern *wie* diese Elemente die alltäglichen Diskurse und Praktiken bestimmen, und auf welche Weise Themen und Gegenstände und soziales Sprachspiel hervorgebracht werden, die entweder das alte Dispositiv reproduzieren oder ein neues Machtdispositiv hervorbringen. Insofern stellt das „Dispositiv" (heute: des Digitalen) Überzeugungen und Perspektiven bereit, nach denen Welt und Wirklichkeit gestaltet werden. Es stellt das, was zu einer bestimmten Zeit in einer bestimmten Gesellschaft als denk- und sagbar gilt, mit sozialen Praktiken, Strukturen, Gegenständen dar, definiert den Bedeutungszusammenhang der Dinge und die Kategorien des jeweiligen Weltspiels. Das bestimmt in der Folge, was als zeitgemäßes Denken, Fühlen, Wollen und Handeln gilt, zugleich resultieren daraus die maßgeblichen Diskurse einer Zeit.

Damit werden nicht nur Dinge und Phänomene, wie Foucault aufzeigt, geordnet und bewertet, sondern auch entschieden, was überhaupt als Gegenstand in Frage kommt, d. h. die erfahrbare Wirklichkeit kann sich z. B. heute nur in den diskursiv gültigen Formen und Wahrnehmungsdispositiven ‚des Digitalen' zeigen. Davon zeugt exemplarisch auch das oben genannte Beispiel, indem selbst gravierende (sozial-) ethische Konflikte unbedacht unter Lernzielvorgaben digitaler „Medienkompetenz" subsummiert werden: „Darin sollte Schüler/innen vermittelt werden, dass grundlegende Werte wie Menschlichkeit und Respekt auch in der digitalen Welt gelten."[12] Wie sich dies „vermitteln" ließe, bleibt hier wie sonst auch meist offen. Dass sich „grundlegende Werte" und normative Haltungen gerade nicht als Wissen oder im fachdidaktischen Unterricht „vermitteln" lassen, bestätigen alle Erfahrung und die transdisziplinäre Forschung zur moralischen Entwicklung und Wertebildung bei Kindern und Jugendlichen.[13]

Wie wirksam das Dispositiv des Digitalen ist, zeigt sich nicht zuletzt an der ethisch wie bildungsphilosophisch noch zu wenig beachteten Diskrepanz zwischen den theoretisch vorgeblichen Leitwerten von Bildung und Erziehung einerseits

---

[11] „Was ich unter Dispositiv festzumachen versuche, ist […] ein entschieden heterogenes Ensemble, das Diskurse, Institutionen, architekturale Einrichtungen, reglementierende Entscheidungen, Gesetze, administrative Maßnahmen, wissenschaftliche Aussagen, philosophische, moralische oder philanthropische Lehrsätze, kurz: Gesagtes ebenso wohl wie Ungesagtes umfasst. Soweit die Elemente des Dispositivs. Das Dispositiv selbst ist das Netz, das [impersonal und ereignishaft] zwischen diesen Elementen geknüpft wird. […] Kurz gesagt gibt es zwischen diesen Elementen, ob diskursiv oder nicht, ein bestimmtes Zusammenspiel, eine Art von Formation, deren Hauptfunktion zu einem gegebenen historischen Zeitpunkt darin bestanden hat, auf einen Notstand zu antworten. Das Dispositiv hat also eine vorwiegend strategische Funktion." (Foucault 1978, 119 f.).

[12] Vgl. https://www.tagesschau.de/inland/bka-kinderporno-schulen-101.html. Zugegriffen: 28.12.2019.

[13] Vgl. dazu aktuelle Forschungsbeiträge zu fachübergreifender und fachspezifischer Werte-Bildung (Naurath et al. 2013; Verwiebe 2019).

(wie „Menschlichkeit und Respekt" zum Beispiel, wie oben genannt) und den faktisch ganz anderen, aber handlungsleitenden Zielen von Bildung und Erziehung andererseits. Gemäß dem verfassungsverbürgten Bildungs- und Erziehungsauftrag gelten vor allem die Achtung vor der Würde des Menschen und die Bereitschaft zu sozialem Handeln,[14] eine „Erziehung zur Mündigkeit" (Adorno 1971) oder – wie in der Menschenrechtscharta formuliert – „die volle Entfaltung der menschlichen Persönlichkeit" (HRD, Art. 26. 2) als Ziele und Ideale von humaner Bildung und Erziehung.[15] Dieses vorgebliche Leitbild demokratischer Bildungsauffassung ist aber gerade in institutionalisierten Bildungspraktiken und Erziehungsmaßnahmen nicht (mehr) unbedingt handlungsleitend, noch maßgeblich für Bildungserfolg und -status in der globalisierten Welt. Denn faktisch zählen andere Dinge und technische Kriterien im Dispositiv des Digitalen, wie Effizienz, Steuerung, Lern(ziel)kontrolle und Reproduktion von (Fakten-)Wissen im massenoptimierten Maßstab der so schlicht standardisierten Notenskalen und Rankings, die zunehmend die Leitbilder von Bildungsprozessen und deren Bewertung vorgeben (vgl. Meyer 2013, 7 f.; Boyd 2001, 288 f.; Bellmann und Müller 2010).

Innerhalb dieser technokratisch definierten Maßstäbe im Dispositiv marktorientierter Optimierung können die angeblich leitenden Bildungsideale und Kriterien gelingender Erziehung – wie Mündigkeit oder freiheitlich-demokratische Werthaltungen – aber weder hinreichend vermittelt noch beurteilt werden, so die hier vertretene These.[16] Denn sie sind de facto nicht leistungs- und bildungsrelevant, und werden schulisch und gesellschaftlich folglich weit weniger anerkannt als messbare, digitalisierbare und insofern optimierbare ‚Leistungen' und Kompetenzen. Wäre dem nicht so, müsste sich Mündigkeit, Gemeinsinn oder Persönlichkeitsbildung der Maßstabslogik von Schule gemäß ebenso in ‚guten' Noten äußern wie Wissenserwerb und fachlich erbrachte ‚Leistungen'.

Diese Diskrepanz in der gesellschaftlichen Anerkennung für das, was theoretisch vordergründig und im Bildungsdiskurs angeblich Wert und ideelles Gewicht habe, und dem, was faktisch in der schulischen Bildungspraxis handlungsleitend ist und für Bildungserfolg derzeit wirklich zählt, spiegelt sich wider als Kluft zwischen Anspruch und Wirklichkeit zum Beispiel im (a-)sozialen

---

[14]Vgl. zum Beispiel „Die Bayerische Verfassung legt im Artikel 131 die obersten Bildungsziele fest: Rücksichtnahme, Hilfsbereitschaft, Verantwortungsfreudigkeit, Ehrfurcht vor Gott sowie Achtung vor religiöser Überzeugung und vor der Würde des Menschen." https://www.isb.bayern.de/gymnasium/materialien/o/oberste-bildungsziele-in-bayern/Bayerische Verfassung. Zugegriffen: 28.12.2019.

[15]Vgl. Art. 26 der UN-Menschenrechtscharta: „(1) Jeder hat das Recht auf Bildung. [...] (2) Die Bildung muss auf die volle Entfaltung der menschlichen Persönlichkeit und auf die Stärkung der Achtung vor den Menschenrechten und Grundfreiheiten gerichtet sein. Sie muss zu Verständnis, Toleranz und Freundschaft zwischen allen Nationen und allen rassischen oder religiösen Gruppen beitragen". https://www.menschenrechtserklaerung.de/bildung-3681/.

[16]Vgl. „the whole concept of effectiveness is [...] inseparable from [...] the manipulation of human beings into compliant patterns of behavior." (MacIntyre 1984, 74).

Umgang und in der zunehmenden Mobbingproblematik unter Kindern und Jugendlichen (Schubarth 2019, 12 f.), ebenso in der frühen Segregation und unfairen Einteilung in ‚gute' und ‚schlechte' Schüler/innen. Als prinzipiell unfair kann dies aus mehrfachen Gründen genannt werden: erstens beruht diese Wertung und soziale Statuszuschreibung auf meist zufällig erbrachten ‚Noten' oder Leistungsnachweisen, die zweitens stets in einseitiger Hinsicht getroffen werden (in Bezug auf ein Fach, auf spezielle schulische Anforderungsmuster), aber mit dem Gestus eines zeitlich absoluten Wertprädikats vergeben und verwendet werden, als sei es eine substanzielle Eigenschaft des Kindes, ‚gute/r' oder ‚schlechte/r' Schüler/in zu sein, was (ob man will oder nicht – hier zeigt sich das Machtdispositiv des Digitalen als Eigendynamik des binären Codes!), zu einer kategorialen Einteilung von Kindern und Jugendlichen in „leistungsstarke" und „leistungsschwache" führt.[17] Genau besehen, im Kontext und vom Einzelfall her, handelt es sich zweifellos um fragwürdige Attribute, die aber heute wie selbstverständlich als maßgeblich qualitative Bildungskategorien verwendet und auch im Fachdiskurs der Bildungs- und Erziehungswissenschaft reproduziert werden, prominent zum Beispiel in den aktuellen Berichten zur diesjährigen PISA-Studie[18] – ein genuin erst im Dispositiv des Digitalen denkbares Messinstrument und weltweite Maßgabe heutiger Bildungspolitik.[19]

Wie stark die Eigenmacht solch normativer Vorgaben im Sprachspiel und Selbstverständnis der Menschen aufgrund des Wahrnehmungsdispositivs unserer Zeit sind, zeigt sich gerade dann, wenn man sich aufgrund kritischer Reflexion oder aufgrund persönlicher Betroffenheit dem willkürlich binären Wertungsschema entziehen möchte, und doch nicht ganz kann. Zum Beispiel, wenn man in Bezug auf das eigene oder ein anderes Kind, das man in der Vielfalt und Entwicklungsoffenheit seiner Vermögen, im Licht seines personalen und individuellen Reichtums sehr wohl sieht und anerkennt, es nicht gelten lassen möchte, dass er/sie ein/e ‚schlechte' Schüler/in sei, nur weil die Noten eine eindeutige Sprache sprechen. Oder wenn man in der umgekehrten Lage ist, dass man ein Kind, das als ‚sehr gut' in der Schule gilt, man aus Gerechtigkeitsgründen aber doch nicht über andere stellen möchte (oder weil man auch um die Grenzen und Einseitigkeiten seiner Vermögen weiß), so wird ihm der Nimbus des ‚Intelligenten' und ‚Guten' doch immer anhaften und nicht zu nehmen sein. Ebenso bleibt dem einst im Schulkontext als ‚schlecht' oder als ‚leistungsschwach' deklarierten jungen Mensch stets das Stigma und der Mangel des nicht so Fitten, Klugen, Intelligenten

---

[17]Auch ist die Frage nach der Alternative von Leistungsbeurteilung zu stellen, etwa wenn in Waldorfschulen der gesamte Charakter bewertet wird (Prange 2005). Vgl. zur Differenz von Leistungs- und Anerkennungsgerechtigkeit auch Nerowski 2018.
[18]Vgl. https://deutsches-schulportal.de/bildungswesen/die-zehn-wichtigsten-ergebnisse-der-pisa-studie/ Zugegriffen: 27.12.2019.
[19]Vgl. dazu einschlägige Beiträge von Sjøberg (2019) zu „Global Educational Governance by standardization, rankings, comparisons and 'successful' examples"; oder Grek (2009) zum Pisa-Effekt in Europa.

oder Leistungsfähigen oft ein Leben lang (und sei es auch nur als dialektischer Widerstand in Form von Leistungsdruck oder -verweigerung) anhaften, wie klug und intelligent er später auch immer denken und handeln möge. Die Wahrscheinlichkeit ist hoch, dass sich diese Schieflage im sozial wirkmächtigen Subtext des ständigen, schulalltäglichen Bildungsrankings im Dispositiv des Digitalen nur noch verschärft, da sich dieses gerade dadurch auszeichnet, dass die quantitativen ‚Leistungs'-Werte und ‚Noten' noch mehr an Bedeutung, Festschreibung und Irreversibilität gewinnen, z. B. durch die nun exzessiven und überzeitlich genutzten Steuerungs-, Speicher- und Sicherungsmöglichkeiten im Digitalen (vgl. Jörissen et al. 2019).

Dafür, dass Notengebung im Kern ungerecht sei und prinzipiell Ungerechtigkeit generiert, spricht die schein-objektive Willkür der so schlichten wie bloß quantitativen Notenskala, die kategorial ungeeignet ist zum Bewerten qualitativer Bildungsschritte und zum Beurteilen von einem Mehr oder Weniger hinsichtlich Verstehen und Einsicht von komplexen Zusammenhängen, geschweige denn von prozessual erfolgender intellektueller oder persönlicher Bildung. Die übliche, vermeintlich unumgängliche Praxis der ‚Notengebung' ist theoretisch geschuldet dem ideologisch auf alle Bereiche übertragenen Objektivitätsideal und dem daraus entstandenen Dogma, dass nur quantitative Maßstäbe überhaupt solche seien. Im Hinblick auf die unterschätzte Bedeutung relationaler Selbstverhältnisse und Sozialbezüge für den Bildungsprozess des Einzelnen, lässt sich zeigen, wie vor allem durch die selbstverständliche Praxis der ‚Notengebung' strukturelle Bildungsungerechtigkeit generiert wird. Denn es handelt sich dabei um schulalltägliche Bewertungs- und Abwertungspraktiken, die bestenfalls – also selbst im Fall von Lob und ‚guter' Bewertung – identifikatorische Zuschreibungen generieren, die der Person, ihrem Potential und ihrer Vielfalt, und vor allem nicht der Offenheit ihrer Entwicklung und Bildungsprozesse gerecht werden kann, die sich aber umgekehrt prägend einschreiben in das Selbstbild und Weltverhältnis der Person, damit rekursiv konstitutiv sind für Persönlichkeitsbildung und Selbstbestimmung.

Dies wäre nun, so die hier vertretene These, ein hinreichender Grund für die Abschaffung der Noten und der sachgemäß nötigen Trennung von qualitativen Bildungsprozessen und ihrer quantitativen Vernutzung unter der Maßgabe des „verdinglichten Bewusstseins"[20] (Adorno 1971, 99). Unter dem Anspruch von

---

[20] Vgl. diese hier zentralen Terminus, der eingeführt von Marx von Adorno folgendermaßen erläutert wirdn: „Ich nannte den Begriff des verdinglichten Bewusstseins. Das ist aber vor allem eines, das gegen alles Geworden-Sein, gegen alle Einsicht in die eigene Bedingtheit sich abblendet und das, was so ist, absolut setzt." (Adorno 1971, 99) In einer vom Warentausch universell bestimmten Gesellschaft erscheinen die menschliche Arbeit und ihre Produkte, unter Abstraktion ihres eigentlichen Gebrauchswerts, im Lichte ihrer Warenförmigkeit und ihres Tauschwerts. Damit erhält der Tauschwert den Charakter einer quasi-natürlichen, im individuellen Willen der einzelnen Subjekte unabhängigen Entität. Er wird „verdinglicht" – und das schlägt sich im Bildungskontext wie in der Arbeitswelt so nieder, dass „die Subjekte in sich selber als Produktionsmittel und nicht als lebende Zwecke bestimmt sind" (Adorno 2003, 261 f.).

Menschenbildung im digitalen Wandel wäre das geboten, wenn der Fokus nicht mehr auf Effizienzkriterien maschineller Messbarkeit läge mit dem Zweck der digitalen Vermessung und statistischen Ausbeutung des Menschen (gedacht als „der verallgemeinerte" statt „der konkrete Andere" (Benhabib 1994, 127),[21] sondern stattdessen der bildungspolitische und ethische Perspektivwechsel gelingt hin zur Frage nach Bildung im Dienst „der vollen Entfaltung der Person" (HRD, Art. 26.2). Dann erst würde im Bildungskontext nicht nur vorgeblich, sondern handlungsleitend dem verfassungsverbürgten Grundwert der Achtung vor der Würde des Menschen erst wieder Vorrang gegeben werden.[22] Denn dies erforderte den gelebten Respekt vor der inter- und intrapersonalen Vielfalt der Einzelnen und nicht minder vor der Zeitlichkeit und Kontextabhängigkeit ihrer stets (ergebnis- und wertungs-)offenen Entwicklung.[23]

3 Inwiefern befreit der Einfluss von Technologie auf Kindheit von bisherigen Erziehungs- und Bildungsaufgaben und macht andere Aspekte virulenter?

Durch den selbstverständlichen und flächendeckenden Gebrauch und Teilhabe von Kindern an digitaler Technologie (mittels Tablets, Spielkonsolen, Handys, MP3-Playern oder PCs) müssen Eltern und Betreuer/innen – so meine These – zum Beispiel a) deutlich weniger Zeit und Energie für bloße Disziplinierung aufwenden, werden zunehmend entbunden von der Aufgabe, die Kinder unterhalten oder beschäftigen zu müssen,[24] zudem b) erübrigt sich immer mehr die

---

[21] Vgl. hierzu Seyla Benhabibs aufschlussreiche Unterscheidung und deren Begründung in ihrem frühen, gleichnamigen Aufsatz „Der verallgemeinerte und der konkrete Andere" (Benhabib 1994, 127 ff.).

[22] Die ausführliche Darlegung und Begründung, inwiefern die jetzige Benotungspraxis zwangsläufig ent-würdigend sei, was der grundgesetzliche Würdebegriff hier bedeutet und voraussetzt, kann hier nicht genauer diskutiert werden, würde den Rahmen des Beitrags sprengen.

[23] Vgl. Inwiefern „der Mensch" im generischen Singular als prinzipiell „offenes Wesen", aber deshalb keineswegs als „Mängelwesen" zu betrachten sei, wie anthropologisch fragwürdig bisher definiert wird, sei gerade unter Berücksichtigung seiner Bildungs- und Entwicklungsoffenheit geboten, was ein Paradigmenwechsel begründen könnte im Bild, nach dem wir bilden. (vgl. Hutflötz 2017, 70 ff.)

[24] Das trifft zu in der gegenwärtigen Situation der Beschäftigung mit den Technologien, nimmt man die Folgen für die Entwicklung aber in Blick, ließe sich im Lichte der Aufmerksamkeitsdebatten behaupten, dass durch die Ablenkung durch digitale Endgeräte in der Folge eher viel mehr Disziplinierung nötig ist, weil die Aufmerksamkeitsleistung und Konzentration von Schülern auch aufgrund dessen signifikant abnimmt über die Zeit. Vgl. dazu etwa brandneu https://www.cnbc.com/2019/01/18/research-shows-that-cell-phones-distract-students--so-france-banned-them-in-school--.html?__source=sharebar|twitter&par=sharebar und https://www.thelocal.no/20191128/norwegian-city-to-apply-tight-limits-on-kids-use-of-devices-at-school. Abgerufen am 12.03.2020.

Vermittlung von bloßem Faktenwissen und scheinbar auch c) das Erklären der Welt. Wissen und Weltverstehen – so scheint es – eignen sich Kinder heute vielfach und in zunehmendem Maß durch Zugang zu Technologie interessegeleitet und eigeninitiativ selber an. Aber die Frage bleibt, was ‚Wissen' und ‚Verstehen' hier meint, welche Art Wissen sich Kinder eigenständig, ohne Bezug und pädagogische Anleitung aneignen und welche Art Verstehen möglich ist oder nicht (vgl. dazu Abschn. 3). Tatsache ist, sie können sich über lange Zeit angeregt und in Ruhe mittels Technik selbst beschäftigen, was sich z. B. an der erstaunlichen Effizienz des Tablett-Einsatzes bei Zugfahrten zeigt: Kinder fast jeden Alters sind mit Spielen oder Filmen über Stunden nicht nur beschäftigt, sondern gebannt, was zugleich die Eltern oder Betreuungspersonen von Disziplinarmaßnahmen und interaktivem Ablenken oder beschäftigen müssen der Kinder, damit meist auch von sozialem Druck und Stress weitgehend befreit. Abgesehen von spontan aufkommenden, bildungsbürgerlichen Ressentiments gegen diese Art der technischen Ruhigstellung von Kindern, kann man daraus Einiges lernen für Bildungsprozesse und -bedürfnisse.

Denn dass das verlässlich mit jedem Kind fast immer klappt, verweist in ressourcenorientierter Perspektive, (d. h. nicht sogleich kopfschüttelnd und abwertend betrachtet, sondern) hinsichtlich der formalen Fähigkeiten und Entwicklungsbedürfnisse befragt, die ein Kind hat (damit jenseits des kulturkritischen Lamento, das einen vielleicht befällt beim Anblick stundenlang ‚zockender' Kinder) noch auf etwas ganz Anderes: dass Technologie heute erst in hohem Maß bieten kann, was der Mensch in seiner Entwicklung genau genommen lebenslang, aber als Kind vor allem braucht, wie zahlreiche neurowissenschaftliche Studien (vgl. Damasio 2004; Fuchs 2016), entwicklungspsychologische wie bildungswissenschaftliche Forschung (vgl. Zimpel 2013) deutlich zeigen. Nämlich 1) vielfältig wechselnde, geistige Anregungen, 2) die Auseinandersetzung mit einer formalen Spiel-Herausforderung (Winnicott 2018), dass Mitspielen können möglich ist und es um etwas geht, d. h. dass etwas auf dem Spiel steht (Lindseth 2005), sowie 3) die Möglichkeit angstfrei und interessegeleitet Neuem zu begegnen und sich Neues zu erschließen (vgl. Whitehead 2012) – idealerweise unter der formalen Bedingung, ausgehend von eigenen Fragen und Interessen sich Welt und Wirklichkeit zu erschließen und experimentierfreudig jeweils antworten zu können auf die jeweilige Situation.

Selbst die schlichtesten Spiele und Filme, die digitale Medien heute Kindern und Jugendlichen bieten, entsprechen in einzelnen oder allen Aspekten den genannten Kriterien, was in einem ‚analogen' Setting nur schwer zu bieten ist. Dies zeigt sich auch an der großen, motivationalen Diskrepanz zwischen Schulzeit und sogenannter Freizeit, zwischen der empfundenen Langeweile in der Schule[25] und daran, wie schnell und hingebungsvoll Kinder (und zwar unabhängig davon, ob ‚gute/r' oder ‚schlechte/r' Schüler/in) auch sehr anspruchsvolle PC-Spiele oder

---

[25]Vgl. Die Studie zu den Ursachen von empfundener Langeweile im Schulsetting (Götz et al. 2006, 113 ff.).

Programme lernen und dann ohne Unterlass über lange Zeit konzentriert spielen können – trotz hohem Stresslevel und spielinternem Druck, oft ohne Pausen und unter Vernachlässigung basaler Bedürfnisse wie Essen und Trinken und soziale Interaktion. Das verweist darauf, dass dank dieser, durch digitale Technologie erst in dem Maß möglichen, vielfältig interaktiven Spiele ein dem Menschen so grundlegendes Bedürfnis nach Spannung und gleichzeitig Entspannung im Spiel zum Selbstzweck gestillt wird.[26]

Die für menschliche Entwicklung in verschiedener Hinsicht essentielle Bedeutung des Spiels (vgl. Oertner 2007, 7 f.), vor allem für „Mentalisierung und Affektregulation bei der Entwicklung des Selbst" (Kalisch 2012, 336 f.) bemisst sich daran, in welcher Intensität und Selbstregulation es erlaubt ist, sich einem spannenden Anspruch und Zuspruch von Welt, Gegenstand oder Gegenüber zu stellen, dem man eigens und selbstverantwortlich entsprechen kann. Anders als der geläufige Mythos der Bedürfnispyramide nahelegt, verweisen jüngere Forschungen darauf, dass Kinder und Jugendliche einem in der Hinsicht spannenden Spielzeug oder noch mehr dem Spiel*zug* des Angesprochenwerdens und entsprechen Könnens kaum widerstehen können, selbst bei Hunger und Durst, lassen sie sich nicht davon ablenken und ziehen der mit der Spielherausforderung je neu verlebendigten Neugier und Spielfreude, die formal betrachtet Lust am Offenen und fragwürdigen Gelingen zum Selbstzweck ist, auch Essen und Trinken unter Normalbedingungen vor. Ungeachtet der Gefahren, die hier durch das Übermaß und resultierende Formen der Spielsucht drohen, auf die im pädagogischen Diskurs vielfach hingewiesen wird (vgl. aktuell die repräsentative DAK-Studie 2019 zum Spielsuchtverhalten von Kindern und Jugendlichen, oder die Aufnahme entsprechender Diagnosen im ICD-11-Katalog[27]), bedeutet das heute zur Verfügung haben solcher Spiel- und Anregungsformen durchaus auch eine Förderung geistiger Beweglichkeit und Lebendigkeit, sowie eine technologisch bedingte, neuartige Veränderung von Wahrnehmung auf allen Ebenen der Sinne. So verändert sich in Entsprechung zum Anspruch der neuen Medien die Art der Aufnahme und die Verarbeitungsfähigkeit von Information, Wissen und Bild und Ton, weshalb Kinder und Jugendliche z. B. Filme mit ganz anderer Schnittfrequenz sehen können und hochkomplexe Reizmuster signifikant differenzierter wahrnehmen als noch Generationen davor.

Der allseits beklagte Verlust an schulischer Aufmerksamkeitsleistung und Konzentrationsfähigkeit (vgl. Schoch 2009) ist hinsichtlich seines quantitativen Ausmaßes gut untersucht, da ein dankbares Feld empirischer Forschung, wird aber kaum befragt hinsichtlich seiner relationalen Phänomenologie und kontextualen Voraussetzungen. Daher werden die im erziehungswissenschaftlichen Diskurs

---

[26]Dass aber auch das Gegenteil der Fall sein kann und das Spiel auch nicht mehr Selbstzweck sei, zeigt der Beitrag von Buck (2017) zu „Gamification von Unterricht", 268–282.

[27]https://www.dak.de/dak/bundesthemen/computerspielsucht-2103398.html. Zugegriffen: 28.12.2019.

gern genannten Gründe einseitig subjektivistisch diagnostiziert und als generell zunehmende Unfähigkeit zu konzentriertem Tun und als Entwicklungs-Mangel der (fast unter ADHS-Generalverdacht stehenden) Schüler/innen betrachtet, ungeachtet dessen, dass ‚sich konzentrieren' nur transitiv Sinn macht, und insofern kein einstelliges Prädikat sein kann. Wie sehr oder wie wenig sich Menschen jeweils und abhängig von Kontext und Situation und Gegenüber konzentrieren können, hängt nicht nur von der Fähigkeit oder Entscheidung des Subjekts ab, sondern wird als mediales Geschehen nicht minder vom Gegenstand der Aufmerksamkeit und der Form seines Anspruchs relational bestimmt. Bleibt die Frage, von welcher Art das Wechselspiel von Anspruch und Entsprechung im Bildungskontext sein müsste, damit Kinder und Jugendliche dem heute entsprechen und die Konzentration (worauf?) halten können (vgl. dazu Abschn. 4).

Der Einzug von Technologie in Kindheit bedeutet im Vergleich zu früheren ‚Kindheiten' auch eine deutliche Horizonterweiterung: sei es auf eine scheinbar unbegrenzte Themenvielfalt, Diversität der Lebensformen und Wissensgebiete, sowie der Informations-, Klang- und Bilderfülle. Es bedeutet zudem die Öffnung auf eine globale Perspektive und einen gemeinsamen Bezugshorizont der Welt, was mit dem *World Wide Web* prinzipiell schon gegeben ist und Kindheit weltweit betrifft, so dass heutige Kinder und Jugendliche sich zunehmend als „Weltbürger/innen" im Sinne Kants verstehen. Trotz der aktuell neonationalistischen und reaktionär kulturalisierenden Tendenzen wächst die Welt faktisch unaufhaltsam zusammen, und nicht zuletzt durch den Gebrauch und das Leben mit digitalen Medien und den Zugang zu Technologie wächst jedes heutige Kind in eine kulturell wie virtuell entgrenzte Welt hinein und wird sie als solche gestalten wollen. Die weltweite *Fridays for Future*-Bewegung der Schüler/innen ist bereits ein Ausdruck dessen, insofern sie Kants Forderung teilen, „die Rechte der Menschheit herzustellen." (Kant 2013, 38).

4 Die Kehrseite der Technologisierung von Kindheit, oder: Was droht als Bildungs-Verlust?

Was nicht technisch vermittelbar ist und durch zu exzessiven Einsatz oder Gebrauch von Technologie in Kindheit verloren zu gehen droht – *insofern* es mit einem Wegfall interpersonaler Relationen einhergeht, mit dem Verlust an leibhaftig geteilter Zeit und mit einer Reduktion an intersubjektivem Austausch mit Anderen (definiert als reale Begegnung und zeitlich synchrone Auseinandersetzung und Gespräch, nicht nur mehrfach oder medial vermittelter Monolog, was Chats und Social Media bieten) – ist leibhafter Selbst- und Fremdbezug (vgl. Fuchs 2018, 93 f.), die Performanz des Sozialen (Thole et al. 2011, 115 f.) und die Fähigkeit zu kommunikativem Handeln (Arendt 2002, 213 ff.).

Ein möglicher Verlust in Folge von übermäßigem Einsatz oder einer Überbewertung von Technologie in Kindheit ist, dass der leibhafte Kontakt und erfahrungserprobte Bezug zur Natur (auch der eigenen), das Gefühl für den eigenen Körper oder für reale Zeit- und Lebensrhythmen, ebenso die Entfaltung der Intra- und Intersubjektivität entwertet werden oder auf der Strecke bleiben können (vgl. Fuchs 2017, 57 ff.).

Des Weiteren steht mit dem digitalen Wandel und damit, dass sich Kontakte nun digital steuern lassen und auf ein Mindestmaß an leibhafter zugunsten virtueller Kommunikation reduzieren lassen, die für die Entfaltung der Person und das Verstehen von Welt so wesentliche Sprachspielkompetenz auf dem Spiel. Gemeint ist das notwendige Differenzieren, Wechseln und sich frei bewegen Können zwischen unterschiedlichen Sprachebenen und Sprachspielen, was erforderlich ist und gelernt wird im direkten und diversitätssensiblen Kontakt, im Austausch und Auseinandersetzung mit Menschen. Das erst erlaubt Kindern und Jugendlichen ein semantisch vielfältiges Sich- und Andere- und damit Weltverstehen, was mannigfacher (Konflikt-)Erfahrungen, leibhaftiger Auseinandersetzung und Begegnung mit diversen Personen und deren spontanen, stets individuellen Handlungsmustern bedarf, und meist nicht aufzuwiegen ist durch die letztlich monologisch strukturierten, medial vermittelten Kontakte und vor allem „hyperreflexiv" (vgl. Fuchs 2011, 565 f.) strukturierten (Selbst-) Bezüge durch Chaträume und im inflationär verwendeten Social-Media-Austausch. Ohne Zweifel liefert Technologie dem einzelnen Kind und Jugendlichen instantan und stets verfügbar ungeahnte Bildungsinhalte und Lernanregungen, Reflexionsmöglichkeiten und Ablenkung sondergleichen (wie in Abschn. 2 hinsichtlich seiner positiven Aspekte dargelegt), „aber es ist selbst damit noch wenig geschehen, wenn man nicht zugleich auf die Verschiedenheit der Köpfe und auf die Mannigfaltigkeit der Weise Rücksicht nimmt, wie sich die Welt in verschiedenen Individuen spiegelt", so (Humboldt 2017, 11), der darauf als zentrales Bildungskriterium verwies.

Zwar wurde in Abschn. 2 als Positivum von Technologie in Kindheit formuliert, dass dank effektiver Ablenkung und Beschäftigung der Kinder mit Tablet, Spielkonsole, Handy oder PC Eltern und Erzieher/innen von der Anstrengung, Kinder beschäftigen und beaufsichtigen zu müssen, zeitlich deutlich entlastet werden, wodurch weniger Disziplinarmaßnahmen nötig sind, aber im Hinblick auf qualitative Entwicklung und persönlichkeitsbildende Prozesse ist es nicht damit getan. Wie sozialphilosophische Beiträge zur Anerkennungstheorie (vgl. Honneth 2012; 2015) ebenso eindrücklich zeigen wie aktuelle, entwicklungspsychologische Forschung belegt, bedarf der Mensch auch hinreichend Zeit und Zuwendung in Form „geteilter Aufmerksamkeitsräume" (Tomasello 2009, 12 f., 339 f.), wo intersubjektive Wahrnehmung und gemeinsame Reflexion Raum gewinnt, wo wechselseitige Anerkennungsprozesse, Begegnung und Blickkontakt zwischen Kind und Erwachsenem stattfinden kann, wo das Kind als Person und individueller Mensch gesehen und anerkannt wird: „When I look I am seen, so I exist." (Winnicott 1999, 134). An diversen (Sprach-)Lern- und Bildungsprozessen lässt sich dieser für Menschenbildung im Dispositiv des Digitalen entscheidende Zusammenhang studieren. So lernen Kinder mit Leichtigkeit von Anfang an fast jede Muttersprache (relativ unabhängig von ihrem IQ und der Komplexität der jeweiligen Sprache), aber kaum ein Kind lernt eine Sprache, wenn sie ausschließlich vom MP3-Player oder vom Handy kommt.[28] Das markiert auch den Unterschied zwischen dem Vorlesen einer Gute-Nacht-Geschichte durch eine Bezugsperson oder dem Vorlesen durch *Alexa* oder vom Band. Dem Bildungswert der Geschichte tut es vielleicht keinen Abbruch, aber dem für Menschenbildung so wichtigen Beziehungs- und Selbstbildungsgeschehen dann doch, denn das steht und fällt qualitativ mit der Fähigkeit, sich selbst in seinen vielfältigen Stimmen hören zu lernen und dem Ausdruck zu verleihen, als auch einem konkreten (nicht nur abstrakten) Anderen zuhören, ihn fragen und sich dazu wechselseitig verhalten zu können, damit die Erfahrung eines gemeinsamen Aufmerksamkeits- und Anerkennungsraum zu machen.

Ebenso ambivalent wie der Aspekt der Ablenkung und effektiven Selbstbeschäftigung der Kinder durch Technologie in Kindheit, erweist sich der im Abschn. 2 positiv gewürdigte Aspekt des potentiell nun unbegrenzten Zugangs und einer noch nie dagewesenen Verfügbarkeit von Wissen für Kinder fast jeden Alters. Der Anteil an Informations- und Wissenserwerb in Bildung verlagert sich zusehends weg von der Wissensvermittlung durch Erwachsene und Lehrkräfte und hin zum selbstständigen Lernen und Aneignen von Information und Wissen über das Netz, Datenbanken, Videos. Das Generationenverhältnis verschiebt sich daher tendenziell nicht nur hinsichtlich des technischen Kompetenzvorsprungs der ‚digital Natives', sondern gerade auch im Hinblick auf den Zugang zu jedweder Form von Wissen oder die Auflösung von Herrschaftswissen der Erwachsenen zugunsten der Kinder. Das heißt keineswegs, dass die Kindheit verschwindet, sie verändert sich nur. Dies hat auch mit Wissenszugang und Wissensaneignung digitaler Art zu tun, die eben vielfach unabhängig von der Erlaubnis, Begleitung oder Vermittlung durch Erwachsene geschieht. Selbst praktisches oder handwerkliches Wissen, wie ein Rad zu bauen oder zu reparieren, Kochen oder Nähen wird von Kindern und Jugendlichen heute eigeninitiativ und interessegeleitet bevorzugt über YouTube Videos gelernt und nachgemacht, es braucht nicht mehr die Hilfe und Anleitung von Erwachsenen im direkten, sozialen Umfeld.

Diese Entwicklung schlägt sich auch im digitalen Wandel der Schulen nieder, wo die Vermittlung von bloßem Faktenwissen und das ‚Erklären' der Welt in Zukunft immer weniger Kernaufgabe der Lehrer/innen sein wird. Unter den Schlagworten ‚Digitalisierung von Schule' oder ‚Digitale Lernkultur'[29] wird genau das zur Zeit stark propagiert und bildungspolitisch forciert, einerseits unter dem Druck der Wirtschaft und andererseits mit dem sicher nicht haltlosen Argument, dass der Gebrauch von Technologie im Unterricht endlich dem Rechnung tragen muss, welche Rolle die digitalen Medien und Mittel im privaten Leben der Kinder bereits spielen.

---

[28]Das muss weitegehend thetisch bleiben, weil es keine Studien dazu gibt, an denen man das (nicht) zeigen könnte. Aber aus zahlreichen Fällen von Hospitalisierung oder von vernachlässigt aufwachsenden Kindern, kann die Forschung zu Sprachentwicklung dies inzwischen gut belegen. vgl. Klann-Delius (2016).
[29]Vgl. https://www.bildung.digital/digitale-lernkultur. Zugriff: 28.12.2019.

Unbenommen ist, dass der eigenständige und freie Zugriff auf Wissen für Kindheit ein großer Gewinn sein kann, ebenso, dass der eigenverantwortliche Zugang und kompetente Umgang mit digitalen Medien im Unterricht erlernt wird. Das bedeutet hier nicht, dass der neoliberalen Idee einer individuellen Zuschreibung des Lernerfolgs das Wort gesprochen wird. Denn weder wird das Begleiten des Lern- und Bildungsprozesses durch Erwachsene und Pädagogen obsolet, noch das Zeigen und Vorleben als primäre pädagogische Gesten. Im Gegenteil, je mehr zeitlich und inhaltlich individueller gesteuertes, Interesse geleitetes und selbstorganisiertes Lernen in Zukunft möglich ist, umso mehr wird der Lernerfolg eine Funktion des kommunikativen Handelns im Bildungsgeschehen sein. Aber der aktuelle Bildungsdiskurs im Bann der Verheißungen des Digitalen bleibt einen notwendig differenzierten Blick und kritische Fragen oft schuldig, wie zum Beispiel, welche Art ‚Wissen' rein technisch überhaupt vermittelt werden kann, und in welchem Sinn das ‚Erklären' oder ‚Verstehen' von Welt doch einer, und wenn ja, welcher pädagogischen Intervention bedarf.

Denn technisch bereit gestelltes oder durch Lernprogramme vermitteltes Wissen suggeriert eindeutig codiertes, ‚fertiges' Wissen zu sein, das es genau genommen im Realen nicht gibt. Dass zum ‚Verstehen' von Welt in einem philosophisch *und* pädagogisch relevanten Sinn auch ganz wesentlich das Wissen von den Grenzen desselben und eine Reflexion auf die Grenzen des Wissbaren gehört, auf das Fragwürdige und die offenen Stellen von Wirklichkeit, auf die Perspektivität von Wahrheit und die Immanenz von ‚Richtigkeit', also auf die fach- und kontextspezifisch diversen Maßstäbe von ‚richtig' und ‚falsch'. Aber Meta-Wissen über Wissensformen und ihre Verortung in alltäglichen und wissenschaftlichen Sprachspielen, ebenso prinzipielles Verständnis dafür, dass ein ‚Erklären' der Welt in vermeintlich festen Wissensbeständen immer ideologisch reduziert und genau genommen Lüge ist, lassen sich nur in gemeinsamer Reflexion, mit sokratischen Fragen und durch individuelle Bildung der Urteilskraft lehren.

Dasselbe trifft auf moralische Erziehung und Wertebildung zu (Naurath et al. 2013; Verwiebe 2019), oder auf die Entwicklung von Orientierungs*sinn* im Leben durch angeleitete Selbstreflexion[30] (was sich wie jeder Sinn – analog zum Gehörsinn z. B. – entwickeln muss, und nicht als Wissen-über vermittelt werden kann: es hilft ja nicht, zu wissen dass der eine Ton höher als der andere, wenn ich es nicht ‚höre'). Auch die Bildung zu einem fundiert kritischen und widerständigen Denken und Handeln, was Adorno als Kernaufgabe einer „Erziehung zur Mündigkeit" (Adorno 1971) darlegt, verlangt Praktiken zum Üben und Reflektieren von philosophischer und politischer, moralischer und sozialer Maßstabskompetenz als fundierte Gewissens- und Integritätsbildung (analog zu Stimm- und Gehörbildung im Musischen). Das gelingt nur unter der Voraussetzung einer allfälligen

---

[30]Vgl. daran manifestiert sich der Unterschied zwischen Ratgeberliteratur lesen oder sich ernsthaft auf ein Orientierungsgespräch einlassen, zum Beispiel mit einer Lehrkraft. Entscheidend ist dabei die relationale Qualität: nicht, *dass* ein solches Gespräch geführt wird, sondern *wie*.

Revalidierung des menschlichen Gegenübers und politischen Kontexts im pädagogischen Handeln wie im sozialen Miteinander – mit Schwerpunkt auf dem wechselseitigen Anerkennungsgeschehen (vgl. Honneth 2010) und einem gemeinsamen sich Erschließen von Welt, auch im digitalen Wandel.

5 Fazit: Was sind folglich primäre Bildungsaufgaben im Dispositiv des Digitalen?

Mehr Klarheit über die hier genannten Gefahren oder Grenzen eines Aufwachsens im Dispositiv des Digitalen muss grundsätzlich aber nicht zu einer Verdammung oder Dämonisierung von Technologie in ihren diversen Anwendungs- und Einflussformen in Kindheit führen. Es geht nicht, so die hier vertretene These, um ein Entweder/Oder von Technologie in Kindheit, sondern darum, die inhärente Dialektik der Digitalisierung und des zeitgenössischen Wandels der Bedingungen, unter denen Kinder mit Technologie und massiv davon geprägt aufwachsen, klarer aufzuzeigen, sowie die daraus folgenden, veränderten Ansprüche, normativen Forderungen und inhaltlichen Erfordernisse an Erziehung und Bildung heute zu reflektieren und zu reformulieren.

Denn daraus folgt eben nicht, wie hier gezeigt werden soll, dass Bildung und Erziehung nun notwendig ‚technischer' werden müsse, oder durch die digitale Entwicklung gezwungen wären, alle Kraft und Ressourcen dem Primat der technologischen Aufrüstung von Kindern oder Schule zu unterstellen, wie bildungspolitisch und in Lehrerbildungsmaßnahmen (vgl. Qualitätsoffensive Lehrerbildung, Förderlinie: Digitalisierung 2019[31]) derzeit propagiert wird – als ginge es darum, Technologien und das nötige Know-how ihrer Benutzung primär zu vermitteln, als ob Bildungserfolg heute sich an der Schulung der technischen Kompetenzen, der materiellen Bereitstellung neuester Technologien und einer assimilativen Anpassung von Mensch an Technik bemessen ließe. Das Gegenteil ist der Fall, so die hier vertretene These.

Denn nach wie vor besteht Kindheit im Sinne demokratischer Bildungsziele nicht in der Anpassung an technische Routinen (obwohl Schule und Didaktik das systematisch versuchen), noch in der Vorbereitung auf den Arbeitsmarkt 4.0 (abgesehen davon, dass dessen Anforderungen bis dato unklar und vage sind, worüber im öffentlichen Diskurs hinweg getäuscht wird, indem in schlichter Extrapolation nahegelegt wird, dass in Zukunft ungleich mehr Informatiker/innen, Programmierer/innen, MINT-Absolventen/innen gebraucht würden, was nicht gesagt ist). Diese Vorgabe gibt nur dem technokratischen Mythos Ausdruck, wonach die Lösung der gesellschaftlichen Probleme, nicht anders als technisch erfolgen könne, was sachlogisch zumindest fragwürdig ist (vgl. Heideggers

---

[31] https://www.qualitaetsoffensive-lehrerbildung.de/de/zusaetzliche-foerderrunde-2070.html. Zugegriffen: 28.12.2019.

Diktum: „Das Wesen der Technik ist ganz und gar nichts Technisches."[32]) und sich auch nicht aus geschichtlicher Erfahrung bestätigen lässt.

Doch dieses gegen utilitaristische Verzweckung und neoliberale Ausbeutung, im Wertesystem des entfesselten Kapitalismus gewendete Argument ist nicht das hier stark gemachte. Stattdessen wird dezidiert aus anthropologischer Sicht und im Rekurs auf bildungsphilosophische und entwicklungspsychologische Positionen argumentiert – und zwar für einen grundlegenden Perspektivwechsel und Neuverortung der heutigen Aufgaben und Verantwortung von Bildung und Erziehung. Damit wird der Blick gerichtet auf die durch Technologie freiwerdenden Ressourcen in der Kindheit und im Bildungsprozess von Jugendlichen.

Gerade dadurch könnten und sollten zukünftig die Aufgaben der Sozialisation (im Sinne eines humanen und im qualitativen Sinn ‚sozialen' Umgangs miteinander) und der Persönlichkeitsbildung, das Verständnis und die Haltung wechselseitiger Anerkennungsprozesse (Honneth 2010, 261 f.) im Mittelpunkt der Lehrerbildung stehen und in Zukunft Vorrang haben vor der Aneignung von Fachwissen und fachdidaktischen Kompetenzen. Insbesondere wären philosophische Praktiken (nicht zu verwechseln mit philosophiehistorischem Wissen oder einer Ausbildung in sophistisch-argumentativer Rhetorik) für Menschenbildung im Dispositiv des Digitalen von wesentlicher Bedeutung. Dazu gehört vor allem die regelmäßige Anleitung zu Selbstreflexion und gemeinsamer Reflexion auf Erfahrungswissen, die Übung des begrifflich kritischen Nachfragens und argumentativ redlichen Nachdenkens, sowie die Generierung von Prinzipien- und Orientierungswissen im offenen, sokratischen Dialog.[33]

Dadurch könnten erst prinzipielle Einsichten in übergeordnete Zusammenhänge, strukturelles und strategisches Wissen gewonnen und vermittelt werden. Das kann einerseits individuell orientierungsgebend sein im digitalen Wissenswust und ein Gegengewicht zum quantitativen Übermaß desselben. Andererseits würde dadurch der impersonalen Gleichgültigkeit und technischen Anonymität des Digitalen die entwickelte Stimme und das Gewicht der Einzelnen als Mensch unter Menschen und als individuell Einmaliger entgegengesetzt. Solche Bildung, die nicht nur auf Inhalte als vielmehr auf Haltung, Integrität und Schulung kritischen Denkens zielt, kann sich aber faktisch kaum am Geländer von Lehrplänen festhalten oder sich unter den Effizienzdruck von Lernzielkontrollen setzen, schlicht deshalb, weil Prinzipienwissen und Orientierung, oder die Entwicklung von Subjektivität und Gemeinsinn, einer empirischen ‚Qualitätskontrolle' nicht unterworfen werden können. Denn selbst im besten Fall ihrer individuell gelingenden

---

[32]Vgl. Beginn und These seiner Ausführungen zur „Frage nach der Technik" (Heidegger 2000, 15).

[33]Vgl. „Erziehung wäre sinnvoll überhaupt nur als Selbstreflexion", so Adornos maßgebliche Bestimmung einer „Erziehung zur Mündigkeit", die auf personale, soziale und moralische Integrität als Kennzeichen einer politischen Mündigkeit zielt und vor allem „die Kraft zur Reflexion, zur Selbstbestimmung, zum Nicht-Mitmachen" im Blick haben sollte (Adorno 1971, 94 f.).

Bildung ist solches Wissen oder Kompetenz (und das gilt für alle ‚Human-, Sozial- und Selbstkompetenzen' im Forderungskatalog der Bildungspolitik) ‚nur' implizit verankert und im Handeln und Verhalten je nach Situation und Kontext sichtbar, aber nicht jederzeit explizit ‚abrufbar', geschweige denn faktisch abzufragen oder als Prüfungswissen zu bewerten.

Dass uns diese Tatsache heute aber als Mangel erscheint und in der pädagogischen Umsetzbarkeit als nicht machbar suggeriert wird, ist dem technokratischen Denken und damit wiederum dem ‚Dispositiv des Digitalen' geschuldet. Von daher erscheinen uns algorithmische Maschinen-Kriterien der Messbarkeit und der quantitativen Qualitätskontrolle, der (zu Kontroll- und Prüfungszwecken erforderlichen) Reproduktion und Abrufbarkeit von Lern-‚Leistung' als selbstverständlich und fraglos notwendig für alle Organisation und ‚qualitative' Gestaltung von (vor allem schulischen) Bildungsprozessen. Doch Bildung und Erziehung im hier dargelegten Sinn von sich und Weltverstehen in einem prinzipiellen und kontextbezogenen Sinn von Menschenbildung als Entfaltung der Persönlichkeit und einer Erziehung zur Mündigkeit, entzieht sich kategorial solcher Leistungsbemessungs- und Effizienzkriterien.

So bleiben wir entweder weiterhin im Bildungskontext diesen falschen Mitteln und Maßstäben anhängig, und verraten damit permanent die vorgeblichen Ideale und Leitwerte von humaner Bildung, oder wir lösen uns von den falschen Mitteln und suchen andere Wege – durch eine Besinnung auf die Dialektik und Machtdispositive des Digitalen. Daher verlangt die hier formulierte Forderung nach pädagogischer Schwerpunktverlagerung in Bildung und Erziehung z. B. eine prinzipielle Neukonzeption von Schule, die jenseits des bisherigen Fokus auf willkürlicher Notengebung und dubioser Leistungsvermessung, den menschlichen Bildungsbedürfnissen und gesellschaftlichen Anforderungen der Zeit weit besser Genüge tut, als das gängige Konzept von (Schul-)Bildung als ein Ein- und Abspeichern von reproduzierbarem Wissen und einem Konditionieren von Kompetenzen unter algorithmischen Bedingungen im Modell maschineller Produktion.

Statt diese neuzeitlich bedingte Maschinen-Sehnsucht des Menschen auch in nächster Generation mit allen negativen Symptomen der Jetztzeit zu reproduzieren (aufgrund derer wir Natur, uns selbst und andere Menschen als bloße Mittel, Material und ‚Ressourcen' zu verdinglichen, zu vermessen und dann folgerichtig zu benutzen dispositiv geneigt sind), gilt es mehr denn je, auf die Schulung von Neugier und Staunen durch offene Fragen und ein „Denken ohne Geländer" (Arendt 2006) zu fokussieren; zudem gezielt das Prinzip wechselseitiger „Responsivität"[34] (im Sinne einer Stimmigkeit von Anspruch und Entsprechung) in Begegnung mit Anderen und in Auseinandersetzung mit realer Begegnung zu stärken; zudem die Performanz des Sozialen und den Sinn für das je eigene und jeweilige, leibliche und

---

[34]Vgl. dazu Waldenfels (2006) oder aktuell Sabisch (2019) zu „Responsivität und Medialität in Bildungs- und Erfahrungsprozessen" mit einschlägigen Beiträgen zur Kunst des stimmigen Antwortenkönnens, je nach Situation, Person und Kontext.

räumliche Dasein (vgl. Zimpel 2013) Kindern ebenso zentral zu vermitteln, wie die Logik und Zusammenhänge von Anerkennungsprozessen im sozialen, vor allem schulischen Miteinander (vgl. Stojanov 2012, 163 f.).

Letztlich fokussiert das Wechselverhältnis von Technologie und Kindheit, wenn es hinreichend in seiner Größe und in seinen Grenzen verstanden wird, Bildung und ihre institutionelle Umsetzung auf ihre im Kern persönlichkeitsbildenden und politischen Erziehungsaufgaben. Diese müssten nun aber gezielt und fundiert angegangen werden, da sie sich nicht wie bisher in der analogen Welt gewissermaßen als Nebenprodukt der Beschulung und vorgeblicher Wissensvermittlung ergaben – schlicht weil Kinder sehr viel freie Zeit in entscheidenden Entwicklungsjahren ihrer Kindheit und Jugend in schulalltäglicher Begegnung, in Austausch, (Selbst-)Reflexion und zwischenmenschlicher Auseinandersetzung zum Verstehen von sich und Welt und Anderen verbrachten (sei es in der Klasse, mit diversen Lehrkräften, im sozialen Umfeld). Wenn auch der Bildungsfokus nicht ausdrücklich auf Beziehungsgestaltung, auf Gemeinsinn- und Persönlichkeitsbildung lag, so gab es Freiräume und Möglichkeitsspielraum für deren Bildung – anders als heute, und erst recht in Zukunft, insofern die Instrumente der Zeittaktung, des Leistungs- und Bewertungsdrucks mit den technisch ausgefeilten Mitteln der Effizienz-, Steuerungs- und Sicherungsmaßnahmen gerade durch Digitalisierung zunehmend präziser und unerbittlicher werden.

Angesichts dessen, versucht dieser Beitrag eine bildungsphilosophische Besinnung auf die humanen Zwecke und sozial erwünschten Ziele von Bildung und Erziehung stark zu machen, wenn die Rede vom Ideal einer offenen, demokratischen Gesellschaft bildungspolitisch nicht nur vorgeblich, sondern auch handlungsleitend sein soll.

Literatur

Adorno, Theodor W. 1971. *Adorno. Erziehung zur Mündigkeit. Vorträge und Gespräche mit Hellmuth Becker 1959–1969.* Herausgegeben von Gerd Kadelbach. Frankfurt a. M.: Suhrkamp.
Adorno, Theodor W. 2003. *Minima Moralia. Reflexionen aus dem beschädigten Leben.* Frankfurt a. M.: Suhrkamp.
Arendt, Hannah. 2002. *Vita Activa. Oder: Vom Tätigen Leben.* München: Piper.
Arendt, Hannah. 2006. *Denken ohne Geländer: Texte und Briefe*, hrsg. Bohnet, H. und Stadler, K. München: Piper.
Bellmann, Johannes, und Thomas Müller, Hrsg. 2010. *Wissen, was wirkt. Kritik evidenzbasierter Pädagogik*, VS Springer.
Benhabib, Seyla. 1994. *Selbst im Kontext – Kommunikative Ethik im Spannungsfeld von Feminismus, Kommunitarismus und Postmoderne.* Frankfurt a. M.: Suhrkamp.
Buck, Marc Fabian. 2017: Gamification von Unterricht als Destruktion von Schule und Lehrberuf. In *Vierteljahrsschrift für wissenschaftliche Pädagogik* 93 (2), 268–282.
Damasio, Antonio R. 2004. *Descartes' Irrtum: Fühlen, Denken und das menschliche Gehirn.* Berlin: List.
Foucault, Michel. 1978. *Dispositive der Macht. Über Sexualität, Wissen und Wahrheit.* Berlin: Merve.

Fuchs, Thomas. 2016. *Das Gehirn – ein Beziehungsorgan: Eine phänomenologisch-ökologische Konzeption.* Stuttgart: Kohlhammer.
Fuchs, Thomas. 2011. *Psychopathologie der Hyperreflexivität.* In *Deutsche Zeitschrift für Philosophie* 59(4), 565–576.
Fuchs, Thomas. 2017. Verkörpertes Wissen – verkörpertes Gedächtnis. In: Etzelmüller, G. und Fuchs, T. und Tewes, C., Hrsg. *Verkörperung – eine neue interdisziplinäre Anthropologie.* Berlin: De Gruyter.
Fuchs, Thomas. 2018. *Leib, Raum, Person: Entwurf einer phänomenologischen Anthropologie.* Frankfurt a. M.: Klett-Cotta.
Götz, Thomas. Frenzel, Anne C. und Haag, Ludwig. 2006. Ursachen von Langweile im Unterricht. In *Empirische Pädagogik* 20(2). 113–134.
Grek, Soteria. 2009. Governing by Numbers: The PISA 'Effect' in Europe. *Journal of Education Policy.* Bd. 24(1), 23–37.
Heidegger, Martin. 2000. *Vorträge und Aufsätze* (1936–1953). Martin Heidegger Gesamtausgabe Bd. 7, hrsg. Herrmann, Friedrich-Wilhelm von. Frankfurt a. M.: Klostermann.
Hilzensauer, Veronika und Hutflötz, Karin. 2019. Wider das Primat des zweckrationalen Denkens. Eine Kritik am menschenunwürdigen Umgang mit sich selbst und anderen. In *Zeitschrift für Praktische Philosophie* 6(2), 2019, 43–70. http://www.praktische-philosophie.org, https://doi.org/10.22613/zfpp/6.2.2.
Axel Honneth. 2010. Das Ich im Wir. Anerkennung als Triebkraft von Gruppen. In *Das Ich im Wir. Studien zur Anerkennungstheorie*, 261–279. Frankfurt a. M.: Suhrkamp.
Honneth, Axel. 2015. *Verdinglichung. Eine anerkennungstheoretische Studie*, Frankfurt a. M.: Suhrkamp 2015.
Honneth, Axel. 2012. *Unsichtbarkeit. Stationen einer Theorie der Intersubjektivität*, Frankfurt a.M.: Suhrkamp.
Humboldt, Wilhelm von. 2017. *Schriften zur Bildung.* Stuttgart: Reclam.
Hutflötz, Karin. 2017. Der Mensch: das offene Wesen. In: *Der Blick ins Freie. Im Diskurs mit Janusz Korczak*, hrsg. von Steiger, S., Maluga, A., und Bartosch, U., 70–85. Bad Heilbrunn: Klinkhardt.
Jörissen Benjamin, Stephan Kröner, und Lisa Unterberg, Hrsg. 2019. *Forschung zur Digitalisierung in der Kulturellen Bildung.* München: Kopaed.
Kalisch, Konrad. 2012. Mentalisierung und Affektregulierung – Wie sich das kindliche Selbst entwickelt. In *Praxis der Kinderpsychologie und Kinderpsychiatrie* 61(5), 336–347.
Kant, Immanuel. 2013. Bemerkungen in den „Beobachtungen über das Gefühl des Schönen und Erhabenen", hrsg. Rischmüller, M. Hamburg: Meiner.
Klann-Delius, Gisela. 2016. *Spracherwerb.* VS Springer.
Oerter, Rudolf. 2007. Zur Psychologie des Spiels. In *Psychologie und Gesellschaftskritik* 31(4), 7–32. https://nbn-resolving.org/urn:nbn:de:0168-ssoar-292301.
Lindseth, Anders. 2005. *Zur Sache der Philosophischen Praxis.* Freiburg i. B.: Alber.
MacIntyre, Alasdair. 1984. *After Virtue.* University of Notre Dame Press.
McGuirk, James, und Buck, Marc Fabian. 2019. Leibliche (Lern-)Erfahrung qua Augmented Reality. In *Leib – Leiblichkeit – Embodiment. Pädagogische Perspektiven auf eine Phänomenologie des Leibes*, hrsg. Brinkmann, Malte et. al., 405–423. Wiesbaden: Springer VS.
Meyer, Heinz-Dieter, und Boyd, William Lowe. 2001. *Education between state, markets, and civil society: Comparative perspectives.* London: LEA Publishers.
Meyer, Heinz-Dieter, und Benavot, Aaron, Hrsg. 2013. *PISA, power, and policy: The emergence of global educational governance.* Oxford: Symposium Books Ltd.
Naurath, Elisabeth, Blasberg-Kuhnke, Martina, und Gläser, Eva, Hrsg. 2013. *Wie sich Werte bilden: Fachübergreifende und fachspezifische Werte-Bildung.* Osnabrück: V&R Unipress.
Nerowski, Christian. 2018. Leistung als „bewertete Handlung". In *Zeitschrift für Bildungsforschung* 8(3), 229–248. https://link.springer.com/article/10.1007/s11618-017-0775-x.
Prange, Klaus. 2005. *Die Zeigestruktur der Erziehung: Grundriss der Operativen Pädagogik.* Paderborn: Schöningh.

Rudolph, Steffen. 2019. *Forschungsfeld Digital Divide*. In *Digitale Medien, Partizipation und Ungleichheit*, 109–172. Wiesbaden: Springer VS.
Sabisch, Andrea. 2019. *Responsivität und Medialität in Bildungs- und Erfahrungsprozessen*. In *Irritation als Chance*, hrsg. Bähr I. et al., 105–132. Wiesbaden: Springer VS.
Schoch, Sunsanne. 2009. *Eine empirische Untersuchung zur Entwicklung der Aufmerksamkeit im Kindergartenalter*. Dissertation Universität Ulm. https://pdfs.semanticscholar.org/c73f/8fd6b 299cd25b66083b7e05b72f6218be3d8.pdf Zugegriffen: 28.12.2019.
Schubarth, Wilfried. 2019. *Gewalt und Mobbing an Schulen*. Stuttgart: Kohlhammer.
Sjøberg, Svein. 2019. PISA: A success story? In *Handbuch Educational Governance Theorien*, hrsg. Langer R., Brüsemeister T. Educational Governance, Vol 43, 653–690. Wiesbaden: Springer VS. https://doi.org/10.1007/978-3-658-22237-6_29.
Stojanov, Krassimir. 2012. *Bildung und Anerkennung. Soziale Voraussetzungen von Selbst-Entwicklung und Welt-Erschließung*, Wiesbaden: VS Verlag für Sozialwissenschaften.
Thole W., Cloos P., Köngeter S., und Müller B. 2011. *Ethnographie der Performativität pädagogischen Handelns*. In *Empirische Forschung und Soziale Arbeit*, hrsg. Oelerich G., und Otto H., 115–136. Wiesbaden: VS Verlag für Sozialwissenschaften.
Tomasello, Michael. 2009. *Die Ursprünge der menschlichen Kommunikation*, Frankfurt a. M.: Suhrkamp.
Verwiebe, Roland, Hrsg. 2019. *Werte und Wertebildung aus interdisziplinärer Perspektive*. Wiesbaden: Springer VS.
Waldenfels, Bernhard. 2006. *Grundmotive einer Phänomenologie des Fremden*, Frankfurt a. M.: Suhrkamp.
Whitehead, Alfred N. 2012. *Die Ziele von Erziehung und Bildung: und andere Essays*. Hrsg. Kann, C. und Sölch, D. Frankfurt a. M.: Suhrkamp.
Winnicott, Donald W. 2018. *Vom Spiel zur Kreativität*. Hrsg. von Ermann, M. Stuttgart: Klett-Cotta.
Winnicott, Donald W. 1999. *Playing and Reality*. London: Routledge.
Zimpel, André Frank. 2013. *Zwischen Neurobiologie und Bildung: Individuelle Förderung über biologische Grenzen hinaus*. Göttingen: Vandenhoeck & Ruprecht.

Wie kann man *mit* Kindern über Technik philosophieren?

Die Methoden des philosophischen Gesprächskreises und des Mini-Rollenspiels

Melanie Förg

Abstract

Der Beitrag beantwortet die Frage nach dem gemeinsamen Philosophieren mit Kindern zum Thema ‚Technik' in drei Schritten: Zugrunde gelegt wird die Notwendigkeit des Philosophierens mit Kindern. Erstens wird daher Ekkehard Martens' Argumentation für das Philosophieren als elementare Kulturtechnik zum Ausgangspunkt der beiden behandelten Methoden genommen. Martens' Argumentation wird um empirische Befunde zu Einstellungen und Fähigkeiten von Kindern zum Thema ergänzt, um zu zeigen, inwiefern Kinder tatsächlich Ansprechpartner/innen auf Augenhöhe sein können. Zweitens werden diese Methoden im Allgemeinen vorgestellt und drittens auf das Thema ‚Technik' angewendet. Anwendung bedeutet dabei vor allem, dass inhaltliche Einstiege ins Thema vorgeschlagen werden, die allerdings die gesamte folgende Auseinandersetzung prägen sollen und daher nicht nur Einstiege im Sinne von Hinführungen zum Thema sind. So werden zwei mögliche Antworten auf die Frage nach dem ‚Wie' des Philosophierens mit Kindern zum Thema ‚Technik' gegeben.

Keywords

Methoden · Philosophieren mit Kindern · Philosophischer Gesprächskreis · Rollenspiel · Technik

---

M. Förg (✉)
Philosophische Fakultät SJ, Hochschule für Philosophie, München, Deutschland
E-Mail: melanie.foerg@online.de

© Springer-Verlag GmbH Deutschland, ein Teil von Springer Nature 2020
M. F. Buck et al. (Hrsg.), *Neue Technologien – neue Kindheiten?*,
Techno:Phil – Aktuelle Herausforderungen der Technikphilosophie 3,
https://doi.org/10.1007/978-3-476-05673-3_14

Dieser Beitrag stellt zwei Methoden vor, mit denen man mit Kindern über den Themenbereich ‚Technik und Technologie(n)' – im Folgenden nur ‚Technik'[1] – philosophieren kann. ‚Technik' soll hier prinzipiell weit verstanden werden, im Sinne aller künstlichen Anwendungen, analogen wie digitalen Medien und Geräte.[2] Dabei wird für (junge) Menschen angesichts des enormen wissenschaftlichen Fortschritts vor allem der Umgang mit den digitalen Anwendungen bedeutsam. Neu ist m. E. nämlich nur das Ausmaß, das der wissenschaftlich-technische Fortschritt annimmt. Diesen nennt Ekkehard Martens als einen Legitimationsgrund für die Notwendigkeit des Philosophierens in der Schule. Von daher nehme ich erstens dessen Argumentation zum Ausgangspunkt der beiden Methoden, die ich vorschlage. Zusätzlich ergänze ich diese Argumentation um empirische Befunde zu Einstellungen und Fähigkeiten von Kindern zum Thema, um zu zeigen, inwiefern sie tatsächlich Ansprechpartner/innen auf Augenhöhe sein können. Zweitens werden die beiden Methoden im Allgemeinen vorgestellt und drittens auf das Thema ‚Technik' angewendet. Anwendung bedeutet dabei vor allem, dass inhaltliche Einstiege ins Thema vorgeschlagen werden, die allerdings die gesamte folgende Auseinandersetzung prägen sollen und somit nicht nur Einstiege im Sinne von Hinführungen zum Thema sind. So werden zwei mögliche Antworten auf die Frage nach dem ‚Wie' des Philosophierens mit Kindern zum Thema ‚Technik' gegeben. Unter dem ‚Wie' oder auch den Methoden sind die beiden (nicht nur Unterrichts-) Methoden des Gesprächs und des Rollenspiels zu verstehen, wobei der Übergang zwischen den fachdidaktischen und den allgemeinen (Unterrichts-) Methoden fließend ist.[3]

---

[1] ‚Technik' verwenden wir in der Alltagssprache häufig synonym mit ‚Technologie/n', aber auch als weiteren Begriff: als Methoden oder Fertigkeiten, z. B. beim Sprechen von ‚Kulturtechnik/en' oder auch ‚Lerntechnik/en'. Die fachwissenschaftlich einschlägigen Disziplinen heißen ‚Technikethik' und ‚Technikphilosophie'. Da sich dieser Beitrag als fachdidaktischer Beitrag versteht, wird mit der Verwendung von ‚Technik' an diese fachwissenschaftlichen Disziplinen angeknüpft. Zur jungen ethischen Bereichs-Disziplin der Technikethik, entstanden aus der Technikphilosophie, siehe Battaglia und Mukerji (2015).

[2] Die Dudenredaktion (o. J.) definiert ‚Technik' als „1. Gesamtheit der Maßnahmen, Einrichtungen und Verfahren, die dazu dienen, die Erkenntnisse der Naturwissenschaften für den Menschen praktisch nutzbar zu machen" und „2. besondere, in bestimmter Weise festgelegte Art, Methode des Vorgehens, der Ausführung von etwas". In der letzteren Definition bildet ‚Technik' einen Plural – z. B. Kulturtechnik/en und Lerntechnik/en – und ist weiter gefasst als Technologie (seihe auch Lewis' Aussage zur Technik in Abschn. 2.2 unten).

[3] Siehe Martens (2019, 44 f.), der zwischen 1. Denk- und Erkenntnismethoden, 2. philosophischen Arbeitsmethoden oder Arbeitstechniken, 3. philosophischen Unterrichtsmethoden, 4. allgemeinen Unterrichtsmethoden, 5. Medien und 6. Lernmethoden unterscheidet. Die hier besprochenen Methoden des Gesprächs und des Rollenspiels finden allerdings nicht nur im Fach Philosophie bzw. Ethik Anwendung; insbesondere das (neo)sokratische Gespräch kommt natürlich aus der Philosophie, während das Rollenspiel aus dem Deutschunterricht bzw. dem Unterricht im Darstellenden Spiel entnommen ist.

Gegenüber anderen Vorschlägen zum Philosophieren mit Kindern über Technik[4] weisen die beiden Methoden drei Vorteile auf: Erstens können mit ihnen konkrete Fragen der Kinder sowie Situationen aus ihrem Alltag aufgegriffen und vertieft werden. Zweitens können mit denselben Methoden aber auch bewusst Themen gesetzt werden. Drittens eignen sich die beiden Methoden bereits für jüngere Kinder.

Vom Alter her steht die Grund- und Primarstufe – etwa 1.–6. Klasse – im Vordergrund. Dieses kann aber je nach Erfahrung der Kinder und Erwachsenen im Philosophieren variieren. Die beiden Methoden finden vor allem in Kindertagesstätten und Schulen Anwendung, sind jedoch prinzipiell offen für das Elternhaus und außerschulische Bildungsstätten.

1 Legitimation

1.1 Ekkehard Martens' Argumentation für das Philosophieren als elementare Kulturtechnik, bezogen auf das Thema ‚Technik'

Selbst die letzte Bastion von Sinnfindung und Gemeinsamkeit, der Glaube an den wissenschaftlich-technischen Fortschritt, weicht zunehmend einer *skeptischen Haltung,* weil wir auch die Schattenseiten des Fortschritts erkennen müssen. Die gegenwärtige Problemsituation provoziert offensichtlich ein *Nachdenken* darüber, was wir wissen können, tun sollen, hoffen dürfen, als Menschen sind und […] wie wir leben wollen. [Hervorhebungen MF]

So schreibt Ekkehard Martens (2019, 36) in seinem für die Fachdidaktik der Philosophie und Ethik grundlegenden Buch *Methodik des Ethik- und Philosophieunterrichts. Philosophieren als elementare Kulturtechnik:* Nach dem Glauben an Religion und Tradition habe auch der Glaube an den wissenschaftlich-technischen Fortschritt heutzutage die Orientierungsfunktion verloren, die ihm früher zugekommen sei. Die Reflexion des wissenschaftlich-technischen Fortschritts ist bei Martens nur eine Antwort auf die Frage nach der Legitimation von Philosophie und Philosophieren an der Schule. Da in diesem Beitrag aber das Philosophieren mit Kindern über Technik im Vordergrund stehen soll, werden Martens' Aussagen nun speziell auf das Thema ‚Technik' bezogen.

---

[4]Außer einer fachdidaktischen Dissertation zur Technikethik an außerschulischen Lernorten (Mendyka 2018) beschäftigt sich das erste 2019 erschienene Heft der *Zeitschrift für Didaktik der Philosophie und Ethik,* „Medienalltag – Alltagsmedien", mit dem wissenschaftlich-technischen Fortschritt. Für die Primarstufe eignet sich darin allerdings kein Unterrichtsvorschlag. Am ehesten könnte noch Marie-Christine Hensels „Sokrates im Weblog" (Hensel 2019) als Vorlage dienen, die aber entsprechend neu konzipiert werden müsste, da der Beitrag für die 10. Klasse gedacht ist. Weitere Literatur zum Philosophieren mit Kindern und Jugendlichen über Technik findet sich über die Schlagwörter ‚Medien' und ‚Technik' in der Datenbank DelEtaPhi (URL siehe Literaturliste).

Die ‚skeptische Haltung' im obigen Zitat ergibt sich aus der Möglichkeit des Missbrauchs der Technik. Diese soll zu einer philosophischen Haltung und Skepsis im Sinne des Betrachtens und Prüfens der eigenen, von der Technik geprägten Lebenswelt zum Ziele eines guten, lebenswerten Lebens werden. ‚Nachdenken' soll angeleitet werden durch Philosophieren im Sinne einer ‚elementaren Kulturtechnik'.

Kurz zusammengefasst versteht Martens unter ‚Kultur*technik*' eine Fähigkeit neben den anderen (Kultur-) Techniken Lesen, Schreiben und Rechnen: Sie zeichnen sich u. a. dadurch aus, dass sie als Fähigkeiten zum Teil lehr- und lernbar sind. Ihre Anwendung im Sinne einer Haltung lässt sich aber nicht von den Personen trennen, die sie betreiben (siehe Martens 2019, 31 f.). So wird beispielsweise nur das Staunen über das Funktionieren eines Handys dazu führen, dass ein Kind wissen will, wie dieses produziert wird, was wiederum ethisch relevante Fragen nach nachhaltigen Produktionsbedingungen zur Folge haben kann.

Eine ‚*Kultur*technik' ist Philosophieren nach Martens u. a., weil es „genetisch" zum griechisch-europäischen Kulturgut gehört, aber gleichzeitig auch „anthropologisch" zur menschlichen Wesensnatur, die durch Symbole wie Sprache ein Innehalten und Reflektieren ermöglicht. Philosophieren soll in Fortführung Kants zugleich Selbstzweck und Mittel zum Zweck der Behauptung gegenüber den Ansprüchen sein, welche die u. a. vom technischen Fortschritt geprägte Lebenswelt stellt. Im Sinne von ‚Kultur' als zweiter Natur ist Philosophieren zudem einzuüben, es muss kultiviert werden (siehe Martens 2019, 30 f.). So wird in aller Regel das Staunen über das Funktionieren eines Handys nicht ohne eine/n erfahrenere/n[5] Gesprächspartner/in zum Innehalten und Reflektieren der Nutzungs- oder auch Produktionsbedingungen führen.

‚Elementar' ist Philosophieren nach Martens erstens im Sinne von „grundlegend", da es darum geht, die Annahmen zu hinterfragen, die der Alltags- und Wissenschaftspraxis zugrunde liegen; zweitens im Sinne von „einfach", da es – jedenfalls zu Beginn – kein fachspezifisches Wissen voraussetzt; und drittens im Sinne von „unverzichtbar" für ein menschenwürdiges Leben (siehe Martens 2019, 32). Denkt man beispielsweise an die zum Teil exzessive Handynutzung (nicht nur) Heranwachsender, ist ein Hinterfragen der Alltagspraxis ohne weiteres Wissen und zum Zwecke der Freiheit von Ansprüchen Anderer in diesem Sinne ‚elementar'.

1.2 Empirische Befunde zu Einstellungen und Fähigkeiten von Kindern zum Thema ‚Technik', Schwerpunkt Medien

Abgesehen vom elementaren Hinterfragen der Alltagspraxis setzt der normative Anspruch von Martens' bildungsphilosophisch-fachdidaktischer Begründung des Philosophierens im Bezug auf das Thema ‚Technik' voraus, dass Kinder auch eine

---

[5]Es muss sich nicht um einen Erwachsenen handeln; an dessen Stelle kann durchaus ein älteres, im Philosophieren erfahrenes Kind treten.

entsprechende Erfahrung im Umgang mit Medien im Sinne der ‚Technik 2.0' mitbringen. Zwei empirische Studien, die KIM-Studie und die FIM-Studie, geben hierüber Auskunft.

Die KIM-Studie („Kindheit, Internet, Medien") untersucht den Medienumgang der 6- bis 13-Jährigen. Nach den aktuellen Ergebnissen dieses Langzeitprojekts wachsen Kinder mit der ganzen Palette an Medien auf: In fast allen Familien sind Fernseher, Internetzugang und Handy bzw. Smartphone vorhanden. Im eigenen Besitz sind am häufigsten das Smartphone und Spielekonsolen (siehe KIM 2018, 81).[6] Dementsprechend sind digitale Spiele bei dieser Altersgruppe sehr beliebt.[7] Neben diesen nimmt das Fernsehen unter den Freizeitbeschäftigungen den höchsten Rang ein: Durchschnittlich sieht ein Kind im Alter von 6 bis 13 Jahren 82 Minuten fern, nutzt 45 Minuten das Internet, spielt 31 Minuten Computer-, Konsolen- und Onlinespiele, hört 26 Minuten Radio, liest 22 Minuten in Büchern und spielt 19 Minuten am Smartphone. Letzteres muss die reine Spielzeit am Smartphone bedeuten, da vor allem ältere Kinder ab etwa 10 Jahren auch via *Social Media* kommunizieren; hervorzuheben ist, dass hierüber mit anderen Kindern aus dem Freundeskreis und der Schule sowie innerhalb der Familie kommuniziert wird. Von daher sind die vorhandenen Medien und das Nutzungsverhalten der Eltern für diese Altersgruppe wichtige Faktoren der eigenen Mediennutzung (siehe KIM 2018, 83 f.). Die Kinder selbst geben Treffen mit Freunden, Spielen draußen, Fernsehen und Sport als ihre liebsten Freizeitaktivitäten an (siehe KIM 2018, 13).[8] Von daher bieten neben den Eltern auch soziale Kontakte und Austausch mit Gleichaltrigen Chancen für die Reflexion. Hier sollte das Philosophieren über Technik ansetzen, indem die Kinder auch miteinander ins Gespräch gebracht werden, wie es beim philosophischen Gesprächskreis letztendlich das Ziel ist (siehe Abschn. 2 unten).

Die FIM-Studie („Familie, Interaktion, Medien") untersucht die Kommunikation und Mediennutzung in Familien. Sie versteht sich als ergänzende Studie zu Fragen der Mediennutzung in der Familie. Befragt werden Haus-

---

[6]„Nach Angaben der Haupterzieher sind Mobiltelefone (51 %, egal ob konventionelles Handy oder Smartphone) am weitesten verbreitet. Spielkonsolen (tragbar und/oder stationär (netto): 42 %, tragbar: 32 %, stationär: 23 %), CD-Player sowie ein Smartphone können zwei von fünf Kindern ihr Eigen nennen. Ein Drittel der Kinder besitzt einen eigenen Fernseher, jeder Fünfte verfügt über ein eigenes Radio. Ein knappes Fünftel der Kinder hat einen Computer bzw. Laptop oder einen eigenen Kassettenrekorder, ebenso können 17 Prozent im eigenen Zimmer das Internet nutzen. Ein Tablet besitzen neun Prozent der Sechs- bis 13-Jährigen, vier Prozent haben selbständig Zugang zu einem Streaming-Dienst." (KIM 2018, 81).

[7]„Digitale Spiele haben im Alltag der Sechs- bis 13-Jährigen einen großen Stellenwert. Über alle Spieloptionen – Computer, Konsole, online, Tablet und Smartphone – gesehen, zählen zwei Drittel der Kinder zu den regelmäßigen Spielern (mind. einmal pro Woche)." (KIM 2018, 83).

[8]Von den Interessensgebieten her führt Freundschaft in der Rangfolge vor Sport, Handy/Smartphone, Schule, Internet/Computer/Laptop, Musik, Computer-/Konsolen-/Onlinespiele, Tiere, Spielsachen, Kino/Filme, Kleidung/Mode, Umwelt/Natur, Bücher/Lesen und Film-/Fernsehstars, Technik im engeren Sinn, Interesse an fremden Ländern und dem aktuellen Weltgeschehen (siehe KIM 2018, 5 f.).

halte mit Kindern zwischen 3 und 19 Jahren (siehe FIM 2016, 79). Die Kommunikations- und Gesprächskultur wird von den Familienmitgliedern als größtenteils positiv eingeschätzt.[9] Zu den Medienthemen, die am meisten besprochen werden, gehören das Fernsehen sowie *Social Media*-Angebote wie beispielsweise *Facebook, Instagram* und *WhatsApp* (siehe FIM 2016, 80). Bei der gemeinsamen Mediennutzung mit den Eltern führt deutlich das Fernsehen inklusive der Streaming- und anderer Bewegtbildangebote. Die Mutter ist aus Sicht der Kinder die Haupterzieherin und somit auch Ansprechpartnerin in allen Alltagsfragen sowie in Sachen Mediennutzung. Die beiden Ausnahmen, in denen der Vater hauptsächlicher Ansprechpartner ist, sind Sport sowie technische Ausstattung und Funktion. Hierin wird Vätern auch meist die Expertise in der Familie zugesprochen, während Müttern die Expertise bei Büchern und Fernsehthemen zugesprochen wird. Mit Ausnahme von Computerspielen schreiben die *Digital Natives* ihren erwachsenen Erzieher/innen die größere Medienkompetenz zu (siehe FIM 2016, 81 f.). Damit geben die Kinder der Unterscheidung zwischen intuitiver Bedien- und sozialer Kompetenz im Umgang mit Medien Recht, die Expert/innen wie Daniel Domscheit-Berg betonen (siehe Domscheit-Berg 2015, 331).

Hinsichtlich der Medienerziehung hält sich jedes dritte Elternteil laut der FIM-Studie für sehr kompetent und gut die Hälfte der Eltern für etwas kompetent, während sich jedes zehnte Elternteil wenig und vier Prozent der Eltern gar keine Medienerziehung zutrauen (siehe FIM 2016, 83 f.). Da das persönliche Gespräch immer noch die Hauptkommunikationsform darstellt und in der Familie auch Mediennutzungsfragen und -regeln besprochen werden (siehe FIM 2016, 80 f.), wäre hier auch der geeignete Ort, grundsätzliche und existentielle Fragen über Technik und die Einübung des Umgangs mit ihr zu besprechen.

Somit gilt: Aufgrund der empirischen Ergebnisse können und aufgrund eines philosophischen Bildungsbegriffs im Sinne von Martens' elementarer Kulturtechnik sollten Kinder als Gesprächspartner/innen beim Philosophieren über Technik ernst genomen werden. In jedem Fall sollte man *mit* Kindern über ihre Kindheit und die neue Technik philosophieren, nicht ohne oder gar über sie. Insbesondere ist dies dann geboten, wenn Kinder selbst philosophische Fragen stellen,[10] aber auch dann, wenn man als Erzieher/in mit Kindern philosophieren will. Die folgenden methodischen Vorschläge gehen auf beide Fälle ein.

---

[9] „Die größte Zustimmung erhält die Aussage ‚Bei uns kommt immer jeder zu Wort, egal wie alt er ist'. 49 Prozent der Eltern und 50 Prozent der Kinder stimmen dieser Aussage voll und ganz zu, nur sechs Prozent geben an, dies treffe in ihrer Familie weniger zu. In den Familien kommt es nach Einschätzung der befragten Eltern und Kinder nur sehr selten bei Gesprächen zu Auseinandersetzungen und Streit. Wenn doch einmal gestritten wird, so scheint dies schnell geklärt zu werden." (FIM 2016, 80).

[10] Hans-Ludwig Freese formuliert hierzu ein eindringliches Plädoyer: „Wir können auch kaum abschätzen, was Kindern, deren tieferdringende Fragen bei den Eltern [und anderen Bezugspersonen, MF] ohne Widerhall bleiben, an Möglichkeiten geistigen und seelischen Wachstums vorenthalten wird, und welche seelische Not daraus erwächst, wenn sie sich mit ihren beunruhigenden Fragen allein gelassen fühlen." (Freese 1996, 84).

2 Philosophischer Gesprächskreis über Technik nach der Akademie für philosophische Bildung und WerteDialog

2.1 Die Methode[11]

Grundsätzlich gibt es viele Arten des ‚Philosophierens mit Kindern'. Diese unterscheiden sich u. a. darin, ob Texte vorgegeben werden oder ob von Erfahrungen ausgegangen wird, über welche die Kinder in einem durch eine erwachsene Person moderierten Gespräch miteinander reden.[12] Bei den bekannten Ansätzen von Leonard Nelson, Gustav Heckmann und Dieter Birnbacher übernimmt die Lehrperson oder eine andere Autorität die Moderation.[13] Demgegenüber können im Konzept der Münchner Akademie für Philosophische Bildung und WerteDialog,[14] ehem. Akademie Kinder philosophieren,[15] Aufgaben der Gesprächsleitung mit den Kindern geteilt werden, wenn das philosophische Gespräch und die Gesprächsregeln entsprechend eingeübt sind. Die Moderation soll dabei aber nie ganz von den Kindern übernommen werden (siehe Rude et al. 2007 83 und Rude 2011, 121–125).[16] Die grundsätzlich dialogorientierte Haltung ist ein Vorteil dieses Ansatzes. Er kann im Folgenden zwar nur in seinen Grundzügen dargestellt werden. Die Darstellung bietet aber nichtsdestotrotz erste Hinweise zum Philosophieren mit Kindern. In jedem Fall bedarf m. E. das Philosophieren der Einübung bei den Kindern, aber auch der Einübung durch Erzieher/innen und Lehrer/innen.[17] Diese sollten daher idealerweise entsprechende Fortbildungen wie etwa die der Akademie besuchen. Zudem sollte so mit dem Philosophieren begonnen werden, dass entsprechende Rahmenbedingungen geschaffen werden: Dazu gehören eine feste, regelmäßige Zeit für das Philosophieren, idealerweise ein eigener Ort oder zumindest – etwa im Klassenzimmer – die Umgestaltung

---

[11]Eine kürzere Beschreibung des Gesprächskreises mit Fokus auf die philosophische Frage habe ich schon früher formuliert (siehe Förg i. E. 2021).

[12]Konzise Überblicksdarstellungen bieten Anne Goebels (2018, 41–59) und Leonie Teubler (2019, 7–14 und 29–44 speziell zum (neo)sokratischen Gespräch).

[13]Siehe die Darstellungen der Methoden bei Teubler (2019, 29–44; für Nelson bes. 35, für Heckmann bes. 40, für Birnbacher bes. 44).

[14]Zum Selbstverständnis und zu den Fortbildungen der Akademie siehe https://www.philosophische-bildung.de. Zugegriffen: 13. März 2020.

[15]Die Akademie wurde deshalb umbenannt, weil letztlich nicht nur die Kinder, sondern auch die Eltern und die Erzieher/innen mitphilosophieren sollen (siehe Rude et al. 2007 89–94 zur Partizipation der Eltern und 95–97 zur Partizipation der Erzieher/innen bzw. pädagogischen Fachkräfte).

[16]Noch weiter geht hier Leonie Teubler, die die Unklarheit der Moderator/inrolle der Lehr- bzw. erziehenden Person in den oben genannten Ansätzen kritisiert, nämlich dass diese „aktiv leitet, aber nicht strikt" (Teubler 2019, 44). Dem stellt sie ihren eigenen Ansatz gegenüber.

[17]Da Lehrer/innen auch erziehen, schreibe ich im Folgenden nur von ‚Erzieher/innen'.

der gewohnten Umgebung, das Sitzen im Kreis und die Einübung entsprechender Regeln wie das Zuwerfen eines Gesprächsballs. Weitere für die jeweilige Gruppe passende Rituale wie ein besonderes Musikstück, Entspannungsreisen oder eine andere Kleidung – etwa Togen oder Lorbeerkränze – können den Einstieg ins Philosophieren unterstützen (siehe Rude et al. 2007 80–84). Wichtig erscheint mir hier erstens, dass diese Rituale für die jeweilige Gruppe passend sind,[18] und zweitens, dass den Erzieher/innen bei der Einführung des philosophischen Gesprächskreises eine entscheidende Rolle zukommt. Nach der Einübung und Ritualisierung werden sie sich immer mehr aus dem Geschehen herausnehmen können. Die Rituale können sich dabei selbstverständlich entwickeln und verändern, wenn sich die Gruppe weiterentwickelt.

Ein weiterer Vorteil des Ansatzes der Akademie ist es, dass sie zumindest Orientierung hinsichtlich der Frage nach dem Philosophiebegriff gibt. Denn selbst wenn beim Philosophieren mit Kindern Martens' Bestimmung von Philosophie als elementarer Kulturtechnik vorausgesetzt wird, bleibt fraglich, ob der Versuch des Philosophierens mit Kindern tatsächlich zum Philosophieren führt. Philosophieren mit Kindern kann schließlich nicht nur bedeuten, dass sich die Kinder untereinander unterhalten. Welche Kriterien können also angelegt werden?

Im Konzept der Akademie ist die philosophische Frage ein erstes, zentrales Kriterium dafür, dass Kinder tatsächlich philosophieren. Die philosophische Frage soll wiederum drei Kriterien erfüllen:

1. Jedes Kind soll sich herausgefordert fühlen, sich mit der Frage persönlich auseinanderzusetzen. Dies unterscheidet die philosophische Frage besonders von Fragen, deren Antwort lediglich weiteres Wissen erfordert.
2. Alle Kinder sollen durch die allgemeine Formulierung angesprochen werden.
3. Die philosophische Frage sucht nach dem zugrunde liegenden Wesen und Sinn einer Sache. (siehe Rude et al. 2007, 55)

Die philosophische Frage hat also erstens einen individuellen, zweitens einen allgemeinen und drittens einen sachlich-existentiellen Aspekt. Besonders der erste Aspekt unterscheidet das Philosophieren mit Kindern vom akademisch-universitären Philosophieren: Etwa die Fragen „Was ist Technik?" oder auch „Hilft Technik allen Kindern?" erfüllen auch die anderen beiden Kriterien. Sie führen aber nicht zur individuellen, persönlichen Auseinandersetzung der Kinder mit der Sache. Demgegenüber erfüllen die Fragen „Ist Technik (für mich) Zauberei?" oder auch „Ist der Computer mein Freund?" alle drei Kriterien – solange der individuelle

---

[18] So wird z. B. ein Treffen zur „Philosophischen Cappuccinorunde", eine Asiatische Teezeremonie, die genannten Togen und Lorbeerkränze (siehe Rude et al. 2007, 82 f.) oder auch eine andere Kopfbedeckung nicht für jede Gruppe von Kindern passend sein, die mit dem Philosophieren beginnt. Diese Beispiele werden im Konzept der Akademie auch nicht verabsolutiert, sondern sind als Vorschläge für die Einübung und Ritualisierung des wöchentlichen Gesprächskreises zu verstehen.

Aspekt der persönlichen Auseinandersetzung erfüllt ist, welcher sich nicht notwendigerweise nur sprachlich ausdrückt, sondern auch vom jeweiligen Kontext und der jeweiligen Gruppe abhängt.

Im Konzept der Akademie sind noch zwei weitere Kriterien genannt, die zur Bestimmung der Frage dienen, ob Kinder tatsächlich philosophieren: Das zweite Kriterium neben der philosophischen Frage ist die „philosophische Haltung" (dazu Rude et al. 2007, 58–61). Kurz gesagt geht es darum, mit dem äußeren Verhalten und durch ständiges Einüben eine innere, werteorientierte Haltung und Einstellung zu entwickeln. Dabei hilft die oben dargestellte Einübung und Ritualisierung, denn eine entsprechende Einstellung entwickelt sich nur durch das Praktizieren, Tun und Üben des Philosophierens. Dieses und das dritte Kriterium, die Anwendung philosophischer Tätigkeiten, dienen als Kriterien dafür, wie philosophisch die jeweiligen Gesprächskreise sind (siehe Rude et al. 2007, 46). Grundsätzlich versteht die Akademie den Philosophiebegriff somit ebenso als einen graduellen Begriff und als unabschließbaren Prozess wie Martens (2019, *passim*, bes. 24 und 57).

Die philosophischen Tätigkeiten, die im Ansatz der Akademie zur Anwendung kommen, sind nicht unabhängig vom jeweiligen Thema und der philosophischen Haltung. Im Hintergrund standen ursprünglich ‚Methoden' oder eher Strömungen der Fachphilosophie (siehe Rude et al. 2007, 62–67), die der ‚Methodenschlange' von Martens (2019, 55–58) ähnelten. Beispiele für Methoden, die sich erhalten haben, sind das Klären von Mehrdeutigkeiten und die Definition von Begriffen.[19] So wird an die Alltagssprache und die Lebenswelt der Kinder angeknüpft.

Das didaktische Modell der Akademie sieht im Wesentlichen die Schritte Einstieg, Gespräch, Aktion und Reflexion vor. Dieses Modell ist aber an die jeweilige Lerngruppe anzupassen. Der Einstieg kann sehr verschieden gestaltet werden, beispielsweise als Fantasiereise, Kinderfrage, für die Kinder umgeschriebener philosophischer Text, Gedicht, Geschichte, Kurzfilm, Zitat o. Ä. (siehe Rude et al. 2007, 52). Eine Sammlung von Einstiegen zu vielen möglichen Themen findet sich auf einer der Webseiten der Akademie.[20] Der Einstieg ist themengebend und beeinflusst das folgende Gespräch nachdrücklich. Somit kommt ihm m. E. eine wesentlichere Funktion zu als gewöhnlichen Unterrichtseinstiegen, die oft nur eine Hinführung zum Thema leisten können oder auch wollen. Beim anschließenden, eigentlichen Gespräch im Kreis beschäftigen sich die Kinder mit der philosophischen Frage, die von den Erzieher/innen vorgegeben, aber auch von den Kindern selbst formuliert werden kann (siehe Rude et al. 2007, 56). Meines Erachtens ist beides – auch abhängig vom Stand der Einübung und Ritualisierung – sinnvoll. Ähnlich verhält es sich mit der Rolle der Erzieher/innen: Sie sollen anfangs Gesprächsleiter/innen, dann sich eher zurücknehmende Moderator/innen

---

[19]Nach Auskunft von Christophe Rude werden die im Praxisleitfaden von 2007 beschriebenen Methoden in den Fortbildungen der Akademie nicht mehr verwendet.
[20]Siehe https://www.fragensammler.de. Zugegriffen: 13. März 2020. Einige Einstiege sind kostenfrei verfügbar, für den Zugriff auf alle Inhalte ist eine Lizenz zu erwerben.

und zuletzt gleichberechtigte Gesprächspartner/innen sein.[21] Im Gespräch soll der Austausch mit den anderen Kindern im Vordergrund stehen, aufgrund dessen die Kinder zu einer eigenen, begründeten Meinung kommen sollen. Anschließend kann eine vertiefende Aktion angeboten werden, beispielsweise gemeinsames Basteln, Spielen oder auch kreatives Schreiben. Durch solche Tätigkeiten soll das Besprochene verinnerlicht werden. Die Reflexion kann schon während dieser Aktivität geschehen, wenn Kinder auf neue Gedanken und Fragen kommen, oder sie geschieht als Hausaufgabe durch Ereignisse im Alltag der Kinder, welche sie auf das philosophische Gespräch beziehen (siehe Rude et al. 2007, 53). Grundsätzlich dient m. E. der Hinweis auf die (erneute) Reflexion dazu, auf die nächste philosophische Einheit zu verweisen, so dass das Philosophieren für die Kinder zum kontinuierlichen Prozess und letztlich zu einer Haltung werden kann.

Herausfordernd ist neben der Auswahl des Einstiegs und der Methoden anfangs sicherlich die Rolle der Gesprächsleitung, bei der m. E. die Orientierung an den drei Kriterien der philosophischen Frage helfen kann:

1. Der individuelle Aspekt weist darauf hin, nach einem konkreten Beispiel zu fragen oder auch geschlossene W-Fragen zu formulieren, beispielsweise: Wann, wo, wie genau, wie oft hast du das erlebt?
2. Der allgemeine Aspekt weist auf die Möglichkeit der Nachfrage hin, ob alle der gleichen Meinung sind, beispielsweise: Seht ihr das alle so wie …, beispielsweise, dass man mit Robotern befreundet sein kann?[22]
3. Der sachlich-existentielle Aspekt verweist auf Erklärungen und wesentliche Inhalte: Ist/war das eigentlich immer so, dass Menschen technische Geräte verwendet haben? Könnte es auch anders sein? Wo und wann ist/war das anders?

2.2 Anwendung auf das Thema ‚Technik'

Grundsätzlich ist aufgrund des oben beschriebenen wissenschaftlich-technischen Fortschritts in der Lebenswelt der Kinder und aufgrund ihrer medialen und technischen Ausstattung zu erwarten, dass Kinder im Rahmen eines regelmäßig stattfindenden philosophischen Gesprächskreises selbst auf mögliche Fragen zum Thema ‚Technik' kommen. Diese sollten dann von den Erzieher/innen entsprechend aufgegriffen und als Einstiegs- oder auch philosophische Frage am Beginn einer Einheit des philosophischen Gesprächskreises stehen. Die philosophische Frage soll im Gegensatz zur bloßen Einstiegs- oder Kinderfrage die

---

[21]Natürlich ist dies ein idealisierendes Modell: Schließlich kann es durchaus vorkommen, dass sich schon eine entsprechende Gesprächskultur unter den Kindern entwickelt hat, in der die Erzieher/innen gewöhnlich gleichberechtigte Gesprächspartner/innen sind, in einer bestimmten Situation aber trotzdem wieder die Gesprächsleitung übernehmen sollten – beispielsweise, weil die Kinder unruhig sind o. Ä.
[22]Siehe dazu auch den Beitrag von Svenja Wiertz in diesem Band.

oben genannten drei Kriterien erfüllen und bestimmt dann das weitere Gespräch. Von daher spricht beispielsweise die Frage „Braucht jede/r ein Smartphone?" sicherlich den allgemeinen und den sachlich-existentiellen Aspekt an – Letzteres zumindest in der Lebenswelt des wissenschaftlich-technischen Fortschritts, in der die Kinder heranwachsen. Ob allerdings der individuelle Aspekt erfüllt ist, hängt davon ab, ob sich möglichst jedes der Kinder angesprochen fühlt, das am jeweiligen philosophischen Gesprächskreis teilnimmt. Zu diesem Zweck kann das Smartphone von anderen technischen Medien ersetzt werden, was schon eine erste Begriffsklärung – Handy oder Smartphone? – zur Folge hat. Bei der sich hier ggf. anschließenden Frage nach der sinnvollen Nutzungsdauer kann eine Auswahl der oben (siehe Abschn. 1.2) zusammengefassten Studienergebnisse, beispielsweise die durchschnittliche Dauer der Mediennutzung jedes Kindes im Alter von 6 bis 13 Jahren, den Einstieg für einen philosophischen Gesprächskreis bilden. Wichtig ist dabei, dass pädagogische Interventionen zum Umgang mit Medien – etwa, wenn ein Kind durch die Nutzung eines Mediums gegen die Schulregeln verstößt – von der allgemeinen, sachlich-existentiellen Behandlung im philosophischen Gesprächskreis getrennt werden.

Das Aufgreifen von Kinderfragen ist gewissermaßen der Königsweg beim Philosophieren mit Kindern, da sie dadurch als eigenständig denkende Gesprächspartner/innen ernst genommen werden. Dementsprechend wird in den meisten Ansätzen und Konzepten nachdrücklich gefordert, dass das Philosophieren an die Lebenswelt der Kinder anknüpfen und zur Auseinandersetzung mit ihrer Lebenswirklichkeit anregen soll.[23] Eine gute Einrichtung für den Raum, in dem philosophiert wird, ist das Fragenplakat, auf das Kinderfragen für künftige, weiterführende Gesprächskreise geschrieben werden (siehe Rude et al. 2007, 83).

Über dieses Aufgreifen von Kinderfragen hinaus können aber auch Einstiege ins Thema ‚Technik' vorgegeben werden. Um den Ansatz der Akademie fortzuführen, sollten dabei m. E. aber nur die Themenbereiche vorgegeben werden, nicht einzelne Fragen. Denn nur so können die individuelle Auseinandersetzung und die Motivation der Kinder geweckt werden:

Zum Themenbereich „Machbarkeit und Einflussnahme" bietet es sich an, mit der Frage „Warum brauchen Zauberer keine Technik?" auf den Zusammenhang zwischen Magie und Zauberei aufmerksam zu machen. Diesen Zusammenhang sah schon C. S. Lewis (2003, 78):

> Für die Weisen der Vergangenheit hatte das Hauptproblem darin bestanden, die Seele mit der Wirklichkeit in Einklang zu bringen, und die Lösung hatte gelautet: Einsicht, Selbstbeherrschung und Tugend. Für die Magie so gut wie für die angewandte Naturwissenschaft heißt das Problem, die Wirklichkeit den Wünschen der Menschen gefügig zu machen; die Lösung liegt in einer Technik.

---

[23]Siehe Martens (2019, bes. 38), Rude et al. (2007, bes. 28–30) und Teubler (2019, bes. 249).

Lewis weist hier auf die beiden Bedeutungen von ‚Technik' hin: Erstens auf die „angewandte Naturwissenschaft" und zweitens auf eine bestimmte Art des Vorgehens oder Umgangs der „Seele mit der Wirklichkeit". Mit älteren Kindern kann dieser Text kurz diskutiert und ‚Technik' definiert werden. Die meisten Kinder werden durch die Frage nach dem Ersatz von Technik durch Magie (oder umgekehrt) an Harry Potter oder andere Fantasy- und Märchenwelten erinnert werden. Hier gilt es dann, die Grenzen der Machbarkeit und des Einsatzes von Zauber-Technik bzw. Magie im Gespräch herauszuarbeiten, für die es in den jeweiligen fiktiven Welten oft klare Regeln gibt.[24]

Zum Themenbereich „Manipulation durch Massenmedien" kann ein Artikel der Frankfurter Allgemeinen Zeitung besprochen werden, der kurz und verständlich die Manipulation von Facebook-Nutzer/innen im Rahmen einer Studie beschreibt: In deren Newsfeed wurden negative bzw. positive Nachrichten bewusst ausgeblendet. Dies übertrug sich auf die Emotionen der Nutzer/innen, wie sich an deren Beiträgen ablesen ließ (siehe Bernau 2014).[25] Eine weitere Möglichkeit ist der Auftrag an die Kinder, vor einem philosophischen Gesprächskreis den Namen einer Person mit verschiedenen Suchmaschinen (beispielsweise *Ask, Google, Ecosia*) aufzurufen: Welche Informationen erhalten sie jeweils über die Person?

Zum Themenbereich „Leben, Mensch, Anthropomorphismus" bietet es sich an, den in Ovids *Metamorphosen* (Buch 10, Verse 243–297) überlieferten Mythos von Pygmalion und Galatea zu lesen (beispielsweise in der Übersetzung von Albrecht 2015): In ihm verliebt sich der Bildhauer Pygmalion in eine von ihm entworfene Frauenstatue. Er vermenschlicht somit sein eigenes, mit den ‚technischen' Mitteln der Handwerkskunst geschaffenes Werk. Auf seine Bitten hin erweckt die Liebesgöttin Venus, griechisch: Aphrodite, die Statue zum Leben. Als eine der ersten Geschichten der europäischen Kultur, in der etwas Geschaffenes von seinem Schöpfer vermenschlicht wird, wurde dieser Mythos vielfach verbildlicht und kann somit auch anhand eines Bildes nacherzählt werden. Alternativ bieten sich ähnliche Geschichten wie etwa die Golem-Sage, Frankensteins Monster oder ähnliche Robotergeschichten an (etwa bei Barthelmeß und Furbach 2012).

Zum Themenbereich „Mensch und Maschine: Unterscheidungen" bieten sich die folgenden Gedankenexperimente als Einstieg an: John Searles „Das chinesische Zimmer" argumentiert für einen Unterschied zwischen dem Denken von Menschen und Computern. Mit Hilary Putnams „Gehirn(e) im Tank" kann man fragen, ob die durch Technik vorgespielte virtuelle und die reale Wirklichkeit

---

[24]In der Harry-Potter-Welt etwa gibt es von Natur gesetzte und von Menschen gesetzte Grenzen des Einsatzes von Magie: Laut Gamps Gesetz der elementaren Transfiguration können z. T. Dinge aus dem Nichts hervorgezaubert werden, nicht aber z. B. Nahrungsmittel. Die drei unverzeihlichen Flüche dagegen sind von Menschen gesetzte Grenzen, weil man mit ihnen töten, foltern oder jemandem seinen Willen aufzwingen kann, nämlich mit dem Avada Kedavra-, Cruciatus- und Imperius-Fluch (siehe beispielsweise Rémi 2019).

[25]Diese und ähnliche Beispiele führt Daniel Domscheit-Berg in seinem sehr lesenswerten Artikel an (siehe Domscheit-Berg 2015; hier: 331).

unterscheidbar sind; und mit Robert Nozicks „Erlebnismaschine" kann man nach den Folgen fragen, wenn diese Unterscheidung nicht mehr möglich ist.[26]

Zum Themenbereich „Umgang mit Technik" bietet es sich an, die „Szene des ertränkten Handys" (mein Ausdruck; siehe Abschn. 3.2 unten) als Filmausschnitt zu zeigen, nachzuerzählen oder als Mini-Rollenspiel nachzuspielen und so den Gesprächskreis und die folgende Methode zu verbinden.

3 Mini-Rollenspiele zum Thema ‚Technik'

3.1 Die Methode

In der Fachdidaktik der Philosophie und Ethik steht das Rollenspiel dem theatralen Philosophieren nahe. Laut Christian Gefert führt das theatrale Philosophieren über einen philosophischen Text dazu, dass Lehrer/innen und Schüler/innen als Gesprächspartner/innen auf Augenhöhe diskutieren können. Denn die Schüler/innen können trotz des Wissensvorsprungs der Lehrer/innen durch performative Darstellungsformen neue Nuancen für die Interpretation des Textes entdecken (siehe Gefert 2015, 244). Für deren Einsatz argumentiert Gefert im Anschluss an die symboltheoretischen Ansätze von Ernst Cassirer und Susanne K. Langer: Demnach sind performative Darstellungsformen nicht als irrational anzusehen, sondern als ebenso rational wie das diskursiv ausformulierte Argument. Denn beide sind symbolische Ausdrucksformen menschlicher Rationalität (siehe Gefert 2015, 240 f.).

Unter diesen weiten Rationalitätsbegriff kann auch das pädagogische Rollenspiel gefasst werden. Allerdings ist der markanteste Unterschied und Vorteil des Rollenspiels gegenüber anderen performativen Darstellungsformen, dass direkt an Situationen aus dem Alltag angeknüpft werden kann. Es muss also nicht im Anschluss an einen klassischen philosophischen Text gespielt werden, wie es Gefert vorschlägt. Sollen aber Gedankenexperimente behandelt werden, wie es oben vorgeschlagen wurde (siehe Abschn. 2.2), sind im Sinne von Geferts „Argumentationsphase" zuerst diese Texte in der Gruppe zu besprechen und Verständnisfragen zu klären. Ebenso ist Gefert zuzustimmen, dass szenische Darstellungen häufig eine Aufwärm- bzw. „Vorbereitungsphase" benötigen, damit die Gruppe ins Spielen kommt. Bei jüngeren Kindern, die dies etwa aus Fächern wie dem Darstellenden Spiel kennen, kann die Einübung des Spielens ggf. sogar schneller vonstattengehen als bei älteren. Nach der „Erprobungsphase" des eigentlichen Spielens schließt bei Gefert die „Reflexionsphase" an, bei der eine Rückkopplung und ggf. Neuinterpretation des philosophischen Textes erfolgt (siehe Gefert 2015, 242 f.). Die Reflexion ist m. E. auch beim pädagogischen Rollenspiel

---

[26]Die Gedankenexperimente sind z. B. nachzulesen im Studienbuch von Georg W. Bertram (2012): John Searles „Das chinesische Zimmer" (91–96), Hilary Putnams „Gehirne im Tank" (126–131) und Robert Nozicks „Die Erlebnismaschine" (96–101) werden hier als Textauszüge bereitgestellt, knapp in den jeweiligen Zusammenhang eingeordnet und kurz interpretiert.

stets von der spielerischen Darstellung zu trennen. Deshalb ist die folgende Definition der Handreichung des Staatsinstituts für Schulqualität und Bildungsforschung München (ISB) (2006, 9) um die Ergänzungen in eckigen Klammern zu erweitern:

> Unter „pädagogisches Rollenspiel" wird [...] die bewusste Inszenierung und [sich nach Ablegung der gespielten Rollen anschließende] Reflexion lebensnaher Situationen verstanden, in denen Schüler[/inne]n ermöglicht werden soll, vor allem im affektiven Bereich nachhaltige Erfahrungen zu machen. Zielsetzungen sind die Förderung von Selbstkompetenz und Sozialkompetenz sowie von Verantwortungsbereitschaft.

Zudem sind an dieser Definition zwei weitere Punkte kritisch anzumerken: Erstens wird im Anschluss an Gefert und seinen weiten Rationalitätsbegriff die Betonung von Erfahrungen „im affektiven Bereich" fraglich. Zweitens ist durch die Termini ‚Selbstkompetenz' und ‚Sozialkompetenz' die in der Handreichung folgende Abgrenzung zu Kompetenztrainings nicht deutlich genug: Der entscheidende Unterschied zu Kompetenztrainings ist, dass diejenigen, die an diesen teilnehmen, während des Spiels direkte Rückmeldungen zu ihrer Person und zu ihrem Handeln erhalten. Wie in der Handreichung weiter ausgeführt wird, meint ‚pädagogisch' im ‚Pädagogischen Rollenspiel' aber, dass Reflexionen auf der Spielebene bleiben sollen, indem Diskussion und Feedback sich nie auf die Schüler/innen selbst, sondern stets auf deren Rollen beziehen. Allein dadurch werden Selbst- und Fremdwahrnehmung sowie Handlungsmöglichkeiten reflektiert, die die Schüler/innen zu mehr ‚Selbst- und Sozialkompetenz' befähigen können. Das pädagogische Rollenspiel ist somit auch abgegrenzt von zwei weiteren Interaktionsspielen: erstens vom Psychodrama nach Moreno als einem therapeutischen Zugang, bei dem die Biographie des/der Spielenden reflektiert wird; und zweitens vom Darstellenden Spiel und vom szenischen Lernen, bei dem die Veranschaulichung und Verbildlichung von Unterrichtsinhalten im Vordergrund stehen.

Mit dem Ausdruck ‚*Mini*-Rollenspiel' soll betont werden, dass es ausreicht, kleine Szenen zu spielen; eine Aufführung außerhalb der Gruppe ist ohnehin beim pädagogischen Rollenspiel in der Regel nicht vorgesehen. Aufwärmübungen wie bei Geferts Vorbereitungsphase werden auch beim pädagogischen Rollenspiel empfohlen, um „[d]ie Voraussetzungen in der Gruppe [zu] schaffen" (ISB 2006, 12).[27] Bei jüngeren Kindern und in Gruppen, die ohnehin gemeinsam arbeiten und spielen, sollte gerade bei kleinen, alltagsnahen Rollen und Situationen keine weitere Aufwärmübung nötig sein. Legt man die Minimaldefinition des Rollenspiels, „spielend ein anderer sein" (Günther 2019, 7), zugrunde, ist schon die pantomimische Darstellung einer Berufsrolle ein Rollenspiel, welches Kinder auch untereinander spielen.

---

[27] Gute Vorschläge für Aufwärm- bzw. Warm-up-Übungen finden sich in der Handreichung des Staatsinstituts für Schulqualität und Bildungsforschung München (ISB 2006, 13–20), die im Web frei heruntergeladen werden kann. Als weitere Übung sei das sich Fortbewegen in verschiedenen Geschwindigkeitsstufen (ggf. zu entsprechender Musik) genannt, bei dem die Kinder darauf achten müssen, nicht ineinander zu laufen.

Da das pädagogische Rollenspiel nicht nur in der Schule angewendet wird, formuliere ich zusammenfassend folgende Definition:

> „Pädagogisches Rollenspiel" meint erstens die bewusste Inszenierung lebensnaher Rollen und Situationen aus dem Alltag der Teilnehmenden. Zweitens schließt sich nach Ablegung der gespielten Rollen stets eine Reflexion des Spiels an. Im Gegensatz zu ähnlichen Spielformen bleiben die Rückmeldungen dabei auf der Spielebene und betreffen nie die Personen der Teilnehmenden. Durch dieses Vorgehen soll den Teilnehmenden ermöglicht werden, ganzheitliche Erfahrungen zu machen sowie ihre Selbst- und Fremd-Wahrnehmung und ihre Handlungsmöglichkeiten zu reflektieren.

3.2 Anwendung auf das Thema ‚Technik'

Beim pädagogischen Rollenspiel zum Thema ‚Technik' steht der Umgang mit Technik im Vordergrund, indem Wahrnehmung und Handlungsmöglichkeiten reflektiert werden. Im Folgenden führe ich drei Vorschläge an, deren Schwierigkeitsgrad insofern steigt, als die zu spielenden Rollen und Situationen immer komplexer werden und aufeinander aufbauen.

Das erste Rollenspiel hat zum Ziel, technische Geräte umfassend zu beschreiben und die Anthropomorphismen bzw. Vermenschlichungen zu erkennen, die in der Alltagssprache gängig sind. Folgendes Vorgehen hat sich bewährt:

1. Als Einstieg sollen die Schüler/innen pantomimisch technische Geräte darstellen und sie von den Mitschüler/innen erraten lassen. Dies eignet sich als Warm-up, vor allem für jüngere Schüler/innen, die sich so vor der Klasse ausprobieren können. Bei älteren kann dieser Schritt weggelassen werden.
2. Vorbereitete Zettel mit verschiedenen technischen Rollen – beispielsweise Beamer, CD-Player, Computer, E-Book-Reader, Fernseher, Handy, Kamera, Kassettenrekorder, Kühlschrank, Laptop, Lautsprecher, Smartphone, Smart Speaker, Spielekonsole, Staubsauger, Tablet, Telefon, Videoplayer, Videoüberwachungskamera, Waschmaschine etc. – werden an die Teilnehmenden verteilt. Je nach Alter können die Zettel auch von den Schüler/innen selbst geschrieben werden.
3. Aufgabe ist es, die jeweilige Rolle *aus der Ich-Perspektive des Gerätes* schriftlich zu beschreiben: Wie sieht ein typischer Tag aus? Wie lange ist das Gerät ‚wach', auf Stand-by und in Benutzung? Wie lange ist seine ‚Lebensdauer'?
4. Daraufhin wird diese Beschreibung im Plenum vorgetragen.
5. Das Publikum errät möglichst alle Rollen.
6. Im anschließenden Reflexionsgespräch werden die Beschreibungen verglichen und es wird gefragt, welche Vermenschlichungen im Alltag gängig sind.
7. Daran anschließen können sich Recherchen zu Wissenslücken (beispielsweise hinsichtlich der Herkunft, Produktion, Lebensdauer und Entsorgung des Geräts), an die sich wiederum ein Reflexionsgespräch anschließen kann.

Beim Sprechen über Anthropomorphismen und beim Fragen nach der Unterscheidung zwischen Mensch und Maschine hängen metaphysische Fragen mit ethischen Fragen eng zusammen: Beispielsweise steht die metaphysische Frage, was die Qualität menschlichen Bewusstseins ausmacht, im Zusammenhang mit der ethischen Frage, wie lange ein durch Maschinen verlängertes Leben lebenswert ist. Solche komplexen Fragen können Teil der Reflexionsgespräche werden.

Laut Hans-Ludwig Freese sollte es beim Philosophieren mit Kindern zum Thema ‚Technik' wesentlich darum gehen, über den Sinn des technisch Machbaren nachzudenken und Kinder davor zu bewahren, ihr Selbst mit einer Maschine zu identifizieren. Die Identifikation zeigt sich nach Freese u. a. daran, dass Kinder „Maschinen-Metaphern zur Selbstdefinition (‚Ich bin so programmiert')" verwenden (Freese 1996, 133). Er empfiehlt, gegen die „These von der ‚Maschinennatur' des Menschen" darauf hinzuweisen, dass wir Menschen im Gegensatz zu Maschinen sog. intentionale Zustände „wie Überzeugungen, Zweifel, Staunen, Hoffnung sowie einen freien Willen und Verantwortlichkeit" zuschreiben (Freese 1996, 134). Meines Erachtens ist es im Sinne des Gebots des Selbstdenkens wünschenswert, dass Kinder diese Unterscheidungen in ihrer eigenen Sprache formulieren. Zudem kann es hilfreich sein, auf den Unterschied zwischen Beispielen aus der Science-Fiction und der menschlichen Wirklichkeit hinzuweisen. Denn in der Science-Fiction werden manchen ‚Maschinen' – beispielsweise Data in *Star Trek,* R2-D2 in *Star Wars,* Sonny in *I, Robot* – durchaus intentionale Zustände zugeschrieben, so dass diese mit Einschränkungen nicht mehr als bloße ‚Maschinen', sondern eben wie Menschen behandelt werden.

Eine weitere Möglichkeit ist das Spielen konfliktbeladener Situationen zum Umgang mit Technik. Je nach Alter und Übung der Kinder können dazu genaue Rollenbeschreibungen vorgegeben werden. Meist reicht aber schon eine Überschrift als sogenanntes ‚Prompt', d. h. handlungsanleitendes Stichwort, aus, beispielsweise: „Das Smartphone am Frühstückstisch", „Musikhören beim Hausaufgaben machen" oder auch „Die Macht über das gemeinsame Fernsehprogramm". Es können auch mehrere Versionen des jeweiligen Stücks gespielt werden, die unterschiedlich enden. In den anschließenden Reflexionsgesprächen sollten u. a. die verschiedenen Erwartungen und Handlungsmöglichkeiten der einzelnen Rollen herausgearbeitet und Alternativen besprochen werden.

Der letzte Vorschlag verbindet das Problem der Vermenschlichung mit einer konfliktbeladenen Situation: Der Auftrag lautet, eine Szene aus Yasmina Rezas Schauspiel *Der Gott des Gemetzels*[28] nachzuspielen: die „Szene des ertränkten Handys" (mein Ausdruck, siehe Reza 2018, 63–65). Dafür kann, muss aber nicht die Filmszene angesehen oder der Text der Szene vorgelesen werden; als Hintergrund für ein Rollenspiel reichen die folgenden Informationen aus: Während des Streits zweier erwachsener Eheleute ‚ertränkt' die eine Person das Handy der anderen in einer Tulpenvase. Das Handy war für die geschädigte

---

[28] Uraufführung 2006, verfilmt von Roman Polański 2011, Altersfreigabe: FSK 12.

Person so wertvoll, dass sie sagt, ihr Leben sei zerstört worden.[29] Auch hier können alternative Versionen der Szene gespielt werden. In den anschließenden Reflexionsgesprächen sollten wiederum die verschiedenen Sichtweisen und Handlungsmöglichkeiten der einzelnen Rollen herausgearbeitet und Alternativen gesucht werden; zudem schließt sich folgende interessante Frage an: Welchen Gegenstand aus seinem eigenen Alltag hielte das jeweilige Kind für so wichtig, dass es bei dessen Zerstörung sagen würde, sein eigenes Leben sei zerstört worden?[30]

4 Ausblick

Die Möglichkeit einer Kombination der beiden besprochenen Methoden bietet sich durch eine Durchführung des Rollenspiels vor oder nach einem Gesprächskreis an, also laut dem Unterrichtsmodell der Akademie als Einstieg oder auch als Aktionsphase (siehe Rude et al. 2007, 52 f.). Meines Erachtens sollte sich definitionsgemäß auch im letzten Fall ein kurzes Reflexionsgespräch anschließen (siehe Abschn. 3.1 oben). Somit ergibt sich eine breite Palette an Möglichkeiten, die an die jeweilige Gruppe anzupassen ist. Denn letztlich ist der wichtigste Ursprung jeder Methodik „die Phantasie und Unterrichtserfahrung der Praktiker selbst" (Martens 2019, 46).

Auf eine Grenze der beiden Methoden weist die Frage hin, ob und ggf. wann die Gesprächsleitung und Reflexion ganz den Kindern überlassen werden soll. Eine Antwort kann hier nur im Sinne eines Ausblicks skizziert werden: Das erzieherische Handeln bewegt sich zwischen der Grenze des bevormundenden Eingriffs einerseits und der Grenze des gleichgültigen Laissez-faire andererseits. Stefanie Jehle meint am Ende ihrer umfassenden Studie die Tendenz zu erkennen, dass die Qualität der Lehr-Lern-Prozesse steigt, je mehr Grundschullehrkräfte die philosophischen Unterrichtsstunden strukturieren (siehe Jehle 2013, 439). Ohne dass hier auf ihre Bestimmung von ‚Qualität' näher eingegangen werden kann, bedeutet eine starke Vorstrukturierung in jedem Fall einen Eingriff, der unter Umständen für Schulklassen mit einem bestimmten Lernziel sinnvoll ist, für den

---

[29]Genauer gesagt, beschimpft Alain seine Frau Annette zuerst (63), äußert dann „Da ist alles, mein ganzes Leben…", was Annette mit „Sein ganzes Leben!" (64) kommentiert; etwas später rechtfertigt sie ihr Handeln mit einer kleinen Rede über ihr Männerbild (65). Da Genderrollen hier nicht im Vordergrund stehen sollen, sind diese Informationen bei einer Paraphrase m. E. unerheblich. Man kann sie aber auch in einem zweiten Schritt thematisieren und davor die Schüler/innen Vermutungen über die Genderrollen im Stück anstellen lassen. In diesem Fall sollte nach den Gründen für die Vermutungen gefragt und ggf. die Absurdität der Klischees verdeutlicht werden.

[30]An dieser Stelle danke ich Karin Hutflötz, deren ähnliche Frage („Was ist aktuell der wichtigste Gegenstand in deinem Zimmer?") mich zu dieser Transferfrage inspiriert hat.

freien, regelmäßig stattfindenden Gesprächskreis jedoch nicht. In jedem Fall ist es m. E. als Vorbereitung für Gesprächsleiter/innen zielführend, die eigenen Kenntnisse zum jeweiligen Thema zu klären und sich die eigenen Interessen bewusst zu machen. Denn nur so werden Erwachsene zu Mitphilosophierenden und echten Gesprächspartner/innen.

Eine weitere Grenze bildet aus Sicht der akademisch-universitären Philosophie der Philosophiebegriff: Nach welchen Kriterien ist ‚Philosophieren mit Kindern' Philosophie(ren) und nicht etwa ein Etikettenschwindel? Auch wenn diese Frage hier aus Platzgründen nicht abschließend beantwortet werden kann, wurden oben schon Antworten angedeutet: Setzt man einen graduellen und weiten Philosophiebegriff im Sinne des Philosophierens als Kulturtechnik voraus, ist das Philosophieren mit Kindern u. a. durch seine Orientierungsfunktion und die Herausbildung kritischer Urteilskraft angesichts des wissenschaftlich-technischen Fortschritts legitimiert. Diese Ziele erscheinen jedoch als vage und nur graduell erreichbare Kriterien. Praktische, wenn auch nicht abschließende, Kriterien vermag beispielsweise das Konzept der Akademie mit seinen drei Kriterien der philosophischen Frage, der philosophischen Haltung und den philosophischen Methoden bereitzustellen. Darüber hinaus ist die Kohärenz zwischen akademischer und nichtakademischer oder auch ‚exoterischer' Philosophie zu betonen (Frischmann 1998, 321):

> Philosophieunterricht muss seinen Philosophiebegriff zwar immer in Hinblick auf die akademische Philosophie realisieren. Umgekehrt hat eine akademische Philosophie, welche die philosophischen Orientierungsbedürfnisse und Bildungsansprüche der Menschen nicht zur Kenntnis nimmt und nicht erfüllen kann, das Recht verloren, sich Philosophie zu nennen. Die exoterische Dimension der Philosophie wirkt so auf die akademische Philosophie zurück, und zwar auch durch die Entwicklung solcher Formen wie das Philosophieren mit Kindern.

Da es an der Lebenswelt und Alltagssprache der Kinder ansetzen muss, kann m. E. gerade das Philosophieren mit Kindern zum Thema Technik entscheidend zu dieser Kohärenz beitragen.[31]

---

[31]Ich danke den Organisationsteams und Teilnehmenden der beiden Tagungen, auf denen ich Teile dieses Artikels vorstellen durfte, für Anregungen und Diskussion: den Teilnehmenden an Vortrag und Fortbildung zum Philosophieren mit Mini-Rollenspielen beim Philosophielehrer/innentag 2019 „Philosophieren mit Kindern in der Primar- und Orientierungsstufe" des Fachverbands Philosophie Mecklenburg-Vorpommern in Zusammenarbeit mit der Universität Rostock (Universität Rostock, 20.–21.09.2019), besonders Christian Klager, und den Teilnehmenden des Workshops „Technologie und Kindheit" des Netzwerks „Philosophie und Kindheit" auf der VII. Tagung für Praktische Philosophie (Universität Salzburg, 26.–27.09.2018), besonders Gottfried Schweiger. Für zusätzliches Feedback danke ich zudem Regina Bäck, Johannes Drerup, Ria Mittelstädt und nicht zuletzt Christophe Rude von der Akademie für philosophische Bildung und WerteDialog.

Literatur

Akademie für Philosophische Bildung und WerteDialog. 2020. https://www.philosophische-bildung.de. Zugegriffen: 13. März 2020.
Albrecht, Michael von. 2015. *Ovid: Metamorphosen. Lateinisch – Deutsch*, Übers. und Hrsg. Michael von Albrecht. Stuttgart: Reclam.
Barthelmeß, Ulrike, und Ulrich Furbach. 2012. *IRobot – uMan. Künstliche Intelligenz und Kultur: Eine jahrtausendealte Beziehungskiste*. Berlin, Heidelberg: Springer.
Bertram, Georg W. 2012. *Philosophische Gedankenexperimente. Ein Lese- und Studienbuch*. Stuttgart: Reclam.
Battaglia, Fiorella, und Nikil Mukerji. 2015. Technikethik. In *Handbuch Philosophie und Ethik. Bd. 2: Disziplinen und Themen*, 2., durchgesehene Auflage, Hrsg. Julian Nida-Rümelin, und Irina Spiegel, 288–295. Paderborn: Schöningh.
Bernau, Patrick. 2014. Facebook manipuliert die Gefühle. *Frankfurter Allgemeiner Zeitung 29.06.2014*. https://www.faz.net/aktuell/wirtschaft/netzwirtschaft/der-facebook-boersengang/facebook-manipuliert-nutzer-gefuehle-fuer-eine-studie-13016744.html. Zugegriffen: 17. Dezember 2019.
DelEtaPhi. *Didaktik der Ethik und Philosophie. Literaturdatenbank*. 2019. Suchwort ‚Technik' und Schlagwort ‚Medien'. https://www.deletaphi.de/deletaphi1.php?suchwort=technik&ruf=0 und https://www.deletaphi.de/deletaphi1.php?schlagwort=Medien. Zugegriffen: 17. Dezember 2019.
Domscheit-Berg, Daniel. 2015. Ethische und pädagogische Herausforderungen der Digitalisierung. In *Handbuch Philosophie und Ethik. Bd. 2: Disziplinen und Themen*, 2., durchgesehene Auflage, Hrsg. Julian Nida-Rümelin und Irina Spiegel, 327–336. Paderborn: Schöningh.
Dudenredaktion. o. J. ‚Technik' auf Duden online. https://www.duden.de/node/180395/revision/180431. Zugegriffen: 17. Dezember 2019.
Förg, Melanie. i. E. 2021. Vom chaotischen zum harmonischen Orchester und die Macht der Musik. Mit Kindern über Musik philosophieren. In *Mit Melodien, Rhythmen und Bewegung das Lernen unterstützen*, Hrsg. Daniel Eberhard und Carolin Schmidmeier. Berlin: Cornelsen.
Fragensammler. 2020. https://www.fragensammler.de. Zugegriffen: 13. März 2020.
Freese, Hans-Ludwig. 1996. *Kinder sind Philosophen*. 6. Auflage. Weinheim/Berlin: Quadriga.
Frischmann, Bärbel. 1998. Philosophieren mit Kindern. Theoretische Grundlagen, Konzepte, Defizite. *Deutsche Zeitschrift für Philosophie* 46(2): 319–334.
Gefert, Christian. 2015. Theatrales Philosophieren – Performatives Denken in philosophischen Bildungsprozessen. In *Handbuch Philosophie und Ethik. Bd. 1: Didaktik und Methodik*, 2., durchgesehene Auflage, Hrsg. Julian Nida-Rümelin und Irina Spiegel, 240–244. Paderborn: Schöningh.
Goebels, Anne. 2018. *Kleine Eulen zieht es nach Athen – über das Philosophieren mit Grundschulkindern. Eine Empirische Studie zur Konzeption des Unterrichtsfaches Philosophie*. Opladen, Berlin, Toronto: Barbara Budrich.
Günther, Manfred. 2019. *Pädagogisches Rollenspiel. Wissensbaustein und Leitfaden für die psychosoziale Praxis*. Wiesbaden: Springer.
Hensel, Marie-Christine. 2019. Sokrates im Weblog. Potenziale einer produktionsorientierten Unterrichtseinheit. *Zeitschrift für Didaktik der Philosophie und Ethik* 41(1): 94–99.
Martens, Ekkehard. 2019 [urspr. 2003]. *Methodik des Ethik- und Philosophieunterrichts. Philosophieren als elementare Kulturtechnik*. 11. Auflage. Hannover: Siebert.
Medienpädagogischer Forschungsverbund Südwest (mpfs). 2016. FIM-Studie 2016. Familie, Interaktion, Medien. Untersuchung zur Kommunikation und Mediennutzung in Familien. https://www.mpfs.de/fileadmin/files/Studien/FIM/2016/FIM_2016_PDF_fuer_Website.pdf. Zugegriffen: 17. Dezember 2019.
Medienpädagogischer Forschungsverbund Südwest (mpfs). 2018. KIM-Studie 2018. Kindheit, Internet, Medien. Basisuntersuchung zum Medienumgang 6- bis 13-Jähriger. https://www.mpfs.de/fileadmin/files/Studien/KIM/2018/KIM-Studie_2018_web.pdf. Zugegriffen: 17. Dezember 2019.

Jehle, Stefanie. 2013. Philosophieren mit Kindern. Eine pädagogisch-didaktische Herausforderung. Buchreihe *Pädagogik und Ethik. Bd. 5*, Hrsg. Eva Mathess, Guido Pollak und Werner Wiater. Würzburg: Ergon.

Lewis, C. S. 2003. *Die Abschaffung des Menschen*. 5. Auflage. Einsiedeln: Johannes.

Mendyka, Michael. 2018. *Technikethik an außerschulischen Lernorten. Dissertation zur Erlangung des Doktorgrades der Philosophischen Fakultät der Universität Passau*. urn:nbn:de:bvb:739-opus4-5467. Zugegriffen: 17. Dezember 2019.

Rémi, Cornelia. 2019. Avada Kedavra. In *Viola Owlfeathers Harry-Potter-Kiste. Ein Harry-Potter-Lexikon*. http://www.eulenfeder.de/hp1.html#Avada. Zugegriffen: 17. Dezember 2019.

Reza, Yasmina. 2018. *Der Gott des Gemetzels. Schauspiel. Aus dem Französischen von Frank Heibert und Hinrich Schmidt-Henkel*. München: Carl Hanser.

Rude, Christophe, Silvia Simbeck, Evi Witt-Kruse, Katharina Zeitler, und Roswitha Wiesheu. 2007. *Praxisleitfaden Kinder philosophieren für Kindertageseinrichtungen und Schulen*. Freising: Akademie Kinder philosophieren.

Rude, Christophe. 2011. Von Grundlagen, Methodik und Wirkung der philosophischen Gesprächsführung. In *Gedanken teilen: Philosophieren in Schulen und Kindertagesstätten: Interdisziplinäre Voraussetzungen – Methodische Praxis – Implementation und Effekte*, Hrsg. Oliver Hidalgo, Roswitha Wiesheu und Christophe Rude, 114–141. Münster: LIT.

Staatsinstitut für Schulqualität und Bildungsforschung (ISB) München. 2006. *Das pädagogische Rollenspiel im Ethikunterricht. Handreichung*. https://www.isb.bayern.de/download/1268/rollenspiel-hr.pdf. Zugegriffen: 17. Dezember 2019.

Teubler, Leonie. 2019. *Philosophische Gespräche in Schulräumen. Philosophieren im Zeichen des Hermes*. Wiesbaden: Springer VS.

MIX
Papier aus verantwortungsvollen Quellen
Paper from responsible sources
FSC® C105338

If you have any concerns about our products,
you can contact us on
ProductSafety@springernature.com

In case Publisher is established outside the EU,
the EU authorized representative is:
Springer Nature Customer Service Center GmbH
Europaplatz 3, 69115 Heidelberg, Germany

Printed by Libri Plureos GmbH
in Hamburg, Germany